Matlab
函数和实例速查手册

◉ 陈明 郑彩云 张铮 编著

人民邮电出版社
北京

图书在版编目（CIP）数据

Matlab函数和实例速查手册 / 陈明，郑彩云，张铮编著. -- 北京 : 人民邮电出版社，2014.8（2023.12重印）
ISBN 978-7-115-34868-5

Ⅰ. ①M… Ⅱ. ①陈… ②郑… ③张… Ⅲ. ①Matlab软件—手册 Ⅳ. ①TP317-62

中国版本图书馆CIP数据核字(2014)第109649号

内容提要

MATLAB 是当前最流行的大型数学工具软件之一，能够完成绝大部分科学运算。本书从实用角度出发，系统介绍 MATLAB 各种函数，包括：数组、矩阵与线性代数、基本数学计算函数、符号计算与符号数学工具箱、程序控制与设计、MATLAB 绘图、用 Simulink 进行系统仿真、图形用户界面 GUI、MATLAB 信号处理、MATLAB 与数理统计等。为便于读者对 MATLAB 函数的理解，书中列举了大量的函数实例，真正帮助读者学以致用。

本书可作为 MATLAB 各层次使用者的参考用书，尤其适合作为相关专业的学生以及教师、广大科研工作者、工程技术人员的案头查询手册。

◆ 编　　著 陈　明　郑彩云　张　铮
责任编辑 张　涛
责任印制 程彦红

◆ 人民邮电出版社出版发行　　北京市丰台区成寿寺路 11 号
邮编 100164　　电子邮件 315@ptpress.com.cn
网址 http://www.ptpress.com.cn
北京虎彩文化传播有限公司印刷

◆ 开本：880×1230 1/32
印张：16.75　　2014 年 7 月第 1 版
字数：434 千字　　2023 年12月北京第 17 次印刷

定价：49.00 元

读者服务热线：(010)81055410　印装质量热线：(010)81055316
反盗版热线：(010)81055315

前　言

MATLAB 软件以其强大的功能和方便易用的特点，受到了广大用户的欢迎。MATLAB 的应用范围非常广，包括信号和图像处理、MATLAB 在通信系统设计与仿真的应用、控制系统设计、测试和测量、财务建模和分析以及计算生物学等众多应用领域。其中附加的工具箱（单独提供的专用 MATLAB 函数集）扩展了 MATLAB 环境，可以帮助用户方便地解决一些应用领域内特定类型的问题。为了方便广大读者学习 MATLAB 函数的应用，笔者结合自己应用 MATLAB 软件的经验编写了本书。本书较全面地介绍了 MATLAB 的函数，并以典型的实例介绍了函数的具体使用方法和技巧，可以帮助读者深入了解 MATLAB 函数，以便在工作中加以利用。

本书的主要内容为：数组、矩阵与线性代数、基本数学计算函数、符号计算与符号数学工具箱、程序控制与设计、MATLAB 绘图、用 Simulink 进行系统仿真、图形用户界面 GUI、MATLAB 在信号处理领域的应用、MATLAB 与数理统计等函数。

本书适合工程仿真设计人员、工程研发人员，以及大中专院校的师生用书和相关培训学校的教材。

源程序下载网址：http://box.ptpress.com.cn/y/34868。

提取码：7cfl。

目　录

第1章 MATLAB 入门

MATLAB(Matrix Laboratory,矩阵实验室)是一款美国 MathWorks 公司出品的强大的商业数学软件。它在算法研发、工程计算、数据分析等领域有着广泛的应用，是广大高校和企业进行研发的必备计算软件。本章将给出一个关于 MATLAB 的概述,然后重点介绍 MATLAB 软件的使用，包括其桌面开发环境、各个功能部件的作用、使用技巧和常用命令等。

1.1 MATLAB 简介

MATLAB 以科学计算为核心，汇集数值计算、数据可视化、系统动态仿真、交互式程序设计等诸多强大功能为一体，是当今世界上在科学计算方面首屈一指的软件。MATLAB 的应用领域已深入各行各业，包括工程计算、信号处理、控制系统设计、金融分析、多媒体数据处理、自然计算及管理运筹等。

MATLAB 方便简洁的计算功能和可视化绘图功能是大多数其他编程语言所无法比拟的，它将用户从机械繁琐的编程细节中解放了出来，允许用户将更多精力集中于问题本身。事实上，MATLAB 的起源就与其他编程语言的枯燥繁琐有关。20 世纪 70 年代末，美国新墨西哥大学（University of New Mexico）计算机系的系主任克里夫·莫勒尔（Cleve Moler）为了减轻学生学习线性代数时的编程负担，用 FORTRAN 语言独立编写了第一个版本的 MATLAB，它调用了两个 FORTRAN 数学接口库，能完成简单的矩阵运算。几年之后，杰克·李特（Jack Little）、克里夫·莫勒尔和斯蒂夫·班格尔特（Steve Bangert）合作成立了 MathWorks 公司，用 C 语言重写 MATLAB，并将其推向市场，取得了巨大成功。MATLAB 从那时起便实现盈利，直到今天。如今的 MATLAB 每年有两次版本更新，截止到本书完稿，MATLAB 的最新版本为 MATLAB R2012a。

MATLAB 是为科学计算量身打造的数学软件，具体表现在以下几个方面。

（1）编程方便、简洁，简单易用。与 C 语言不同，MATLAB 是解释性语言，程序编写完毕后可直接运行，不需要编译为可执行文件。另外，MATLAB 是弱类型语言，即不经事先声明即可调用。相对的，C 语言和 Java 等语言均为强类型语言。此外，MATLAB 包含一个命令窗口，用户可输入计算表达式，在命令窗口直接观察到结果。MATLAB 是用 C 语言开发的，其关键字几乎与 C 语言一致，对于有高级语言编程基础的人员来说，掌握 MATLAB 绝非难事。

（2）跨平台性。这除了与解释型语言的平台兼容性一般较强以外，也和 MATLAB 的一系列平台独立措施是分不开的。因此，用户可以不考虑移植性，在一个平台上编写的代码不需修改就可以在另一个平台上运行，不依赖于具体的硬件和操作系统。

（3）丰富函数库。MATLAB 丰富的数学算法库使用户站在了巨人的肩膀上，使用预定义函数往往能在“三言两语”之间就完成其他语言通常需要许多语句才能实现的功能。以矩阵为基础的运算，使得用户不需要为数据维度的扩大而担忧，只需使用高维度的矩阵即可。另外，许多运算针对整个矩阵进行，经过 MATLAB 的优化，比逐个元素依次计算具有更高的运行效率。

（4）强大的工具箱。“工具箱”是 MATLAB 对一系列处理特定问题的函数的统称。MATLAB 自带了大量优秀的专业工具箱，现介绍如下。

① Symbolic Math Toolbox：符号数学工具箱。

② Statistics Toolbox：统计学工具箱。

③ Global Optimization Toolbox：全局优化工具箱。

④ Signal Processing Toolbox：信号处理工具箱。

⑤ Fixed-Point Toolbox：定点计算工具箱。

⑥ Aerospace Toolbox：航空航天工具箱。

⑦ Image Proccessing Toolbox：图像处理工具箱。

⑧ Financial Toolbox：金融工具箱。

⑨ Bioinformatics Toolbox：生物信息工具箱。

⑩ Parallel Computing Toolbox：并行计算工具箱。

这些工具箱深入各个应用领域，为各行各业的研发人员提供深度支持。MATLAB 内置的工具箱又分为通用型的工具箱和专业领域的工具箱。MATLAB 主工具箱是通用型工具箱，位于安装目录下的 toolbox\matlab 目录中，通用型工具箱扩充了 MATLAB 在数值运算、图形绘制和仿真建模等方面的功能，适用于多种学科。而专业领域的工具箱则主要针对某专门的领域。随着 MATLAB 版本的推陈出新，MATLAB 工具箱也在逐步更新换代，新的工具箱被不断引进。

事实上，由于 MATLAB 的工具箱函数多以 M 文件的形式提供，因此用户可以自行修改其代码，实现自定义的功能。或者通过编制 m 文件来扩展 MATLAB 工具箱中所没有的函数，甚至开发自己的一套工具箱。

（5）强大的绘图功能。图形处理系统使 MATLAB 能够方便地显示向量和矩阵，包括二维图形、三维图形、动画及一些特殊坐标图形。对图片添加标注的功能也相当完善，国内外许多著名期刊上发表的论文中的大部分图形（函数曲线图、比例图、直方图等）都是借助 MATLAB 来完成的。除此之外，MATLAB 还提供了设计

GUI 程序的接口。用户可以使用 M 文件编辑器或 GUIDE 可视化设计工具，轻松制作出包含按钮、单选框、编辑框、进度条、列表框等各种控件的图形界面程序。

（6）MATLAB 是解释型语言，因此执行速度比编译型语言要慢。但是 MATLAB 与其他语言有良好的对接性，在性能要求高的部分，可以选择混合编程的形式提高运行效率。具体地说，就是在性能热点（制约性能提高的部分）用 C 语言等其他编程语言实现，当使用该模块时，MATLAB 只需调用相应接口即可。

另外，MATLAB 也可以方便地转为其他语言。由于 MATLAB 提供了丰富的数学运算函数，这一点是其他编程语言无法比拟的。当其他语言需要使用类似的模块时，就可以先在 MATLAB 中将其实现，再在其他语言中调用 MATLAB 制作形成的库文件。MATLAB 程序甚至可以直接转化为 DSP 芯片可接受的代码，大大提高了电子通信行业的研发效率。

1.2 MATLAB 开发环境介绍

MATLAB 的软件和产品是以集成开发环境的形式提供的，MATLAB 语言、MATLAB 的工具箱和仿真工具 Simulink 都包含在集成开发环境中。本节将对集成开发环境做一个简介明了的介绍，从来没有接触过 MATLAB 的读者在学习完本节之后，也能启动 MATLAB 进行工作。

MATLAB R2011b 安装完成之后，如果在桌面上没有生成快捷方式，用户可以到 MATLAB 的安装目录 MATLAB\R2011b\bin 下找到 matlab.exe 文件，双击该文件即可启动 MATLAB。或者在 matlab.exe 的上下文菜单中选择“发送到”|“桌面快捷方式”，即可在桌面创建快捷方式，再通过快捷方式启动 MATLAB 即可。另外，在开始菜单中选择“运行”，在出现的运行对话框中输入“matlab”，

按 Enter 键也可以启动 MATLAB。

如果计算机配置较低，启动可能需要一点时间。MATLAB 启动后就进入了集成开发环境，主窗口如图 1-1 所示。

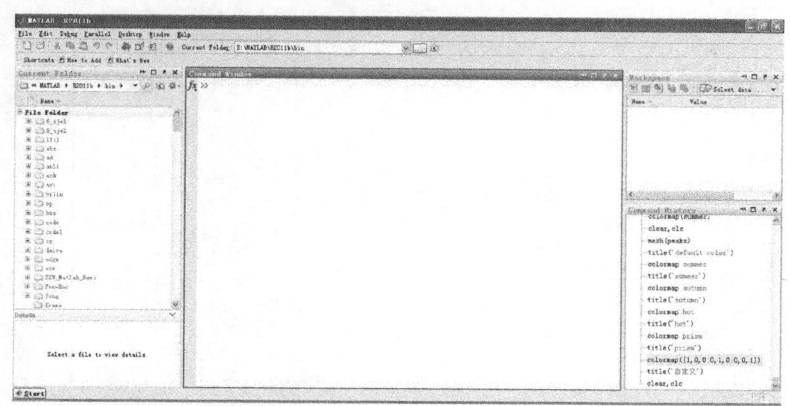

图 1-1 MATLAB 集成开发环境

MATLAB 的集成开发环境由以下窗口组成：

（1）MATLAB 命令窗口（Command Window）。

（2）工作空间窗口（Workspace）。

（3）命令历史窗口（Command History）。

（4）当前目录窗口（Current Folder）。

下面一一进行介绍。

1.2.1 MATLAB 命令窗口

MATLAB 命令窗口以“>>”符号为提示符，用于在提示符后输入命令后按 Enter 键，该命令就会立即得到执行。如果没有错误，执行完毕后 MATLAB 会回到提示符，如果有需要显示的内容，会在命令窗口中直接显示出来。如果出现错误或警告，MATLAB 会在命令窗口中显示错误或警告信息。命令窗口界面如图 1-2 所示。

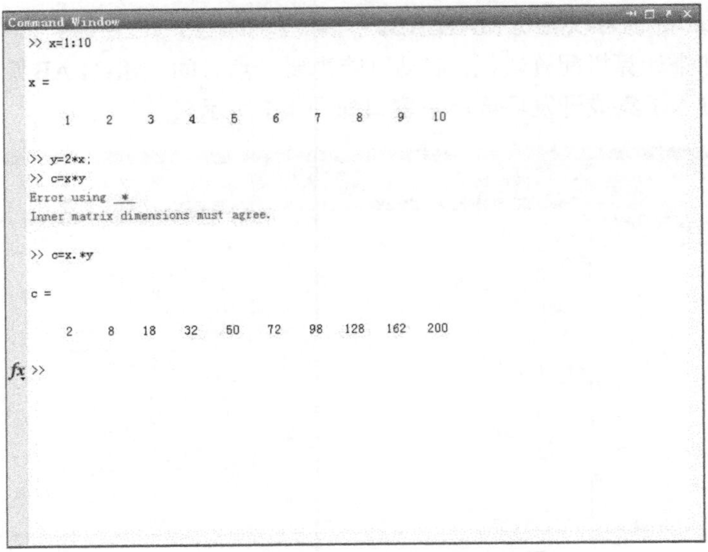

```
Command Window
>> x=1:10

x =

     1     2     3     4     5     6     7     8     9    10

>> y=2*x;
>> c=x*y
Error using  *
Inner matrix dimensions must agree.

>> c=x.*y

c =

     2     8    18    32    50    72    98   128   162   200

fx >>
```

图 1-2　MATLAB 命令窗口

如图 1-2 所示，由于 x、y 形状不正确，c=x*y 命令出现错误，系统提示 Inner matrix dimensions must agree。在 MATLAB 命令窗口输入运算命令，如果有赋值符号（=），则该运算结果会被赋给赋值符号左边的变量，并在命令窗口中显示出来。如命令 x=1:10 执行后即显示了 x 的值。如果没有赋值符号，那么该运算结果会被保存在一个名为 ans 的预定义变量中，同时显示该变量的值，如下所示。

```
>> 1:10

ans =

     1     2     3     4     5     6     7     8     9    10
```

当运算语句的末尾使用分号时，MATLAB 只进行运算，但不显示运算结果。如图 1-2 中所示，“y=2*x;”命令的运算结果就没有显示出来。

一行之内可以输入多条命令，只需用逗号或分号隔开即可，其中分号具有阻止系统将结果输出的功能，逗号则仅具有分割的作用。但一般一行只输入一条命令。

如果一行代码很长，也可以分行书写（一行代码一般不应超过80 个字符）。在一行的末尾加上续行符（…）即可换行输入，在系统看来，它们是同一行代码。在 MATLAB 命令窗口使用 if-else-end 或 for-end 语句块时，往往需要使用续行符。另外，当 if-else-end 语句或 for-end 等语句未完成时，不需要换行符直接就可以换行。

随着命令的增加，提示符不断下移。可以使用 clc 或 home 命令清除窗口，使命令的提示符回到命令窗口左上角。使用 home 命令后还可以滚动右边的滚动条找到原来命令窗口的内容，而使用 clc 命令之后就无法找回了。

使用续行符的一个例子：

```
>> a=2*8+4^2-...
3*exp(3)

a =
  -28.2566

>> if rand>0.5
disp('大于 0.5')
else
disp('小于 0.5')
end
小于 0.5
```

这里 rand 是生成 0～1 随机数的函数。由于数字是随机的，因此每次运行的结果可能会不一样。

1.2.2 工作空间窗口

MATLAB 命令窗口或 M 脚本文件执行产生的变量都会保存在工作空间中。通过工作空间，用户可以方便地实现监视内存的目的。工作空间首先按字母顺序排列所有变量，列出其数据类型、最大值和最小值。用户可以双击查看、编辑变量的值，也可以新建、导入、复制、保存和删除变量。

MATLAB 工作空间窗口默认位置在主窗口的右上方，如图 1-3 所示。

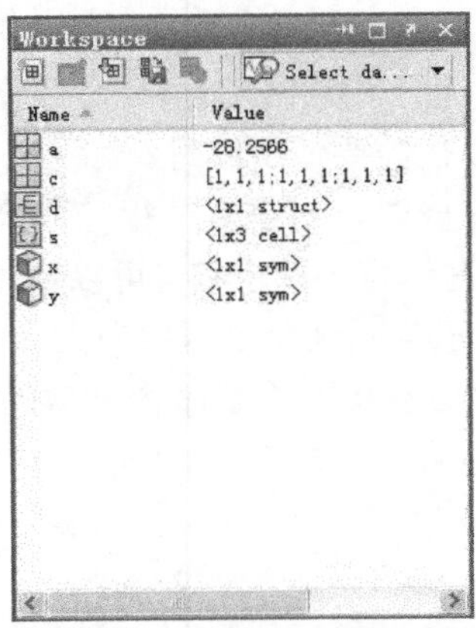

图 1-3　工作空间窗口

可以在 MATLAB 命令窗口中运行 clear 命令，清除工作空间中的所有变量，或使用 clear var1,var2 的形式清除部分变量。

1.2.3　当前目录窗口

MATLAB 提供了当前目录窗口，当前目录是 MATLAB 当前的工作目录，函数或脚本必须处于搜索目录或当前目录下才能运行。访问文件时若使用相对路径，也均以当前目录为基准。MATLAB 在工具栏显示了当前目录的路径，如图 1-4 所示。

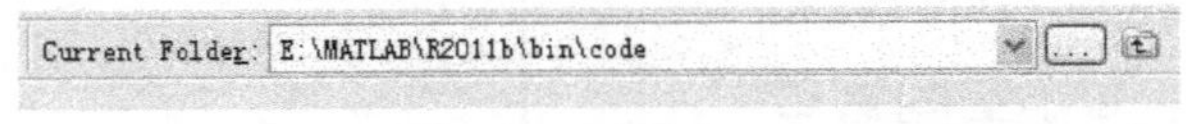

图 1-4　当前路径

而 MATLAB 的当前目录窗口则显示了当前路径下包含的内容，如图 1-5 所示。

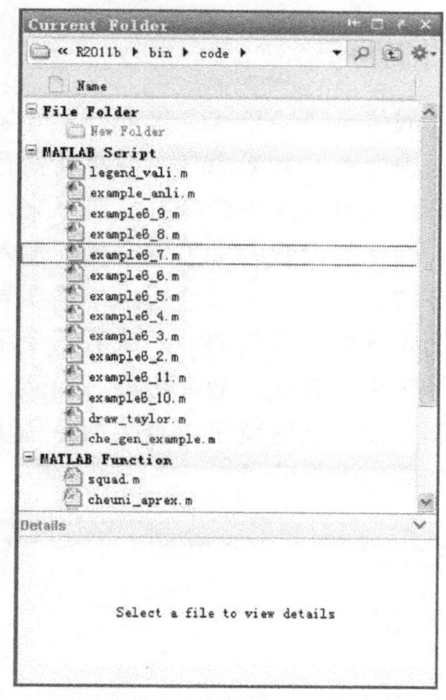

图 1-5　当前目录窗口

当前目录窗口相当于一个集成在 MATLAB 中的资源管理器。用户可以复制、粘贴、删除和新建文件或文件夹。在当前目录窗口中，可以指定文件的组合方式和排列方式，图 1-5 所示中的文件按文件类型被分为 3 类：文件夹、M 函数文件、M 脚本文件。MATLAB 还提供了预览功能，选中文件或文件夹后，在下方“Details”子窗口会给出部分详细信息。例如，如果选中的是一个图像文件，“Details”窗口会给出预览图，并给出该图片的尺寸，如图 1-6 所示。

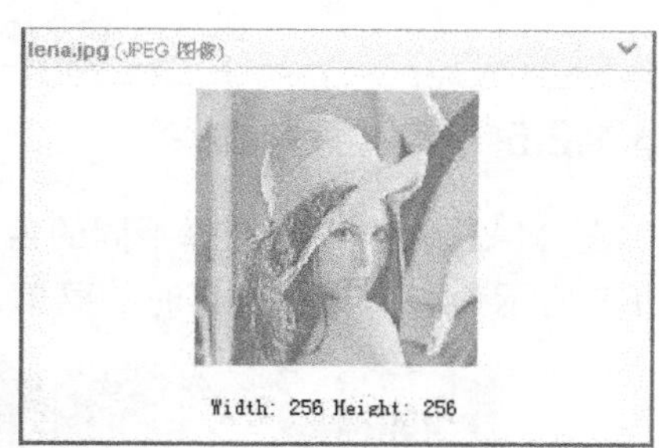

图 1-6　预览图

1.2.4 命令历史窗口

命令历史窗口一般位于 MATLAB 集成开发环境的右下角，记录了用户运行过的历史命令。如果用户需要重新执行某一条命令，只需双击该命令即可。也可以选中命令并复制下来，作为其他程序块的一部分。这一人性化的设置省去了完全重新输入的繁琐操作。

事实上，在命令窗口，用户可以通过上下箭头寻找历史命令。甚至，如果用户能确定该命令开头的一个或若干个字符，可以输入这些字符再按向上箭头进行查找，效率极高。当然，如果命令比较多，这样做依然不够方便，此时就可以查找命令历史窗口中的记录了。命令历史窗口如图 1-7 所示。

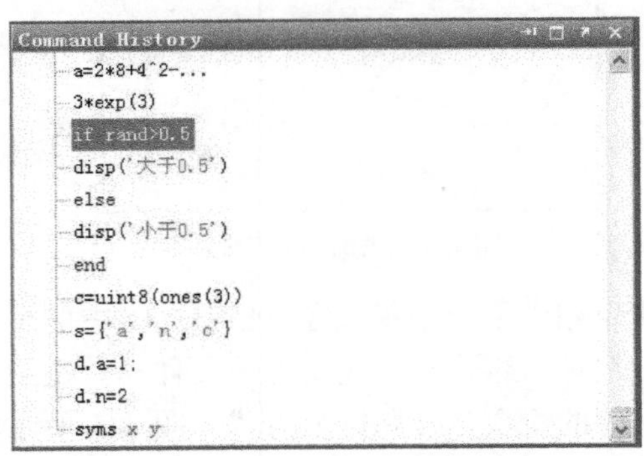

图 1-7 命令历史窗口

1.2.5 常用菜单命令

在 MATLAB 中，选择不同的窗口时，菜单选项会随之变化。图 1-8 所示为选择命令窗口时的菜单。

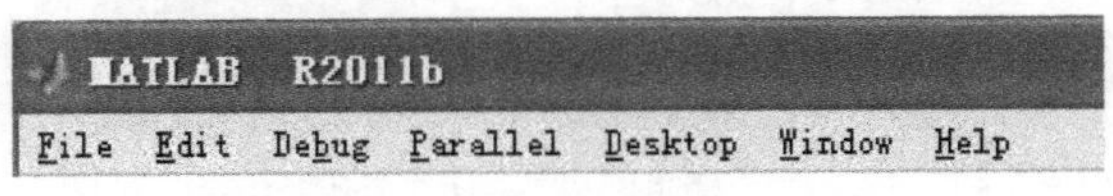

图 1-8 命令窗口的菜单

图1-9所示为选中工作空间窗口时的菜单栏。

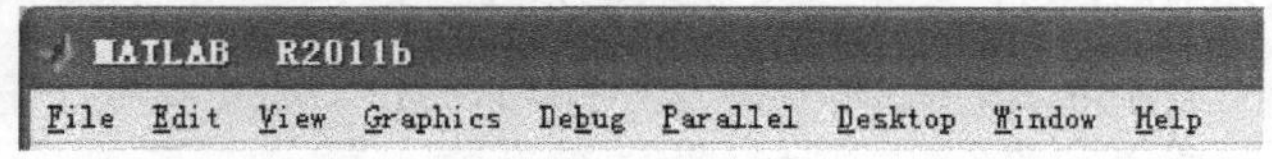

图1-9 工作空间窗口的菜单

本节仅就最常用的菜单命令做一个简单介绍。

1. 设置搜索路径

在MATLAB主窗口中，依次选择“File” | “Set Path…”命令，就可以打开“Set Path”对话框，进行搜索路径的设置，如图1-10所示。

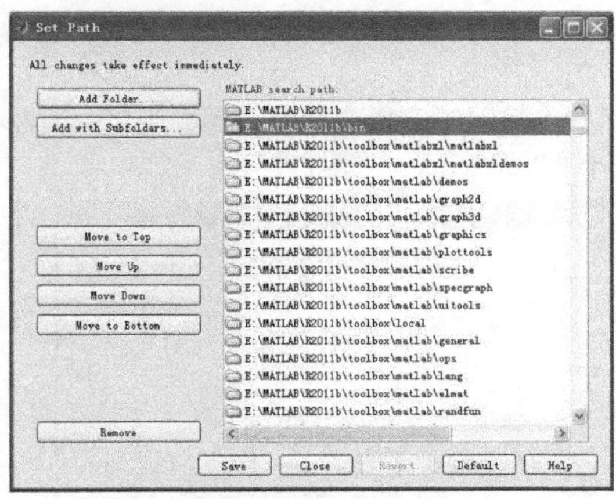

图1-10 Set Path对话框

在打开路径设置对话框中，系统已经将MATLAB安装路径下需要的目录都加入到了搜索路径中。在MATLAB中，对于在命令窗口中输入的标识符*abc*，系统首先会检查*abc*是否为工作空间中已存在的变量，如果不是，再检查*abc*是否为系统内建的函数。如果依然没有找到，系统就会在当前目录下查找同名的M文件，如果查找成功，就会执行该M文件。如果在当前目录中也没有找到对应的M文件，系统就会再搜索路径中查找。

综上，如果需要运行自定义的 M 函数或脚本 fun.m，fun.m 必须位于 MATLAB 的当前目录下，或者位于系统的某个搜索路径下。用户可以使用 path 或 addpath 命令将某路径加入到搜索路径中。另一种方法就是通过路径设置对话框进行设置。

如图 1-10 所示，用户可以选中路径，通过“Move to Top”、“Move Up”、“Move Down”、“Move to Bottom”按钮上下移动该路径，移至最顶端或最底端。搜索路径中的不同位置标示不同的优先级。“Add Folder …”按钮允许用户添加一个路径到搜索路径列表的最顶端，“Add with Subfolders …”按钮除了将该路径本身加入搜索路径外，还将其所有子目录加入搜索路径列表。对话框右下方的“Default”按钮可以一键恢复默认搜索路径设置。

2．偏好设置

在 MATLAB 主窗口中，依次选择“File”|“Preferences…”命令，就可以打开“Preferences”偏好设置对话框，如图 1-11 所示。

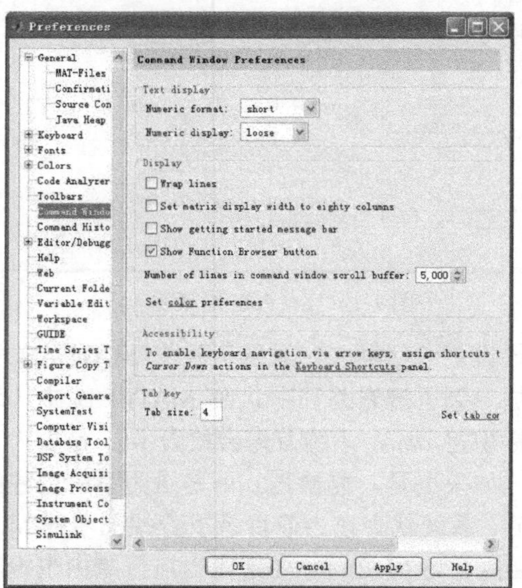

图 1-11　偏好设置对话框

在偏好设置对话框中，用户可以完成一系列个性化的定值。包括命令窗口、M 文件中的字体和字号设置、自动保存的时间间隔、命令窗口中浮点数的默认显示格式、快捷键的设置、数据文件（MAT 文件）的版本等。如图 1-11 所示，在偏好设置对话框中，左边提供了一个树状结构的列表，用户可在其中选择所需进行的设置。选择“Font” | “Custom”，可以进行自定义字体设置，如图 1-12 所示。

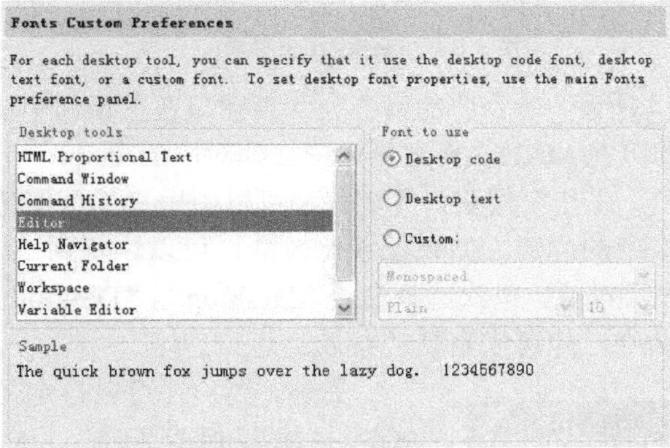

图 1-12 字体设置

如图 1-12 所示，在“Desktop tools”列表中可选择所需设置字体的位置，在这里，MATLAB 的 M 文件编辑器中代码的字体为 Monospaced，字号为 10。

选择“Editor/Debugger” | “Tab”，可以设置 Tab 键和自动对齐的长度，一般设置为 4 个空格长度，如图 1-13 所示。

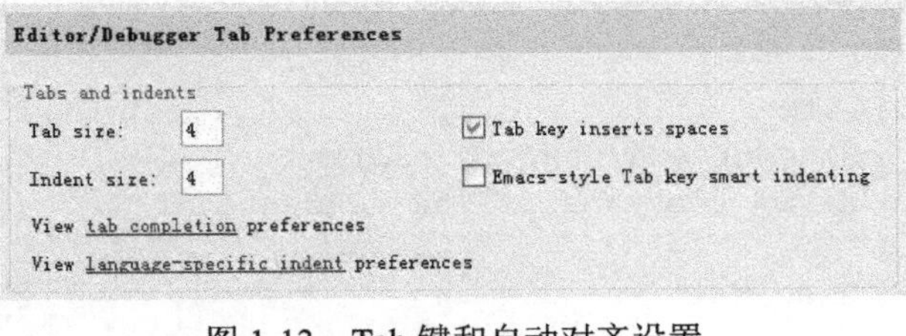

图 1-13 Tab 键和自动对齐设置

3．窗口布局

在 MATLAB 中选择“Desktop”菜单，可以在菜单命令中找到 Command Window、Command History 等命令，如图 1-14 所示。

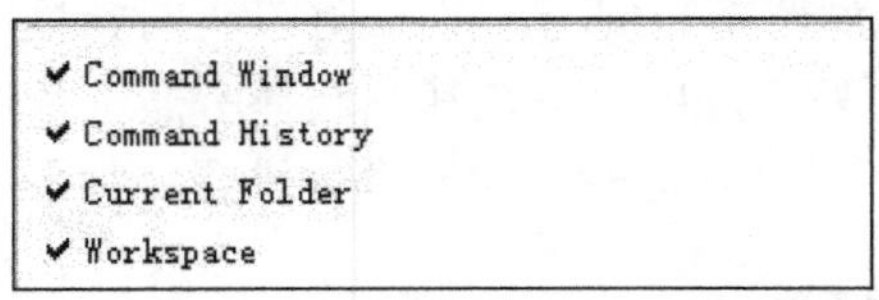

图 1-14　Desktop 子菜单

如图 1-14 所示，命令前的箭头表示该窗口在主窗口中显示，取消该箭头，即可在 MATLAB 主窗口中去掉对应的窗口。

命令窗口、工作空间窗口等窗口都可以由用户任意拖动，从而改变在主窗口中的位置。如果位置比较乱，可以恢复到 MATLAB 默认的窗口布局模式。依次选择命令“Desktop”|“Desktop Layout”|“Default”命令，即可恢复默认布局。

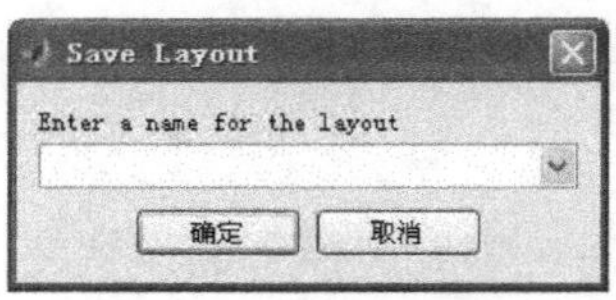

图 1-15　布局保存对话框

另外，用户还可以自定义布局模式，并将其保存起来。依次选择“Desktop”|“Save Layout ...”命令，将弹出“Save Layout”对话框，输入布局名称，再按“确定”按钮即可保存该布局，如图 1-15 所示。

4．帮助系统

在 MATLAB 中，如需获得帮助，可在 MATLAB 命令窗口中输入 help 命令。如想要获得关于正弦函数 sin 的帮助，只需输入 help sin 并按 Enter 键：

```
>> help sin
 sin   Sine of argument in radians.
   sin(X) is the sine of the elements of X.

   See also asin, sind.
```

```
Overloaded methods:
   sym/sin
   codistributed/sin

Reference page in Help browser
   doc sin
```

如果输入 doc help 命令，则可以打开 MATLAB 联机帮助系统。对于函数来说，一般 doc function 与 help function 得到的内容是一致的，doc function 得到的联机帮助系统实例更丰富一些。

也可以通过菜单打开帮助系统。依次选择“Help”|“Product Help”命令，即可打开如图 1-16 所示的联机帮助系统。

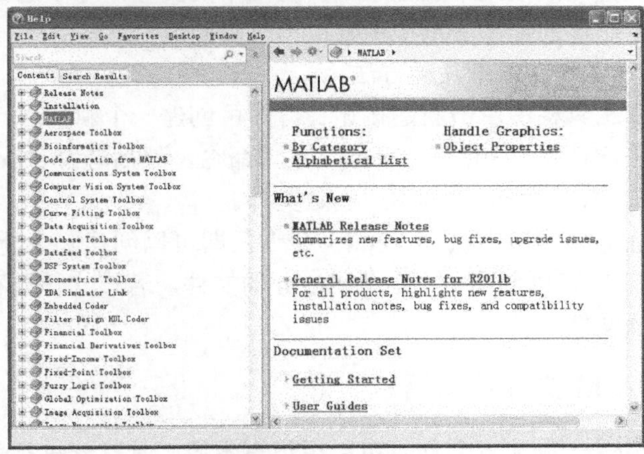

图 1-16　联机帮助系统

如果选择“Help”|“Demos”命令，则在联机帮助系统中定位到演示部分，MATLAB 提供了丰富的演示实例供用户学习。

1.3　M 文件

简单的命令可以在 MATLAB 命令窗口中输入运行，直接得到运算结果。对于大型的程序而言，这样的使用方式就非常不方便。MATLAB 提供了 M 文件编辑器，允许用户将代码写在 M 文件中，然后运行 M 文件即可。

M 文件分为 M 脚本文件和 M 函数文件。脚本文件与函数文件的区别大致有以下几点：

（1）函数文件的开头有固定格式，使用 function 关键字；

（2）函数可以使用参数进行调用，脚本可以直接调用，但没有参数；

（3）脚本的变量保存于工作空间中，运行脚本时可以使用工作空间中的变量。函数则不能使用工作空间中的变量，除了返回值以外，函数中出现的局部变量在函数退出时将被清空。

新建 M 文件有以下几种方法。

（1）在工具栏中单击新建按钮，即可创建一个新的 M 文件。

（2）依次选择“File”|“New”菜单命令，然后选择“Script”或“Function”，即可创建脚本或函数文件。

（3）在命令窗口中执行“edit”命令，即可以创建一个新的 M 文件。edit file 可以创建一个名为 file.m 的文件，若该文件已存在，则将打开该文件。

1.3.1 M 文件编辑器

M 文件是一种文本文件，可以用记事本等工具打开进行查看。因此，用户完全可以在记事本中编写 MATLAB 代码，然后另存为扩展名为 M 的文件，这对程序的执行来说没有任何区别。当然，MATLAB 的 M 文件编辑器提供了一个强大的编程环境，这是其他编辑器无法匹敌的。MATLAB 的 M 文件编辑器如图 1-17 所示。

在 M 文件编辑器中，有许多方便实用的功能。

1．注释快捷键

MATLAB 的注释符号是百分号（%）。添加或去掉注释是编写代码时经常执行的动作。在 MATLAB 的 M 文件编辑器中，只要用户选中了某些行，就可以通过上下文菜单或快捷键将这些行设为注释，或取消原有的注释。

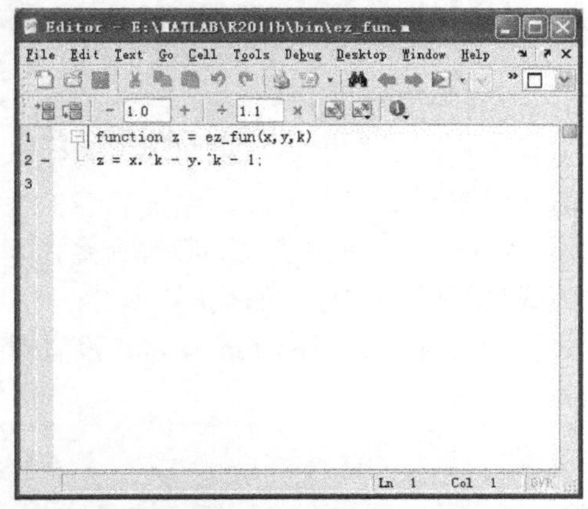

图 1-17　M 文件编辑器

如图 1-18 所示，选中部分代码，然后单击鼠标右键，在弹出的快捷键上下文菜单，可以找到“Comment”命令。

图 1-18　注释命令

用户可以通过上下文菜单找到“Comment”命令，或选中需要注释的行后，使用 Ctrl+R 快捷键，即可将选中的行设为注释。取消注释时，只需在上下文菜单中选择“Uncomment”命令，或使用 Ctrl+T 快捷键即可。

2．代码自动整理（智能缩进）

整齐、格式良好的代码有利于提高程序的可读性，也为错误排除提供了方便。但是对于大型程序来说，完全靠手工进行代码整理是一件繁琐的工作。MATLAB 提供了代码整理命令，可以按语法规则整理选中的代码或光标所在的行中的代码。

以下代码格式较为混乱，成对的 for 与 end 没有对齐，循环中的语句也参差不齐。

```
    % 定义函数
 syms x;
 f = sin(x);
 %   画 sin(x) (n = 7 10 13 16) 阶泰勒级数的曲线
 NN = 7:3:16;
 x1 = -8:0.02:8;
 for I = 1:6
  y = taylor(f,NN(I));       %  n-1 阶泰勒展开
     y1 = subs(y,x,x1);        %  计算数值

     % 绘图
  figure(I);
     y0 = sin(x1);
     plot(x1, y0, 'b-');
  hold on
     plot(x1,y1, '-r');
     axis([-8,8,-2,2])
     s=sprintf('sin(x) %d -order Taylor Series Expansion',
NN(I));
     title(s);
     end
```

选中整个文件，在上下文菜单中选择“Smart Indent”命令，或执行 Ctrl+I 快捷键进行智能缩进整理，以下为整理后的代码：

```
% 定义函数
syms x;
f = sin(x);
%  画 sin(x) (n = 7 10 13 16) 阶泰勒级数的曲线
NN = 7:3:16;
x1 = -8:0.02:8;
for I = 1:6
    y = taylor(f,NN(I));      % n-1 阶泰勒展开
    y1 = subs(y,x,x1);        % 计算数值

    % 绘图
    figure(I);
    y0 = sin(x1);
    plot(x1, y0, 'b-');
    hold on
    plot(x1,y1, '-r');
    axis([-8,8,-2,2])
    s=sprintf('sin(x) %d -order Taylor Series Expansion',
NN(I));
    title(s);
end
```

可见，经过智能缩进整理后，代码结构清晰，一目了然，可读性大大提高。

3．命令的执行

代码编写完毕后，可以在M文件编辑器中直接执行，执行结果将显示在命令窗口中。

（1）单击工具栏中的Run按钮，或按F5快捷键，可执行整个M文件。Run按钮的位置如图1-19所示。

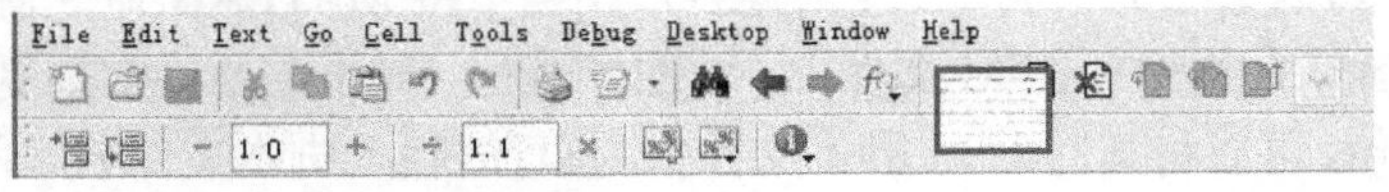

图1-19　Run按钮

（2）如果只需要执行M文件中的部分语句，不必将该语句粘贴至命令窗口进行执行。只需选中所要执行的语句，在上下文菜单中

选择“Evaluate Selection”命令或按 F9 快捷键即可。

（3）MATLAB 中除了常规的注释外，还包含 cell 型注释，由两个相连的百分号构成（%%）。该符号将 M 文件分割为多个语句块，当光标位于某个语句块时，其背景色会发生改变，如图 1-20 所示。

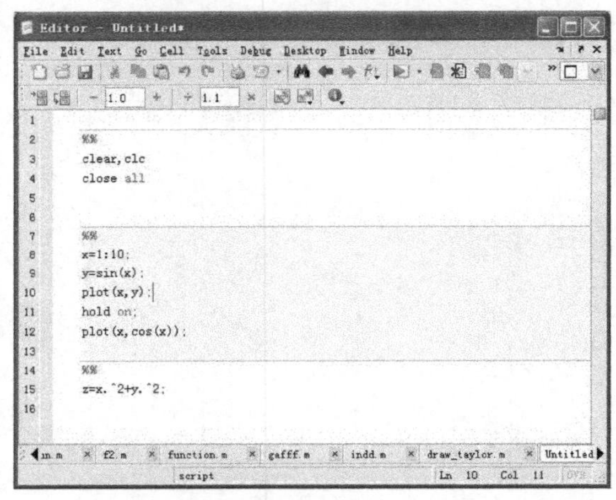

图 1-20 cell 型注释

对于 cell 模块，可以单独执行其中的代码。当光标位于某一个 cell 模块内时，在上下文菜单中选择“Evaluate Current Cell”或按 Ctrl+Enter 快捷键，即可执行该模块中的所有代码，其他模块的代码则没有被执行。

1.3.2 M 脚本文件

M 脚本文件是一系列命令的集合，相当于将 MATLAB 命令窗口中逐条输入的命令放在 M 文件中，一次性执行。对于需要经常重复执行的语句，可以将其写入 M 脚本文件中，执行时输入脚本文件名即可。

M 脚本文件中的变量保存于工作空间中，同时它也可以使用工作空间原有的变量。此时，如果有的变量没有初始化就被直接使用了，可能会出现意想不到的结果。如以下代码，直接执行时没有问题。

```
rng('default')
for i=1:10
  x(:,i)=rand(3,1);
end
disp(x)
```

这段代码生成了一个 3×10 的随机矩阵。执行结果显示在命令窗口中：

```
    0.8147    0.9134    0.2785    0.9649    0.9572
0.1419    0.7922    0.0357    0.6787    0.3922
    0.9058    0.6324    0.5469    0.1576    0.4854
0.4218    0.9595    0.8491    0.7577    0.6555
    0.1270    0.0975    0.9575    0.9706    0.8003
0.9157    0.6557    0.9340    0.7431    0.1712
```

但是如果 MATLAB 命令空间已经存在一个名为 x 的变量：

```
>> x=zeros(2,2)

x =

     0     0
     0     0
```

这个变量 x 是 2×2 的零矩阵。此时再执行上文所述的脚本文件，就无法得到正确的结果。系统提示维度不匹配的错误：

```
Subscripted assignment dimension mismatch.
```

显然，执行 M 脚本文件时工作空间中的变量是不清空的，因此 x 是 2×2，而脚本中的代码为：

```
x(:,i)=rand(3,1);
```

则将一个 3×1 的列向量赋值给 x 的某一列，从而与语法相冲突。这个问题的根源在于脚本文件中的变量没有初始化，因此解决方法之一是所有被赋值的变量都必须提前初始化：

```
rng('default')
x=[];
for i=1:10
    x(:,i)=rand(3,1);
```

```
end
disp(x)
```

这段代码运行时就不会出现任何问题了。然而，MATLAB 是弱类型的语言，使用变量时不需要前置声明，因此，不经初始化就使用变量是十分常见的。第二种解决方案在实践中更为常用，就是在正式开始执行代码前先对工作空间、图形窗口进行情况，如下所示：

```
%%
clear,clc
close all

%%
rng('default')
for i=1:10
    x(:,i)=rand(3,1);
end
disp(x)
```

1.3.3 M 函数文件

与 M 脚本文件不同，M 函数文件有一定的格式。M 函数文件使用关键字 function 定义函数，格式为：

```
function [output1,output2,…] = functionName(input1,
input2,…)
```

其中 functionName 为函数名。上述语句必须是除注释和空行外函数文件中出现的第一行。M 函数文件的文件名应该与函数名相同。函数执行时，不能使用 MATLAB 工作空间中的变量，只能使用函数体中定义的变量以及输入参数列表中的变量。函数执行完毕后，除了返回值以外，其他变量都将被清除。

完整、规范的函数一般都包括较为完整的注释。跟在函数定义行后的第一行中的注释，称为 H1 行注释，该注释可以在命令窗口中使用 lookfor 命令搜到。跟在 H1 行后面的连续注释，可以使用 help 命令调出。

此外，MATLAB 包含多种函数，这里简要介绍子函数的概念。

在一个 M 函数文件中，可以定义多个函数，出现的第一个函数，是调用该文件时执行的函数。其他函数为其子函数，这些子函数可以在该文件内被第一个函数或其他子函数调用，但不能被该文件外的函数或命令调用，相当于该文件的“私有”函数。

除了格式上的差异以外，脚本文件与函数文件没有任何其他区别。将一个脚本文件按函数的格式书写，就成为了一个 M 函数文件，去掉函数文件的函数定义行，该文件就成为了一个脚本文件。

在 MATLAB 中新建 M 文件，名为 squ.m，具体内容如下：

```
function y = squ(x)
% squ.m
% x:vector or matrix
% y:scalar

x = x(:);
y = d_func(x,x);
y = sum(y);


function b=d_func(x,y)
% distance function
% if nargin=1,return x
% if nargin=2,return sqrt(x^2+y^2)

if nargin==1
   b=x;
else
   b=sqrt(x.^2+y.^2);
end
```

该函数名为 squ，与文件名一致。函数包含一个输入参数，一个输出参数。函数文件中包含一个子函数 d_func，在 squ.m 中需要调用该子函数。下面在 MATLAB 命令窗口中调用该函数：

```
>> rng('default')
>> x=rand(3,4);
>> squ(x)
```

```
ans =

  10.4182

>> squ(x(:,1))

ans =

   2.6128

>> squ(x(:,2))

ans =

   2.3239

>> squ(x(:,3))

ans =

   2.5214
```

函数接受任意形状的向量或矩阵，输出一个标量值。使用 lookfor 命令可以找到该函数。假设用户仅知道该函数包含两个字符“sq”：

```
>> lookfor sq
cir                         -   Cox-Ingersoll-Ross   (CIR)
mean-reverting square root diffusion class file
squ                         -
squ                         -
fifteen                     - A sliding puzzle of fifteen
squares and sixteen slots.
xfourier                    - Square Wave from Sine Waves
```

系统成功找到了 squ 函数。使用 help 命令可查看该函数的帮助：

```
>> help squ
  squ.m
  x:vector or matrix
  y:scalar
```

第2章　数组、矩阵与线性代数

MATLAB（Matrix Laboratory）意为矩阵实验室，MATLAB 中的运算均以矩阵为基础。标量、向量均可视为矩阵，因此，为了利用 MATLAB 进行工作，必须首先掌握与矩阵生成和基本运算相关的函数。

另外，线性代数运算与矩阵关系密切，如矩阵分解、线性方程组的求解等。本章将从基本的矩阵运算和与线性代数相关的矩阵运算这两个方面介绍矩阵函数。

2.1　数组和矩阵基本运算

矩阵的创建和转化包含了丰富的函数，常见的如创建全零矩阵、全 1 矩阵、随机矩阵及稀疏矩阵等。“数组”与“矩阵”的概念常发生重叠，为统一起见，本书约定，将二维数组称为矩阵，而“数组”这一概念则主要指多维数组。

2.1.1　zeros——创建零矩阵

【语法说明】

- Y=zeros(n)：生成 $n \times n$ 全零矩阵 Y。
- Y=zeros(m,n)或 zeros([m n])：生成 $m \times n$ 全零矩阵。
- Y=zeros(a1,a2,a3…)或 zeros([a1,a2,a3…])：生成多维全零矩阵，维数为 a1×a2×L×an。

- Y=zeros(size(A)):生成与已知矩阵 A 相同大小的全零矩阵。
- Y=zeros(m, n,...,classname)或 zeros([m,n,...],classname)：生成全零矩阵，classname 用于指定矩阵中元素的数据类型，可取值为'double'、'uint8'等数据类型名，详见 2.1.2 小节。

【功能介绍】按照指定大小生成元素都为零的矩阵。

【实例 2.1】创建不同大小的全零矩阵。

```
>> Y1=zeros(5)                    % 创建 5*5 全零矩阵

Y1 =

     0     0     0     0     0
     0     0     0     0     0
     0     0     0     0     0
     0     0     0     0     0
     0     0     0     0     0

>> Y2=zeros(5,4)                  % 创建 5*4 全零矩阵

Y2 =

     0     0     0     0
     0     0     0     0
     0     0     0     0
     0     0     0     0
     0     0     0     0
>> t = [1,2,3;4,5,6]              % 创建 2*3 矩阵 t

t =

     1     2     3
     4     5     6

>> Y3 = zeros(size(t))  % 根据 t 的形状创建同型的全零矩阵

Y3 =
```

```
     0     0     0
     0     0     0
```

【实例讲解】零矩阵是最基础的矩阵之一，在编程时，如果需要一个 $m\times n$ 矩阵，而该矩阵中的元素是在循环中依次给出的，就可以使用 a=zeros(m,n)的形式预分配，这样可以避免在循环体中不断修改矩阵的大小，以免造成效率低下。

2.1.2 eye——创建单位矩阵

【语法说明】

- Y=eye(n)：生成大小为 $m\times n$ 的单位矩阵 Y。
- Y=eye(m,n)或 Y=eye([m,n])：生成大小为 $m\times n$ 的单位矩阵 Y。
- Y=eye(size(A))：生成与已知矩阵 A 同型的单位矩阵 Y。
- Y=eye(m,n,classname)：生成 $m\times n$ 单位矩阵，classname 用于指定矩阵中元素的数据类型，可取值及含义如表 2-1 所示。

表 2-1 classname 参数的取值

'double'	'single'	'int8'	'int16'	'int32'	'int64'	'uint8'	'uint16'	'uint32'	'uint64'
双精度浮点数	单精度浮点数	8、16、32、64 位整型				8、16、32、64 无符号位整型			

【功能介绍】生成单位矩阵，单位矩阵是主对角线元素均为 1，其余元素均为零的矩阵。单位矩阵相当于矩阵运算中的 1 元素，任意一个方阵 A 与同型的单位矩阵相乘，所得结果仍为 A。

【实例 2.2】生成不同形状的单位矩阵。

```
>> Y1=eye(4)                    % 生成 4*4 的单位矩阵

Y1 =

     1     0     0     0
     0     1     0     0
```

```
     0     0     1     0
     0     0     0     1

>> Y2=eye(3,4)                  % 生成 3*4 的单位矩阵

Y2 =

     1     0     0     0
     0     1     0     0
     0     0     1     0

>> t=magic(3)                   % 3 阶魔方矩阵

t =

     8     1     6
     3     5     7
     4     9     2

>> Y3=eye(size(t))              % 生成与矩阵 t 同型的单位矩阵

Y3 =

     1     0     0
     0     1     0
     0     0     1
```

【实例讲解】magic 函数用于生成魔方矩阵，魔方矩阵属于方阵，满足行、列、对角线之和相等。

2.1.3 ones——创建全 1 矩阵

【语法说明】

- Y=ones(n)：生成 $n \times n$ 全 1 矩阵 Y。
- Y=ones(m,n)或 ones([m,n])：生成 $m \times n$ 全 1 矩阵。
- Y=ones(m,n,p…)或 Y=ones([m,n,p…])：生成多维的全 1 矩阵，维数为 m×n×p×L。

- Y=ones(size(A))：生成与已知矩阵 A 相同大小的全 1 矩阵。
- Y=ones(m, n,...,classname)或 ones([m,n,...],classname)：生成全 1 矩阵，classname 用于指定矩阵中元素的数据类型，可取值为'double'、'uint8'等数据类型名，详见 2.1.2 小节。

【功能介绍】生成全 1 矩阵。

【实例 2.3】生成 3×3 全“2”矩阵；生成如下形状的矩阵：

$$\begin{bmatrix} 1&1&1&1&1&1&1\\ 1&3&3&3&3&3&1\\ 1&3&5&5&5&3&1\\ 1&3&5&7&5&3&1\\ 1&3&5&5&5&3&1\\ 1&3&3&3&3&3&1\\ 1&1&1&1&1&1&1 \end{bmatrix}$$

```
>> Y1 = ones(3)*2                % 3*3 全“2”矩阵

Y1 =

     2     2     2
     2     2     2
     2     2     2

>> a=ones(7);                    % 分步完成
>> a(2:6,2:6)=ones(5)*3;
>> a(3:5,3:5)=ones(3)*5;
>> a(4,4)=7;
>> a

a =

     1     1     1     1     1     1     1
     1     3     3     3     3     3     1
     1     3     5     5     5     3     1
```

```
    1     3     5     7     5     3     1
    1     3     5     5     5     3     1
    1     3     3     3     3     3     1
    1     1     1     1     1     1     1
```

【实例讲解】全“n”矩阵可以由全1矩阵与n相乘得到。

2.1.4 size——数组的维数

【语法说明】

- d=size(A)：返回数组A的维数，如果A为向量，则d是一个标量；如果A为矩阵或多维数组，则d是一个包含多个元素的向量。假如A是一个m×n×p矩阵，则d=[m,n,p]。
- [m,n]=size(A)：返回矩阵A的行数m和列数n。
- d=size(A,n)：返回数组A第n维的长度。n=1时，返回A的行数；n=2时，返回A的列数。

【功能介绍】求矩阵或数组的维数。

【实例2.4】创建一个3维数组，求其维数；求符号矩阵的维数。

```
>> a=zeros(4,3,2)        % 创建4*3*2全零矩阵

a(:,:,1) =

     0     0     0
     0     0     0
     0     0     0
     0     0     0
a(:,:,2) =

     0     0     0
     0     0     0
     0     0     0
     0     0     0

>> d=size(a)             % 使用第一种调用形式。d返回一个向量

d =
```

```
     4     3     2

>> [m,n,p]=size(a)          % 每一个维度分别对应一个输出参数

m =

     4


n =

     3


p =

     2

>> [m,n]=size(a)            % 用 2 个输出参数获得三维数组的大小

m =

     4


n =

     6

>> syms x y                 % 符号矩阵的大小
>> b=[x,y;x*y,x+y;x^2,y]

b =

[   x,     y]
[ x*y, x + y]
```

```
[ x^2,      y]

>> size(b)

ans =

     3     2
```

【实例讲解】 size 函数可用于数值矩阵和符号矩阵。在这个实例中，[m,n]=size(a)这种调用形式值得注意。矩阵 a 为三维数组，而输出参数只有 2 个，此时，第一个输出参数 a 等于矩阵的行数，而最后一个输出参数 n 的值是矩阵剩下所有维度包含的元素之和：6=3×2。

2.1.5 cat——串接数组

【语法说明】

- Y=cat(dim,A1,A2,A3,...)：dim 代表维数，A1、A2 等是不同的矩阵，函数按 dim 所指定的方向将不同矩阵连接起来。

【功能介绍】 按指定的维度将不同的矩阵连接起来。

【实例 2.5】 将两个 2×3 的矩阵按不同的维度串接起来。

```
>> A=zeros(2,3);           % 第一个矩阵
>> B=rand(2,3);            % 第二个矩阵
>> C1=cat(1,A,B)           % 按列连接

C1 =

         0         0         0
         0         0         0
    0.9390    0.5502    0.5870
    0.8759    0.6225    0.2077

>> C1=cat(2,A,B)           % 按行连接

C1 =

         0         0         0    0.9390    0.5502    0.5870
```

```
       0         0         0    0.8759    0.6225    0.2077

>> C1=cat(3,A,B)          % 按页连接

C1(:,:,1) =

     0     0     0
     0     0     0


C1(:,:,2) =

    0.9390    0.5502    0.5870
    0.8759    0.6225    0.2077
```

【实例讲解】MATLAB 矩阵中的第三个维度称为页（Page）。cat 函数的 dim 参数取 1 时，参与连接的矩阵必须拥有相同的列数。可以将 A、B 分别视为一个元素，dim 取 1 表示元素 A、B 按列的方向排布，形成一列；dim 取 2 时，两者则排成一行。

2.1.6　rand——创建均匀分布的随机矩阵

【语法说明】

- R=rand(n)：生成 $n \times n$ 随机数矩阵，元素服从参数为(0,1)的均匀分布。
- R=rand(m,n)或 R=rand([m,n])：生成 $m \times n$ 均匀分布的随机矩阵。
- R=rand(m,n,p…)或 R=rand([m,n,p,…])：生成 m×n×p×L 的均匀分布的随机多维数组。
- R=rand(…,classname)：字符串 classname 指定随机数的数据类型，可取值为 double 或 single，分别表示双精度浮点数和单精度浮点数，默认为 double。
- rand('seed',sd)或 rand('state',sd)：在 MATLAB 旧版本中，用这两条命令设置随机数种子。在 MATLAB R2011b 中，用 rng 函

数代替。rand('seed',sd)相当于 rng(sd,'v4')，rand('state',sd)相当于 rng(sd,'v5uniform')。

【功能介绍】生成服从均匀分布的任意形状的数组，并附有设置随机数种子的功能。

【实例 2.6】生成一个 0～1 之间服从均匀分布的随机数，如果该随机数大于 0.5，则生成一个 2×2、服从 2～10 之间均匀分布的随机矩阵，如果该随机数小于 0.5，则生成 5 个 0～9 之间均匀分布的整数。

```
    >> rand('seed',0);                    % 设置随机数种子
    >> if rand > 0.5                      % 如果rand产生的随机数大于0.5，则执行b = rand(2,2)*(10-2)+2
            b = rand(2,2)*(10-2)+2
       else                             % 如果该随机数小于0.5，则执行b = floor(rand(1,5)*10)
            b = floor(rand(1,5)*10)
       end

    b =                                   % b的值

         0     6     6     9     3
    >> if rand > 0.5                      % 第二次运行
            b = rand(2,2)*(10-2)+2
       else
            b = floor(rand(1,5)*10)
       end

    b =

        8.6477    2.4277
        2.2766    6.2376
    …
    >> if rand > 0.5                      % 第n次运行
            b = rand(2,2)*(10-2)+2
       else
            b = floor(rand(1,5)*10)
```

```
    end

b =

     6     4     7     9     7
```

【实例讲解】 计算机产生的随机数是伪随机数，rand('seed',0)将随机数种子设置为 0，因此只要下一次执行程序时也将种子设置为零，就能保证产生完全相同的结果。第二次运行时，由于种子已经发生变化，因此所得结果与第一次不一致。这个实例还给出了产生任意有限区间[*a*,*b*]内均匀分布随机数的方法： rand(m,n)*(b−a)+a。对产生的随机数取整即可得到均匀分布的整数，另外，randi 函数也可以产生均匀分布的随机整数。

2.1.7 randn——创建正态分布的随机矩阵

【语法说明】

- R=randn(n)：生成 $n \times n$ 随机数矩阵，元素服从标准正态分布。
- R=randn(m,n)或 R=randn([m,n])：生成 $m \times n$ 标准正态分布随机矩阵。
- R=randn(m,n,p…)或 R=randn([m,n,p,…])：生成 m×n×p×L 标准正态分布的随机多维数组。
- R=randn(…,classname)：字符串 classname 指定随机数的数据类型，可取值为 double 或 single，分别表示双精度浮点数和单精度浮点数，默认为 double。
- randn('seed',sd)或 randn('state',sd)：在 MATLAB 旧版本中，用这两条命令设置随机数种子。在 MATLAB R2011b 中，用 rng 函数代替。randn('seed',sd)相当于 rng(sd,'v4')，rand('state',sd)相当于 rng(sd,'v5normal')。

【功能介绍】 生成标准正态分布的随机矩阵。用法与 rand 类似，区别在于 randn 产生的元素服从标准正态分布，rand 中则满足均匀分布。

【实例 2.7】 使用 randn 函数产生 10000 个服从参数为(2,5)正态分布的随机数，并计算样本均值和方差。

```
>> randn('seed',0)                          % 设置随机数种子为零
>> a = randn(1,10000) * sqrt(5) + 2;           % 产生一万个均值为 2，方差为 5 的正态分布随机数
>> mean(a)                                  % 求样本均值

ans =

   1.9736

>> std(a)                                   % 样本标准差

ans =

   2.2447

>> var(a)                                   % 样本方差

ans =

   5.0385
```

【实例讲解】 randn 产生的随机数默认服从标准正态分布，要产生非标准的(μ,σ^2)正态分布随机数，可以使用 randn(m,n)*σ+μ的形式。mean、std、var 函数分别用于求均值、标准差和方差。在本例中，样本均值 1.9736 和方差 5.0385 均接近给定的参数。

2.1.8 randperm——生成随机整数排列

【语法说明】

- p=randperm(n)：生成 1～n 之间整数的无重复随机排列。
- p=randperm(n,k)：生成长度为 k 的向量，其中的元素取自 1～n 之间整数的无重复随机排列。

【功能介绍】 生成一定范围内整数的无重复随机排列。randperm

采用不放回抽样，因此元素无重复，如果需要产生有重复的随机整数，应使用 randi 函数。

【实例 2.8】生成长度为 6 的向量，其中的元素从 1～10 整数中随机、无重复地选取。

```
>> rng(2);randperm(10,6)          % 产生 6 个随机整数
ans =
     3     5     4     9     1     2
```

【实例讲解】调用 randperm 之前可使用 rng 函数设置随机数种子。

2.1.9 linspace——创建线性等分向量

【语法说明】

- Y=linspace(a,b)：生成一个从 a 到 b 的线性等分向量，默认元素个数为 100 个。a 与 b 的大小关系没有限制，因此生成的向量可能是递增或递减的等差数列。如果 a 与 b 相等，则相当于 ones(1,100)*a。由于端点 a 和 b 包括在这 100 个点内，因此实际上只将区间[a, b]分成了 99 段。
- Y=linspace(a,b,n)：n 指定了向量 Y 的长度，即线性等分点个数为 n。

【功能介绍】根据给定的端点和元素个数生成线性等分向量。

【实例 2.9】分别使用冒号操作符和 linspace 函数生成-1 到 1 之间的线性等分向量。

```
>> a=linspace(-1,1,10)        % -1 到 1 之间，长度为 10 的向量

a =

   -1.0000    -0.7778    -0.5556    -0.3333    -0.1111
0.1111   0.3333   0.5556   0.7778   1.0000

>> b=-1:.2:1            % 使用冒号操作符创建长度为 11 的向量

b =
```

```
   -1.0000    -0.8000    -0.6000    -0.4000    -0.2000
0    0.2000    0.4000    0.6000    0.8000    1.0000

>> b= -1:2/9:1       % 使用冒号操作符创建长度为10的等分向量

b =

   -1.0000    -0.7778    -0.5556    -0.3333    -0.1111
0.1111    0.3333    0.5556    0.7778    1.0000

>> a=linspace(1,0,5)% 使用linsapce生成递减的线性等分向量

a =

    1.0000    0.7500    0.5000    0.2500         0

>> b=1:-.25:0        % 使用冒号操作符生成递减的线性等分向量

b =

    1.0000    0.7500    0.5000    0.2500         0
```

【实例讲解】 linspace 在创建自变量向量时常用，冒号操作符可以完成 linspace 的功能，两者的区别是：linspace 需要用户指定向量长度，冒号操作符则需要用户指定相邻两元素之间的步进值大小。

2.1.10 logspace——创建对数等分向量

【语法说明】

- Y = logspace(a,b)：生成一个对数等分向量，其元素个数为50，元素值在 10^a 和 10^b 之间。这个向量的“等分”性在于，将 Y 中的元素取以 e 为底的对数后，将得到一个线性等分向量。
- Y = logspace(a,b,n)：生成一个 10^a 和 10^b 之间的对数等分向量 Y，向量长度为 n。如果 n 为 1，则函数返回 10^b。

- Y = logspace(a,pi)：生成一个在 10^a 和 pi 之间的对数等分向量，元素个数为 50。由于 pi 在信号处理中常用，函数此处对 b=pi 的情况做了特殊处理。

【功能介绍】创建对数等分向量。

【实例 2.10】创建一个包含 3 个元素的对数等分向量；在 10^{-5}～π 和 10^{-5}～$10^{3.1415926}$ 之间各创建一个包含 200 个元素的对数等分向量，并利用该向量绘制正弦曲线。

```
>> x = logspace(0.4343,1.3029,3)    % 创建从 10^0.4343 到 10^1.3029 的对数等分向量

x =

    2.7183    7.3892   20.0863

>> log(x)    % 对数等分向量取以 e 为底的对数后，是一个等差数列

ans =

    1.0000    2.0000    3.0000

>> x = logspace(-5,pi,200);      % 10^-5～π的对数等分向量
>> plot(x,sin(x),'o-');                        % 绘制正弦曲线
>> xx = logspace(-5,3.1415926,200);     %   10^-5   ～ 10^3.1415926 的对数等分向量
>> figure;plot(xx,sin(xx),'ro-');         % 绘制正弦曲线
```

绘制的正弦曲线分别如图 2-1 和图 2-2 所示。

【实例讲解】线性等分向量取以 e 为底的指数可以得到对数等分向量，对数等分向量取以 e 为底的对数可以得到线性等分向量。另外，在 Y = logspace(a,pi)格式中，必须使用 pi，而不能用近似的数字代替，否则会按普通参数处理。因此图 2-1 中对数等分向量的区间为 10^{-5}～π，而图 2-2 中，对数等分向量的区间为 10^{-5}～$10^{3.1415926}$。

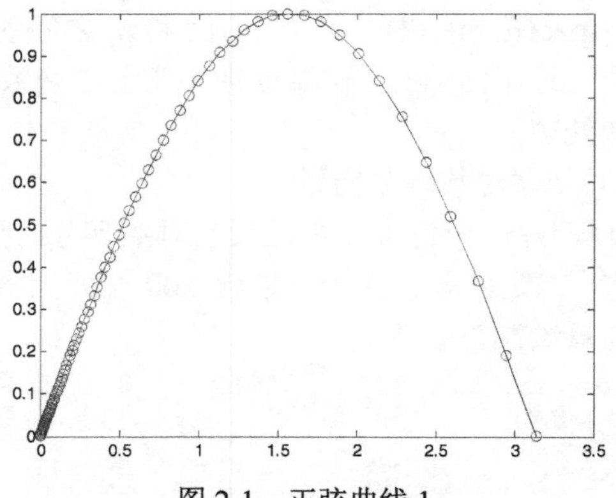

图 2-1　正弦曲线 1

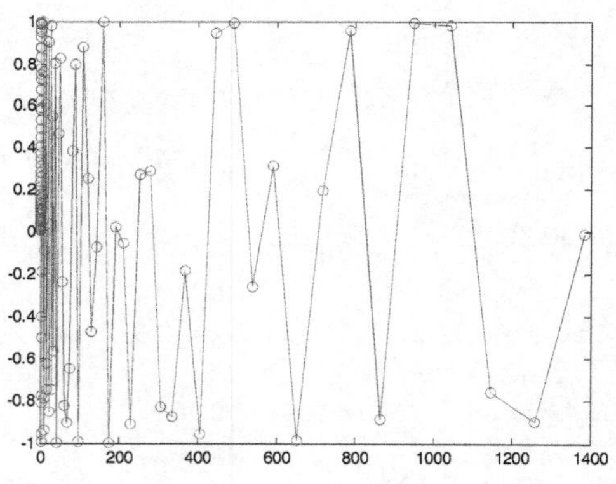

图 2-2　正弦曲线 2

2.1.11　nnz——计算非零元素的个数

【语法说明】

- n=nnz(X)：返回矩阵 X 中非零元素的个数，如果 X 为稀疏矩阵，可以用 nnz(X)/prod(size(X))来计算其非零元素的密度。

【功能介绍】计算矩阵中非零元素的个数。

【实例 2.11】创建一个稀疏矩阵，并返回非零元素个数。

```
>> s=sparse([3,8,3,8,4],[1,1,2,9,9],[1,2,3,4,5],10,10)
     % 创建稀疏矩阵

s =

   (3,1)        1
   (8,1)        2
   (3,2)        3
   (4,9)        5
   (8,9)        4
>> nnz(s)                           % 返回稀疏矩阵中非零元素的个数

ans =

     5
```

【实例讲解】用 sparse 创建了一个 10*10 的稀疏矩阵，矩阵包含 5 个非零元素：s(3,1)=1、s(8,1)=2、s(3,2)=3、s(4,9)=5、s(8,9)=4。

2.1.12 nonzeros——找出矩阵中的非零元素

【语法说明】

- s=nonzero(A)：列向量 s 返回 A 中的非零元素，寻找时按列优先的方向进行，即先找出矩阵 A 第一列的非零元素，再找出第 2、3……*n* 列的非零元素。

【功能介绍】找出矩阵中的非零元素。

【实例 2.12】找出下列稀疏矩阵中的非零元素。

```
>> s=sparse([3,8,3,8,4],[1,1,2,9,9],[1,2,3,4,5],10,10)
     % 创建稀疏矩阵
>> full(s)                                    % 转为普通矩阵

ans =

     0     0     0     0     0
     0     0     0     0     0
```

```
     1     3     0     0     0
     0     0     0     0     5
     0     0     0     0     0
     0     0     0     0     0
     0     0     0     0     0
     2     0     0     0     4
     0     0     0     0     0
     0     0     0     0     0

>> nonzeros(s)                            % 找出 s 的非零元素

ans =

     1
     2
     3
     5
     4
```

【实例讲解】 nonzeros 函数按列优先的顺序寻找非零元素，然后不经排序，将其以列向量的形式返回。

2.1.13 nzmax——计算矩阵非零元素所占空间

【语法说明】

- n=nzmax(S)：n 返回系统为矩阵中的非零元素分配的内存空间大小，如果 S 是稀疏矩阵，则返回非零元素所占内存大小；如果 S 是满矩阵，则返回 nzmax(S)=prod(size(S))，即满矩阵中每个元素都占内存。

【功能介绍】 计算系统为稀疏矩阵分配的内存单元大小。

【实例 2.13】 将满矩阵转化为稀疏矩阵，并分别计算所占的内存空间大小。

```
>> a=[0,0,0,1,0;2,0,3,0,4;0,0,2,0,0]    % 定义满矩阵 a

a =
```

```
     0     0     0     1     0
     2     0     3     0     4
     0     0     2     0     0

>> nzmax(a)                         % a所占的内存空间

ans =

    15

>> b=sparse(a)                      % 将a转为稀疏矩阵b

b =

   (2,1)        2
   (2,3)        3
   (3,3)        2
   (1,4)        1
   (2,5)        4

>> nzmax(b)                         % 稀疏矩阵b所占的内存空间

ans =

     5
```

【实例讲解】本例中，满矩阵转为稀疏矩阵后，存储空间变为原来的 1/3。将零元素多的满矩阵转化为稀疏矩阵，可以节约内存空间。

2.1.14 blkdiag——创建以输入元素为对角线元素的矩阵

【语法说明】

- out = blkdiag(a,b,c,d,…)：生成以 a,b,c,d,…为对角线元素的矩阵，a,b,c,d,…可以是标量也可以是向量或矩阵，除此之外其余位置的元素均为零。

【功能介绍】创建以输入元素为对角线元素的矩阵。

【实例 2.14】利用 blkdiag 函数生成以 1、3、5、7 和向量[10,11]为对角线元素的矩阵。

```
>> out=blkdiag(1,3,5,7,[10,11])     % 按给定元素生成矩阵

out =

     1     0     0     0     0     0
     0     3     0     0     0     0
     0     0     5     0     0     0
     0     0     0     7     0     0
     0     0     0     0    10    11
```

【实例讲解】由于输入参数未必均为标量，因此矩阵可能不是方阵。

2.1.15 compan——创建友矩阵

【语法说明】

- A=compan(u)：函数计算多项式向量 u 的友矩阵。A 的第一行元素为-u(2:n)/u(1)，即 u 的第二到第 n 个元素对第一个元素做归一化再取相反数。矩阵 A 有一个性质，其特征值是向量 u 对应多项式的根。

【功能介绍】生成友矩阵。

【实例 2.15】计算多项式$(x-10)(x-20)$的友矩阵。

```
>> syms x
>> y = (x-10)*(x-20);    % 多项式(x-10)(x-20)的符号表示
>> y = expand(y)         % 多项式展开

y =

x^2 - 30*x + 200

>> y = sym2poly(y)       % 转换为系数向量
```

```
y =

    1   -30   200

>> co = compan(y)         % 计算系数向量的友矩阵

co =

   30  -200
    1     0

>> eig(co)                % 计算友矩阵的特征值

ans =

   20
   10
```

【实例讲解】 expand 函数将符号多项式展开，sym2poly 函数将符号多项式转换为 compan 函数所需的多项式向量，以降幂形式排列。eig 函数用于求矩阵的特征值。多项式$(x-10)(x-20)$的根为 20、10，与友矩阵的特征值相符。

2.1.16 hankel——创建 Hankel 矩阵

【语法说明】

- Y=hankel(c,r)：矩阵 Y 的第一列元素为向量 c，最后一行元素为向量 r，如果 c 的最后一个元素与 r 的第一个元素不同，则交叉位置元素取 c 的最后一个元素。其余位置的元素 Y(i,j)等于该位置左下角处的元素值 Y(i+1, j−1)。也可以用另一种形式表达：P=[c, r(2:end)]，Y(i, j)=P(i+j−1)。
- Y=hankel(c)：相当于 Y=hankel(c,zeros(1,length(c)))。由此形成的矩阵 Y 次对角线以下元素均为零。

【功能介绍】 生成 Hankel 矩阵，该矩阵中的元素等于其左下方位置的元素值。

【实例 2.16】 给定向量 c=[2,1,4]，r=[4,3]，分别生成 3×3 和 3×2 大小的 Hankel 矩阵。

```
>> c=[2,1,4];              % 第一列
>> r=[4,3];                % 第一行
>> a=hankel(c,r)           % 用 c 和 r 生成 hankel 矩阵

a =

     2     1
     1     4
     4     3
>> a=hankel(c,fliplr(r))    % 将 r 变为[3,4]，此时 c 的最后一个元素与 r 的第一个元素不相等
Warning: Last element of input column does not match first element of input row.
         Column wins anti-diagonal conflict.
> In hankel at 27

a =

     2     1
     1     4
     4     4
>> a=hankel(c)  % hankel(c)将生成 3*3 大小的 hankel 矩阵

a =

     2     1     4
     1     4     0
     4     0     0
```

【实例讲解】 当 c 的最后一个元素与 r 的第一个元素不相等时，系统会忽略 r 的第一个元素，并给出一条警告。

2.1.17 hilb——创建 Hilbert（希尔伯特）矩阵

【语法说明】

- Y=hilb(n)：生成 n 阶 Hilbert 矩阵，其元素值为 Y(i, j)=1/(i+j−1)。

【功能介绍】生成 Hilbert 矩阵，该矩阵是一个方阵。Hilbert 矩阵是数学上一个著名的病态矩阵，所谓病态矩阵是指，在由该矩阵构成的线性方程组中，只要矩阵元素发生微小变化，方程组的解就会发生很大变化。Hilbert 矩阵的病态程度与阶数有关，阶数越高病态程度越强。

【实例 2.17】生成一个 5 阶的 Hilbert 矩阵，求其行列式；求 3 阶、12 阶 Hilbert 矩阵的行列式。

```
>> d=hilb(5)          % 5 阶 Hilbert 矩阵

d =

    1.0000    0.5000    0.3333    0.2500    0.2000
    0.5000    0.3333    0.2500    0.2000    0.1667
    0.3333    0.2500    0.2000    0.1667    0.1429
    0.2500    0.2000    0.1667    0.1429    0.1250
    0.2000    0.1667    0.1429    0.1250    0.1111

>> cond(d)            % d 的条件数

ans =

  4.7661e+005

>> cond(hilb(3))      % 3 阶 Hilbert 矩阵的条件数

ans =

  524.0568
```

```
>> cond(hilb(7))     % 12 阶 Hilbert 矩阵的条件数

ans =

  4.7537e+008
```

【实例讲解】Hilbert 矩阵是非奇异阵，但其行列式非常接近零。由于其病态特性，如果一个线性方程组的系数矩阵为 Hilbert 矩阵，则该方程不能使用通常的方法进行求解，否则解的正确性无法保证。cond 函数用于求矩阵的条件数，条件数越大则病态程度越强。

2.1.18 invhilb——创建逆 Hilbert 矩阵

【语法说明】

- Y=invhilb(n)：生成 n 阶 Hilbert 矩阵的逆矩阵。

【功能介绍】对 n 阶的 Hilbert 矩阵求逆矩阵。Hilbert 矩阵接近奇异阵，属于病态矩阵，直接使用 inv 函数会带来较大误差。

【实例 2.18】使用 invhilb 函数生成一个 5 阶的逆 Hilbert 矩阵，再使用 inv 函数求 5 阶 Hilbert 矩阵的逆矩阵，在 Hilbert 矩阵上添加轻微扰动，再求其逆矩阵作为对比。

```
>> d=invhilb(5)             % 5 阶 Hilbert 矩阵的逆矩阵

d =

        25        -300        1050       -1400         630
      -300        4800      -18900       26880      -12600
      1050      -18900       79380     -117600       56700
     -1400       26880     -117600      179200      -88200
       630      -12600       56700      -88200       44100

>> s=inv(hilb(5)) % 普通求逆方法求 5 阶 Hilbert 矩阵的逆矩阵

s =

  1.0e+005 *
```

```
    0.0002   -0.0030    0.0105   -0.0140    0.0063
   -0.0030    0.0480   -0.1890    0.2688   -0.1260
    0.0105   -0.1890    0.7938   -1.1760    0.5670
   -0.0140    0.2688   -1.1760    1.7920   -0.8820
    0.0063   -0.1260    0.5670   -0.8820    0.4410

>> mse(d-s)          % 两者相差很小，w 约等于 s

ans =

  1.0419e-015

>> s=inv(hilb(5)+rand(5)*0.0000001)     % 给 Hilbert 矩
阵添加 e-7 强度的扰动

s =

  1.0e+005 *

    0.0003   -0.0030    0.0106   -0.0141    0.0063
   -0.0030    0.0483   -0.1901    0.2704   -0.1268
    0.0106   -0.1901    0.7984   -1.1827    0.5702
   -0.0141    0.2705   -1.1828    1.8018   -0.8866
    0.0063   -0.1268    0.5703   -0.8867    0.4432

>> mse(d-s)                     % 添加扰动后，d 与 s 相差很大

ans =

  1.1558e+005
```

【实例讲解】 Hilbert 矩阵属于病态矩阵，在这个实例中，给 5 阶 Hilbert 矩阵添加 rand(5)*0.0000001 作为随机扰动，求得的逆矩阵就与正确的逆矩阵产生了 10^5 数量级的均方误差。

2.1.19 pascal——创建 Pascal 矩阵

【语法说明】

- Y=pascal(n)：生成 n 阶 Pascal 矩阵，其元素由 Pascal 三角形（杨辉三角）组成，其逆矩阵的所有元素均为整数。
- Y=pascal(n,1)：对 n 阶 Pascal 矩阵做 Cholesky 分解，取其下三角的分解形式，再按列的序号取符号，就得到了 Y。
- Y= pascal(n,2)：对 Pascal(n,1)顺时针旋转 90 度，如果 n 为偶数，则矩阵中的元素取原来的相反数。

【功能介绍】生成 Pascal 矩阵，该矩阵为对称阵，由 Pascal 三角形构成。Pascal 三角形是二项式展开系数构成的三角形。

【实例 2.19】生成 4 阶 Pascal 矩阵，以及其 Cholesky 下三角分解形式。

```
>> d=pascal(4)                          % 生成 4 阶 Pascal 矩阵
d =
     1     1     1     1
     1     2     3     4
     1     3     6    10
     1     4    10    20

>> t = chol(d, 'lower')                 % 对Pascal矩阵做holesky
分解

t =

     1     0     0     0
     1     1     0     0
     1     2     1     0
     1     3     3     1

>> d11 = t .* repmat([1,-1,1,-1],4,1)        % d11 = d1

d11 =
```

```
     1     0     0     0
     1    -1     0     0
     1    -2     1     0
     1    -3     3    -1

>> d12 = -rot90(d11,-1)                    % d12 = d2

d12 =

    -1    -1    -1    -1
     3     2     1     0
    -3    -1     0     0
     1     0     0     0
>> d1=pascal(4,1)                          % 第二种调用形式

d1 =

     1     0     0     0
     1    -1     0     0
     1    -2     1     0
     1    -3     3    -1
>> d2 = pascal(4,2)                        % 第三种调用形式

d2 =

    -1    -1    -1    -1
     3     2     1     0
    -3    -1     0     0
     1     0     0     0
```

【实例讲解】上述实例手工计算了 d1=pascal(4,1)与 d2 = pascal(4,2)的结果，与采用 pascal 函数直接计算结果相同。

2.1.20 toeplitz——创建托普利兹矩阵

【语法说明】

- Y=toeplitz(c,r)：生成非对称的托普利兹矩阵，将向量 c 作

为矩阵的第 1 列，将向量 r 作为矩阵的第 1 行，如果 c(1)与 r(1)不相等，则矩阵的第一个元素等于 c(1)。其余位置的元素与其左上角相邻元素相等，即 Y(i, j)=Y(i−1, j−1)。

- Y= toeplitz(r)：相当于 Y=toeplitz(r,r)，生成对称的托普利兹矩阵。

【功能介绍】 生成托普利兹矩阵。

【实例 2.20】 利用给定的向量 c、r，创建非对称的托普利兹矩阵。

```
>> toeplitz([1,2],[1,4])          % 给定c、r

ans =

     1     4
     2     1

>> toeplitz([1,2])                % 给定r

ans =

     1     2
     2     1
```

【实例讲解】 从上面的结果中可以看出，Y=toeplitz(r)等价于 Y=toeplitz(r,r)。

2.1.21 sparse——生成稀疏矩阵

【语法说明】

- S=sparse(A)：函数将矩阵 A 转化为稀疏矩阵。如果 A 本身就是稀疏矩阵，函数返回 A 本身。
- S=sparse(i,j,s,m,n,nzmax)：函数用向量 i、j 和 s 生成一个 m×n 的含有 nzmax 个非零元素的稀疏矩阵。向量 i、j 和 s 的长度是相同的，满足 S(i(k),j(k))=s(k)。向量 s 中的零元素将被忽略，对于重复的(i,j)，对应的向量 s 中的值相加作为(i,j)位置的元素值。

- S=sparse(i,j,s,m,n)：使用 nzmax = length(s)。
- S=sparse(i,j,s)：使用 m=max(i)，n=max(j)。
- S=sparse(m,n)：相当于 sparse([],[],[],m,n,0)，生成一个元素均为零的 m*n 稀疏矩阵。

【功能介绍】生成稀疏矩阵。

【实例 2.21】用 sparse 函数创建和转换稀疏矩阵。

```
>> a=[0,0,0,2,0;3,0,0,0,1;0,0,0,5,0]          % 满矩阵

a =

     0     0     0     2     0
     3     0     0     0     1
     0     0     0     5     0

>> sa=sparse(a)                               % 将 a 转为稀疏矩阵

sa =

   (2,1)        3
   (1,4)        2
   (3,4)        5
   (2,5)        1

>> bs=sparse([2,1,3,2],[1,4,4,5],[3,2,5,1])    % 创建
稀疏矩阵

bs =

   (2,1)        3
   (1,4)        2
   (3,4)        5
   (2,5)        1
```

【实例讲解】稀疏矩阵只存储非零元素的位置和值，当矩阵中零元素占多数时可以明显节约存储空间。

2.1.22 full——将稀疏矩阵转化为满矩阵

【语法说明】

- A=full(S)：将稀疏矩阵 S 转化为满矩阵 A。满矩阵即平时使用的普通矩阵。如果 S 已经是满矩阵，则 A=S。

【功能介绍】将稀疏矩阵转化为满矩阵。

【实例 2.22】将上例中的稀疏矩阵转化为满矩阵。

```
>> bs=sparse([2,1,3,2],[1,4,4,5],[3,2,5,1]); % 稀疏矩阵 bs
>> issparse(bs)                              % 判断是否为稀疏矩阵

ans =

     1

>> b=full(bs)                                % 转为满矩阵

b =

     0     0     0     2     0
     3     0     0     0     1
     0     0     0     5     0

>> issparse(b)

ans =

     0
```

【实例讲解】issparse 判断输入参数是否为稀疏矩阵，若是，返回 1，否则返回 0。

2.1.23 spdiags——提取对角线或生成带状稀疏矩阵

【语法说明】

- B= spdiags (A)：函数将 m×n 稀疏矩阵 A 中的所有非零对

角元素取出并保存于矩阵 B 中。对角线中的元素个数 k=min(m,n)，B 是 k×p 矩阵，p 是矩阵 A 的非零对角线的条数。

- [B,d]=spdiags(A)：向量 d 表示对角线位置，0 表示主对角线，-1 表示主对角线下方第一条对角线，1 表示主对角线上方第一条对角线，以此类推。
- B=spdiags(A,d)：从 A 中抽取由数字 d 指定的对角线元素，保存于 B 中。
- A=spdiags(B,d,A)：将 A 中的部分对角线用 B 中的列替换，d 指定了被替换的对角线位置，输出的矩阵 A 是稀疏矩阵。
- A=spdiags(B,d,m,n)：生成一个 m×n 稀疏矩阵，用矩阵 B 中的列作为矩阵的对角线元素，对角线的位置由向量 d 指定。

【功能介绍】与满矩阵的 diag 函数类似，spdiags 函数用于从矩阵中提取对角线，或给定对角线元素生成稀疏矩阵。

【实例 2.23】从稀疏矩阵中抽取对角线元素。

```
>> a=[0,0,0,2,0;3,0,4,0,1;0,0,0,5,0;9,0,0,0,0]

a =

     0     0     0     2     0
     3     0     4     0     1
     0     0     0     5     0
     9     0     0     0     0

>> [B,d]=spdiags(a)    % 从矩阵 a 中抽取对角线，d 为对角线位置

B =

     0     0     0     2
     0     3     4     1
     0     0     5     0
     9     0     0     0
```

```
d =

    -3
    -1
     1
     3
```

【实例讲解】d 的长度与 B 的列数相同，表示相应的列在原矩阵 a 中的位置。

【实例 2.24】由对角线元素生成稀疏矩阵。

```
>> rng(2)
>> B=randi(5,4,3)

B =

     3     3     2
     1     2     2
     3     2     4
     3     4     3
>> A=full(spdiags(B,[1,2,3],4,4))   % 生成 4*4 稀疏矩阵，取 B 的列作为对角线元素

A =

     0     1     2     3
     0     0     3     4
     0     0     0     3
     0     0     0     0

>> A=full(spdiags(B,[1,2,3],4,5))   % 生成 4*5 稀疏矩阵，取 B 的列作为对角线元素

A =

     0     3     3     2     0
     0     0     1     2     2
     0     0     0     3     2
     0     0     0     0     3
```

【实例讲解】生成稀疏矩阵的规则是，假设稀疏矩阵 A 为 m×n 矩阵，如果 m≥n，则从矩阵 B 中抽取列时，如果需要舍弃部分元素，会将列开头的元素舍弃；如果 m<n，则从矩阵 B 中抽取列元素时，如果需要舍弃部分元素，会将列末尾的元素舍弃。

2.1.24 speye——单位稀疏矩阵

【语法说明】

- S=speye(m,n)或 S=speye([m,n])：生成 m×n 单位稀疏矩阵。
- speye(n)：生成 n×n 单位稀疏矩阵。
- speye：生成 1*1 单位稀疏矩阵。

【功能介绍】生成单位稀疏矩阵。

【实例 2.25】用 speye 生成 1000*1000 稀疏矩阵，观察其所占的内存空间。

```
>> sa=speye(1000);       % sa 为 1000*1000 稀疏矩阵
>> a=eye(1000);          % a 为 1000*1000 满矩阵
>> whos
  Name      Size              Bytes  Class     Attributes

  a        1000x1000         8000000  double
  sa       1000x1000           16004  double    sparse

>> ssa=sparse(a);
>> whos
  Name      Size              Bytes  Class     Attributes

  a        1000x1000          8000000  double
  sa       1000x1000            16004  double    sparse
  ssa       1000x1000           16004  double    sparse
```

【实例讲解】whos 命令列出当前工作空间中变量的名称、大小和属性。直接生成 1000*1000 满矩阵时，由于默认类型为 double，double 类型的数据占 8 个字节，因此矩阵 a 需要 8MB 的内存空间，转化为稀疏矩阵后，内存空间是原来的 1/499.875 倍。

2.1.25 sprand——生成均匀分布的随机稀疏矩阵

【语法说明】

- R=sprand(S)：函数返回一个均匀分布的随机稀疏矩阵 R，其非零元素的位置与稀疏矩阵 S 相同。
- R=sprand(m,n,density)：生成一个 m×n 的均匀分布的随机矩阵，其中非零元素的位置是随机的，数量约为 m*n*density。
- R=sprand(m,n,density,rc)：生成一个 m×n 的均匀分布的随机矩阵，非零元素的数量约为 m*n*density，近似的条件数为 1/rc。

【功能介绍】生成均匀分布的随机稀疏矩阵。

【实例 2.26】创建一个非零随机数位于主对角线位置的稀疏矩阵。

```
>> a=speye(3)               % 单位稀疏矩阵

a =

   (1,1)        1
   (2,2)        1
   (3,3)        1

>> b=sprand(a)              % 非零随机数也位于主对角线上

b =

   (1,1)       0.8466
   (2,2)       0.0796
   (3,3)       0.5052
```

【实例讲解】矩阵 a 的作用仅仅在于指出非零元素的所在位置，a 中元素的值对结果没有影响。

2.1.26 sprandn——生成正态分布的随机稀疏矩阵

【语法说明】

- R=sprandn(S)：函数返回一个正态分布的随机稀疏矩阵 R，

其非零元素的位置与稀疏矩阵 S 相同。

- R=sprandn(m,n,density)：生成一个 m×n 的正态分布的随机矩阵，其中非零元素的位置是随机的，数量约为 m*n*density。
- R=sprandn(m,n,density,rc)：生成一个 m×n 的正态分布的随机矩阵，非零元素的数量约为 m*n*density，近似的条件数为 1/rc。

【功能介绍】生成正态分布的随机稀疏矩阵，这里的正态分布指标准正态分布，对于均值为μ、方差为σ^2的正态分布，可以使用$x\times\sigma+\mu$的形式生成，其中 x 是服从标准正态分布的随机数。

【实例 2.27】生成均值为 1，方差为 4 的正态分布稀疏矩阵，位置任意，元素个数约为 250 个。

```
>> rng(2)
>> a=sprandn(100,100,.025);      % 生成 250 个左右非零元素的随机稀疏矩阵
>> b=sparse(nonzeros(a)*2+1);   % 将标准正态分布转为参数为(1,4)的正态分布
>> mean(nonzeros(b))             % 样本均值

ans =

   0.9331

>> var(nonzeros(b))              % 样本方差

ans =

   3.7550
```

【实例讲解】稀疏矩阵 b 中非零元素的均值为 0.9331，方差为 3.755，与预期基本一致。nonzeros 函数用于提取稀疏矩阵的非零元素。

2.1.27 sprandsym——生成对称的随机稀疏矩阵

【语法说明】

- R=sprandsym(S)：生成稀疏对称的正态分布随机矩阵，其

下三角与主对角线元素位置与给定稀疏矩阵 S 相同。

- R=sprandsym(n,density)：生成 n×n 对称的稀疏矩阵 R，元素个数约等于 n*n*density。
- R=sprand(n,density,rc)：生成条件数为 1/rc 的对称随机稀疏矩阵。

【功能介绍】生成对称的标准正态分布随机稀疏矩阵。

【实例 2.28】生成一个 4×4 大小的对称随机稀疏矩阵。

```
>> rng(2);
>> a=sprandsym(4,.1)

a =

    (3,1)      -0.1242
    (1,3)      -0.1242
```

【实例讲解】sprandsym 函数与 sprandn 函数的区别是，sprandsym 生成的矩阵是对称的。

2.1.28 wilkinson——创建 Wilkinson 特征值测试阵

【语法说明】

- Y=Wilkinson(n)：生成 n 阶 Wilkinson 特征值测试阵。

【功能介绍】生成 Wilkinson 特征值测试阵。该矩阵是对称的对角矩阵，包含成对的近似相等又不完全相等的特征值。

【实例 2.29】生成 7 阶和 14 阶的 Wilkinson 特征值测试阵，并求其特征值。

```
>> eig(wilkinson(7))'% 7 阶 Wilkinson 特征值测试阵的特征值

ans =

   -1.1249      0.2679      1.0000      2.0000      2.3633
3.7321    3.7616

>> eig(wilkinson(14))' % 14 阶 Wilkinson 特征值测试阵的特
```

```
征值

    ans =

      Columns 1 through 11

       -0.9641     0.2127     1.0782     1.6547     2.4010
2.6140    3.4902    3.5216    4.5379    4.5401    5.7106

      Columns 12 through 14

        5.7107    7.2462    7.2462
```

【实例讲解】从 14 阶测试矩阵中可以发现，至少有 4 对特征值非常接近但不完全相等，特征值越大，接近程度越高。最常用的是 21 阶 Wilkinson 特征值测试阵。

2.1.29 dot——计算向量的点积

【语法说明】

- Y=dot(A,B)：若 A、B 为长度相同的向量，则返回向量 A 与 B 的点积。当 A 和 B 都是列向量时，dot(A,B)等价于 A'B。若 A、B 为同型的矩阵或多维数组，则沿着第一个长度不为 1 的维度计算点积。如 $A=\begin{bmatrix}1 & 2\\3 & 4\end{bmatrix}$，$B=\begin{bmatrix}1 & 2\\1 & 2\end{bmatrix}$，则 dot(A,B)对 A 和 B 的对应列计算点积，返回 Y=[4 12]。
- Y=dot(A,B,dim)：dim 指定了计算点积的维度。

【功能介绍】计算向量的点积，向量的点积即内积，假设 $A=[a_1,a_2,\mathrm{L},a_n]$，$B=[b_1,b_2,\mathrm{L},b_n]$，则 A 与 B 的点积等于

$$a_1\times b_1+a_2\times b_2+\mathrm{L}+a_n\times b_n$$

【实例 2.30】 计算矩阵 $\begin{bmatrix}1 & 2 & 3\\3 & 2 & 1\end{bmatrix}$ 和 $\begin{bmatrix}1 & 0.5 & 0.5\\2 & 1 & 1\end{bmatrix}$ 沿着不同维度的点积。

```
>> a=[1,2,3;3,2,1]                    % 矩阵 a

a =
     1     2     3
     3     2     1

>> b=[1,0.5,0.5;2,1,1]                % 矩阵 b

b =
    1.0000    0.5000    0.5000
    2.0000    1.0000    1.0000

>> dot(a,b)              % 将每一列视为一个向量，分别计算点积

ans =
    7.0000    3.0000    2.5000

>> dot(a,b,2)            % 将每一行视为一个向量，分布计算点积

ans =
    3.5000
    9.0000
```

【实例讲解】 点积运算的输入是两个长度相同的向量，输出一个标量；输入参数为矩阵时，dot 默认将每一列视为一个向量进行点积计算。

2.1.30 cross——计算向量叉乘

【语法说明】

- Y=cross(A,B)：若 A、B 为向量，则两者必须是包含 3 个元素的向量，函数返回 A 与 B 的叉乘。若 A、B 为矩阵多维数组，函

数将会沿着第一个维数为 3 的维度计算叉乘。

- Y=cross(A,B,dim)：A、B 为矩阵或多维数组，满足 size(A,dim)=3，size(B,dim)=3。

【功能介绍】计算两个向量的叉乘，假设向量 A 与 B 的叉乘为 C，则满足 $|C|=|A||B|\sin\theta$，且 $C\perp A$，$C\perp B$，方向满足右手规则。

【实例 2.31】计算[1 2 3]与[2 3 4]的叉乘。

```
>> a=[1,2,3];              % 向量 a
>> b=[2,3,4];              % 向量 b
>> cross(a,b)              % a 与 b 的叉乘

ans =

   -1    2   -1

>> cross(b,a)              % b 与 a 的叉乘

ans =

    1   -2    1
```

【实例讲解】叉乘运算不满足交换律 cross(a,b)生成的向量与 cross(b,a) 生成的向量模值相等，方向相反。

2.1.31　conv——矩阵的卷积和多项式乘法

【语法说明】

- C=conv(u,v)：u 和 v 必须为向量，其长度可以不相同，函数返回 u 与 v 的卷积。u、v 可以为行向量或列向量，Y1 与 u 保持一致。
- C=conv(…,'shape')：用指定的参数 shape 返回卷积的一部分，可取的值如下：

（1）full：返回全部卷积，相当于 C=conv(u,v)，是默认值。

（2）same：返回与 A 大小相同的卷积中心部分。

（3）valid：仅仅返回没有用零填充时计算出的卷积。计算卷积

时，边界部分需要用零填充。此时 length(C)等于 max(length(a)−max(0,length(b)−1),0)。

【功能介绍】实现向量卷积运算。多项式相乘可以用多项式系数向量的卷积实现，卷积运算满足交换律。

【实例 2.32】展开多项式$(x^2+x-1)(x^2+2x+1)=x^4+3x^3+x^2-x-1$。

```
>> a=[1,1,-1];        % (x^2+x-1)的第一种表示方法，高次在前
>> b=[1,2,1];         % (x^2+2x+1)
>> c1=conv(a,b)       % 展开多项式，高次在前

c1 =

     1     3     2    -1    -1

>> a=[-1,1,1];        % (x^2+x-1)的第二种表示方法，低次在前
>> c2=conv(a,b)       % 展开多项式，低次在前

c2 =

    -1    -1     2     3     1
```

【实例讲解】用向量表示多项式系数时，可以降幂排列或升幂排列。在本例中，输入参数的第一种表示方法是降幂排列，第二种表示方法是升幂排列，对应的展开结果与输入参数的幂次排列方法一致。

2.1.32 deconv——反卷积和多项式除法运算

【语法说明】

- [Q,R] = deconv(B,A)：计算向量 B 和 A 的反卷积。商在 Q 中，R 为余项，满足 B = conv(A,Q) + R。卷积对应多项式乘法运算，故反卷积可以看做多项式除法。

【功能介绍】实现向量反卷积运算，可以用于实现多项式除法。

【实例 2.33】$A=x^3+2x^2+3x+4$，$B=(x+1)$，求多项式 $C=AB$，并求$(C+2x)/A$。

```
>> a=[1,2,3,4];                     % A
>> b=[1,1];                         % B
>> c=conv(a,b)                      % C 为 x^4+3x^3+5x^2+7x+4

c =

     1     3     5     7     4

>> c(end-1)=c(end-1)+2;             % C 加上 2x
>> [q,r]=deconv(c,a)                % C 除以多项式 A

q =                                 % 商等于 B

     1     1


r =                                 % 余项表示 2x

     0     0     0     2     0
```

【实例讲解】以上向量采用降幂排列。C 为多项式 A 与 B 的乘积，给 C 加上 2x 项再除以 A，可以得到多项式 B，余项为 2x。

2.1.33　kron——张量积

【语法说明】

- Y=kron(A,B)：A、B 可以为向量或矩阵，函数返回 A、B 的克罗内克张量积。Y 中包含了所有 A、B 中元素可能的乘积，假设 A 为 2×3 矩阵，则

$$Y=\begin{bmatrix} A(1,1)*B & A(1,2)*B & A(1,3)*B \\ A(2,1)*B & A(2,2)*B & A(2,3)*B \end{bmatrix}$$

假如 A 为 m×n 矩阵，B 为 p×q 矩阵，则 Y 是(m×p)×(n×q)矩阵。

【功能介绍】计算向量或矩阵的克罗内克（Kronecker）张量积。

克罗内克张量积满足结合律但不满足交换律。

【实例 2.34】求两个 2×2 矩阵 a 和 b 的张量积。

```
>> a=[1,2;3,4]                % 第一个矩阵

a =

     1     2
     3     4

>> b=[1,3;1,3]                % 第二个矩阵

b =

     1     3
     1     3

>> kron(a,b)                  % 计算张量积

ans =

     1     3     2     6
     1     3     2     6
     3     9     4    12
     3     9     4    12
```

【实例讲解】张量积矩阵的右上角的 4 个元素由 a(1,2)=2 与矩阵 b 相乘得到，整个矩阵是一个分块矩阵的形式。

2.1.34 intersect——计算两个集合的交集

【语法说明】

- Y=intersect(a,b)：a、b 必须为向量，函数找到向量 a、b 的公共部分，并以升序的形式返回。
- [Y,ia,ib]=intersect(a,b)：Y 为向量 a、b 的公共元素，ia 为公共元素在 a 中的位置索引，ib 为公共元素在 b 中的位置索引，即 Y=a(ia)，Y=b(ib)。

- Y=intersect(A,B,‘rows’)：A、B 为相同列数的矩阵或长度相等的行向量，Y 返回完全相等的行。
- [Y,ia,ib]=intersect(a,b,‘rows’)：Y 为矩阵 a、b 的公共行，ia 为公共行在 a 中的位置索引，ib 为公共行在 b 中的位置索引，即 Y=a(ia,:)，Y=b(ib,:)。
- Y=intersect(ca,cb)或 Y=intersect(ca,cb,‘rows’)：a、b 必须为字符串构成的细胞数组，Y 返回细胞数组中相同的字符串，rows 参数将被忽略，并给出警告信息。

【功能介绍】计算两个集合的交集，可以计算向量之间的公共元素，也可以计算矩阵的公共行、细胞数组的公共字符串。

【实例 2.35】找出矩阵 A、B 中相同的行，并给出这些行在 A 中的位置。

```
>> A=[2 4 6;1 3 5;7 9 8]                        % 矩阵A

A =
     2     4     6
     1     3     5
     7     9     8

>> B=[1 2 3;4 5 6;7 9 8]                        % 矩阵B

B =
     1     2     3
     4     5     6
     7     9     8

>> [Y,ia, ~] = intersect(A,B,'rows')   % 计算公共行及其位置

Y =
     7     9     8


ia =
     3
```

【实例讲解】矩阵 A 和 B 公共行为[7 9 8]，位于矩阵 A 中的第 3 行。

2.1.35 ismember——检测集合中的元素

【语法说明】

- Y=ismember(A,S)：A、S 为任意形状的向量、矩阵或数组。函数返回与 A 同型的数组 Y，当 A 中的元素包含在 S 中时，Y 相应位置的元素值取 1，否则 Y 取零。A 和 S 也可以是由字符串构成的细胞数组。
- Y=ismember(A,S,'rows')：A 与 S 列数相同，Y 是一个长度为 size(Y,1)的列向量，如果 A 中的行包含在 S 中，Y 相应位置的元素取 1，否则取零。

【功能介绍】判断元素是否在某个集合中。

【实例 2.36】判断字符串是否在细胞数组中。

```
>> a='MATLAB'                              % 字符串 a

a =
MATLAB

>> b={'I','Love', 'MATLAB','～'}% 字符串构成的细胞数组 b

b =
    'I'    'Love'    'MATLAB'    '～'

>> ismember(a,b)                           % 'MATLAB'在 b 中

ans =
     1

>> c='MATLAB';
>> ismember(c,b)                           % 'MATLAB'不在 b 中

ans =
     0
```

【实例讲解】ismember 函数中涉及的字符串是区分大小写的。

2.1.36 setdiff——计算集合的差

【语法说明】

- Y=setdiff(A,B)：A、B 为向量，Y 返回属于 A 但不属于 B 的元素的集合。
- Y=setdiff(A,B,'rows')：A、B 为列数相等的矩阵，Y 返回属于 A 但是不属于 B 的行。
- [Y,I]=setdiff(…)：I 表示 Y 中元素在 A 中的位置，即 Y=A(I) 或 Y=A(I,:)。

【功能介绍】计算两个集合的差。

【实例 2.37】计算属于 A 但是不属于 B 的元素的集合。

```
>> a=-2:2                          % 向量 a

a =
    -2    -1     0     1     2

>> b=1:10                          % 向量 b

b =
     1     2     3     4     5     6     7     8     9    10

>> [Y,I] = setdiff(a,b)     % Y 为包含在 a 而包含在 b 的元素

Y =
    -2    -1     0


I =
     1     2     3
```

【实例讲解】I=[1 2 3]，表示[−2 −1 0]是 a 中的前三个元素。

2.1.37 setxor——计算两个集合的异或

【语法说明】

Y=setxor(A,B)：A、B 为向量，Y 返回属于 A 但不属于 B、属于 B 但不属于 A 的元素的集合。

Y=setxor(A,B,'rows')：A、B 为列数相等的矩阵，Y 返回属于 A 但是不属于 B、属于 B 但不属于 A 的行。

[Y,I1,I2]=setxor(…)：I1 表示 Y 中元素在 A 中的位置，即 Y=A(I1)或 Y=A(I1,:)，I2 表示 Y 中的元素在 B 中的位置，即 Y=B(I2)或 Y=B(I2,:)。

【功能介绍】计算两个集合的异或，即两个集合交集的非。

【实例 2.38】计算属于 A 但是不属于 B、属于 B 但不属于 A 的元素的集合。

```
>> a=-2:8                          % 向量 a
a =
    -2    -1     0     1     2     3     4     5     6     7     8

>> b=1:10                          % 向量 b
b =
     1     2     3     4     5     6     7     8     9    10

>> [Y,I1,I2] = setxor(a,b)         % 计算异或
Y =
    -2    -1     0     9    10

I1 =
     1     2     3

I2 =
     9    10
```

【实例讲解】Y 中的元素取自 a 的第 1、2、3 个元素以及 b 的第 9、10 个元素。

2.1.38 union——计算两个集合的并集

【语法说明】

- Y=union(a,b)：a、b 必须为向量，函数找出向量 a、b 的所有元素，去掉重复元素，升序排序后返回。
- [Y,ia,ib]=union(a,b)：Y 包含向量 a、b 的所有元素，ia 为 Y 中的元素在 a 中的位置索引，ib 为 Y 中的元素在 b 中的位置索引，即 Y=a(ia)，Y=b(ib)。
- Y= union (A,B,'rows')：A、B 为相同列数的矩阵，Y 找出 A、B 的所有行，去掉重复行后返回。
- [Y,ia,ib]= union (a,b,'rows')：Y 包含矩阵 a、b 的所有行，ia 为 Y 中的行在 a 中的位置索引，ib 为 Y 中的行在 b 中的位置索引，即 Y=a(ia,:)，Y=b(ib,:)。

【功能介绍】计算两个集合的并集。

【实例 2.39】已知两个矩阵 A 和 B，计算 A、B 集合的并集。

```
>> A=[2 4 6;1 3 5;7 9 8]          % 集合 A

A =
     2     4     6
     1     3     5
     7     9     8

>> B=[1 2 3;4 5 6;7 9 8]          % 集合 B

B =
     1     2     3
     4     5     6
     7     9     8

>> Y=union(A,B,'rows')            % 取两集合的所有行

Y =
     1     2     3
```

```
        1     3     5
        2     4     6
        4     5     6
        7     9     8
```

【实例讲解】两个矩阵包含公共行[7 9 8]，在 Y 中做了去重复行的处理，只包含该公共行一次。

2.1.39 unique——取集合的单值元素

【语法说明】

- Y=unique(A)：A 可以是任意形状的向量、矩阵或数组，向量 Y 返回 A 中的所有不重复元素，并进行升序排序。当 A 为行向量时，Y 也为行向量；当 A 为列向量或矩阵、多维数组时，Y 为列向量。A 也可以是由字符串构成的细胞数组。
- Y=unique(A,'rows')：A 为矩阵，Y 返回 A 中不重复的行组成的矩阵。
- [Y,I,J]=unique(A)：I 为 Y 中的元素在 A 中的位置索引，即 Y=A(I)，J 为 A 中的元素在 Y 中的位置索引，即 A=Y(J)。
- [Y,I,J]=unique(A,'rows')：I 为 Y 中的行在 A 中的位置索引，即 Y=A(I,:)，J 为 A 中的行在 Y 中的位置索引，即 A=Y(J,:)。
- [Y,I,J]=unique(…,'first')：计算 I 时，对于 A 中的重复元素或重复行，取其第一次出现的位置索引，[Y,I,J]=unique(A)或[Y,I,J]=unique(A,'rows')默认取重复元素或重复行最后一次出现时的位置索引值。

【功能介绍】取集合中的不重复元素或不重复行。

【实例 2.40】判断向量是否包含重复元素，判断细胞数组是否包含重复字符串。

```
    >> a=1:100;                   % 构造向量 a
    >> a(34)=25;                  % 向量 a 包含两个 25
    >> isequal(unique(a),a) % unique(a)去掉了一个 25，与 a 不
相等
```

```
ans =

     0

>> a={'abc', 'xyz', 'MATLAB', 'xyz'};  % 细胞数组 a
>> isequal(unique(a),a)              % a 中包含两个"xyz"

ans =

     0

>> unique(a)                         % unique(a)去掉了一个"xyz"

ans =

    'MATLAB'    'abc'    'xyz'
```

【实例讲解】可以用 isequal(unique(a),a)的形式判断 a 是否包含重复元素。

2.1.40 expm——求矩阵的指数

【语法说明】

- Y=expm(A)：A 必须为方阵，函数使用 Pade 逼近计算 A 的矩阵指数，结果返回 Y。

【功能介绍】矩阵的指数函数，exp 函数是对矩阵的每个元素分别计算指数，expm 则对矩阵整体进行计算。对矩阵 X 做特征值分解：[V,D]=eig(X)，其中 V 为特征向量，D 为特征值对角矩阵。则矩阵的指数可以表示为

$$\mathrm{expm}(X) = V * \mathrm{diag}\Big(\exp\big(\mathrm{diag}(D)\big)\Big) / V$$

【实例 2.41】计算一个 3×3 上三角阵的矩阵指数和元素指数。

```
>> a=[1,2,3;0,4,5;0,0,6]                % 矩阵 a

a =
```

```
     1     2     3
     0     4     5
     0     0     6

>> expm(a)                                    % 矩阵指数

ans =

    2.7183   34.5866  554.6704
         0   54.5982  872.0766
         0         0  403.4288

>> exp(a)                                     % 每个元素的指数

ans =

    2.7183    7.3891   20.0855
    1.0000   54.5982  148.4132
    1.0000    1.0000  403.4288
```

【实例讲解】exp 函数针对每个元素计算以 *e* 为底的指数，expm 函数针对矩阵整体进行计算，涉及矩阵特征分解和矩阵的乘除运算，两者含义不同。当矩阵 A 为三角阵时，exp(A)和 expm(A)的主对角线元素相等。

2.1.41　logm——求矩阵的对数

【语法说明】

- Y=logm(X)：X 必须为方阵，函数计算 X 的矩阵对数，是 expm 函数的逆运算。

【功能介绍】计算矩阵的对数，log 函数对矩阵的每个元素计算以 *e* 为底的对数，而 logm 函数对矩阵整体做运算，两者含义不同。

【实例 2.42】验证 logm 与 expm 是一对逆运算。

```
>> a=[1,2,3;0,4,5;0,0,6]                % 原始矩阵 a
```

```
a =
     1     2     3
     0     4     5
     0     0     6

>> b=expm(a);                              % b 为 a 的矩阵指数
>> c=logm(b)                               % c 为 b 的矩阵对数，c=a

c =
    1.0000    2.0000    3.0000
         0    4.0000    5.0000
         0         0    6.0000

>> log(b)                                  % 直接对 b 计算对数

ans =
    1.0000    3.5435    6.3184
      -Inf    4.0000    6.7709
      -Inf      -Inf    6.0000
```

【实例讲解】矩阵 b 中包含零元素，因此使用 log 函数对每个元素计算对数时，会出现负无穷大（–Inf）。

2.1.42　funm——通用矩阵函数

【语法说明】

- Y=funm(A,fun)：A 必须为方阵，fun 为表示超越函数的句柄或字符串，如 exp 函数、log 函数、cos 函数、sin 函数、sinh 函数和 cosh 函数等。expm(A)与 funm(A,@exp)是等效的，但调用时内部采用的算法不同。对于不同的矩阵，可能带来不同的精确度。但 sqrtm 函数不能用 funm(A,@sqrt)代替。
- [Y,esterr]=funm(A,fun)：esterr 为结果产生的相对误差的估计值。

【功能介绍】求方阵的任何基本数学函数。

【实例 2.43】求 2×2 矩阵的矩阵对数。

```
>> rng('default')
>> a=rand(2);                          % 2*2 矩阵
>> b=expm(a)                           % 使用 expm 函数

b =
    2.3941    0.3072
    2.1915    2.6328

>> b=funm(a,@exp)                      % 使用 funm 函数和超越函数句柄

b =
    2.3941    0.3072
    2.1915    2.6328

>> b=funm(a,'exp')          % 使用 funm 函数和超越函数的字符串
b =

    2.3941    0.3072
    2.1915    2.6328
```

【实例讲解】以上给出了求矩阵对数的 3 种调用形式，当使用 funm 函数时，推荐使用@exp 的形式，一般来说，函数句柄具有更高的效率。

2.2 线性代数

线性代数主要是基于矩阵进行研究的，基础的线性代数涉及行列式、秩、特征值等概念。本节将重点介绍矩阵分解及求解线性方程组相关的函数。

2.2.1 chol——Cholesky 分解

【语法说明】

- R=chol(A)：对矩阵 A 做 Cholesky 分解，返回上三角矩阵

R，满足 R′×R=A。矩阵 A 是对称的正定矩阵，计算时只取 A 的上三角部分，其余部分被忽略。

- L=chol(A,'lower')：对矩阵 A 做 Cholesky 分解，返回下三角矩阵 L，满足 L×L′=A。矩阵 A 是对称的正定矩阵。
- [R, p]=chol(A)或[R, p]=chol(A,'lower')：p 是表示运算结果的标志位，如果 A 是对称的正定矩阵，p 返回零，反之返回一个正值。此时用 p 指示运算的正确与否，系统不再报错。

【功能介绍】chol 是 MATLAB 中的 Cholesky 分解函数，线性代数中的 Cholesky 分解是指对正定矩阵 A，将其分解为 L×L′=A，其中 L 为下三角阵。求解公式如下：

$$L_{j,j}=\sqrt{A_{j,j}-\sum_{k=1}^{j-1}L_{j,k}^{2}}$$

$$L_{i,j}=\frac{A_{i,j}-\sum_{k=1}^{j-1}L_{i,k}L_{j,k}}{L_{i,j}}$$

【实例 2.44】对一个系统自带的测试矩阵做 chol 分解。

```
>> A=gallery('moler',5)            % 自带的测试矩阵

A =
     1    -1    -1    -1    -1
    -1     2     0     0     0
    -1     0     3     1     1
    -1     0     1     4     2
    -1     0     1     2     5

>> [L1,p]=chol(A)                  % 做 Cholesky 分解

L1 =

     1    -1    -1    -1    -1
     0     1    -1    -1    -1
```

```
     0     0     1    -1    -1
     0     0     0     1    -1
     0     0     0     0     1


p =

     0

>> L1'*L1                                         % 验证 L1'*L1=A

ans =

     1    -1    -1    -1    -1
    -1     2     0     0     0
    -1     0     3     1     1
    -1     0     1     4     2
    -1     0     1     2     5
>> b=triu(A)                                      % 取 A 的上三角部分

b =

     1    -1    -1    -1    -1
     0     2     0     0     0
     0     0     3     1     1
     0     0     0     4     2
     0     0     0     0     5

>> chol(b)                                        % 对 b 做分解

ans =

     1    -1    -1    -1    -1
     0     1    -1    -1    -1
     0     0     1    -1    -1
     0     0     0     1    -1
     0     0     0     0     1
```

【实例讲解】返回值 p=0，表明输入矩阵是正定矩阵，这样矩阵

L1 才有实际意义。经过检验可知，L1×L1′=A。取矩阵的上三角部分进行 Cholesky 分解，与原矩阵的分解结构相同，证明矩阵的主对角线以下部分在计算时被忽略。

【实例 2.45】根据 Cholesky 分解公式在 MATLAB 中实现一个 Cholesky 分解的函数 my_chol。在 MATLAB 中新建函数文件 my_chol.m，代码如下：

```
function [L,p] = my_chol(A)
% function file   my_chol.m
% usage:
% [L,p] = my_chol(A)
% A是正定矩阵
% L*L'=A
% p=0表示运算正确，否则表示参数A有错误

[n,m]=size(A);
if n~=m
   error('A must be square.');
end

e=eig(A);
if any(e<0)
   error('A must be positive definite');
end

if A~=A'
   wraning('A is not Symmetric, the lower part is
ignored');
end

L=zeros(n,n);
p=0;
% 第一列，特殊处理
L(1,1)=sqrt(A(1,1));
for i=2:n
   L(i,1)=A(i,1)/L(1,1);
```

```
end

% 循环
for k=2:n
    % 对角线元素
    xx=A(k,k);
    for i=1:k-1
        xx=xx-L(k,i)*L(k,i);
    end
    if xx<eps
        p=1;
        return;
    end
    L(k,k)=sqrt(xx);

    % 非对角线元素
    for i=k+1:n
        L(i,k)=A(i,k);
        for j=1:k-1
            L(i,k)=L(i,k)-L(i,j)*L(k,j);
        end
        L(i,k)=L(i,k)/L(k,k);
    end
end
```

将 my_chol.m 文件放在当前路径或 MATLAB 搜索路径下，就可以在 MATLAB 环境中调用了。采用 MATLAB 自带的矩阵进行测试：

```
>> A=gallery('moler',5)      % 测试矩阵
A =
     1    -1    -1    -1    -1
    -1     2     0     0     0
    -1     0     3     1     1
    -1     0     1     4     2
    -1     0     1     2     5

>> [L,p]=my_chol(A)              % 使用 my_chol 函数进行分解


L =
```

```
     1     0     0     0     0
    -1     1     0     0     0
    -1    -1     1     0     0
    -1    -1    -1     1     0
    -1    -1    -1    -1     1
p =

     0
>> chol(A,'lower')              % 使用 chol 函数

ans =

     1     0     0     0     0
    -1     1     0     0     0
    -1    -1     1     0     0
    -1    -1    -1     1     0
    -1    -1    -1    -1     1
```

【实例讲解】测试结果与采用预定义函数 chol 相同。这是一个自定义函数实现某功能的例子。在实际应用中，对于 MATLAB 已有的预定义函数，一般采用预定义函数即可。但如果该函数需要频繁使用，且运算比较耗时，严重制约整体性能时，就可以考虑采用自定义函数。这是因为 MATLAB 的预定义函数需要考虑到通用性，在实质性代码之前可能会有很多判断语句，或者频繁地做变量有效性检验以提高程序的健壮性。用户面对具体问题，则不必考虑通用性，而且在保证参数有效性的前提下可以去掉一些合法性检查的代码，以提高程序的运行效率。

2.2.2　lu——LU 分解

【语法说明】

- [L,U]=lu(A)：U 为上三角矩阵，L 为下三角矩阵的变换形式，满足 LU=A。
- Y=lu(A)：计算得到 L、U，返回值 Y=U+L′eye(size(A))，这种格式被称为紧凑格式。

- [L,U,P]=lu(A)：U 为上三角矩阵，L 为下三角矩阵，P 为单位矩阵的行变换矩阵，满足 LU=PA。

【功能介绍】实现 LU 矩阵分解。矩阵的 LU 分解即三角分解，它将一个矩阵分解为一个下三角矩阵 L 和一个上三角矩阵 U 的乘积，即 LU=A。

LU 分解可用于快速求解线性方程组。如果我们需要求解方程 Ax = b，即求解 LUx=b。那么令 Ux=y，即求解 Ly=b，得到 y。接着求解 Ux=y，得到 x。计算机实现这种算法时，非常节省存储空间。由于 L 和 U 都是三角矩阵，极易使用追赶法得到解，计算量比通常的高斯消元法少很多。在实际使用中，通常为了防止在分解过程中产生主元为零的情况，会带一个排列矩阵 P，即：PA = LU。

LU 分解还可以用来求矩阵的逆：设 A 的逆为 B，那么 AB=I，即 $A[b_1,b_2,L,b_n]=[I_1,I_2,L,I_n]$。因此 $Ab_j=I_j$, j=1,2,L, N，那么只要使用上面的解方程法解 N 次就可以求出逆矩阵的 N 列。

另外，LU 分解还可以用来求行列式的值，即 det(A) = det(LU) = det(L)det(U)。

值得注意的是，这种分解法所得到的上下三角形矩阵并非唯一，还可找到数个不同的上下三角形矩阵，这些矩阵对的乘积也等于原矩阵。

【实例 2.46】用 LU 分解法求线性方程组的解。线性方程组如下所示：

$$\begin{cases} 2x_1 + x_2 + 5x_3 = 1 \\ x_1 + \ x_2 + \ 7x_3 = 2 \\ 3x_1 + 4x_2 + 6x_3 = 3 \end{cases}$$

```
>> A=[2,1,3;1,1,4;5,7,6]          % 方程组系数矩阵

A =
     2     1     3
     1     1     4
```

```
     5     7     6

>> b=[1,2,3]'                                   % 方程组的值

b =

     1
     2
     3

>> tic;x1=A\b;toc
Elapsed time is 0.000073 seconds.               % 左除法解方程组
>>x1
x1 =
   -0.4583
    0.2917
    0.5417
>> tic;[L,U]=lu(A);x2=U\(L\b);toc               % 利用 LU 分解的
结果解方程组
Elapsed time is 0.000076 seconds.
>>x2
x2 =

   -0.4583
    0.2917
    0.5417
```

【实例讲解】在 MATLAB 中求解线性方程组最常用的方法是使用左除（\）。在这里例子中，用 LU 分解的方法正确求得了结果，且速度与左除的方法相差无几。

【实例 2.47】给出另一种 LU 分解，得到的结果与 MATLAB 的 lu 函数不同。在 MATLAB 中新建函数文件 my_lu.m，输入代码如下：

```
function [l,u] = my_lu( a )
% LU Decompostion

n=size(a,2);
u=zeros(size(a));
```

```
l=eye(size(a));

u(1,:)=a(1,:);
l(2:end,1)=a(2:end,1)/a(1,1);

for r=2:n
    for j=r:n
        u(r,j)=a(r,j)-l(r,1:r-1)*u(1:r-1,j);
    end

    for i=r+1:n
        l(i,r)=(a(i,r)-l(i,1:r-1)*u(1:r-1,r))/u(r,r);
    end
end
```

在命令窗口验证该函数：

```
>> a=[1,2,3;4,5,6;7,8,0]          % 原矩阵

a =

     1     2     3
     4     5     6
     7     8     0

>> [L,U]=my_lu(a)                 % LU分解

L =

     1     0     0
     4     1     0
     7     2     1


U =

     1     2     3
     0    -3    -6
     0     0    -9
```

```
>> L*U                                      % L*U 应等于原矩阵

ans =

     1     2     3
     4     5     6
     7     8     0
```

【实例讲解】L*U=a，证明这也是一种正确的 LU 分解算法。

2.2.3　qr——QR 分解

【语法说明】

- [Q,R]=qr(A)：A 是 m×n 矩阵，函数将 A 分解为 m×m 正交矩阵 Q 和 m×n 上三角矩阵 R，满足 QR=A。
- [Q,R]=qr(A,0)：对矩阵 A 做"经济型"正交三角分解。若 m≤n，则等价于[Q,R]=qr(A)；若 m>n，则仅计算 Q 的前 n 列和 R 的前 n 行。
- [Q,R,E]=qr(A)：对矩阵 A 做分解，求出正交矩阵 Q 和上三角阵 R，E 为单位矩阵的变换形式，满足 QR=AE。

【功能介绍】对矩阵做正交三角分解（Orthogonal-triangular decomposition）。QR 分解的实际计算有很多方法，例如 Givens 旋转、Householder 变换，以及 Gram-Schmidt 正交化等。QR 分解可以用于矩阵特征值的计算、最小二乘问题等。任何一个满秩的矩阵都可以唯一地分解为 Q 和 R。

【实例 2.48】对一个 3*3 矩阵做 QR 分解。

```
>> A=[-149,-50,-154;537,180,546;-27,-9,-25];
>> [Q,R,E]=qr(A)                    %QR 分解
Q =
   -0.2712    0.6791   -0.6821
    0.9615    0.1587   -0.2242
   -0.0440   -0.7166   -0.6961
R =
  567.8530  557.9314  187.0290
```

```
        0    3.4003    1.0658
        0         0    0.0031
E =
     0     1     0
     0     0     1
     1     0     0
>> Q*R
ans =
 -154.0000 -149.0000  -50.0000
  546.0000  537.0000  180.0000
  -25.0000  -27.0000   -9.0000
>> A*E                              %A*E=Q*R
ans =
  -154  -149   -50
   546   537   180
   -25   -27    -9
```

【实例讲解】若采用[Q,R]=qr(A)的形式，则 Q*R=A。

2.2.4 qrdelete——对矩阵删除行/列后 QR 分解

【语法说明】

- [Q1,R1]=qrdelete(Q,R,j,'col')：移除矩阵 A 的第 j 列 A(:,j)后，对新矩阵进行 QR 分解。
- [Q1,R1]=qrdelete(Q,R,j)：相当于[Q1,R1]=qrdelete(Q,R,j,'col')。
- [Q1,R1]=qrdelete(Q,R,j,'row')：移除矩阵 A 的第 j 行 A(j,:)后，对新矩阵进行 QR 分解。

【功能介绍】矩阵 A 移除其中某一行或某一列后再进行 QR 分解。

【实例 2.49】将矩阵移除其中一列后进行 QR 分解。

```
>> a=magic(5);
>> [Q,R]=qr(a);                          %对矩阵 a 进行 QR 分解
>> j=3;
>> [Q1,R1]=qrdelete(Q,R,j)           %用 qrdelete 函数对移除了
a 的第 3 列后的新矩阵进行 QR 分解
Q1 =
    0.5234    0.5058   -0.2321    0.1141   -0.6351
```

```
    0.7081   -0.6966   -0.0617    0.0734    0.0646
    0.1231    0.1367    0.7241    0.6615    0.0646
    0.3079    0.1911    0.5740   -0.7314    0.0646
    0.3387    0.4514   -0.2974    0.0946    0.7643
R1 =
   32.4808   26.6311   23.7063   25.8615
         0   19.8943    1.9439    4.0856
         0         0   23.2213   10.5066
         0         0         0   16.0967
         0         0         0         0
```

【实例讲解】QR 分解不要求输入矩阵为方阵。

2.2.5 qrinsert——对矩阵添加行/列后 QR 分解

【语法说明】

- [Q1,R1]=qrinsert(Q,R,j,x,'col')：在矩阵 A 的第 j 列 A(:,j)处插入向量 x 后，对新矩阵进行 QR 分解。若 j 大于 A 的列数，则在矩阵的最后插入列 x。
- [Q1,R1]=qrdelete(Q,R,j,x)：相当于[Q1,R1]=qrinsert(Q,R,j,x,'col')。
- [Q1,R1]=qrinsert(Q,R,j,x,'row')：在矩阵 A 的第 j 行 A(j,:)处插入向量 x 后，再对新矩阵进行 QR 分解。

【功能介绍】对矩阵插入一行或一列后进行 QR 分解。

【实例 2.50】向矩阵[1, 2, 3; 4, 5, 6; 7, 8, 0]插入一列后进行 QR 分解。

```
>> a=[1,2,3;4,5,6;7,8,0]

a =
     1     2     3
     4     5     6
     7     8     0

>> x=[3,1,4]'
```

```
x =
     3
     1
     4
>> [q,r]=qr(a);                       % 对 a 做 QR 分解
>> [q,r]=qrinsert(q,r,4,x)            % 插入一列后做 QR 分解

q =
   -0.1231    0.9045    0.4082
   -0.4924    0.3015   -0.8165
   -0.8616   -0.3015    0.4082


r =

   -8.1240   -9.6011   -3.3235   -4.3082
         0    0.9045    4.5227    1.8091
         0         0   -3.6742    2.0412
```

【实例讲解】 注意 qrdelete 和 qrinsert 的参数是原矩阵 QR 分解后得到的 Q 矩阵和 R 矩阵，而不是直接使用原矩阵作为参数。

2.2.6 schur——Schur 分解

【语法说明】

- T=schur(A)：返回 Schur 矩阵 T，T 是一个以 A 的特征值为主对角线元素的三角阵。
- T=schur(A,flag)：flag 是一个字符串。当矩阵 A 有复数特征值时，如果 flag 取值为'complex'，则 T 是复数的三角阵；如果 flag='real'，实特征值在 T 的主对角线上，复特征值在主对角线上 2*2 的块中，'real'是默认值。当 A 没有复数特征值时，两种形式是一样的。
- [U,T]=schur(A,…)：返回的矩阵满足 A=U*T*U'，U 为矩阵。

【功能介绍】 对矩阵进行 Schur 分解。

【实例 2.51】 用 Schur 分解求矩阵的特征值。

```
>> a=[1,2,3;4,5,6;7,8,0]          % 3*3 矩阵

a =

     1     2     3
     4     5     6
     7     8     0

>> eig(a)                          % 求矩阵的特征值

ans =

   12.1229
   -0.3884
   -5.7345

>> T=schur(a);                     % 对 a 做 Schur 分解
>> T

T =

   12.1229    2.3172    4.2104
         0   -0.3884    0.9503
         0         0   -5.7345

>> diag(T)                         % 取分解结果的对角线元素

ans =

   12.1229
   -0.3884
   -5.7345
```

【实例讲解】矩阵 T 的对角线元素为原矩阵 a 的特征值。diag 函数的作用是从矩阵中抽取对角线元素，或由对角线元素生成矩阵。

2.2.7 rsf2csf——实 Schur 向复 Schur 转化

【语法说明】

■ [U1,T1]=rsf2csf(U,T)：将实 Schur 形式转化为复 Schur 形式。矩阵的实 Schur 形式是实特征值在对角线上，复特征值在对角线上 2*2 的块，矩阵的复 Schur 形式是其对角线上为特征值的上三角矩阵形式。

U、T 是[U,T]=schur(A)生成的矩阵，rsf2csf 函数将其转化为[U1,T1]=schur(A,'complex')生成的矩阵。

【功能介绍】将实 Schur 形式转化为复 Schur 形式。

【实例 2.52】给定一个拥有复特征值的矩阵，将其实 Schur 形式转化为复 Schur 形式。

```
>> A=[1,1,1,3;1,2,1,1;1,1,3,1;-2,1,1,4]      % 定义矩阵A

A =

     1     1     1     3
     1     2     1     1
     1     1     3     1
    -2     1     1     4

>> [U1,T1]=schur(A,'complex')   % 使用参数 complex 进行
Schur 分解

U1 =

  -0.4916   -0.2756 - 0.4411i   0.2133 + 0.5699i -0.3428
  -0.4980   -0.1012 + 0.2163i  -0.1046 + 0.2093i  0.8001
  -0.6751    0.1842 + 0.3860i  -0.1867 - 0.3808i -0.4260
  -0.2337    0.2635 - 0.6481i   0.3134 - 0.5448i   0.2466

T1 =

   4.8121   -0.9697 + 1.0778i  -0.5212 + 2.0051i -1.0067
```

```
        0    1.9202 + 1.4742i   2.3355 - 0.0000i  0.1117
+ 1.6547i
        0       0     1.9202 - 1.4742i   0.8002 + 0.2310i
        0       0      0                      1.3474

>>  [U,T]=schur(A)        % 不使用 complex 参数进行 Schur 分解

U =

   -0.4916   -0.4900   -0.6331   -0.3428
   -0.4980    0.2403   -0.2325    0.8001
   -0.6751    0.4288    0.4230   -0.4260
   -0.2337   -0.7200    0.6052    0.2466

T =

    4.8121    1.1972   -2.2273   -1.0067
         0    1.9202   -3.0485   -1.8381
         0    0.7129    1.9202    0.2566
         0         0         0    1.3474

>>  [U2,T2]=rsf2csf(U,T)     % 将 U、T 转为 U1、T1 的形式

U2 =

  -0.4916    -0.2756 - 0.4411i  0.2133 + 0.5699i -0.3428
  -0.4980    -0.1012 + 0.2163i  -0.1046 + 0.2093i 0.8001
  -0.6751    0.1842 + 0.3860i  -0.1867 - 0.3808i -0.4260
  -0.2337    0.2635 - 0.6481i   0.3134 - 0.5448i 0.2466

T2 =

   4.8121   -0.9697 + 1.0778i  -0.5212 + 2.0051i -1.0067
        0   1.9202 + 1.4742i   2.3355 - 0.0000i  0.1117+
1.6547i
        0       0     1.9202 - 1.4742i  0.8002 + 0.2310i
        0       0          0                   1.3474
```

【实例讲解】rsf2csf 函数完成 schur 的一种调用结果到另一种调用结果的转换。

2.2.8 eig——计算特征值、特征向量

【语法说明】

- d=eig(A)：d 是包含矩阵 A 的特征值的列向量。
- [V,D]=eig(A)：返回特征值对角矩阵 D 和特征向量矩阵 V，特征向量按列存放，即特征值 D(i,i)对应特征矩阵 V(:,i)。如果 A 是对称的稀疏矩阵，可以用这种形式来求特征值，但如果 A 是不对称的稀疏矩阵，就应使用 d=eigs(A)来求。
- [V,D] = eig(A,'nobalance')：当矩阵 A 中有与截断误差数量级相差不远的值时，该命令可能更加精确，'nobalance'起误差调节作用。
- d=eig(A,B)：求 A、B 的广义特征值，d 返回包含广义特征值的列向量。广义特征值的定义是：$(A-\lambda B)X=0$。
- [V,D]=eig(A,B)：计算广义特征值 D 和广义特征向量 V，满足 AV=BVD。
- [V,D] = eig(A,B,flag)：用 flag 指定的算法来计算特征值 D 和特征向量 V。flag 的可能值为：

（1）'chol'：对 B 进行 cholesky 分解，这里 A 是对称的 Hermitian 矩阵，B 是正定矩阵。

（2）'qz'：使用 qz 分解算法，这里 A、B 是非对称或非 Hermtian 矩阵。

【功能介绍】求矩阵的特征值和特征向量，输入的矩阵必须为方阵。特征值的定义是：$AX=\lambda X$，X 是与特征值 λ 相对应的特征向量。特征值均不为零的矩阵为非奇异阵，非零特征值的个数等于矩阵的秩。

【实例 2.53】举例说明 nobalance 选项的作用。

```
>> B = [ 3    -2     -.9   2*eps
```

```
     -2       4       1    -eps
     -eps/4  eps/2  -1      0
     -.5     -.5      .1    1   ];
>> [VB,DB] = eig(B)                    % 直接做特征值分解

VB =

    0.6153   -0.4176   -0.0000   -0.1437
   -0.7881   -0.3261   -0.0000    0.1264
   -0.0000   -0.0000   -0.0000   -0.9196
    0.0189    0.8481    1.0000    0.3432

DB =

    5.5616         0         0         0
         0    1.4384         0         0
         0         0    1.0000         0
         0         0         0   -1.0000

>> B*VB - VB*DB

ans =

    0.0000         0   -0.0000    0.0000
         0   -0.0000    0.0000   -0.0000
    0.0000   -0.0000    0.0000    0.0000
         0    0.0000    0.0000    0.6031

>> [VN,DN] = eig(B,'nobalance');    % 使用 nobalance 选项做特征值分解
>> B*VN - VN*DN

ans =

  1.0e-014 *

   -0.2665    0.0111   -0.0559   -0.0167
```

```
    0.4441    0.1221    0.0336   -0.0250
    0.0022    0.0002    0.0007         0
    0.0333   -0.0222    0.0222    0.0111
```

【实例讲解】矩阵 B 中含有与 eps 相同数量级的元素。eps 是 MATLAB 预定义的变量，表示浮点数的精确度，是一个非常小的数。因此直接用 eig 函数求，可能会将矩阵中的这些元素直接截断为零，从而导致精确度下降。此时使用 nobalance 选项会使结果更加精确。实例中，使用 nobalance 选项后，计算 B*VN - VN*DN 的结果是一个 e−14 数量级的矩阵，仍可视为零，即 B*VN - VN*DN，符合特征值的定义。

2.2.9 svd——奇异值分解

【语法说明】

- s=svd(X)：返回矩阵 X 的奇异值组成的列向量。
- [U,S,V]=svd(X)：设 X 为 m×n 矩阵，则返回值满足 USV′=X，S 是与 X 同型的对角矩阵，对角线元素包含递减排列的非负奇异值。U 和 V 分别为 m×m 酉矩阵和 n×n 酉矩阵。
- [U,S,V]=svd(X,0)：得到矩阵 X 的“经济型”奇异值分解，如果 X 是 m×n 矩阵且 m>n，函数只计算出矩阵 U 的前 n 列和 n×n 的矩阵 S。“经济型”分解方式更节省存储空间。

【功能介绍】对矩阵做奇异值分解。奇异值的定义是：设 A 为 m×n 矩阵，A′为 A 的共轭转置矩阵，A′×A 的非负特征值的平方根叫矩阵 A 的奇异值。奇异值分解（Singular Value Decomposition）是线性代数中一种重要的矩阵分解。奇异值分解的一大应用是主成分分析（Principal Component Analysis，PCA），该方法将数据中的特征值按重要性排列，通过舍弃不重要的部分实现降维。

【实例 2.54】对矩阵[1, 2;3, 4; 5, 6; 7, 8]进行奇异值分解和经济型奇异值分解。

```
>> a=[1,2;3,4;5,6;7,8]                  % 2*4 矩阵
```

```
a =
     1     2
     3     4
     5     6
     7     8

>> [u,s,v]=svd(a)                        % 奇异值分解

u =

   -0.1525   -0.8226   -0.3945   -0.3800
   -0.3499   -0.4214    0.2428    0.8007
   -0.5474   -0.0201    0.6979   -0.4614
   -0.7448    0.3812   -0.5462    0.0407

s =

   14.2691         0
         0    0.6268
         0         0
         0         0

v =

   -0.6414    0.7672
   -0.7672   -0.6414

>> [u,s,v]=svd(a,0)                      % 经济型分解

u =

   -0.1525   -0.8226
   -0.3499   -0.4214
   -0.5474   -0.0201
   -0.7448    0.3812

s =
```

```
   14.2691         0
        0    0.6268


v =

   -0.6414    0.7672
   -0.7672   -0.6414

>> u*s*v'                                  % 验证分解结果的正确性


ans =

    1.0000    2.0000
    3.0000    4.0000
    5.0000    6.0000
    7.0000    8.0000
```

【实例讲解】特征值分解要求输入矩阵为方阵。由于矩阵 A 的奇异值定义为 A′×A 的特征值的平方根，A′×A 必为方阵，因此，即使 A 不是方阵，其奇异值也存在。在这个例子中，输入的是一个 2*4 矩阵，其奇异值存在，用经济型分解方式节省了存储空间，求得的结果仍满足 U*S*V'=A。

2.2.10 qz——广义特征值的 QZ 分解

【语法说明】

- [AA,BB,Q,Z]=qz(A,B)：对于方阵 A 和 B，生成上拟三角矩阵 AA 和 BB、酉矩阵 Q 和 Z 且满足 Q*A*Z = AA 与 Q*B*Z = BB。
- [AA,BB,Q,Z,V,W]=qz(A,B)：同时生成矩阵 V 和 W，其列是广义特征向量。
- qz(A,B,flag)：对于实矩阵 A 和 B，flag 标志决定分解结果是下列其中之一：取值为'complex'表示复数分解(默认)；flag 取值为 'real' 表示实数分解。

【功能介绍】对矩阵进行广义特征值的 QZ 分解。

【实例 2.55】对生成的两个 4×4 矩阵进行 qz 分解。

```
>>  A=reshape(1:16,4,4)              % 第一个 4*4 矩阵

A =

     1     5     9    13
     2     6    10    14
     3     7    11    15
     4     8    12    16

>> B=magic(4)                         % 第二个 4*4 矩阵

B =

    16     2     3    13
     5    11    10     8
     9     7     6    12
     4    14    15     1

>> [AA,BB,Q,Z,V,W]=qz(A,B)          % QZ 分解

AA =

  -10.7331   11.4742  -34.0000   -8.5524
         0    0.0000   -3.3920   -0.0000
         0         0    2.9145   -0.0000
         0         0         0  -  0.0000

BB =

    0.0000   -0.0000  -34.0000   -0.0000
         0   11.2758   -0.0000   12.7483
         0         0         0   -2.7696
         0         0         0    6.5320

Q =
```

```
   -0.5000   -0.5000   -0.5000   -0.5000
    0.7950   -0.3710    0.0530   -0.4770
   -0.1041   -0.7749    0.4048    0.4742
   -0.3273    0.1091    0.7638   -0.5455


Z =

   -0.2236    0.8367    0.5000         0
   -0.6708   -0.4781    0.5000   -0.2673
    0.6708   -0.1195    0.5000   -0.5345
    0.2236   -0.2390    0.5000    0.8018


V =

   -0.3333    0.5000   -0.3333    0.4314
   -1.0000   -1.0000   -1.0000   -0.1471
    1.0000    0.5000    1.0000   -1.0000
    0.3333    0.0000    0.3333    0.7157


W =

   -0.3333    0.3821   -0.3333   -0.4286
   -1.0000   -1.0000   -1.0000    0.1429
    1.0000    0.8538    1.0000    1.0000
    0.3333   -0.2359    0.3333   -0.7143
```

【实例讲解】计算特征值时，eig 函数有一个选项用于选择用 QZ 方法来计算。

2.2.11 hess——海森伯格形式的分解

【语法说明】

- H=hess(A)：H 返回矩阵 A 的海森伯格（Hessenberg）矩阵形式。
- [P,H]=hess(A)：生成海森伯格矩阵 H 和酉矩阵 P，满足 A=P*H*P’和 P’*P=eye(size(A))。
- [AA,BB,Q,Z]=hess(A,B)：对于方阵 A 和 B，函数产生上海

森伯格矩阵AA，上三角阵BB，以及酉矩阵Q和Z。满足Q*A*Z=AA，Q*B*Z=BB。

对于方阵A和B，生成一个上海森伯格矩阵AA，一个上三角阵BB和酉矩阵Q、Z，满足Q*A*Z=AA和Q*B*Z=BB。

【功能介绍】求矩阵的海森伯格形式。如果矩阵的第一子对角线下的元素均为零，则该矩阵为海森伯格矩阵。如果原矩阵是对称矩阵或Hermitian矩阵，则产生的海森伯格矩阵是三对角阵。海森伯格矩阵与原矩阵有相同的特征值。

【实例 2.56】求3×3特征值测试矩阵的海森伯格形式。

```
>> H=[ -149    -50   -154
537    180    546
-27     -9    -25]

H =

  -149   -50  -154
   537   180   546
   -27    -9   -25

>> eig(H)                % 原矩阵特征值

ans =

    1.0000
    2.0000
    3.0000

>> h=hess(H)             % Hess 分解

h =

 -149.0000   42.2037 -156.3165
 -537.6783  152.5511 -554.9272
         0    0.0728    2.4489
```

```
>> eig(h)                % 分解结果的特征值与原矩阵特征值相等

ans =

    1.0000
    2.0000
    3.0000
```

【实例讲解】实例验证，原矩阵与其海森伯格矩阵的特征值是相等的。

2.2.12 null——求矩阵的零空间

【语法说明】

- z=null(A)：由奇异值分解得到的矩阵 A 的零空间标准正交基，z 是正交矩阵，满足 z'z=I。
- z=null(A,'r')：z 是由化简的行阶梯矩阵得到零空间的有理基，A*z=0。

【功能介绍】计算零空间。零空间是指满足 AX=0 的解空间，这恰好是线性齐次方程的形式，因此可以用来求解线性齐次方程组的解。

【实例 2.57】求线性齐次方程组 Ax=0，该方程组由 3 个方程组成，未知数为向量$[x_1,x_2,x_3,x_4,x_5,x_6,x_7]^{\mathrm{T}}$。系数矩阵为

$$A=\begin{bmatrix}1, & 1, 1, & 1, -3, & -1, 1\\ 1, & 0, & 0, & 0, 1, & 1, 0\\ -2, 0, 0, -1, 0, -1, -2\end{bmatrix}$$

```
>> A=[1,1,1,1,-3,-1,1;1,0,0,0,1,1,0;-2,0,0,-1,0,-1,-2]
   % 系数矩阵

A =

     1     1     1     1    -3    -1     1
     1     0     0     0     1     1     0
```

```
   -2     0     0    -1     0    -1    -2

>> B=null(A)                                    % 求其零空间

B =

   -0.2555    0.0565   -0.3961   -0.3138
   -0.0215    0.7040    0.5428    0.0967
    0.2218   -0.1603   -0.2941    0.7991
    0.8915    0.0717   -0.0151   -0.2386
    0.1752    0.4429   -0.2353    0.2039
    0.0803   -0.4994    0.6314    0.1099
   -0.2304    0.1573    0.0879    0.3781

>> A*B                                          % A*B 约等于零

ans =

  1.0e-015 *

   -0.1110   -0.0278   -0.3053   -0.1665
    0.0278         0    0.1110    0.0555
         0   -0.2220    0.0555   -0.4441
```

【实例讲解】考虑到浮点数的精度，A*B=0。该方程组的解有无穷个，矩阵 B 的每一列分别是一个基本解，由 4 个基本解的线性组合构成。4 个基本解表示为 x_1、x_2、x_3 和 x_4，则方程组的解为 $x=k_1x_1+k_2x_2+k_3x_3+k_4x_4$，$k_1, k_2, k_3, k_4 \in R$。

2.2.13　symmlq——线性方程组的 LQ 解法

【语法说明】

- x=symmlq(A,b)：函数求线性方程组 AX=b 的解 X，其中 A 是 n×n 的对称方阵，但不必是正定矩阵。A 也可以是返回 A*x 的函数句柄 afun。b 是长度为 n 的向量。如果函数收敛，将显示结果信息；如果收敛失败，将给出警告信息并显示残差 norm(b−

A*x)/norm(b)和计算终止时的迭代次数。

- x=symmlq(A,b,tol)：tol 指定函数运算的误差容限，默认值为 1e-6。
- x=symmlq(A,b,tol,maxit)：参数 maxit 指定最大迭代次数，默认值为 min(n,20)。
- x=symmlq(A,b,tol,maxit,M)：M 为用于对称正定矩阵的预处理因子。
- [x,flag]=symmlq(A,b,…)：flag 是函数的收敛标注。flag=0 表示函数在指定迭代次数内按要求精度收敛；flag=1 表示在指定迭代次数内不收敛；2 表示 M 为坏条件的预处理因子；3 表示两次连续迭代完全相同；4 表示标量参数太大或太小；5 表示预处理因子不是对称正定的。
- [x,flag,relres,iter,resvec]=symmlq(A,b,…)：relres 表示相对误差 norm(b−A*x)/norm(b)，iter 表示迭代次数，resvec 表示每次迭代的残差 norm(b−A*x)。

【功能介绍】用 LQ 法解线性方程组。A 为对称阵，因此方程个数与未知数个数相同，方程往往有唯一解。

【实例 2.58】求解如下线性方程组。

$$\begin{cases} 20x_1 + 3x_2 + x_3 = 4 \\ 3x_1 + 13x_2 + x_3 = 7 \\ x_1 + 5x_2 + 2x_3 = 3 \end{cases}$$

```
>> a=[20,3,1;3,13,1;1,5,2]        % 系数矩阵

a =

    20     3     1
     3    13     1
     1     5     2

>> b=[4,7,3]'                     % 方程组右边的值
```

```
b =

     4
     7
     3

>> x1=a\b                              % 左除法解方程组

x1 =

    0.1155
    0.4963
    0.2015
>> x2=symmlq(a,b)                       % symmlq 解方程组
symmlq stopped at iteration 3 without converging to the
desired tolerance 1e-006
because the maximum number of iterations was reached.
The iterate returned (number 1) has relative residual
0.0022.

x2 =

    0.1150
    0.4946
    0.2136
```

【实例讲解】 symmlq 函数可用于求解系数矩阵为方阵的线性方程组。

2.2.14 bicg——双共轭梯度法解方程组

【语法说明】

- x= bicg (A,b)：用双共轭梯度法求线性方程组 AX=b 的解 X，A 是 n×n 的对称方阵，b 是长度为 n 的向量。A 也可以是由 afun 定义并返回 A*X 的函数。如果函数收敛，将显示结果信息，否则将给出警告信息并显示残差 norm(b−A*x)/norm(b)和迭代次数。

- x= bicg (A,b,tol)：tol 指定误差，默认值为 1e−6。
- x= bicg (A,b,tol,maxit)：参数 maxit 指定最大迭代次数。
- x=bicg(A,b,tol,maxit,M)：M 为用于对称正定矩阵的预处理因子。
- [x,flag]= bicg (A,b,…)：flag 是函数的收敛标注。flag=0 表示函数在指定迭代次数内按要求精度收敛；flag=1 表示在指定迭代次数内不收敛；2 表示 M 为坏条件的预处理因子；3 表示两次连续迭代完全相同；4 表示标量参数太大或太小；5 表示预处理因子不是对称正定的。
- [x,flag,relres,iter,resvec]= bicg (A,b,…)：relres 表示相对误差 norm(b−A*x)/norm(b)，iter 表示迭代次数，resvec 表示每次迭代的残差 norm(b−A*x)。

【功能介绍】用双共轭梯度法解线性方程组。

【实例 2.59】绘制 bicg 函数历次迭代的误差图。

```
>> load west0479                % 载入MATLAB自带数据
>> A=west0479;
>> b=sum(A,2);
>> x1=A\b;
>> norm(b-A*x1)/norm(b)     % 左除法的相对误差

ans =

  1.1877e-016

>> [x,flag,relres,iter,resvec]=bicg(A,b) % 用bicg求解

x =

   …
flag =

     1
```

```
relres =

     1

iter =

     0

resvec =

  …
>> semilogy(0:20,resvec/norm(b),'-o')
>> xlabel('iteration');
>> ylabel('relative residual');
```

执行结果如图 2-3 所示。

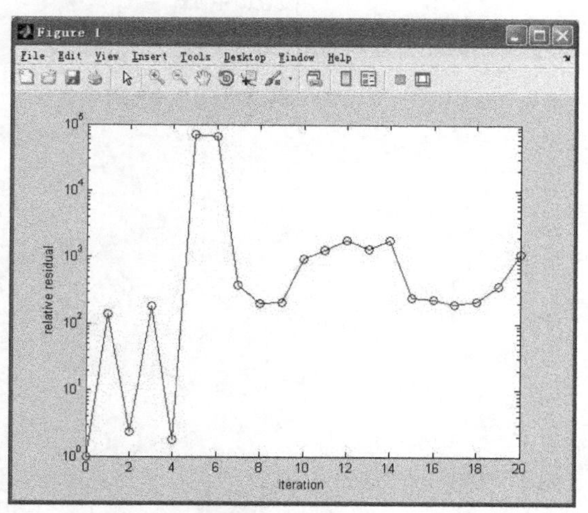

图 2-3　残差图

【实例讲解】返回值中 x 和 resvec 数据过长，这里将其省略，不予显示。flag=1，表示在指定的迭代次数内算法不收敛。

2.2.15 cgs——复共轭梯度平方法解方程组

【语法说明】

cgs 函数的语法说明与 bicg 函数的格式相同。

- x= cgs (A,b)
- x= cgs (A,b,tol)
- x= cgs (A,b,tol,maxit)
- x= cgs (A,b,tol,maxit,M)
- [x,flag]= cgs (A,b,…)
- [x,flag,relres,iter,resvec]= cgs (A,b,…)

【功能介绍】用复共轭梯度平方法解线性方程组。

【实例 2.60】求解线性方程组 $\begin{cases} 20x_1+3x_2+x_3=4 \\ 3x_1+13x_2+x_3=7 \\ x_1+5x_2+2x_3=3 \end{cases}$。

```
>> a=[20,3,1;3,13,1;1,5,2]

a =

    20     3     1
     3    13     1
     1     5     2

>> b=[4,7,3]'

b =

     4
     7
     3

>> [x,flag]=cgs(a,b)          % 用 cgs 函数解方程组
```

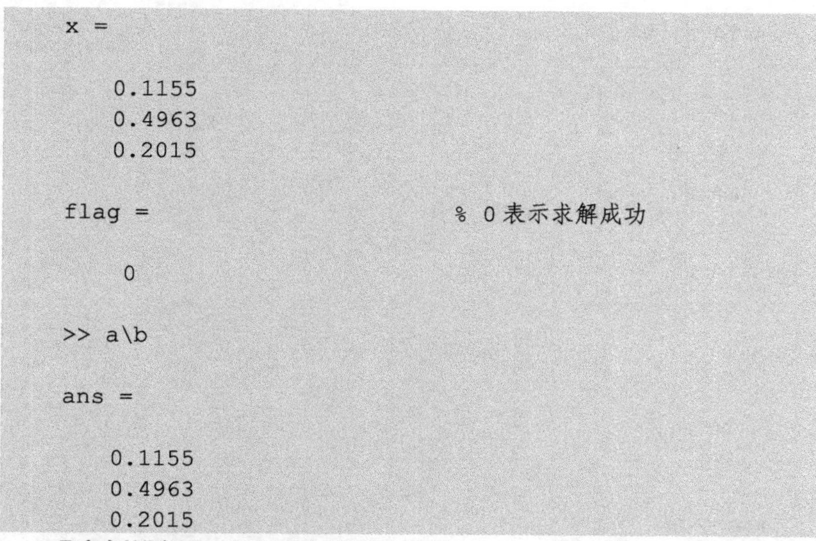

```
x =

    0.1155
    0.4963
    0.2015

flag =                              % 0 表示求解成功

     0

>> a\b

ans =

    0.1155
    0.4963
    0.2015
```

【实例讲解】对于这个线性方程组，cgs 求解的结果比 symmlq 函数更准确，速度更快。

2.2.16 lsqr——共轭梯度的 LSQR 方法

【语法说明】

lsqr 函数的语法说明与 bicg 函数的格式相同。

- x= lsqr (A,b)
- x= lsqr (A,b,tol)
- x= lsqr (A,b,tol,maxit)
- x= lsqr (A,b,tol,maxit,M)
- [x,flag]= lsqr (A,b,…)
- [x,flag,relres,iter,resvec]= lsqr (A,b,…)

【功能介绍】用 LSQR 方法解线性方程组。

【实例 2.61】指定误差、迭代次数，求解线性方程组，并判断收敛性。

```
>> n = 100;
```

```
>> on = ones(n,1);
>> A = spdiags([-2*on 4*on -on],-1:1,n,n);
>> b = sum(A,2);
>> tol = 1e-8;
>> maxit = 15;
>> M1 = spdiags([on/(-2) on],-1:0,n,n);
>> M2 = spdiags([4*on -on],0:1,n,n);
>> [x,flag,relres,iter,resvec] = lsqr(A,b,tol,maxit,
M1,M2);
>> flag,relres,iter

flag =

     0


relres =

  3.0385e-009


iter =

11
```

【实例讲解】 flag=0 表示函数收敛，残差 relres 很小，为 e–9 数量级，迭代 11 次后收敛。

2.2.17 gmres——广义最小残差法解方程组

【语法说明】

除了输入参数增加了 restart 外，lsqr 函数的语法说明与 bicg 函数的格式相同。

- x= gmres (A,b)
- x= gmres (A,b,restart)
- x= gmres (A,b,restart,tol)

- x= gmres (A,b,restart,tol,maxit)
- x= gmres (A,b,restart,tol,maxit,M)
- [x,flag]= gmres (A,b,…)
- [x,flag,relres,iter,resvec]= gmres (A,b,…)

【功能介绍】用广义最小残差法解方程组。GMRES 算法是解大型非对称线性方程组最有效的方法之一。

【实例 2.62】求解线性方程组 $\begin{cases} 2x_1 + 3x_2 + x_3 = 4 \\ 3x_1 + 4x_2 + 5x_3 = 7 \\ x_1 + 5x_2 + 6x_3 = 3 \end{cases}$。

```
>> a=[2,3,1;3,4,5;1,5,6]

a =

     2     3     1
     3     4     5
     1     5     6

>> b=[4,7,3]'

b =

     4
     7
     3

>> x1=gmres(a,b)
gmres converged at iteration 3 to a solution with
relative residual 0.

x1 =

    2.0667
   -0.1333
```

```
    0.2667

>> x2=a\b

x2 =

    2.0667
   -0.1333
    0.2667
```

【实例讲解】 gmres 函数实现的功能与 bicg 等函数是相同的，但采取的方法不同。

2.2.18 minres——最小残差法解方程组

【语法说明】

lsqr 函数的语法说明与 bicg 函数的格式相同。

- x= minres (A,b)
- x= minres (A,b,tol)
- x= minres (A,b,tol,maxit)
- x= minres (A,b,tol,maxit,M)
- [x,flag]= minres (A,b,…)
- [x,flag,relres,iter,resvec]= minres (A,b,…)

【功能介绍】 用最小残差法解方程组。输入矩阵 A 为对称阵，但不必是正定矩阵。这种方法是寻找最小残差来求 x。

【实例 2.63】 求解如下线性方程组。

$$\begin{cases} 20x_1 + 3x_2 + x_3 = 4 \\ 3x_1 + 13x_2 + x_3 = 7 \\ x_1 + 5x_2 + 2x_3 = 3 \end{cases}$$

```
>> A=[20,3,1;3,13,1;1,5,2]

A =
```

```
    20     3     1
     3    13     1
     1     5     2

>> b=[4,7,3]'

b =

     4
     7
     3

>> [x,flag,relres,iter] = minres(A,b);
>> [x,flag,relres,iter] = minres(A,b)

x =

    0.1151
    0.4952
    0.2128

flag =

     1

relres =

    0.0020

iter =

     3

>> A\b

ans =
```

```
    0.1155
    0.4963
    0.2015
>> A*x

ans =

    4.0012
    6.9958
    3.0168
```

【实例讲解】在这个实例中，用最小残差法迭代求得的结果与左除求得的结果有一定偏差。

2.2.19 pcg——预处理共轭梯度法解方程组

【语法说明】

pcg 函数的语法说明与 bicg 函数的格式相同。

- x= pcg (A,b)
- x= pcg (A,b,tol)
- x= pcg (A,b,tol,maxit)
- x= pcg (A,b,tol,maxit,M)
- [x,flag]= pcg (A,b,…)
- [x,flag,relres,iter,resvec]= pcg (A,b,…)

【功能介绍】用预处理共轭梯度法解方程组。输入矩阵 A 为对称的正定矩阵。

【实例 2.64】用预处理共轭梯度法求解如下线性方程组。

$$\begin{cases} 20x_1 + 3x_2 + x_3 = 4 \\ 3x_1 + 13x_2 + x_3 = 7 \\ x_1 + 5x_2 + 2x_3 = 3 \end{cases}$$

```
>> A=[2,1,1;1,2,1;1,1,2];
>> b=[3,4,5]';
>> [x,flag]=pcg(A,b)                    %用 pcg 函数解方程组
x =
```

```
    0.0000
    1.0000
    2.0000
flag =
    0
```

【实例讲解】系数矩阵 A 是正定矩阵。

2.2.20 qmr——准最小残差法解方程组

【语法说明】

qmr 函数的语法说明与 bicg 函数的格式相同。

- x= qmr (A,b)
- x= qmr (A,b,tol)
- x= qmr (A,b,tol,maxit)
- x= qmr (A,b,tol,maxit,M)
- [x,flag]= qmr (A,b,…)
- [x,flag,relres,iter,resvec]= qmr (A,b,…)

【功能介绍】用准最小残差法解方程组。

【实例 2.65】求解线性方程组。

```
>> A=[2,1,1;1,2,1;1,1,2];
>> b=[3,4,5]';
>> [x,flag]= qmr (A,b)              %用 pcg 函数解方程组
x =
    0.0000
    1.0000
    2.0000
flag =
    0
```

【实例讲解】系数矩阵 A 是方阵。这一小节的后半部分介绍了一些求解线性方程组的函数，这些函数调用形式类似，功能相仿，只有算法和部分调用细节不同，应注意集中掌握。

2.2.21 cdf2rdf——复对角矩阵转化为实对角矩阵

【语法说明】

- [V,D]=cdf2rdf(v,d)：如果特征方程[V,D]=eig(X)有成对的复特征值，cdf2cdf 函数把矩阵 V、D 转化为实对角形式，对角线上 2*2 实数块将取代原有的复数对。特征向量也对随之改变，使 V 和 D 仍满足 X=VD/V。

【功能介绍】将复对角矩阵转化为实对角矩阵。

【实例 2.66】求矩阵 x=[1,2,3;0,4,5;0,−5,4]的特征值与特征向量，再对所得复矩阵进行转化。

```
>> a=[2,4,6;0,8,9;0,-5,4];
>> [V,d]=eig(a)                  % 特征值分解

V =

   1.0000              0.4714 + 0.0000i   0.4714 - 0.0000i
        0              0.7071              0.7071
        0             -0.1571 + 0.5031i  -0.1571 - 0.5031i


d =

   2.0000                   0                  0
        0              6.0000 + 6.4031i        0
        0                   0             6.0000 - 6.4031i

>> [V,d]=cdf2rdf(V,d)            % 将复对角矩阵转为实对角矩阵

V =

    1.0000    0.4714    0.0000
         0    0.7071         0
         0   -0.1571    0.5031


d =
```

```
    2.0000         0         0
         0    6.0000    6.4031
         0   -6.4031    6.0000
>> V*d/V                          % V*D/V 等于原矩阵

ans =

    2.0000    4.0000    6.0000
         0    8.0000    9.0000
         0   -5.0000    4.0000
```

【实例讲解】特征值对角矩阵 d 将成对的复数特征值被转为 2*2 实数块。

2.2.22 orth——将矩阵正交规范化

【语法说明】

- B=orth(A)：B 返回矩阵 A 的正交基，B 的列与 A 的列有相同的向量空间。B 的列向量是正交向量，满足 B'*B = eye(rank(A))，rank(A)是矩阵 A 的秩。

【功能介绍】计算矩阵的正交基。

【实例 2.67】对三阶魔方矩阵做正交规范化。

```
>> a=magic(3)                       % 魔方矩阵

a =

     8     1     6
     3     5     7
     4     9     2

>> b=orth(a)                        % 正交规范化

b =

   -0.5774    0.7071    0.4082
```

```
   -0.5774    0.0000   -0.8165
   -0.5774   -0.7071    0.4082

>> b'*b                          % 验证正交性

ans =

    1.0000    0.0000   -0.0000
    0.0000    1.0000   -0.0000
   -0.0000   -0.0000    1.0000

>> rank(a)

ans =

     3
```

【实例讲解】正交规范化后的矩阵 b 各列相互正交，是正交矩阵，由正交矩阵的性质可知 b’*b 是单位矩阵。

2.2.23 rank——求矩阵的秩

【语法说明】

- k=rank(A)：k 返回矩阵的秩。矩阵的秩是矩阵中线性不相关的行数或列数。
- k=rank(A,tol)：k 返回矩阵 A 的秩，tol 为给定的精确度。MATLAB 采用奇异值分解的方法求矩阵的秩，函数 rank 返回大于 tol 的奇异值的个数。如果不知道 tol，则 tol=max(size(A))*eps (norm(A))。

【功能介绍】求矩阵的秩。对于稀疏矩阵，应使用 sprank 函数来求取。

【实例 2.68】求单位矩阵的秩。

```
>> rank(eye(4))

ans =
```

```
     4
>> sprank(speye(4))

ans =

     4
```

【实例讲解】稀疏矩阵用 sprank 求秩。用奇异值分解法求秩比较耗时，但结果比较准确。

2.2.24 spfun——对稀疏矩阵非零元素执行运算

【语法说明】

- f=spfun(fun,S)：fun 是一个函数句柄，spfun 对稀疏矩阵 S 中的非零元素执行函数 fun，忽略其中的零元素。

【功能介绍】选择对稀疏矩阵中的非零元素执行运算，忽略零元素。

【实例 2.69】对稀疏矩阵中的非零元素求余弦值。

```
>> a=[0,0,1,0;2,0,0,4]          % 满矩阵
a =
     0     0     1     0
     2     0     0     4

>> sa=sparse(a)                  % a 对应的稀疏矩阵 sa
sa =
   (2,1)        2
   (1,3)        1
   (2,4)        4

>> cos(sa)               % 直接应用函数 cos，对所有元素求余弦
ans =
   (1,1)       1.0000
   (2,1)      -0.4161
   (1,2)       1.0000
   (2,2)       1.0000
```

```
   (1,3)        0.5403
   (2,3)        1.0000
   (1,4)        1.0000
   (2,4)       -0.6536

>> spfun(@cos,sa)                  % 对非零元素求余弦
ans =
   (2,1)       -0.4161
   (1,3)        0.5403
   (2,4)       -0.6536

>> spfun(@mean,sa)                 % 用 spfun 执行均值函数
ans =
   (2,1)        2.3333
   (1,3)        2.3333
   (2,4)        2.3333

>> mean(nonzeros(a))               % 抽取所有元素求总的均值
ans =
    2.3333
```

【实例讲解】 spfun 函数是一种针对元素的函数，适合于对矩阵中的单个元素分别进行计算。调用 spfun(@mean,sa)求各行均值，由于均值涉及多个元素，因此求得的结果与预期答案不相符。

2.2.25 spy——画出稀疏矩阵非零元素的分布

【语法说明】

- spy(S)：画出稀疏矩阵 S 中非零元素的分布图，S 也可以是满矩阵。
- spy(S,markersize)：spy 用一个点表示非零元素，参数 markersize 是一个整数，用于指定点的大小，默认值为 15。
- spy(S,'LineSpec')：用参数 LineSpec 指定点的标记和颜色。
- spy(S,'LineSpec', markersize)：指定绘图时点的标记、颜色和大小。

【功能介绍】画出矩阵或稀疏矩阵中非零元素的位置。

【实例 2.70】画出矩阵 $a=\begin{bmatrix}0&0&0&1&0\\2&0&3&0&4\\0&0&2&0&0\end{bmatrix}$ 的非零元素分布。

```
>> a=[0,0,0,1,0;2,0,3,0,4;0,0,2,0,0]
a =
     0     0     0     1     0
     2     0     3     0     4
     0     0     2     0     0

>> spy(a)                 % 绘制 a 的非零元素分布图
```

绘制的分布图如图 2-4 所示。

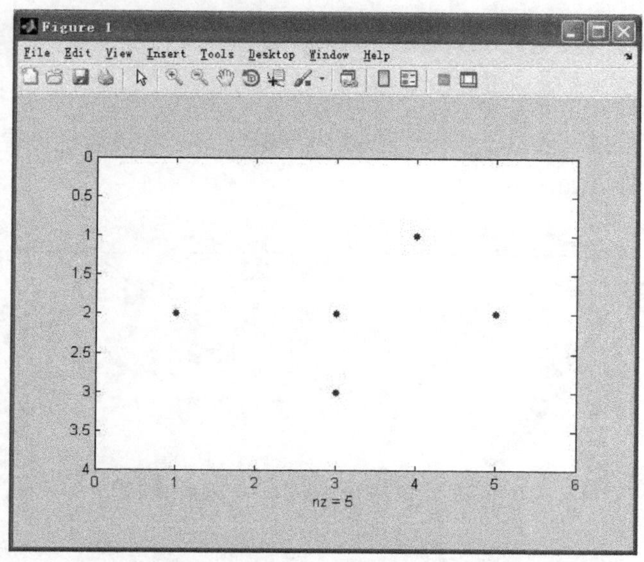

图 2-4 矩阵 a 的非零元素分布图

【实例讲解】spy 函数的参数可以是任何矩阵。

2.2.26 colamd——按列近似最低度排序

【语法说明】

p=colamd(S)：S 为 m×n 稀疏矩阵，p 返回一个长度为 n 的行向量，元素值在 1～n 之间，表示将矩阵 S 的各列按近似最低度排序。排序后的矩阵为 S(:,p)，一般 S(:,p)的 LU 分解因子或 Chol 分解因子比 S 的分解因子更为稀疏，存储时更节省空间。

【功能介绍】 求稀疏矩阵按列近似最低度顺序排列的向量。

【实例 2.71】 对 MATLAB 自带数据文件 west0479.mat 中的稀疏矩阵求列近似最低度排序向量。

```
>> load west0479
>> A = west0479;
>> p = colamd(A);
>> subplot(1,2,1), spy(A,6), title('A')  % 原矩阵的分布
>>  subplot(1,2,2),  spy(A(:,p),6),  title('A(:,p)')
% 排序后矩阵的分布
```

执行结果如图 2-5 所示。左边为原矩阵 A，右边为经过重新排序后的矩阵 A(:,p)。

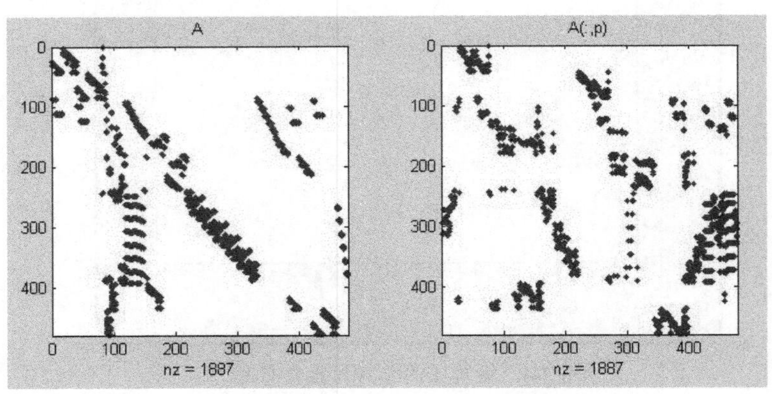

图 2-5　colperm 函数示例

【实例讲解】 进行重新排序的原因是排序后 LU 分解或 Chol 分

解的因子更为稀疏。

2.2.27 colperm——按非零元素个数排列的向量

【语法说明】

- j=colperm(S)：S 为稀疏矩阵，函数返回行向量 j，j 使 s(:,j) 的列是按非零元素个数进行升序排列的，如果两列的非零元素个数相同，则列号小的在前。

【功能介绍】 计算矩阵按非零元素个数升序排序的向量。

【实例 2.72】 对矩阵按每列的非零元素个数进行排序。

```
>> a=[0,0,0,1,0;2,0,3,0,4;0,0,2,0,0]
a =
     0     0     0     1     0
     2     0     3     0     4
     0     0     2     0     0

>> p=colperm(a)                    % 排序向量
p =
     2     1     4     5     3

>> a(:,p)                          % 用 p 对矩阵进行排序
ans =
     0     0     1     0     0
     0     2     0     4     3
     0     0     0     0     2
```

【实例讲解】 colperm 也可以对满矩阵进行排序。

2.2.28 dmperm——Dulmage-Mendelsohn 分解

【语法说明】

- p=dmperm(A)：函数返回 A 的行排列向量 p，如果矩阵 A 满秩，就使得 A(j,:)是具有非零对角线元素的方阵。
- [p,q,r,s,cc,rr]=dmperm(A)：A 不必是方阵或满秩矩阵，函数对 A 进行 Dulmage-Mendelsohn 分解。P 为行排列向量，q 为列排列向量，矩阵 A(p,q)具有上三角块的结构。r 和 s 是细分解块边界，cc

与 rr 是长度为 5 的粗分解块边界。

【功能介绍】 返回矩阵的行排列向量。

【实例 2.73】 求一个 4×4 矩阵的 Dulmage-Mendelsohn 分解。

```
>> a=[0,0,0,1,0;2,0,3,0,4;0,0,2,0,0];
>> a=a(:,3:5)
a =
     0     1     0
     3     0     4
     2     0     0

>> p=dmperm(a)          % 行排列向量为[3,1,2]
p =
     3     1     2

>> a(p,:)
ans =
     2     0     0
     0     1     0
     3     0     4
```

【实例讲解】 a(p,:)矩阵为主对角是非零元素的方阵。

2.2.29 condest——1-范数的条件数估计

【语法说明】

- c=condest(A)：求方阵 A 的 1-范数的条件数的下界估计值 c。

【功能介绍】 求矩阵 1-范数的条件数估计，这个函数对稀疏矩阵来说非常有用。矩阵 A 的条件数用于衡量线性方程组 Ax=b 的解对 b 中误差或不确定性的敏感度。数学定义为 A 的范数与 A 的逆矩阵的范数的乘积，即 $\mathrm{cond}(A)=\|A\|\times\|A^{-1}\|$，不同的范数对应不同的条件数。

【实例 2.74】 求矩阵的 1-范数条件数估计。

```
>> a=magic(3)
a =
     8     1     6
```

```
     3     5     7
     4     9     2

>> condest(a)                          % 用 condest 函数求条件数
ans =
    5.3333

>> norm(a,1)*norm(inv(a),1)     % 用定义求条件数
ans =
    5.3333
```

【实例讲解】在这个实例中，condest 函数所求的值恰好等于条件数，求矩阵的条件数还可以直接调用 cond 函数。

2.2.30 normest——2-范数的估计

【语法说明】

- nrm=normest(S)：求矩阵 S 的 2-范数（欧几里德范数）的估计值 nrm。
- nrm=normest(S,tol)：tol 为误差值，默认误差为 1e-6。
- [nrm,count]=normest(…)：输出参数 count 为计算范数时迭代的次数。

【功能介绍】求矩阵的 2-范数的估计，主要针对稀疏矩阵，但对满矩阵也适用。

【实例 2.75】求稀疏矩阵的 2-范数估计。

```
>> a=[0,0,0,1,0;2,0,3,0,4;0,0,2,0,0]
a =
     0     0     0     1     0
     2     0     3     0     4
     0     0     2     0     0

>> normest(sparse(a))          % 求稀疏矩阵的 2-范数估计
ans =
    5.5105
```

【实例讲解】condest 用于求 1-范数的条件数的估计，normest 用于求 2-范数的估计，使用时注意区分。

第3章 基本数学计算函数

数学函数是数值运算中极其常用的函数，MATLAB 提供了丰富的数学函数，为科学研究和工程计算提供了良好的环境和平台，本章介绍的函数包括基本初等函数、插值函数、微积分函数、复数相关函数等。

3.1 sin 与 sinh——计算正弦和双曲正弦函数值

【语法说明】

- Y=sin(X)：返回参数 X（可以是向量、矩阵，元素可以是复数）中每一元素的正弦值，所有分量的角度单位均为弧度。
- Y=sinh(X)：返回 X 中元素的双曲正弦值，Y 与 X 同型。

双曲正弦函数的计算公式为

$$y=\frac{e^{x}-e^{-x}}{2}$$

【功能介绍】计算正弦和双曲正弦函数值。

【实例 3.1】计算正弦和双曲正弦函数值，并绘制相应的图形。

```
>> X=-2*pi:0.01:2*pi;
>> Y1=sin(X);                  % 正弦函数
>> subplot(2,1,1);
>> plot(X,Y1)
```

```
>> grid on
>> title('sin(x)');
>> Y2=sinh(X);                    % 双曲正弦函数
>> subplot(2,1,2);
>> plot(X,Y2);
>> grid on
>> title('sinh(x)');
```

正弦曲线与双曲正弦曲线如图 3-1 所示。

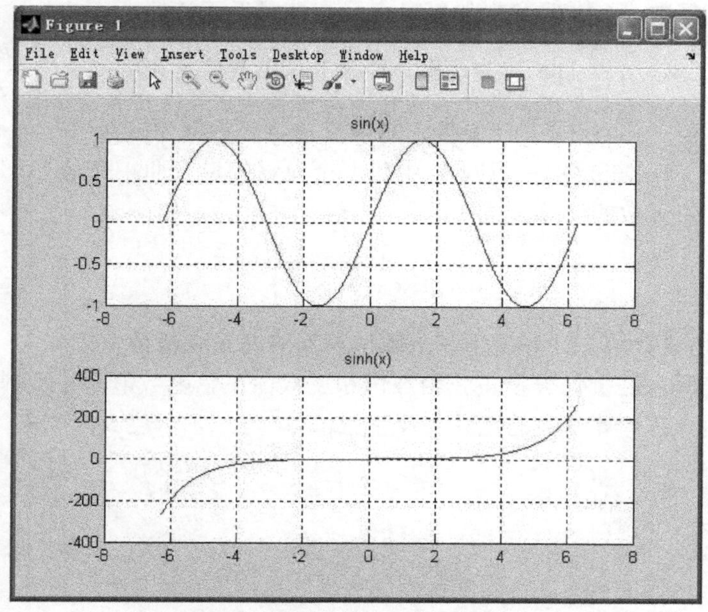

图 3-1　sin 函数与 sinh 函数曲线

【实例讲解】正弦函数是周期函数，双曲正弦曲线则是$(-\infty, \infty)$上递增的。

3.2 asin 与 asinh——计算反正弦函数和反双曲正弦函数值

【语法说明】

- Y=asin(X)：X 可以是向量、矩阵或多维数组，元素可以为实数或复数。函数对 X 中的每一个元素计算反正弦值，返回值 Y 与 X 同型。处于[−1,1]区间的元素，其反正弦函数值落在区间$\left[-\frac{\pi}{2},\frac{\pi}{2}\right]$内。对于[−1,1]外的 X 元素值，对应反正弦函数值为复数。
- Y=asinh(X)：返回 X 中每一个元素的反双曲正弦值 Y。反双曲正弦函数的计算公式如下：

$$y=\ln\left(x+\sqrt{1+x^2}\right)$$

【功能介绍】计算反正弦函数值和反双曲正弦函数值。

【实例 3.2】计算反正弦函数值和反双曲正弦函数值，并绘制相应的图形；计算复数的正弦与反正弦值。

```
>> X=-1:0.05:1;
>> Y1=asin(X);                          % 反正弦函数
>> subplot(2,1,1);
>> plot(X,Y1)
>> grid on
>> title('asin(x)');
>> Y2=asinh(X);                         % 反双曲正弦函数
>> subplot(2,1,2);
>> plot(X,Y2);
>> grid on
>> title('asinh(x)');
>> sin(1.5708 - 2.2924i)               % 复数的正弦值
```

```
ans =

   4.9998 + 0.0000i

>> asin( 4.9998 + 0.0000i) % 复数的反正弦值

ans =

   1.5708 - 2.2924i
```

反正弦和反双曲正弦曲线如图 3-2 所示。

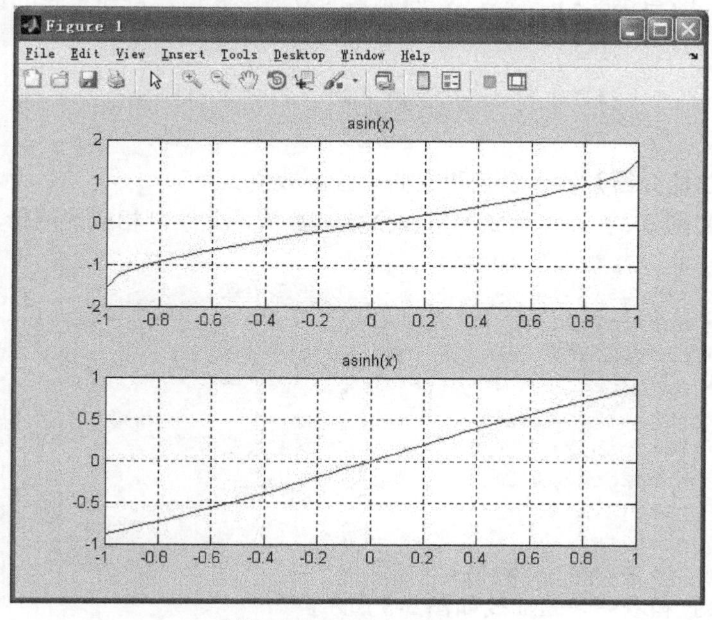

图 3-2 asin(x)与 asinh(x)

【实例讲解】 输入为实数时，反正弦函数的值域为$\left[-\frac{\pi}{2},\frac{\pi}{2}\right]$；MATLAB 中的正弦、反正弦等函数超越了初等数学中的三角函数概念，它引进了复数域，因此出现了正弦函数值超过 1 的情况：

```
sin(1.5708-2.2924i) ≈ 5
```

3.3 cos 与 cosh——计算余弦和双曲余弦函数值

【语法说明】

- Y=cos(X)：X 可以是向量、矩阵或多维数组，其中的元素可以是实数或复数，函数对其中的每一个元素计算余弦值。
- Y=cosh(X)：计算 X 中元素的双曲余弦值。双曲余弦的计算公式为

$$y=\frac{e^{x}+e^{-x}}{2}$$

【功能介绍】计算余弦和双曲余弦函数值。

【实例 3.3】计算余弦和双曲余弦函数值，并绘制相应的图形。

```
>> X=-2*pi:0.01:2*pi;
>> Y1=cos(X);                    % 余弦函数
>> subplot(2,1,1);
>> plot(X,Y1)
>> grid on
>> title('cos(x)');
>> Y2=cosh(X);                   % 双曲余弦函数
>> subplot(2,1,2);
>> plot(X,Y2);
>> grid on
>> title('cosh(x)');
```

余弦和双曲余弦曲线如图 3-3 所示。

【实例讲解】余弦函数和双曲余弦函数都是偶函数，关于 Y 轴对称。

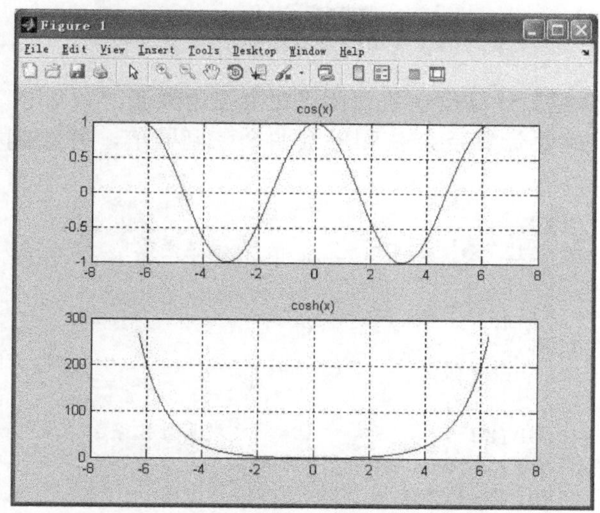

图 3-3 cos(x)与 cosh(x)

3.4 acos 与 acosh——计算反余弦和反双曲余弦函数值

【语法说明】

- Y=acos(X)：X 可以是向量、矩阵或多维数组，元素可以为实数或复数。函数对 X 中的每一个元素计算反余弦值，返回值 Y 与 X 同型。处于[−1,1]区间的元素，其反余弦函数值落在区间$\left[-\frac{\pi}{2},\frac{\pi}{2}\right]$内。对于[−1,1]外的 X 元素值，对应反余弦函数值为复数。
- Y=acosh(X)：返回 X 中每一个元素的反双曲余弦函数值 Y。反双曲余弦函数在输入值 $x\in(-\infty,-1)\cup(1,+\infty)$时返回实数，否则返回一个复数，其计算公式如下：

$$y = \ln\left(x + \sqrt{x^2 - 1}\right)$$

【功能介绍】计算反余弦和反双曲余弦函数值。

【实例 3.4】计算反余弦和反双曲余弦函数值，并绘制相应的图形。

```
>> X1=-1:0.01:1;
>> Y1=acos(X1);                    % 反余弦函数
>> subplot(2,1,1);
>> plot(X1,Y1)
>> grid on
>> title('acos(x)');
>> X2=-2:0.01:2;
>> Y2=acosh(X2);                   % 反双曲正弦函数
>> subplot(2,1,2);
>> plot(X2,abs(Y2))
>> grid on
>> title('acosh(x)');
```

反余弦与反双曲余弦函数如图 3-4 所示。

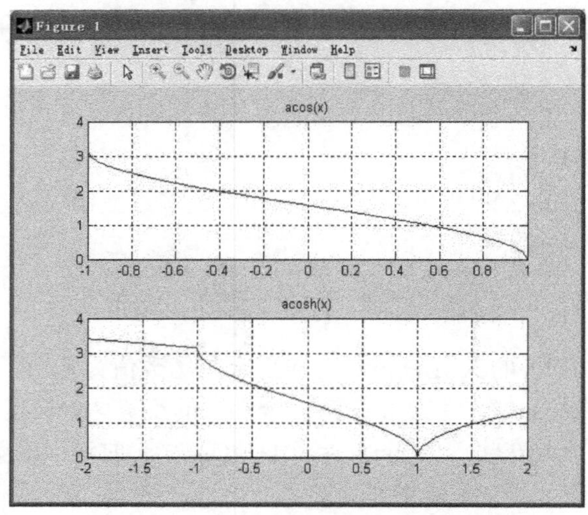

图 3-4　acos(x)与 acosh(x)

【实例讲解】当输入元素 | x | <1 时，反双曲余弦函数 $y=\ln\left(x+\sqrt{x^2-1}\right)$ 取值为复数，绘制曲线时用 abs 函数取其模值。

3.5　tan 与 tanh——计算正切和双曲正切函数值

【语法说明】

- Y=tan(X)：X 可以是向量、矩阵或多维数组，元素可以为实数或复数，函数计算 X 中各元素的正切值。正切函数的定义域为 $x\in\left(-\infty,+\infty\right),x\neq\frac{\pi}{2}+k\pi,k=-n\cdots,-1,0,1,\cdots$ 。在 MATLAB 中，tan(pi/2)返回一个极大的正数，而 tan(−pi/2)返回一个极大的负数。
- Y=tanh(X)：返回 X 中元素的双曲正切值 Y。双曲正切公式为

$$y=\frac{\sinh\left(x\right)}{\cosh\left(x\right)}=\frac{e^x-e^{-x}}{e^x+e^{-x}}$$

【功能介绍】计算正切和双曲正切函数值。

【实例 3.5】在 $\left(-\frac{\pi}{2},\frac{\pi}{2}\right)$ 区间绘制正切函数曲线，在[−2,2]区间绘制双曲正切函数曲线。

```
>> X1=(-pi/2+0.1:0.05:(pi/2)-0.1);        % 定义自变量区间
>> Y1=tan(X1);                            % 正切函数
>> subplot(2,1,1);
>> plot(X1,Y1)
>> grid on
>> title('tan(x)')
>> X2=-2:0.01:2;
>> Y2=tanh(X2);                           % 双曲正切函数
>> subplot(2,1,2);
>> plot(X2,Y2)
>> grid on
```

```
>> title('tanh(x)')
```

正切和双曲正切函数曲线如图 3-5 所示。

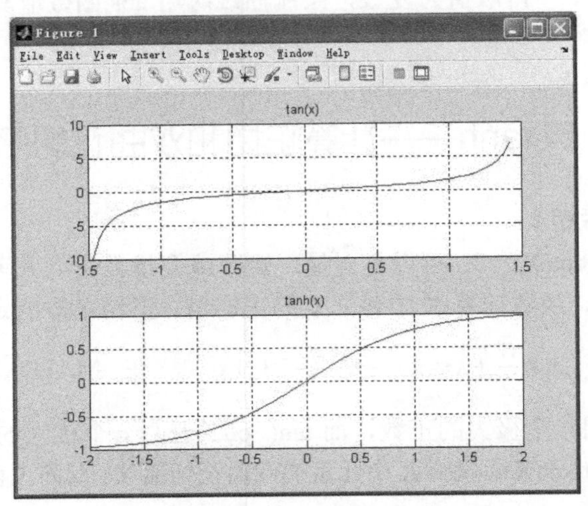

图 3-5　tan(x)与 tanh(x)

【实例讲解】 正切函数在 $-\dfrac{\pi}{2}$ 和 $\dfrac{\pi}{2}$ 处没有定义，tan(x)将会返回一个 10^{16} 数量级的数，因此 X1 应避免取到 $\left(-\dfrac{\pi}{2},\dfrac{\pi}{2}\right)$ 的区间端点。

3.6　atan 和 atanh——计算反正切和反双曲正切函数值

【语法说明】

- Y=atan(X)：X 可以是向量、矩阵或多维数组，X 中的元素可以是实数或复数，函数计算 X 中元素的反正切函数值。
- Y=atanh(X)：计算 X 中各元素的反双曲正切函数值。反双

曲正切函数在输入为 $x \in (-1,1)$ 时，返回值为实数，否则返回负数，其计算公式为

$$y = \frac{1}{2}\ln\left(\frac{1+x}{1-x}\right)$$

【功能介绍】 计算反正切和反双曲正切函数值。

【实例 3.6】 计算反正切函数值和反双曲正切函数值，并绘制对应的图形。

```
>> X1=-20:0.01:20;
>> Y1=atan(X1);                        % 反正切函数
>> subplot(2,1,1);
>> plot(X1,Y1)
>> grid on
>> title('atan(x)')
>> X2=-1:0.01:1;
>> Y2=atanh(X2);                       % 反双曲正切
>> subplot(2,1,2);
>> plot(X2,Y2)
>> grid on
>> title('atanh(x)')
```

反正切函数与反双曲正切函数曲线如图 3-6 所示。

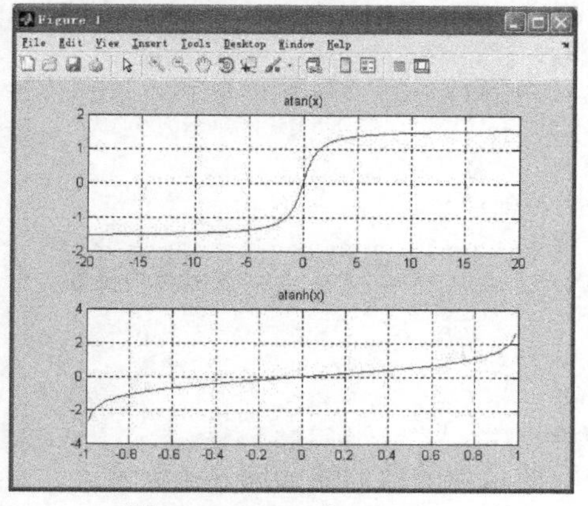

图 3-6 atan(x)与 atanh(x)

【实例讲解】反正切函数的值域为$\left(-\frac{\pi}{2},\frac{\pi}{2}\right)$。

3.7 cot 和 coth——计算余切和双曲余切函数值

【语法说明】

- Y=cot(X)：返回 X 中每一元素的余切函数值，X 可以是向量、矩阵或多维数组。余切函数在 $x\in(-\infty,+\infty)$，$x\neq k\pi,k=-n,\cdots,-1,0,1,\cdots$ 上有定义。在圆周率的整数倍位置，余切函数返回 Inf 或−Inf。
- Y=coth(X)：返回 X 中每一元素的双曲余切函数值，双曲余切公式为

$$y=\frac{\cosh(x)}{\sinh(x)}=\frac{e^{x}+e^{-x}}{e^{x}-e^{-x}}$$

【功能介绍】计算余切和双曲余切函数值。

【实例 3.7】计算余切和双曲余切函数值，并绘制图形。

```
>> x=-3.0:.1:0;
>> y1=cot(x);                    % 余切函数
>> subplot(2,1,1);
>> plot(x,y1,'-')
>> grid on
>> title('cot(x)')
>> xx=-1:.02:1;
>> y2=coth(xx);                  % 双曲余切函数
>> subplot(2,1,2);
>> plot(xx,y2,'-')
>> grid on
>> title('coth(x)')
```

余切函数与双曲余切函数曲线如图 3-7 所示。

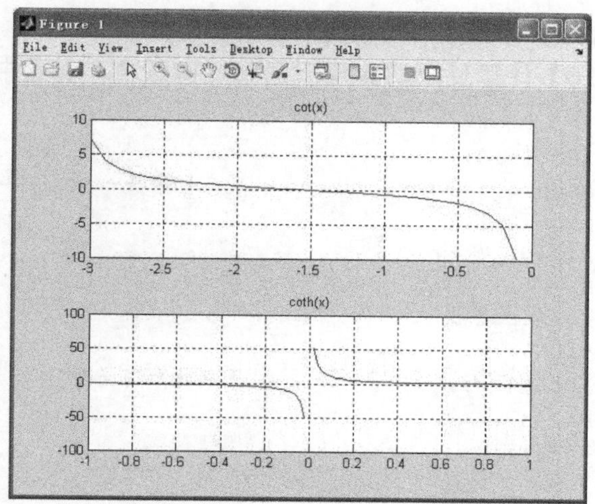

图 3-7 cot(x)与 coth(x)

【实例讲解】双曲余切函数在零点处没有定义；余切函数在零和圆周率整数倍处没有定义。

3.8 acot 和 acoth——计算反余切和反双曲余切函数值

【语法说明】

- Y=acot(X)：返回 X 中每一元素的反余切函数值，X 可以是向量、矩阵或多维数组。
- Y=acoth(X)：返回 X 中每一元素的反双曲余切函数值，反双曲余切函数在输入值 $x \in (-\infty,-1) \cup (1,+\infty)$ 时返回实数，否则返回一个复数，其计算公式为

$$y = \ln\left(\frac{\sqrt{x^2-1}}{x-1}\right) = \frac{1}{2}\ln\frac{x+1}{x-1}$$

【功能介绍】计算反余切和反双曲余切函数值。

【实例 3.8】计算反余切和反双曲余切函数值，并绘制相应的图形。

```
>> x=-10:.1:10;
>> y1=acot(x);                    % 反余切函数
>> subplot(2,1,1);
>> plot(x,y1,'-')
>> grid on
>> title('acot(x)')
>> xx=-10:.1:-1.2;
>> y2=acoth(xx);                  % 反双曲余切函数
>> subplot(2,1,2);
>> plot(xx,y2,'-')
>> grid on
>> title('acoth(x)')
```

反余切函数与反双曲余切函数曲线如图 3-8 所示。

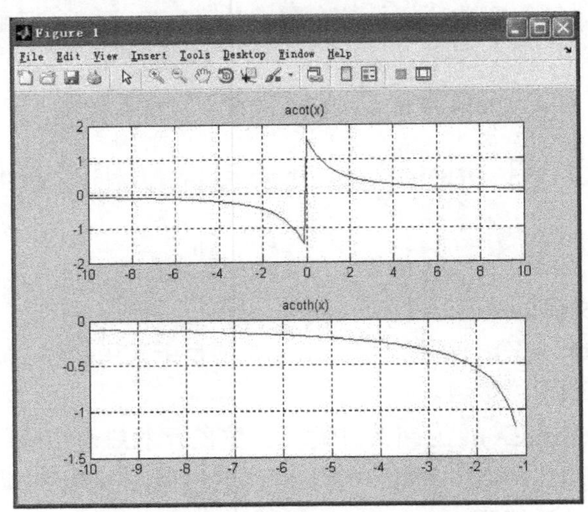

图 3-8　acot(x)与 acoth(x)

【实例讲解】反双曲余切函数在（−1, 1）区间将取复数值，因此这里的绘图区间取为（−10, −1）。

3.9 sec 和 sech——计算正割和双曲正割函数值

【语法说明】

- Y=sec(X)：X 可以是向量、矩阵或多维数组，X 中的元素可以是实数或复数，函数计算每一元素的正割值，正割是余弦的倒数：

$$\sec(x)=\frac{1}{\cos(x)}$$

在$\frac{\pi}{2}+k\pi$处正割函数没有定义，k为整数。

- Y=sech(X)：返回 X 中各元素的双曲正割值函数值，双曲正割是双曲余弦函数的倒数：

$$y=\frac{1}{\cosh(x)}=\frac{2}{e^{x}+e^{-x}}$$

【功能介绍】计算正割和双曲正割函数值。

【实例 3.9】计算正割和双曲正割函数值，并绘制相应图像。

```
>> x=-1.5:.1:1.5;
>> y1=sec(x);
>> subplot(2,1,1);
>> plot(x,y1,'-')
>> grid on
>> title('sec(x)')
>> xx=-10:.1:10;
>> y2=sech(xx);
>> subplot(2,1,2);
>> plot(xx,y2,'-')
>> grid on
>> title('sech(x)')
```

正割函数曲线与双曲正割函数曲线如图 3-9 所示。

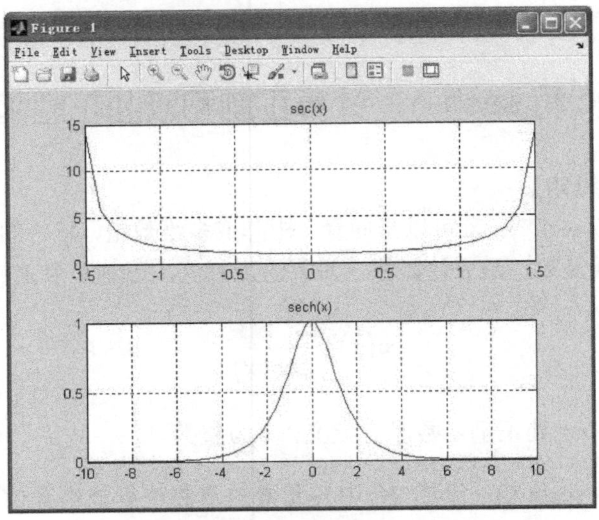

图 3-9 sec(x)与 sech(x)

【实例讲解】由于正割函数在$\pm\frac{\pi}{2}$处没有定义，因此绘图区间设置为$\left(-\frac{\pi}{2},\frac{\pi}{2}\right)$。

3.10 asec 和 asech——计算反正割和反双曲正割函数值

【语法说明】

- Y=asec(X)：X 可以是向量、矩阵或多维数组，X 中的元素可以是实数或复数，函数计算每一元素的反正割值，反正割函数是正割函数的反函数。
- Y=asech(X)：返回 X 中元素的反双曲正割函数值。

【功能介绍】计算反正割和反双曲正割函数值。

【实例 3.10】计算反正割和反双曲正割函数值，并绘制对应的曲线。

```
>> x=-10:.1:-1;                    % -10~-1 区间
>> y1=asec(x);
>> subplot(2,1,1);
>> plot(x,y1)
>> hold on
>> x=1:.1:10;                      % 1~10 区间
>> y1=asec(x);
>> plot(x,y1)                      % 绘制反正割曲线
>> grid on
>> title('asec(x)')
>> xx=0.1:.02:0.9;
>> y2=asech(xx);                   % 反双曲正割
>> subplot(2,1,2);
>> plot(xx,y2)
>> grid on
>> title('asech(x)')
```

反正割和反双曲正割曲线如图 3-10 所示。

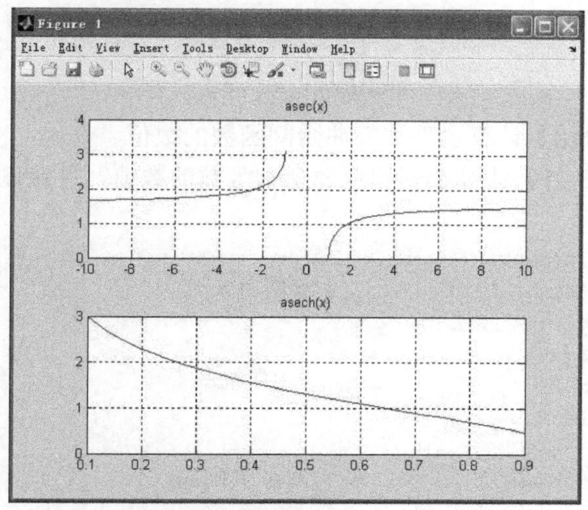

图 3-10 asec(x)与 asech(x)

【实例讲解】反正割函数在−1 和 1 之间没有定义，函数将会返回复数值。因此绘图区间取为（−10, −1）与（1, 10）。

3.11 csc和csch——计算余割和双曲余割函数的数值

【语法说明】

- Y=csc(X)：X 可以是向量、矩阵或多维数组，X 中的元素可以是实数或复数，函数计算每一元素的余割函数值，余割在圆周率整数倍处无定义，是正弦函数的倒数：

$$\csc(x)=\frac{1}{\sin(x)}$$

- Y=csch(X)：返回 X 中元素的双曲余割函数值，双曲余割是双曲正弦的倒数，计算公式如下：

$$y=\frac{1}{\sinh(x)}=\frac{2}{e^{x}-e^{-x}}$$

【功能介绍】计算余割和双曲余割函数的数值。

【实例 3.11】计算余割和双曲余割函数的数值，并绘制对应的图形。

```
>> x=linspace(.1,pi-.1,20);
>> y1=csc(x);                % 余割函数
>> subplot(2,1,1);
>> plot(x,y1)
>> grid on
>> title('csc(x)')
>> xx=-3:.25:3;
>> y2=csch(xx);              % 双曲余割函数
>> subplot(2,1,2);
```

```
>> plot(xx,y2)
>> grid on
>> title('csch(x)')
```

余割和双曲余割函数曲线如图 3-11 所示。

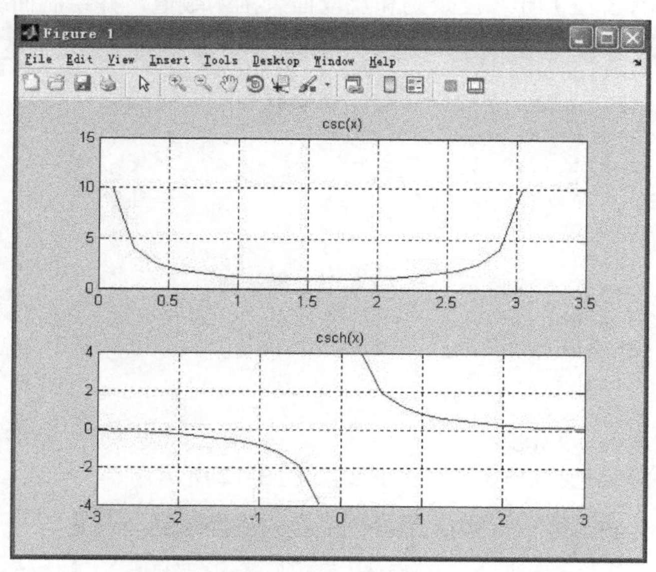

图 3-11 csc(x)与 csch(x)

【实例讲解】双曲正弦函数在零处取值为零，双曲余割为双曲正弦函数的倒数，因此 csch 函数在零处没有定义。

3.12 acsc 和 acsch——计算反余割和反双曲余割函数值

【语法说明】

- Y=acsc(X)：X 可以是向量、矩阵或多维数组，X 中的元素可以是实数或复数，函数计算每一元素的反余割函数值，反余割函数是余割函数的反函数。

- Y=acsch(X)：返回 X 中元素的反双曲余割函数值。

【功能介绍】计算反余割和反双曲余割函数值。

【实例 3.12】计算反余割和反双曲余割函数值，并绘制曲线。

```
>> X1=-3:0.005:-1;          % 计算区间为(-3,-1)与(1,3)
>> X2=1:0.005:3;
>> Y1=acsc(X1);             % 反余割
>> Y2=acsc(X2);
>> subplot(2,1,1);
>> plot(X1,Y1,X2,Y2)
>> grid on
>> title('acsc(x)')
>> Y3=acsch(X1);            % 反双曲余割
>> Y4=acsch(X2);
>> subplot(2,1,2);
>> plot(X1,Y3,X2,Y4)
>> grid on
>> title('acsch(x)')
```

反余割与反双曲余割函数曲线如图 3-12 所示。

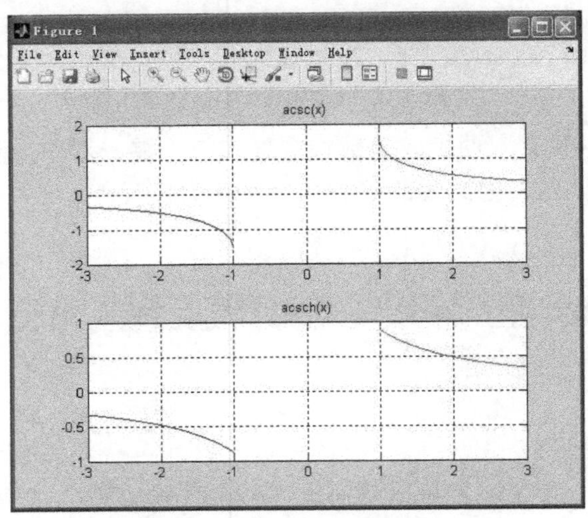

图 3-12　acsc(x)与 acsch(x)

【实例讲解】两个函数的图形很相似，但坐标轴的刻度并不相同。

3.13　atan2——四象限的反正切函数

【语法说明】

■ P=atan2(Y,X)：P 是与 X、Y 同型的向量、矩阵或多维数组。函数求四象限的反正切函数。Y 为坐标系中角度上某点对应的纵坐标值，X 为对应的横坐标值，假设角度为θ，则 $\tan(\theta)=\dfrac{Y}{X}$。再根据 Y 和 X 的符号，即可判定角度所在的象限，从而求得θ的值。

函数不接受复数作为输入，其虚部部分将被系统忽略，同时给出警告信息。atan2 所求的角度如图 3-13 所示。

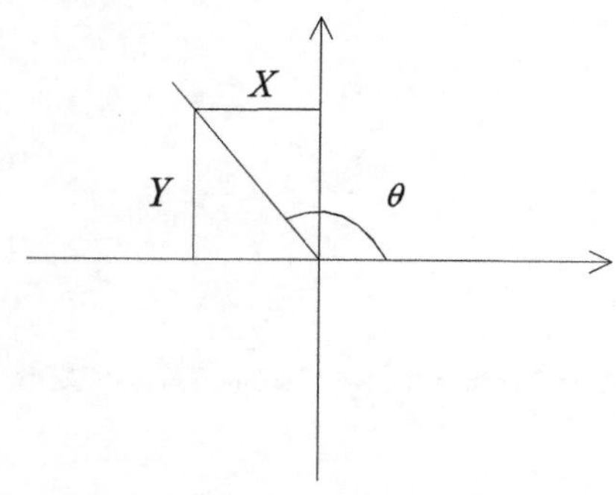

图 3-13　atan2 原理

【功能介绍】求四象限表示的反正切函数。atan 函数的返回值在区间$\left(-\dfrac{\pi}{2},\dfrac{\pi}{2}\right)$内，无法区分第一象限与第三象限、第二象限与第四象限的角度。atan2 函数则能够返回[−π,π]区间内的所有角度值。

【实例 3.13】求复数 2−3i 的幅角大小；利用 atan2 函数将复数 −3+3i 表示为极坐标的形式。

```
>> a=2-3*I                                 % 复数 a 为 2-3*i

a =

   2.0000 - 3.0000i

>> atan2(imag(a),real(a))   % 2-3*i 的幅角值，由大小可以判
断位于第四象限

ans =

  -0.9828

>> b=-3+3*I                                % 复数 b 为 3+3*i

b =

  -3.0000 + 3.0000i

>> r=abs(b)                                % 复数 b 的模值

r =

    4.2426

>> theta = atan2(imag(b),real(b))   % 复数 b 的角度

theta =

    2.3562

>> ob = r*exp(theta*i)   % 极坐标形式与 X+Yi 的形式是等价的

ob =

  -3.0000 + 3.0000i
```

```
>> angle(b)                         % angle 函数

ans =

    2.3562
```

【实例讲解】angle 函数可以对输入的复数计算角度，等价于 atan2(imag(a), real(a))。

3.14 abs——计算数值的绝对值

【语法说明】

- Y=abs(X)：Y 是与 X 同型的向量、矩阵或多维数组，Y 返回 X 中每一个元素的绝对值，若 X 中的元素为复数，则 Y 为复数的模值，计算方法为 abs(X)=sqrt(real(X).^2+imag(X).^2)。

【功能介绍】计算实数的绝对值或复数的模值。

【实例 3.14】矩阵 A 是一个复数矩阵，求其中实数的绝对值和复数的模。

```
>> A=[2,4-5*i,7;3+6*i,5,25;12,35,7-8*i]

A =

   2.0000              4.0000 - 5.0000i   7.0000
   3.0000 + 6.0000i   5.0000              25.0000
  12.0000             35.0000              7.0000 - 8.0000i

>> B=abs(A)

B =

    2.0000    6.4031    7.0000
    6.7082    5.0000   25.0000
   12.0000   35.0000   10.6301
```

【实例讲解】复数的模值是复数在复平面上离坐标原点的距离。

3.15 exp——计算指数

【语法说明】

- Y=exp(X)：Y 是与 X 同型的数组，函数计算以 e 为底的指数。X 可以为任意形状的向量或矩阵，其元素可以为实数或复数，对于复数 z=x+i*y，计算表达式为 $e^z=e^x(\cos(y)+i*\sin(y))$。

【功能介绍】计算输入元素的指数。

【实例 3.15】绘制指数函数在区间[−6,6]上的曲线图；计算复数 $n*i$ 的指数值，n 为整数。

```
>> x=-6:.1:6;
>> y=exp(x);                 % 计算自变量 x 的指数
>> plot(x,y,'r');            % 绘图
>> title('exp(x)')
>> grid on
>> n=-4:4;                % -4,-3,-2,-1,0,1,2,3,4 整数序列
>> exp(n*i)               % 计算 e^(n*i)

ans =

  Columns 1 through 4

  -0.6536 +  0.7568i   -0.9900 -  0.1411i   -0.4161
-0.9093i   0.5403 -0.8415i

  Columns 5 through 8

   1.0000            0.5403 + 0.8415i  -0.4161 + 0.9093i
-0.9900 + 0.1411i

  Column 9
```

```
  -0.6536 - 0.7568i

>> cos(n)+sin(n)*I      % 计算 cos(n)+sin(n)*i

ans =

  Columns 1 through 4

  -0.6536  +  0.7568i    -0.9900  -0.1411i     -0.4161
- 0.9093i   0.5403 - 0.8415i

  Columns 5 through 8

   1.0000               0.5403 + 0.8415i  -0.4161 + 0.9093i
-0.9900 + 0.1411i

  Column 9

  -0.6536 - 0.7568i
```

指数函数曲线图如图 3-14 所示。

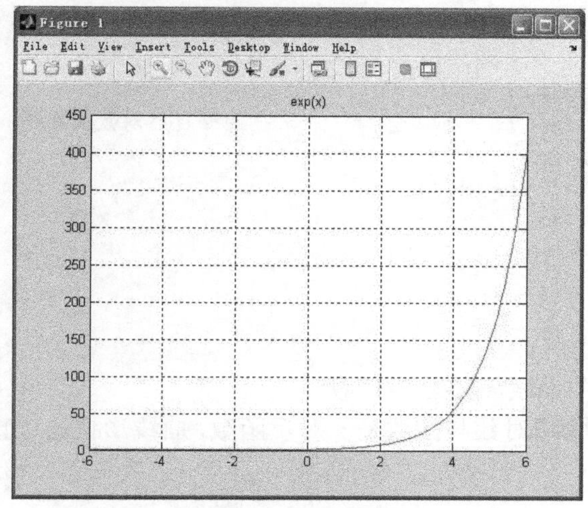

图 3-14　指数函数

【实例讲解】从实例中可以看出，e^{n*i}=cos(n)+i*sin(x)，这就是著名的欧拉公式。

3.16 log——计算自然对数

【语法说明】

- Y=log(X)：Y 是与 X 同型的数组，函数计算以 e 为底的对数。X 可以为任意形状的向量或矩阵，其元素可以为实数或复数。在实数域中，对数的定义域为（0, +∞），但在这里，X 可以取任意实数或复数。当 X 中的元素小于零时，计算的结果是一个复数值。对于复数 z=x+i*y，计算的表达式为

$$\log(z)=\log(\text{abs}(z))+i*\text{atan2}(y,x)$$

【功能介绍】计算以 e 为底数的对数，即自然对数。

【实例 3.16】计算自然对数，并绘制曲线图；计算复数 1+i 的自然对数。

```
>> x=0.1:0.005:100;
>> y=log(x);
>> plot(x,y)                    % 绘制自然对数曲线图
>> grid on
>> title('log(x)')
>> log(1+i)                     % 计算 1+i 的对数

ans =

   0.3466 + 0.7854i
```

自然对数曲线图如图 3-15 所示。

【实例讲解】对数与指数是一对反函数，曲线形状通过直线 $y=x$ 对称。

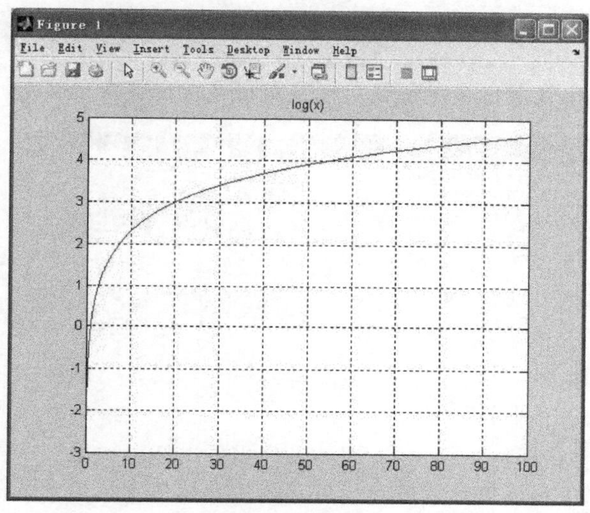

图 3-15 自然对数

3.17 log10——计算常用对数

【语法说明】

- Y=log10(X)：计算 X 中的每一个元素的常用对数，常用对数与自然对数的换算关系如下：

$$\log 10(x)=\frac{\log(x)}{\log(10)}$$

【功能介绍】求常用对数，即以 10 为底数的对数。

【实例 3.17】计算常用对数和自然对数，绘制对比图。

```
>> x=0.1:0.005:100;
>> y1=log(x);                       % 自然对数
>> y2=log10(x);                     % 常用对数
>> plot(x,y1,'r');
>> hold on
```

```
>> plot(x,y2,'b--');
>> legend('log(x)', 'log10(x)');
```

执行结果如图 3-16 所示。

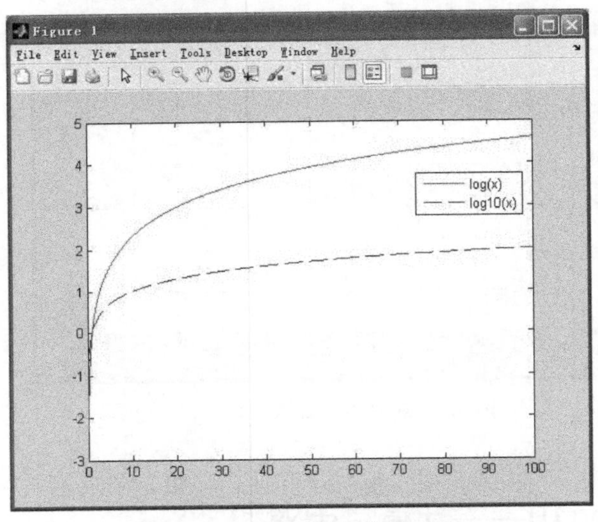

图 3-16 自然对数与常用对数

【实例讲解】 e≈2.1828<10，底数越大，在 x>1 区间内的对数值越小。

3.18 sort——进行排序

【语法说明】

- B=sort(A)：对 A 进行排序，根据 A 维度的不同，进行不同的处理：

（1）如果 A 为向量，函数对 A 按升序排序后返回。B 是与 A 同型的向量。

（2）如果 A 为矩阵，函数对 A 中的每一列进行升序排序。

（3）如果 A 为多维数组，函数沿着第一个维数大于 1 的维度进行升序排序。

如果 A 为字符串构成的细胞数组，函数按照 ASCII 字符的顺序对字符串进行升序排列。

若 A 中的元素为复数，则取元素幅值进行排列，若幅值相等，则按照幅角进行排序，幅角区间为[−π, π]。

- B=sort(A,dim)：dim 参数指定矩阵或多维数组 A 进行排序的维度。
- B=sort(A,dim,mode)：mode 是表示排序方式的字符串，可取值为 ascend 或 descend，分别表示升序和降序，默认排序方式为升序。需要注意，当输入参数为细胞数组时，不能使用 dim 或 mode 参数。
- [B,index]=sort(A,⋯)：输出参数 index 包含了 B 中每个元素在 A 中的位置索引，即 B=A(index)。

【功能介绍】 对矩阵、数组或包含字符串的细胞数组进行排序。

【实例 3.18】 对 2×3 随机矩阵沿着不同的方向进行排序；对细胞数组进行排序。

```
>> rng(0)
>> a=randi(9,2,3)                % 随机 2*3 矩阵

a =

     8     2     6
     9     9     1

>> sort(a)                       % 对每一列做升序排序

ans =

     8     2     1
     9     9     6
```

```
>> sort(a,2)                          % 对每一行做升序排序

ans =

     2     6     8
     1     9     9

>> [~,index]=sort(a,2);               % 求出索引矩阵 index
>> index                              % index 为元素的位置索引

index =

     2     3     1
     3     1     2

>> b={'abc', ' 123', 'ABC', 'abC'};  % 对细胞数组做排序
>> sort(b)

ans =

    ' 123'    'ABC'    'abC'    'abc'
```

【实例讲解】不指定 dim 参数时，sort 默认对每一列进行排序，dim=2 时函数对每一行进行排序。ASCII 码表中的字符顺序为：数字、大写字母、小写字母。

3.19 fix——向零方向取整

【语法说明】

- B=fix(A)：对 A 中每个元素朝零的方向取整，并返回与 A 同型的数组 B。对于小于零的数 a，返回大于 a 的最小整数；对于大于零的数 b，返回小于 b 的最大整数。也可以简单地理解为，fix 函数的计算方法是将实数的小数部分直接去掉。

对于复数元素，函数对实数和虚数分别朝零的方向取整数部分。

【功能介绍】向零的方向取整，相当于丢弃小数部分。

【实例 3.19】已知一个 1×5 浮点数向量，将其向零方向取整。

```
>> A=[8.873,-3.798,6.094,73.908,-78.372]
A =
    8.8730   -3.7980    6.0940   73.9080  -78.3720
>> B=fix(A)
B =
     8    -3     6    73   -78
```

【实例讲解】从上面的结果中可以看出，正数和负数的取整是不同的。函数舍弃了向量 A 中每个元素的小数部分，只保留整数部分，就得到了向量 B。

3.20 round——向最近的方向取整

【语法说明】

- B=round(A)：对 A 中每个元素朝最近的方向取整数部分，并返回与 A 同型的数组 B。例如，对于一个正的实数 *a*，如果其小数部分大于 0.5，则向上取整，否则就向下取整。round 函数的计算方法可以简单地理解为四舍五入。

对于复数元素，函数对其实部和虚部分别朝最近的方向取整数部分。

【功能介绍】向最近的方向取整，相当于四舍五入。

【实例 3.20】将实例 3.19 中的向量向最近的整数方向取整。

```
>> A=[8.873,-3.798,6.094,73.908,-78.372]
A =
    8.8730   -3.7980    6.0940   73.9080  -78.3720
>> B=round(A)
B =
     9    -4     6    74   -78
>> round(0.5)                 % 验证四舍五入规则
```

```
ans =

    1

>> round(0.4999999999)

ans =

    0
>> round(-0.5)

ans =

   -1
```

【实例讲解】round 函数对实数做四舍五入，所得结果与 fix 函数不同。当小数部分恰好为 0.5 或-0.5 时，则向绝对值大的方向取整。

3.21 floor——向负无穷大方向取整

【语法说明】

- B=floor(A)：对 A 中每个元素朝负无穷大方向取整数部分，并返回与 A 同维型的数组 B，对于 A 中的复数元素，函数对其实部和虚数分别朝负无穷大方向取整数部分。

【功能介绍】向负无穷大方向取整。

【实例 3.21】对实例 3.19 中的向量向负无穷大方向取整。

```
>> A=[8.873,-3.798,6.094,73.908,-78.372]
A =
    8.8730   -3.7980    6.0940   73.9080  -78.3720
>> B=floor(A)
B =
```

```
    8   -4    6   73  -79
```

【实例讲解】由于 floor 函数向下取整，因此 B 中的每个整数都比对应的实数要小。

3.22　ceil——向正无穷大方向取整

【语法说明】

■ B=ceil(A)：对 A 中每个元素朝正无穷大方向取整数部分，并返回与 A 同型的数组 B。对于 A 中的复数元素，函数对其实部和虚数分别朝正无穷大方向取整数部分。

【功能介绍】朝正无穷大方向取整。

【实例 3.22】对实例 3.19 中的已知向量向正无穷大方向取整。

```
>> A=[8.873,-3.798,6.094,73.908,-78.372]
A =
    8.8730   -3.7980    6.0940   73.9080  -78.3720
>> B=ceil(A)
B =
     9    -3     7    74   -78
```

【实例讲解】ceil 函数向上取整，因此得到的整数比 A 中的实数都大，对比实例 3.21 可以发现，本例中的取整结果均比实例 3.21 中的结果大 1。如果实数 *a* 小数部分不等于零，则有 ceil(*a*)=floor(*a*)+1。

3.23　rem——计算余数

【语法说明】

■ R=rem(X,Y)：X、Y 为同型的向量、矩阵或多维数组，也可以是标量。函数计算 X 除以 Y 的余数，返回结果等于 X−fix(X./Y).*Y。

如果 Y 等于零，函数返回 NaN，意为 Not a Number。

如果 X=Y≈0，函数返回零。

如果 X 与 Y 符号不同，则 R 与 X 保持同号，这一点与功能类似的 mod 函数不同。

【功能介绍】 计算除法运算的余数。

【实例 3.23】 已知两向量的数值，计算两向量相除的余数。

```
>> A=[65,84,-39,-48,84,33]
A =
   65    84   -39   -48    84    33
>> B=[-7,8,-5,8,5,-17]
B =
   -7     8    -5     8     5   -17
>> C=rem(A,B)
C =
    2     4    -4     0     4    16
```

【实例讲解】 观察 C 的符号，可知 C 的符号与 A 相同。

3.24 real——计算复数的实部

【语法说明】

- Y=real(Z)：返回复数 Z 的实数部分。

【功能介绍】 计算复数 Z 的实数部分。

【实例 3.24】 计算复数 3+9*i* 的实部。

```
>> Z=3+9i
Z =
   3.0000 + 9.0000i
>> Y=real(Z)
Y =
     3
```

【实例讲解】 本例中复数的实数部分为 3。

3.25 image——计算复数的虚部

【语法说明】

- Y=imag(Z)：返回复数 Z 的虚部。

【功能介绍】计算复数的虚部，“虚部”与虚数部分含义不尽相同，对于复数 $x+yi$ 来说，x 为其实部，y 为其虚部，也就是说虚部指的是虚数符号的系数，因此“虚部”是一个实数。

【实例 3.25】计算复数 3+9i 的虚部。

```
>> Z=3+9i
Z =
   3.0000 + 9.0000i
>> Y=imag(Z)
Y =
     9
```

【实例讲解】本例中复数的虚数部分为 9。

3.26 angle——计算复数的相角

【语法说明】

- P=angle(Z)：Z 可以是任意形状的向量、矩阵或多维数组，P 与 Z 同型，函数返回 Z 中每个元素的相角。相角在区间[$-\pi$, π]上。计算方法是：angle(Z)=imag(log(Z))=atan2(imag(Z),real(Z))。

【功能介绍】计算复数的相角（幅角）。

【实例 3.26】计算长度为 4 的随机复数向量中各元素的相角。

```
>> rng(2)
>> a=randi(3,1,4)-1 + (randi(3,1,4)-1)*I    % 复数向量

a =
```

```
   1.0000 + 1.0000i        0         1.0000          1.0000 +
1.0000i

  >> angle(a)                                     % 求相角

  ans =

     0.7854         0          0   0.7854
```

【实例讲解】实数的相角为零。

3.27 conj——计算复数的共轭

【语法说明】

- C=conj(Z)：Z 可以是任意形状的向量、矩阵或多维数组，P 与 Z 同型，函数返回 Z 中每个元素的共轭，计算公式为：conj(Z)=real(Z)−i*imag(Z)。

【功能介绍】求复数的共轭值，复数 C 的共轭与 C 实部相等，虚部相反。

【实例 3.27】求复数 Z=5+4i 的共轭值。

```
>> Z=5+4i
Z =
   5.0000 + 4.0000i
>> ZC=conj(Z)
ZC =
   5.0000 - 4.0000i
```

【实例讲解】ZC 的虚部−4 是 Z 的虚部的相反数。

3.28 complex——创建复数

【语法说明】

- c=complex(a,b)：用实数 a 和 b 创建复数 c，c=a+*i**b，c 是与 a、b 同型的矩阵或数组。
- c=complex(a)：a 作为输出复数 c 的实部，c 的虚部均为零。但此时 c 仍为复数，isreal(c)将返回零，表示 c 不是实数。

【功能介绍】用实数与虚数创建复数。

【实例 3.28】创建一个 2×3 矩阵，其中实部均为 1，虚部为正态分布的随机数；创建虚部为零的复数矩阵。

```
>> a=1;                      % 实部
>> rng(0)
>> b=randn(2,3);             % 虚部
>> complex(a,b)              % 创建复数

ans =

   1.0000 + 0.5377i   1.0000 - 2.2588i   1.0000 + 0.3188i
   1.0000 + 1.8339i   1.0000 + 0.8622i   1.0000 - 1.3077i
>> b                         % 实数矩阵 b

b =

    0.5377   -2.2588    0.3188
    1.8339    0.8622   -1.3077
>> c=complex(b)              % 虚部为零的复数矩阵 c

c =

    0.5377   -2.2588    0.3188
    1.8339    0.8622   -1.3077
>> isreal(c)                 % c 不是实数
```

```
ans =

    0
>> isreal(b)                % b是实数
ans =

    1
```

【实例讲解】c 的虚部为零，尽管看上去与实数没有区别，但数据类型已经变了。

3.29 mod——计算模数

【语法说明】

- R=mod(X,Y)：X、Y 为同型的向量、矩阵或多维数组，也可以是标量。函数计算 X 除以 Y 的模数，返回结果等于 X−floor(X./Y).*Y。

如果 Y 等于零，函数返回 X。

如果 X=Y≈0，函数返回零。

如果 X 与 Y 符号不同，则 R 与 Y 保持同号，这一点与功能类似的 rem 函数不同。

【功能介绍】计算模数。

【实例 3.29】对实例 3.23 中的向量计算模数。

```
>> A=[65,84,-39,-48,84,33]

A =

    65    84   -39   -48    84    33

>> B=[-7,8,-5,8,5,-17]

B =
```

```
    -7     8    -5     8     5   -17

>> C=mod(A,B)          % 取模数

C =

    -5     4    -4     0     4    -1
```

【实例讲解】显然向量 C 中的元素与向量 B 保持同号。

3.30 nchoosek——计算组合数

【语法说明】

- C=nchoosek(n,k)：参量 n、k 为非负整数，函数计算组合数 C_n^k，意为从 n 不同物体中取出 k 个的组合的个数，计算公式为

$$C_n^k = \frac{n!}{(n-k)!k!}$$

当输入参数很大时，计算结果可能过大，此时函数只能保证 15 位有效数字的精度。

- CV=nchoosek(v,k)：参量 v 为长度为 n 的向量，表示 n 个物体，从中抽取 k 个物体的办法有 C_n^k 种，CV 是一个 $C_n^k \times v$ 矩阵，每一行表示一种抽取的组合方式。

【功能介绍】计算组合数，即从 n 不同物体中取出 k 个的组合的个数，函数名称（n-choose-k）就暗示了这一点。

【实例 3.30】计算从 4 个带编号的不同小球中取出 2 个小球有几种方法，并列出每一种抽取方式。

```
>> nn=nchoosek(4,2)      % 共有 6 种抽取方式

nn =
```

```
     6

>> cv=nchoosek([4,3,2,1],2) % 列举 6 种组合方式

cv =

     4     3
     4     2
     4     1
     3     2
     3     1
     2     1
```

【实例讲解】在组合问题中，相同元素的不同排列顺序被认为是同一组合。因此[1 2]组合与[2 1]组合是相同的。

3.31 interp1——一维数据插值

【语法说明】

- yi=interp1(X,Y,xi)：X 为长度等于 N 的向量，Y 有以下两种情况：

（1）Y 与 X 同型。则函数根据 X 与 Y 中的值计算出一个插值函数，并将 xi 中的元素输入到该插值函数中，结果返回 yi，xi 是标量或任意形状的向量、矩阵，yi 与 xi 同型。

（2）Y 为维度是[N, d1, d2, L, dk]的数组，这相当于同时进行 d1×d2×L×dk 个相互独立的插值运算，此时，假设 xi 的维度为[m1, m2, L, mj]，则插值结果 yi 的维度为[m1, m2, L, mj, d1, d2, L dk]。

- yi=interp1(Y,xi)：不给定 X 参数。如果 Y 是向量，默认 X=1:length(Y)，如果 Y 为多维数组，则默认 X=size(Y,1)。

- yi=interp1(X,Y,xi,method)：用指定的算法计算插值，字符串 method 可取的值如下。

'nearest'：最近邻点插值，速度最快、效果最差的插值方法。

'linear'：线性插值，是默认方式。

'spline'：三次样条函数值。在内部调用了三次样条插值函数 spline、ppval 以及 mkpp 等函数。三次样条插值是一种分段插值方法，能保证插值点处二阶导数连续。

'pchip'或'cubic'：分段三次 Hermite 插值。在内部调用了函数 pchip，能保证在插值点处一阶导数连续，该方法能保持两个插值点之间的单调性。

- yi=interp1(X,Y,method,'extrap')：对于超出 X 范围的 xi 中的分量将执行特殊的外插值法 extrap。
- yi=interp1(X,Y,xi,method,extrapval)：确定超出 X 范围的 xi 元素，使用 extrapval 将其替换。extrapval 通常取 NaN 或 0。

【功能介绍】一维数据插值函数，支持最近邻插值、线性插值、三次样条插值和三次 Hermite 插值算法。

【实例 3.31】给定若干正弦函数的离散点，比较各种插值方法的效果。

```
>> x=0:6;
>> y=sin(x);                              % 原始数据点
>> xx=0:.1:6;
>> y1=interp1(x,y,xx,'nearest');          % 最近邻插值
>> y2=interp1(x,y,xx,'linear');           % 线性插值
>> y3=interp1(x,y,xx,'spline');           % 三次样条插值
>> y4=interp1(x,y,xx,'cubic');            % 三次 Hermite 插值
>> plot(x,y,'bo');
>> hold on
>> plot(xx,y1,'r-');
>> plot(xx,y2,'m-');
>> plot(xx,y3,'k--');
>> plot(xx,y4,'k-');
>> legend('原数据点','最近邻','线性','样条','Hermite')
>> title('interp1 插值')
```

插值效果如图 3-17 所示。

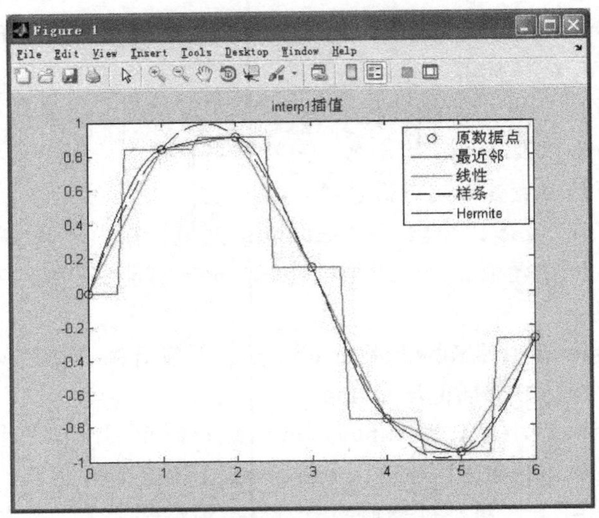

图 3-17　插值效果

【实例讲解】如图 3-17 所示，呈阶梯状、偏差最大的是最近邻插值；直接将插值点连接为折线的算法为线性插值；黑色实线为 Hermite 插值；黑色虚线、形状接近正弦曲线的是三次样条插值，效果最好。

3.32　interp2——二维数据插值

【语法说明】

- Z1=interp2(X,Y,Z,X1,Y1)：X、Y、Z 为同型矩阵，函数根据 X、Y、Z 给出的二维函数关系计算插值函数，并返回 X1、Y1 位置处的函数值。Z1 与 X1、Y1 同型。X1 可以为行向量、Y1 可以为列向量，函数自动将其扩展为矩阵。
- Z1=interp2(Z,X1,Y1)：未给出 X、Y 参数，默认 X=1:N、Y=1:M，并将 X、Y 扩展为矩阵。其中[M, N]=size(Z)。

- Z1=interp2(X,Y,Z,X1,Y1,method)：用指定的算法 method 计算二维插值。可取值如下：

'nearest'：最邻近插值，简单但不精确的插值方法。

'linear'：双线性插值算法，是函数的默认算法。

'spline'：三次样条插值。

'cubic'：双三次插值。

【功能介绍】进行二维的数据插值。

【实例 3.32】对 MATLAB 自带函数 peaks 进行二维插值。

```
>> [X1,Y1]=meshgrid(-2:.5:2);          % 插值节点
>> Z1=peaks(X1,Y1);                    % 插值节点处的函数值
>> [X2,Y2]=meshgrid(-2:.1:2);          % 待插值位置
>> Z2=interp2(X1,Y1,Z1,X2,Y2,'cubic'); % 双三次插值
>> mesh(X1,Y1,Z1)                       % 绘图
>> hold on
>> mesh(X2,Y2,Z2+10)
>> title('interp2 插值')
>> legend('插值节点','插值结果')
```

插值结果如图 3-18 所示。

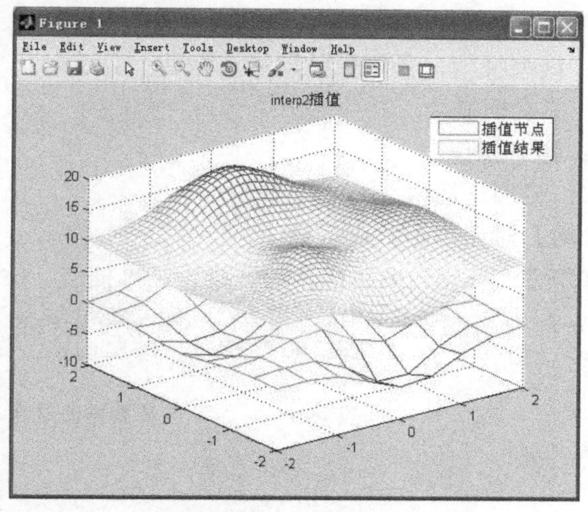

图 3-18 插值结果

【实例讲解】图中下方的曲面网格图为待插值节点，上方细网格为插值结果，双三次插值所得曲面非常光滑，效果较好。

3.33 interp3——三维数据插值

【语法说明】

- V1=interp3(X,Y,Z,V,X1,Y1,Z1)：X、Y、Z、V 为同型的三维数组，给定了插值节点的位置和函数值。X1、Y1、Z1 是为同型的三维数组，函数根据 X、Y、Z、V 计算插值函数，并返回 X1、Y1、Z1 处的函数值。V1 与 X1、Y1、Z1 同型。X1、Y1、Z1 也可以为向量，如果待插值点(X1,Y1,Z1)中有位于点(X,Y,Z)之外的点，则相 NaN。
- V1=interp3(V,X1,Y1,Z1)：默认 X=1:N，Y=1:M，Z=1:P，其中[M, N, P]=size(V)。
- V1=interp3(…,method)：method 指定了进行插值所用的算法。

'linear'：线型插值，是函数的默认（默认）算法。

'cubic'：三次插值。

'spline'：样条插值。

'nearest'：最邻近插值。

【功能介绍】对三维函数进行插值。

【实例 3.33】对 MATLAB 自带数据进行三维插值。

```
>> [x,y,z,v] = flow(10);          % 载入 MATLAB 自带数据
>>   [xi,yi,zi]   =   meshgrid(.1:.25:10,   -3:.25:3,
-3:.25:3);
>> size(x)                        % 自带数据的维度

ans =
```

```
   10    20    10

>> size(xi)                    % 待插值数据的维度

ans =

   25    40    25

>> vi = interp3(x,y,z,v,xi,yi,zi,'spline');      % 插值
>> slice(xi,yi,zi,vi,[6 9.5],2,[-2 .2]);         % 绘图
>> shading flat
```

三维插值结果如图 3-19 所示。

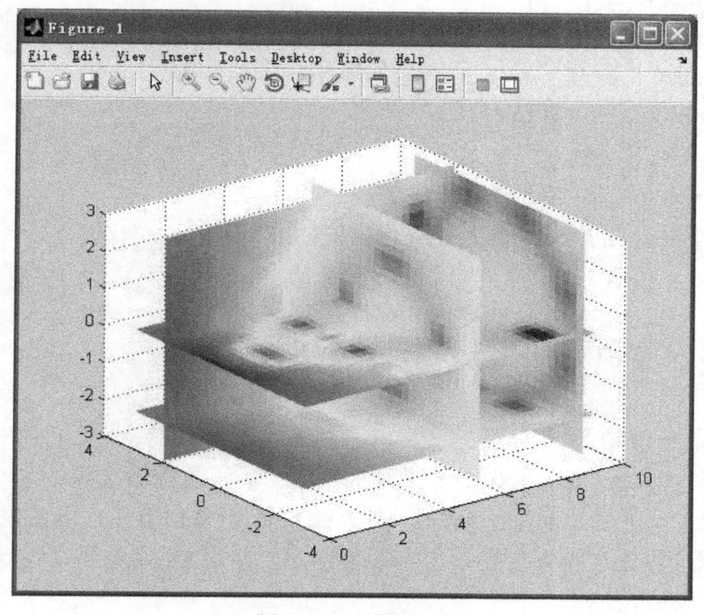

图 3-19　三维插值

【实例讲解】在二维函数中，平面直角坐标系中的点对应一个自变量，而在三维函数中，三维空间中的点对应一个自变量，而函数值的大小则通过颜色来表示，一般来说颜色偏红表示函数值较大。

3.34 interpn——n 维数据插值

【语法说明】

- V1=interpn(X1,X2,…,Xn,V,Y1,Y2,…,Yn)：参数 X1, X2, L, Xn, V 给出了插值节点，函数根据它计算插值函数，并计算插值函数在位置 Y1, Y2, L, Yn 处的函数值，V1 是与 Y1, Y2, L, Yn 同型的数组。
- V1=interpn(V,Y1,Y2, … ,Yn)：默认 X1=1:size(V, 1), X2=1:size(V, 2), L, Xn=1:size(V, n)。
- V1=intern(…,method)：method 是指定的插值算法。

'linear'：线型插值，是函数的默认（默认）算法。

'cubic'：三次插值。

'spline'：样条插值。

'nearest'：最邻近插值。

【功能介绍】对 n 维函数进行插值。

3.35 spline——三次样条数据插值

【语法说明】

- yy=spline(x,y,xx)：x 必须为向量，y 有两种情况。

（1）y 是与 x 同型的向量。x、y 给出了一系列散点，函数利用散点做分段三次样条插值，得到插值函数。并将 xx 代入计算，得到 xx 处的函数值 yy。

（2）假设 x 是长度为 N 的向量，则 y 是 d1×d2×L×dn×N 型矩阵，相当于执行 d1×d2×L×dn 次不同的插值运行。

- pp=spline(x,y)：对由 x、y 给出的散点做插值，但不对具体的待插值点计算函数值，而是返回一个表示插值函数的结构体。利用该结构体完成插值运算时，可以使用 ppval 函数，yy=spline(x,y,xx) 相当于 yy=ppval(spline(x,y),xx)。

【功能介绍】对一维函数做三次样条插值。当 interp1 采用 spline 参数作为插值算法时，在内部调用了 spline 函数，因此两个函数计算的结果是一致的。

【实例 3.34】对一个包含 9 个节点的数据进行插值，并绘制曲线图。

```
>> x = -4:4;                              % 插值点
>>y = [0 .15 1.12 2.36 2.36 1.46 .49 .06 0];
>> cs = spline(x,[0 y 0]);                % 得到样条插值函数
>> xx = linspace(-4,4,101);               % 待插值位置
>>yy= ppval(cs,xx);                       % 计算 xx 处的函数值
>> plot(x,y,'o');
>>hold on
>>plot(xx, yy,'-');
>> legend('插值节点','插值结果')
>> title('spline 插值')
```

插值结果如图 3-20 所示。

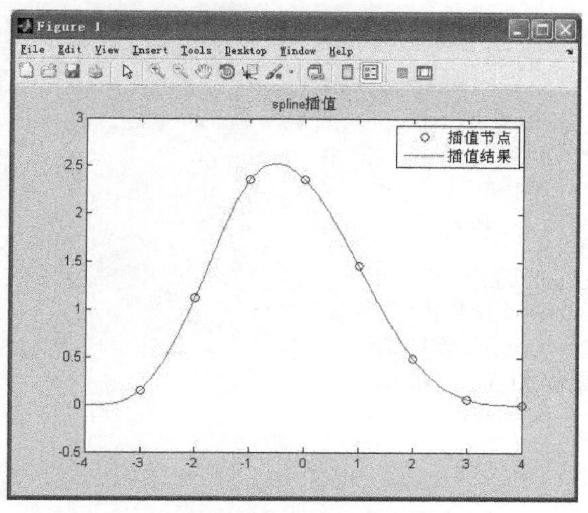

图 3-20　spline 插值

【实例讲解】三次样条插值保持每个插值点一阶导数及二阶导数连续，因此具有良好的曲线光滑性。

3.36 interpft——快速 Fourier 插值

【语法说明】

- y=interpft(x,n)：假设 *x*(*t*)是周期为 *p* 的周期函数，对其做等间隔采样，X(i)=x(T(i))，其中 T(i)=(i−1)*p/M, i=1:M, M=length(X)，得到的 y(t)也是一个周期函数，对周期函数 *x*(*t*)进行重采样，假设 length(x)=m，采样间隔为 dx，则 y 的采样间隔等于 dy=dx×m/n，n≥m。n 值越大，重采样点越多。

【功能介绍】用快速 Fourier 变换算法（FFT）对一维函数做插值。

【实例 3.35】对一个包含 17 个节点的数据进行插值，并绘制曲线图。

```
>> y  = [0:.5:2 1.5:-.5:-2 -1.5:.5:0]; % equally spaced
>> factor = 4;                          % 插值参数设为 4
>> m  = length(y)*factor;
>> x  = 1:factor:m;
>> xi = 1:m;
>> yi = interpft(y,m);
>> plot(x,y,'o')
>> hold on
>> plot(xi,yi,'-')
>> legend('原始数据','插值结果')
>> title('interpft 插值')
```

插值结果如图 3-21 所示。

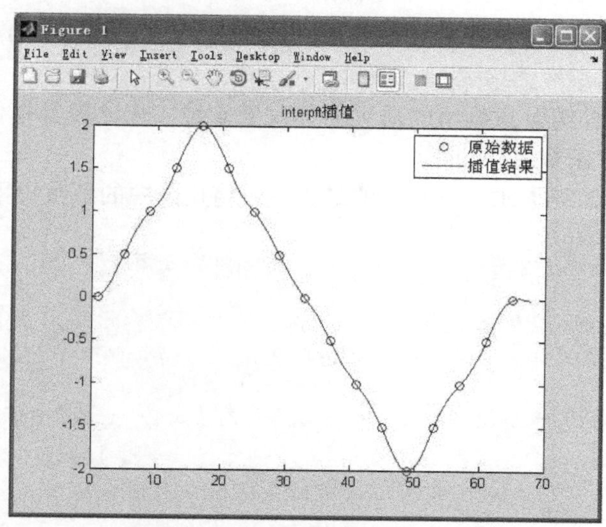

图 3-21 插值结果

【实例讲解】该算法主要用于周期函数的插值。

3.37 max——最大值函数

【语法说明】

- C=max(A)：如果 A 是矩阵，对每一列计算最大值并返回一个行向量。如果 A 是一个多维数组，则对第一个长度不为 1 的维度计算最大值。如果 A 是一个向量，则无论是行向量还是列向量，都返回向量中元素的最大值。
- C=max(A,B)：A 和 B 是同型数组，函数计算 A 和 B 对应位置的最大元素，并返回同型数组 C。A 与 B 其中之一可以是标量。
- C=max(A,[],dim)：沿着 dim 指定的维度计算最大值，dim=1 表示对列求最大值，dim=2 表示对行求最大值。
- [C,I]=max(…)：找出最大值，并返回其索引 I。如果有多个最大值，则返回第一个被发现的最大值的索引。C=max(A,B)不能采用多个输出参数的格式。

【功能介绍】求数组的最大值。对于复数，先比较其模值，再比较相角。函数忽略 NaN。

【实例 3.36】求矩阵每行的最大值；将矩阵中的负数置零。

```
>> rng(0);
>> a=rand(2,3)*2-1              % a 为 2*3 矩阵
a =
    0.6294   -0.7460    0.2647
    0.8116    0.8268   -0.8049

>> [m,i]=max(a,[],2)      % 求每行的最大值，i 为最大值索引
m =
    0.6294
    0.8268
i =
     1
     2

>> c=max(a,0)       % 求矩阵与 0 的最大值，负数所在位置被 0 替换
c =
    0.6294         0    0.2647
    0.8116    0.8268         0
```

【实例讲解】在用 dim 参数指定维度时，注意应采用 max(a,[],dim)的形式，如果误写为 max(a,dim)，函数将求出矩阵 a 与标量 dim 之间的最大值。

3.38 min——最小值函数

【语法说明】

- C=min(A)：如果 A 是矩阵，对每一列计算最小值并返回一个行向量。如果 A 是一个多维数组，则对第一个长度不为 1 的维度

计算最小值。如果 A 是一个向量，则无论是行向量还是列向量，都返回向量中元素的最小值。

- C=min(A,B)：A 和 B 是同型数组，函数计算 A 和 B 对应位置的最小元素，并返回同型数组 C。A 与 B 其中之一可以是标量。
- C=min(A,[],dim)：沿着 dim 指定的维度计算最小值，dim=1 表示对列求最小值，dim=2 表示对行求最小值。
- [C,I]=min(…)：找出最小值，并返回其索引 I。如果有多个最小值，则返回第一个被发现的最小值的索引。C=min(A,B)不能采用多个输出参数的格式。

【功能介绍】求数组的最小值。对于复数，先比较其模值，再比较相角。函数忽略 NaN。

【实例 3.37】求矩阵每行的最小值；将矩阵中的正数置零。

```
>> rng(0);
>> a=rand(2,3)*2-1                    % a 为 2*3 矩阵
a =
    0.6294   -0.7460    0.2647
    0.8116    0.8268   -0.8049

>> [m,i]=min(a,[],2)                  % 求每行的最小值
m =
   -0.7460
   -0.8049
i =
     2
     3

>> c=min(a,0)                     % 将正数与 0 比较，返回最小值
c =
         0   -0.7460         0
         0         0   -0.8049
```

【实例讲解】min 函数调用格式与 max 函数相同。

3.39 mean——平均值函数

【语法说明】

- M=mean(A)：如果 A 是矩阵，函数对每一列求平均值并返回。如果 A 是一个多元数组，函数对第一个长度不为 1 的维度计算平均值。如果 A 是向量，无论是行向量还是列向量，都返回向量的平均值。
- M=mean(A,dim)：沿着 dim 指定的维度计算平均值。

【功能介绍】求数组的平均值。

【实例 3.38】对向量和矩阵求均值。

```
>> a=magic(3)
a =
     8     1     6
     3     5     7
     4     9     2

>> m1=mean(a,1)              % 对矩阵求每列的均值
m1 =
     5     5     5

>> m1=mean(a(1,:),1)         % 对第一行求每列的均值
m1 =
     8     1     6

>> m1=mean(a(1,:))           % 对第一行求均值
m1 =
     5
```

【实例讲解】a(1,:)是一个行向量，用 m1=mean(a(1,:),1)显式地指定求每列的均值，由于每列只有一个元素，因此返回 a(1,:)本身。m1=mean(a(1,:))不指定维度，因此返回向量的均值。

3.40 median——中位数函数

【语法说明】

- M=mean(A)：如果 A 是矩阵，函数对每一列求中位数并返回。如果 A 是一个多元数组，函数对第一个长度不为 1 的维度计算中位数。如果 A 是向量，函数返回向量的中位数。
- M=mean(A,dim)：沿着 dim 指定的维度计算中位数。

【功能介绍】求数组的中位数，中位数是指排序后处于中间位置的元素值。当向量长度为奇数时，中位数等于排序后恰好在中间位置的数值，向量长度为偶数时，中位数等于向量的中间位置相邻 2 个数据的平均值。

【实例 3.39】求矩阵不同维度上的中位数。

```
>> a=magic(3)
a =
     8     1     6
     3     5     7
     4     9     2

>> median(a,1)              % 每列的中位数
ans =
     4     5     6

>> median(a,2)              % 每行的中位数
ans =
     6
     5
     4
```

【实例讲解】中位数也是一种重要的统计量，当数组中出现了极端变量值时，中位数比平均值更能反映数组的数值特征。

3.41 sum——求和函数

【语法说明】

- B=sum(A)：如果 A 是矩阵，函数求每一列的总和并返回。如果 A 是一个多维数组，函数对第一个长度不为 1 的维度计算总和。如果 A 是行向量或列向量，函数返回向量的总和。
- B=sum(A,dim)：沿着 dim 指定的维度计算总和。

【功能介绍】求数组元素的总和。

【实例 3.40】求魔方矩阵全体元素的和。

```
>> a=magic(3);
>> b=a(:)'
b =
     8     3     4     1     5     9     6     7     2


>> sum(b)          % 向量 b 的总和
ans =
    45
```

【实例讲解】魔方矩阵 a 每行、每列之和等于 15。

3.42 prod——连乘函数

【语法说明】

- B=prod(A)：如果 A 是矩阵，函数求每一列的乘积并返回。如果 A 是一个多维数组，函数对第一个长度不为 1 的维度计算总乘积。如果 A 是行向量或列向量，函数返回向量的乘积。
- B=prod(A,dim)：沿着 dim 指定的维度计算乘积。

【功能介绍】求数组元素的乘积。

【实例 3.41】求三阶魔方矩阵每行每列的乘积。

```
>> a=magic(3)
a =
     8     1     6
     3     5     7
     4     9     2

>> prod(a)                    % 每列的乘积
ans =
    96    45    84

>> prod(a,2)                  % 每行的乘积
ans =
    48
   105
    72
```

【实例讲解】prod(a)等效于 prod(a,1)。

3.43 cumsum——累积总和值

【语法说明】

- B=cumsum(A)：对向量累计求和。如果 A 是一个矩阵，则将每一列当作一个向量进行计算，最后返回与 A 大小相同的矩阵。
- B=cumsum(A,dim)：沿着 dim 指定的维度返回元素的累积和。

【功能介绍】计算累积和。

【实例 3.42】计算向量[1,2,3,4,5,6,7]的累积和。

```
>> a=[1,2,3,4,5,6,7]
a =
     1     2     3     4     5     6     7

>> cumsum(a)           % a 的累积和
ans =
     1     3     6    10    15    21    28
```

【实例讲解】cumsum 返回与原向量相同长度的向量，最后一个

元素等于原向量的总和。

3.44 cumprod——累积连乘

【语法说明】

- B=cumprod(A)：对向量计算累积连乘。如果 A 是一个矩阵，则将每一列当作一个向量进行计算，最后返回与 A 大小相同的矩阵。如果 A 是一个多维数组，则对第一个长度不为 1 的维度进行计算。
- B=cumsprod(A,dim)：沿着 dim 指定的维度计算元素的累积连乘。

【功能介绍】计算累积连乘。

【实例 3.43】计算 1～6 的阶乘。

```
>> a=1:6
a =
     1     2     3     4     5     6

>> cumprod(a)          % a 中各元素的阶乘
ans =
     1     2     6    24   120   720
```

【实例讲解】a 是一个表示自然数的向量，其累积连乘是每一个整数的阶乘。

3.45 quad——自适应 Simpson 法计算定积分

【语法说明】

- [Q,fcnt]=quad(fun,a,b,tol,trace)：fun 为要计算积分的函数句柄，a、b 为积分的上下限。函数计算如下形式的定积分：

$$q=\int_a^b \mathrm{fun}(x)$$

tol 为计算的精确度，默认值为 1e-6，trace 为非零值时，会以[fcnt, a, b-a, Q]的形式打印过程信息，fcnt 是计算时的迭代次数。trace 取零则不打印。

- Q=quad(fun,a,b,tol)：相当于 Q=quad(fun,a,b,tol,0)，trace 默认为零，不打印过程信息。
- Q=quad(fun,a,b)：tol 取默认值 1e-6。

【功能介绍】用自适应辛普森法计算数值积分。

【实例 3.44】用 quad 计算二次函数 $y=x^2$ 在区间[0, 1]的定积分。

```
>> fun=@(x)x.^2          % fun 为二次函数句柄
fun =
   @(x)x.^2

>> v=quad(fun,0,1,1e-6,1)   % 计算 0～1 的定积分，显示计算
过程
        9  0.0000000000  2.71580000e-001   0.0066768573
       11  0.2715800000  4.56840000e-001   0.1221553150
       13  0.7284200000  2.71580000e-001   0.2045011609
v =
   0.3333
```

【实例讲解】二次函数的不定积分为 $\frac{1}{3}x^3$，因此 0～1 之间的定积分等于 $\frac{1}{3}$。

3.46 quadl——自适应 Lobatto 法计算定积分

【语法说明】

- [Q,fcnt]=quad(fun,a,b,tol,trace)
- Q=quad(fun,a,b,tol)
- Q=quad(fun,a,b)

quadl 与 quad 的语法说明完全相同，只是内部的积分方法不同。quadl 在高精确度要求和被积函数光滑时具有更高的运行效率。

【功能介绍】 采用自适应 Lobatto 法计算函数的定积分。

【实例 3.45】 用 quadl 计算二次函数 $y=x^2+\frac{e^{x-2}}{\sqrt{x+1}}$ 在区间[0, 1]的定积分。

```
>> fun=@(x)x.^2+exp(x-2)./sqrt(x+1)
fun =
    @(x)x.^2+exp(x-2)./sqrt(x+1)

>> v=quadl(fun,0,1,1e-15)
v =
    0.5207
```

【实例讲解】 quad 与 quadl 适合解决不同类型的函数积分问题。

3.47 trapz——用梯形法进行数值积分

【语法说明】

- Z=trapz(Y)：使用梯形法对 Y 进行积分，结果返回 Z。Y 可以是向量、矩阵或多维数组。若 Y 是矩阵，则对每列进行积分；若 Y 为多维数组，则对第一个长度不为 1 的维度进行积分。Y 表示函数值，默认相邻两点之间的间距为 1。
- Z=trapz(X,Y)：X 是与 Y 对应的自变量的值，是一个向量，其长度与 Y 中进行积分的维度的长度相同，作用是表示相邻两点的间距。
- Z=trapz(X,Y,dim)：对由 dim 指定的维度进行积分。

【功能介绍】 用梯形法对函数进行数值积分。

【实例 3.46】 用 trapz 计算二次函数的定积分。

```
>> x=0:.1:1;
>> y=x.^2;
```

```
>> trapz(x,y)          % 以 0.1 为间隔采样，然后计算定积分
ans =
    0.3350

>> x=0:.01:1;
>> y=x.^2;
>> trapz(x,y)          % 以 0.01 为间隔采样，计算定积分
ans =
   0.3333
```

【实例讲解】梯形法将函数在一段区间内分割成若干梯形，以梯形面积的总和代表积分制，切割地越细，积分越精确。

3.48 rat/rats——有理分式逼近

【语法说明】

- [N,D]=rat(X)：返回数组 N 和 D，N./D 在默认误差 1.e-6*norm(X(:),1)内逼近 X。
- [N,D]=rat(X,tol)：tol 表示误差。
- S=rats(X)：rats 与 rat 功能相似，在内部调用了 rat 函数，并返回字符串。

【功能介绍】用有理分式逼近浮点数，rat 函数返回的有理分式将浮点数表示为如下形式：

$$\frac{n}{d}=d_1+\frac{1}{d_2+\frac{1}{\left(d_3+\cdots+\frac{1}{d_k}\right)}}$$

【实例 3.47】将圆周率和随机数表示为有理分式。

```
>> rat(pi)           % 将pi表示为有理分式
ans =
3 + 1/(7 + 1/(16))
```

```
>> rats(pi)
ans =
   355/113

>> rng(0)
>> rat(rand())        % 将随机数表示为有理分式
ans =
1 + 1/(-5 + 1/(-3 + 1/(2 + 1/(14 + 1/(2)))))
```

【实例讲解】 rats函数返回一个假分数形式的字符串，字符串默认长度为13。不采用[N,D]形式的输出参数时，rat也返回字符串。

3.49 dblquad——矩形区域的二元函数重积分

【语法说明】

- q=dblquad(fun,xmin,xmax,ymin,ymax)：函数句柄 fun 接受向量x和标量y作为参数，tol参数并返回一个用于积分的向量。积分区域为矩形 xmin≤x≤xmax, ymin≤y≤ymax。采用默认值1e-6。
- q=dblquad(fun,xmin,xmax,ymin,ymax,tol)：tol为计算时的精度，默认值为1e-6。
- q=dblquad(fun,xmin,xmax,ymin,ymax,tol,method)： method参数指定了积分采用的方法，默认值为@quad。

【功能介绍】 用于在矩形区域上计算二重积分。

【实例 3.48】 采用匿名函数句柄，计算二元函数 $z=xy+x^2\sin(x)$ 在矩形区域 $0\leqslant x\leqslant 2\pi$, $0\leqslant y\leqslant 1$ 上的二重积分。

```
>> z=@(x,y)x.*y+x.^2.*sin(x)                % z为函数句柄
z =
   @(x,y)x.*y+x.^2.*sin(x)

>> tic;v=dblquad(z,0,2*pi,0,1),toc % 用 dblquad 计算二
重积分
```

```
v =
  -29.6088
Elapsed time is 0.036567 seconds.

>> z=inline('x.*y+x.^2.*sin(x)')      % 定义 z 为内联函数
z =
     Inline function:
     z(x,y) = x.*y+x.^2.*sin(x)

>> tic;v=dblquad(z,0,2*pi,0,1),toc   % 再次计算二重积分
v =
  -29.6088
Elapsed time is 0.523106 seconds.
```

【实例讲解】从两次调用的用时中可以看出，函数句柄可以完全代替内联函数的功能，且效率明显优于内联函数。

3.50 diff——求数值微分

【语法说明】

- y=diff(x)：返回数组 x 的微分。如果 x 为长度为 n 的向量，那么 y 将返回一个长度为 $n-1$ 的向量[$x(2)-x(1)$, $x(3)-x(2)$, …, $x(n)-x(n-1)$]。如果 x 是矩阵，则对每列计算微分。若 x 为多维数组，则对第一个大小不为 1 的维度计算微分。
- y=diff(x,n)：对 X 计算 n 阶微分。
- y=diff(x,n,dim)：dim 指定进行微分计算的维度。如果 n≥size(x,dim)，则函数返回空矩阵。

【功能介绍】diff 可以对向量或矩阵求数值微分。

【实例 3.49】对向量和矩阵求不同阶数的微分。

```
>> x=1:10
x =
     1     2     3     4     5     6     7     8     9    10
```

```
>> diff(x)          % 对向量计算一阶微分
ans =
     1     1     1     1     1     1     1     1     1

>> diff(x,2)        % 对向量计算二阶微分
ans =
     0     0     0     0     0     0     0     0

>> diff(diff(x))        % 二阶微分相当于调用两次 diff
ans =
     0     0     0     0     0     0     0     0

>> y=[1,2,3;4,5,6]
y =
     1     2     3
     4     5     6

>> diff(y,1,2)  % 对矩阵的每行求一阶微分
ans =
     1     1
     1     1
```

【实例讲解】 diff 函数还有多种重载形式，数值微分只是其中一种，下一节将介绍 diff 作为符号积分函数的功能。

3.51 diff——求符号微分

【语法说明】

- y=diff(expr)：对表达式 expr 计算符号微分，自变量由 symvar 函数确定。
- y=diff(expr,v)或 y=diff(expr,sym('v'))：对表达式 expr 中的变量 v 计算一阶微分。
- y=diff(expr,n)：对表达式 expr 计算 n 阶微分，n 为正整数。
- y=diff(expr,v,n)或 y= expr (S,n,v)：对表达式 expr 中指定的

变量 v 计算 expr 的 n 阶微分。

【功能介绍】 diff 可以对表达式求解符号微分。

【实例 3.50】 求符号函数 $y=xy+x^2\sin(x)$的一阶与二阶导数。

```
>> syms x y                  % 声明符号变量 x、y
>> z=x*y+x.^2.*sin(x)   % z 为二元符号函数
 z =
 x^2*sin(x) + x*y

>> diff(z,x,1)              % 对 x 求一阶偏导
 ans =
 y + x^2*cos(x) + 2*x*sin(x)

>> diff(z,x,2)              % 对 x 求二阶偏导
 ans =
2*sin(x) - x^2*sin(x) + 4*x*cos(x)
```

【实例讲解】 syms 函数用于声明符号变量。

3.52 int——求符号积分

【语法说明】

- int(expr,v)或 int(expr)：对符号表达式 expr 求关于变量 v 的不定积分。V 可以显式地指定，也可以由 symvar 自动确定。
- int(expr,v,a,b)或 int(expr,a,b)：对符号表达式 expr 求关于自变量 v 的定积分。a、b 分别为积分上下限。

【功能介绍】 对符号函数求积分。

【实例 3.51】 求正弦函数与对数函数的符号积分。

```
>> syms x t                 % 声明符号变量
>> y1=sin(x)                % 正弦函数
y1 =
sin(x)

>> int(y1)                  % 计算正弦的积分
```

```
ans =
-cos(x)

>> y2=log(x)+x*t          % 对数函数构成的符合函数
y2 =
log(x) + t*x

>> tic,int(y2),toc        % 计算积分并计时
ans =
(x*(2*log(x) + t*x - 2))/2
Elapsed time is 0.572234 seconds.
```

【实例讲解】符号计算一般比数值计算更为耗时。

3.53 roots——求多项式的根

【语法说明】

- r=roots(c)：c 是表示多项式系数的向量，如 $5x^4+3x^2+2x+1$ 表示为[5, 0, 3, 2, 1]。r 为求得的多项式的根，是一个列向量。

【功能介绍】函数用于对多项式求根。

【实例 3.52】求解方程 $x^3+2x^2+3x+1=0$。

```
>> c=[1,2,3,1]
c =
     1     2     3     1

>> roots(c)      % 方程的根如下所示
ans =
  -0.7849 + 1.3071i
  -0.7849 - 1.3071i
  -0.4302
```

【实例讲解】方程有两个共轭的复数根和一个实数根。

3.54 poly——通过根求原多项式系数

【语法说明】

- p=poly(r)：向量 r 包含多项式的根，函数计算多项式 $(x-r(1))(x-r(2))\cdots(x-r(n))$，并将系数整理为向量 p。
- p=poly(A)：输入参数 A 是一个 n*n 的矩阵。计算时，先算出 A 的 n 个特征值 val1,val2,...valn，再以这些特征值为根，计算多项式系数。

【功能介绍】给定多项式的根，求多项式系数。poly 函数与 roots 函数在功能上基本是互逆的。

【实例 3.53】给出矩阵，计算多项式系数。

```
>> rng(0);
>> a=randi(5,1,4)          % a 代表的多项式为 5x^3+5x^2+x+5
a =
     5     5     1     5

>> r=roots(a)              % 求多项式的根
r =
  -1.3801
   0.1901 + 0.8297i
   0.1901 - 0.8297i

>> poly(r)                 % 用根求多项式
ans =
    1.0000    1.0000    0.2000    1.0000
```

【实例讲解】求得的多项式系数是化简形式的。

3.55 dsolve——求解常微分方程

【语法说明】

- dsolve(eq)：字符串 eq 是常微分方程表达式，默认自变量为't'，也可以用字符串 var 显式地指定自变量。字符串 eq 中，用 D 表示微分，如 dsolve('Dy=2*x','y(0)=1','s')，Dy 表示 y 的一阶微分项，类似地，D2y 则表示 y 的二阶微分项，以此类推。
- result=dsolve(eq1,cond1,var)：字符串 cond1 为初始条件或边界条件。
- [res1,res2,…]=dsolve(eq1,eq2,…cond1,cond2,…var)：对多个常微分方程进行求解，并分别将结果返回给输出参数。

【功能介绍】 用于求解常微分方程。

【实例 3.54】 在不同自变量和初始条件下对同一个表达式求解常微分方程。

```
>> dsolve('Dy=x')                % 常微分方程为 dy/dx = x

 ans =
C2 + t*x

>> dsolve('Dy=x','x')                % 自变量为 x
ans =
x^2/2 + C4

>> dsolve('Dy=x','y(1)=2','x')  % 给定初始条件 y(1)=2
ans =
x^2/2 + 3/2
```

【实例讲解】 不指定自变量时，默认自变量为 t；不给定初始条件时，一阶常微分方程的求解结果包含一个常数。

3.56 fzero——求一元连续函数的零点

【语法说明】

- x=fzero(fun,x0)：fun 为一元函数句柄，x0 为标量，函数在 x 附近寻找零点，如果成功则返回该零点，否则返回 NaN。
- x=fzero(fun,[x1,x2])：fun 函数在 x1 和 x2 处值的符号必须相反，否则会发生错误。fzero 返回处于 x0(1)与 x0(2)之间的零点。
- [x,fval,exitflag,output]=fzero(fun,x0,options)：参数 options 包含计算时的参数，可以用 optimset 函数来设置。输出参数中，fval 为函数值 fun(x)，exitflag 描述了退出的类型，output 则是一个包含计算信息的结构体。

【功能介绍】 fzero 函数用于求一元连续函数的零点。对于一个未知的一元函数，由于无法确定其是否含有零点，可以先将函数曲线图画出来，经过观察大致确定零点个数和大致位置，再调用 fzero 进行求解。

【实例 3.55】 求方程 $y=e^{\frac{x}{2}}-x^2$ 在[−10, 10]区间的零点。

第一步，用下列命令画出函数在[−10, 10]区间的曲线图如图 3-22 所示。

```
>> x=-10:.1:10;
>> y=exp(x/2)-x.^2;
>> plot(x,y);grid on;
```

第二步，大致确定有 3 个零点，位置分别在区间[−2, 0]、[0, 2]和[8, 10]内。

第三步，调用 fzero 函数求出零点。

```
>> y=@(x)exp(x/2)-x.^2          % 函数句柄
y =
    @(x)exp(x/2)-x.^2
```

```
>> z1=fzero(y,[-2,0])                    % 求第一个零点
z1 =
   -0.8156

>> z2=fzero(y,[0,2])                     % 求第二个零点
z2 =
    1.4296

>> z3=fzero(y,[8,10])                    % 求第三个零点
z3 =
    8.6132

>> y([z1,z2,z3])                         % 代入函数验证
ans =
  1.0e-013 *
   -0.1421   -0.0044   -0.1421
```

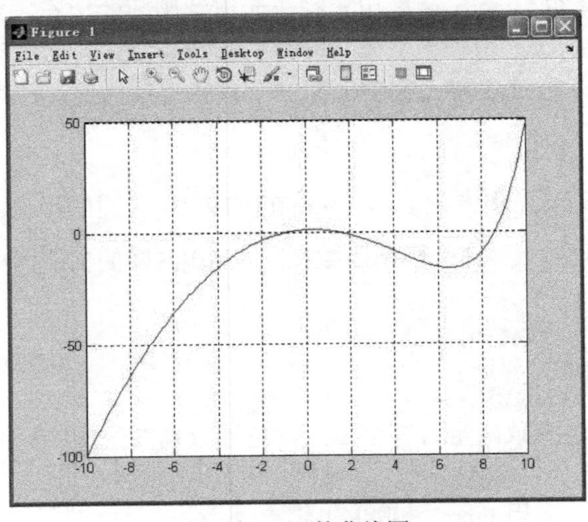

图 3-22　函数曲线图

【实例讲解】三个零点分别为z1=–0.8156，z2=1.4296，z3=8.6132，代入函数所得函数值约等于零。

第 4 章　符号计算与符号数学工具箱

计算机能够完成的一般为数值运算，虽然数值运算在工程上广泛应用，但往往得到的是近似值而非精确值。理论分析中的公式推导，如微积分的精确求解就无法通过数值计算完成。为了解决这个问题，MATLAB 提供了功能丰富的符号数学工具箱（Symbolic Math Toolbox），涵盖了符号数学涉及的方方面面。本章就将从初等运算函数、符号微积分、符号函数绘图、积分变换等 5 个角度分类介绍 MATLAB 与符号运算相关的函数。

4.1　初等运算函数

MATLAB 中定义的数据默认为数值类型，要进行符号运算必须先将数值型的数字或变量转为符号类型。本节介绍与符号变量转化和创建相关的函数，以及操作符号多项式的部分函数，如多项式的因式分解、合并同类项等。

4.1.1　sym——定义符号变量

【语法说明】

- Y=sym('x')：将字符串 x 表示的变量转为符号变量，符号变量名仍为 x。
- Y=sym(A)：将 A 转为符号数值，如果 A 是数字，则函数将其转为符号形式的数字。

- Y=sym('x',[m,n])：创建一个符号矩阵，矩阵的维度为 m×n。

【功能介绍】 创建符号数值、变量或对象，或将数值量转为符号变量。

【实例 4.1】 创建一个包含数字与变量的 3×3 符号矩阵；给定一个变量名，创建一个 2×3 符号矩阵。

```
>> sym_1=sym('[1 2 3;A B C;yesterday today tomorrow]')
        % 3*3 矩阵

sym_1 =
[         1,     2,         3]
[         A,     B,         C]
[ yesterday, today, tomorrow]

>> size(sym_1)
ans =
     3     3

>> sym('A',[2,3])                              % 2*3 矩阵

ans =

[ A1_1, A1_2, A1_3]
[ A2_1, A2_2, A2_3]
```

【实例讲解】 sym 函数定义的符号矩阵内部的元素可以是任意的符号或表达式。sym('x',[m,n])调用形式生成的矩阵默认具有 xi_j 的形式，其中 i、j 分别是元素所在行和列的索引。

4.1.2 syms——定义多个符号变量

【语法说明】

- syms a b c d …或 syms('a','b','c','d',…)：syms 函数用于一次性创建多个符号变量，相当于多次调用 sym 函数将输入参数中的变量一一创建，相当于：

```
sym('a');
sym('b')
sym('c')
sym('d')
...
```

【功能介绍】函数 sym 一次只能定义一个符号量，使用不方便。而函数 syms，一次可以定义多个符号量。

【实例 4.2】用 syms 函数定义实例 4.1 中的 3×3 符号矩阵。

```
>> syms A B C yesterday today tomorrow   % 定义符号变量
>> sym_1=[1, 2, 3; A, B, C; yesterday, today, tomorrow]
% 使用符号变量构成矩形

sym_1 =

[         1,     2,        3]
[         A,     B,        C]
[ yesterday, today, tomorrow]
>> syms a, b             % syms 命令后的变量不能使用逗号分开
Undefined function or variable 'b'.

>> syms 1                          % syms 不能将数字转为符号
Error using syms (line 61)
Not a valid variable name.
```

【实例讲解】采用 syms a b c d ...的调用格式时，变量名之间用空格隔开，不应使用逗号隔开；sym 函数可以接受数字作为输入，而 syms 函数不可以。

4.1.3 compose——计算复合函数

【语法说明】

- compose(f,g)：返回复合函数 f[g(y)]。其中 f=f(x)，g=g(y)，x 为函数 f 中由命令 symvar(f)确定的符号变量，y 为函数 g 中由命令 symvar(g)确定的符号变量。
- compose(f,g,z)：返回复合函数 f[g(z)]。其中 f=f(x)，g=g(y)，x、y 为函数 f、g 中有命令 symvar 确定的符号变量。

- compose(f,g,x,z)：返回复合函数 f[g(z)]。令变量 x 为函数 f 中的自变量 f=f(x)，令 x=g(z)，再将 x=g(z)代入函数 f 中，得到 f[g(z)]。
- compose(f,g,y,z)：返回复合函数 f[g(z)]。令变量 x 为函数 f 中的自变量 f=f(x)，而变量 y 为函数 g 中的自变量 g=g(y)；令 x=g(y)，再将 x=g(y)代入函数 f=f(x)中，得 f[g(y)]；最后用指定的变量 z 代替变量 y，得到 f[g(z)]。

【功能介绍】复合函数运算，所谓复合函数，是指一个函数的函数值在另一个函数中充当自变量。

【实例 4.3】定义函数 f、g，计算 $f(g(x))$和 $g(f(x))$；展开多项式 x^3+3x^2-4x-1，$x=t-1$。

```
>> syms x z m n t                    % 声明符号变量
>> f=cos(x)*log(z)                   % 函数 f
f =
cos(x)*log(z)

>> g=exp(x+2*z)                      % 函数 g
g =
exp(x + 2*z)

>> m=compose(f,g)                    % f(g(x))
m =
cos(exp(x + 2*z))*log(z)

>> n=compose(g,f)                    % g(f(x))
n =
exp(2*z + cos(x)*log(z))

>> pol=[1,3,-4,-1];                  % 多项式系数
>> p=poly2sym(pol)                   % 将系数转为符号多项式
p =
x^3 + 3*x^2 - 4*x - 1

>> x=t-1                             % x 与 t 的关系
x =
 t - 1
```

```
>> compose(p,x)                    % 复合函数运算
ans =
3*(t - 1)^2 - 4*t + (t - 1)^3 + 3
```

【实例讲解】利用复合函数运算可以实现多项式的变量代换。

4.1.4　colspace——计算列空间的基

【语法说明】

- B=colspace(A)：返回矩阵 B，其列向量形成由矩阵 A 的列向量形成的空间的坐标系。其中，A 可以是符号或数值矩阵。

【功能介绍】计算列空间的基。

【实例 4.4】计算一个 3×2 符号矩阵列空间的基；计算由数值矩阵形成的符号矩阵的列空间的基。

```
>> syms x y m
>> syms_A=[x y;x*2 x*2+y;m x]        % 3*2 符号矩阵

syms_A =
 [   x,       y]
[ 2*x, 2*x + y]
[   m,       x]

>> B=colspace(syms_A)                   % 计算矩阵列空间的基
 B =

[                          1,                   0]
[                          0,                   1]
[ (- 2*x^2 + 2*m*x + m*y)/(x*(2*x - y)), -(- x^2 + m*y)/(x*(2*x - y))]
>> d=colspace(sym(magic(4)))    % 计算 4 阶魔方矩阵的列空间的基
 d =
 [ 1, 0,  0]
[ 0, 1,  0]
[ 0, 0,  1]
[ 1, 3, -3]
```

```
>> double(d);                          % 转为数值矩阵
>> d(:,1)*13+d(:,2)*8+d(:,3)*12      % 使用基向量构成一个新的向量
 ans =

 13
  8
 12
  1
>> a=magic(4);a(:,4)                   % 魔方矩阵的第四列
ans =
    13
     8
    12
     1
```

【实例讲解】4 阶魔方矩阵是一个 4×4 的方阵，魔方矩阵的每一列均可由求得的基通过线性组合得到，实例中给出了第四列的形成方式：d(:,1)*13+d(:,2)*8+d(:,3)*12。

4.1.5 real——计算复数的实部

【语法说明】

- real(Z)：计算符号复数 Z 的实部，Z 可以是标量、向量、矩阵或多维数组。

【功能介绍】计算符号复数的实部。

【实例 4.5】计算符号表达式的实部。

```
>> syms x          % 声明符号变量 x
>> real(x)         % x 的实部
ans =

x/2 + conj(x)/2
>> real(x+i)       % x+i 的实部
ans =

x/2 + conj(x)/2
>> real(x+i*x)  % x+i*x 的实部
```

```
ans =

x*(1/2 + i/2) + conj(x)*(1/2 - i/2)
```

【实例讲解】当输入为符号变量时，系统往往借助 conj（共轭）函数来表示实部。

4.1.6 imag——计算复数的虚部

【语法说明】

- imag(Z)：计算符号复数 Z 的虚部，Z 可以是标量、向量、矩阵或多维数组。

【功能介绍】计算符号复数的虚部，注意复数 x+yi 的虚部是 y，而不是 yj。

【实例 4.6】计算符号复数的虚部。

```
>> syms x m n
>> z=4*m+(7*n+x)*I        % 符号复数表达式
 z =
 4*m + n*7*i + x*i
>> imag(z)                 % 计算虚部
 ans =

(7*n)/2 - m*2*i + x/2 + conj(m)*2*i + (7*conj(n))/2 +
conj(x)/2
```

【实例讲解】系统使用共轭函数 conj 来表示实部与虚部。

4.1.7 symsum——计算表达式的和

【语法说明】

- r=symsum(s)：对符号表达式 s 中的符号变量 k 从 0 到 k−1 求和。
- r=symsum(s,v)：对符号表达式 s 中指定的符号变量 v 从 0 到 v−1 求和。
- r=symsum(s,a,b)：对符号表达式 s 中的符号变量 k 从 a 到 b 求和。

□ r=symsum(s,v,a,b)：对符号表达式 s 中指定的符号变量 v 从 a 到 b 求和。

【功能介绍】符号表达式求和。

【实例 4.7】根据整数求和公式计算 1 到 n 之和；计算表达式 $\frac{1}{n(n+1)}$ 的前 n 项之和。

```
>> syms n m
>> y1=symsum(n,1,m)                    % 对n求和

y1 =
 (m*(m + 1))/2

>> y2=symsum(1./(n*(n+1)),1,m)  % 对1/(n*(n+1))求和

y2 =
 m/(m + 1)
```

【实例讲解】 $1+2+\cdots+m=\frac{m(m+1)}{2}$，$\frac{1}{1\times2}+\frac{1}{2\times3}+L+\frac{1}{n\times(n+1)}=1-\frac{1}{n+1}=\frac{n}{n+1}$。

4.1.8 collect——合并同类项

【语法说明】

□ R=collect(S)：S 为表示多项式的符号表达式，函数按 symvar(S)决定的变量对表达式执行合并同类项操作。

□ R=collect(S,v)：对 S 进行合并同类项，变量为 v。

【功能介绍】符号多项式合并同类项。

【实例 4.8】实现简单的合并同类项操作。

```
>> syms x y
>> A=(x+1).^3+(x+y)^2                    % 符号表达式
 A =
```

```
(x + 1)^3 + (x + y)^2
>> e=collect(A)                          % 合并同类项，变量为 x
 e =

x^3 + 4*x^2 + (2*y + 3)*x + y^2 + 1
 >> e=collect(A,y)                       % 合并同类项，指定变量为 y
 e =

y^2 + (2*x)*y + (x + 1)^3 + x^2
```

【实例讲解】合并同类项后根据给定的变量按降幂排列。

4.1.9　expand——展开符号表达式

【语法说明】

- R=expand(S)：对符号表达式 S 中的每个因式的乘积进行展开计算。

【功能介绍】用于符号表达式的展开。

【实例 4.9】对实例 4.8 中的符号表达式进行展开。

```
>> syms x y
>> A=(x+1).^3+(x+y)^2                   % 符号表达式
 A =

(x + 1)^3 + (x + y)^2
>> expand(A)                            % 展开表达式
 ans =

x^3 + 4*x^2 + 2*x*y + 3*x + y^2 + 1
```

【实例讲解】对比实例 4.8，可以发现，collect 函数按给定的变量进行展开，该变量的系数不会被展开，expand 函数则会对所有因式做乘法，最后整理所得的结果。

4.1.10　factor——符号因式分解

【语法说明】

- factor(X)：X 可以为正整数、符号表达式阵列或符号整数阵列。若 X 为正整数，则 factor(X)返回 X 的质数分解式，此时 X 必须为标量。若 X 为多项式的符号表达式，则对表达式进行因式分解，此时 X 可以为向量或矩阵。

【功能介绍】对符号表达式进行因式分解。因式分解将多项式表示为多个因式相乘的形式。

【实例 4.10】创建符号对象，并进行因式分解；将整数 96 表示为质数相乘的形式。

```
>> syms x y
>> factor([x^4-y^4,x^3+2*x-3])        % 分解两个符号表达式
ans =

[ (x - y)*(x + y)*(x^2 + y^2), (x - 1)*(x^2 + x + 3)]
>> factor(96)                         % 整数分解
ans =

     2     2     2     2     2     3
```

【实例讲解】实例中的两个符号表达式均成功进行了因式分解，但有的符号表达式是不可分解的，如 $96=2^5\times3$。

4.1.11 simplify——化简符号表达式

【语法说明】

- R=simplify(S)：S 是包含符号表达式的标量、向量或矩阵，函数根据数学恒等式对 S 进行转化，并返回最简洁的形式。

【功能介绍】化简符号表达式，返回最简形式。

【实例 4.11】化简符号表达式 $\cos^2(x)-\sin^2(2x)$、$\exp\left(c\times\log\left(\sqrt{\alpha+\beta}\right)\right)$。

```
>> syms x c alpha beta
>> simplify(cos(x)^2-sin(x)^2)        % cos²(x)-sin²(2x)
ans =

cos(2*x)
```

```
>> simplify(exp(c*log(sqrt(alpha+beta))))          %
```
$\exp\left(c\times\log\left(\sqrt{\alpha+\beta}\right)\right)$
```
ans =

(alpha + beta)^(c/2)
```

【实例讲解】 $\exp\left(c\times\log\left(\sqrt{\alpha+\beta}\right)\right)=\exp\left(\frac{c}{2}\log\left(\alpha+\beta\right)\right)=(e\wedge\left(\log\left(\alpha+\beta\right)\right))\wedge\frac{c}{2}=\left(\alpha+\beta\right)^{\frac{c}{2}}$，$\cos^2(x)-\sin^2(2x)=\cos(2x)$。

4.1.12 numden——计算表达式的分子与分母

【语法说明】

- [N,D]=numden(A)：将 A 表示为 $\frac{N}{D}$ 的形式。A 为符号矩阵或数组，函数将 A 中的每一元素转换成整系数多项式的有理式，其中分子与分母是互质、不可约的。N 为分子，D 为分母。
- N=numden(A)：只返回分子。

【功能介绍】 将符号表达式表示为分子与分母相除的形式。

【实例 4.12】 将符号表达式 $\frac{1}{xy}+\frac{1}{x+y}$、$\frac{m}{x^2}+\frac{n}{xy^2+y}$ 表示为分子分母相除的形式，将实数 3.1415 表示为有理分数形式。

```
>> syms x y m n
>> [n1,d1]=numden(1/(x*y)+1/(x+y))          %
```
$\frac{1}{xy}+\frac{1}{x+y}$
```
n1 =
x + y + x*y

d1 =
x^2*y + x*y^2
```

```
>> [n2,d2]=numden(m/(x^2)+n/(x*y^2+y))          % m/x^2 + n/(xy^2+y)

n2 =
n*x^2 + m*x*y^2 + m*y

d2 =
x^3*y^2 + x^2*y
>> [n,d]=numden(sym(3.1415))                     % 3.1415
 n =
 6283

d =
 2000
```

【实例讲解】 numden 函数是对符号表达式进行计算的函数，如果输入一个实数，也必须先用 sym 函数转为符号数值。

4.1.13 double——将符号矩阵转化为浮点型数值

【语法说明】

- R=double(S)：将符号对象 S 转化为数值对象 R，S 中只能包含符号数值，而不能包含任何除 eps 以外的符号变量，否则系统将会报错，因为函数无法确定给变量的具体数值。

【功能介绍】 将符号数值转化为浮点型数值。

【实例 4.13】 计算$\frac{1+\sqrt{5}}{2}$、$2\sqrt{2}$、$\left(1-\sqrt{3}\right)^2$的值。

```
>> double(sym('(1+sqrt(5))/2'))          % 计算(1+√5)/2 的值

ans =
    1.6180

>> a = sym(2*sqrt(2));              % 2√2
>> b = sym((1-sqrt(3))^2);              % (1-√3)^2
>> T = [a, b];
>> T
```

```
T =

[ 2*2^(1/2), 4826943532748117/9007199254740992]

>> double(T)              % 将符号值转为 double 类型
ans =

   2.8284    0.5359

>> vpa(T,6)               % 用 vpa 也可以计算符号表达式的值
ans =

[ 2.82843, 0.535898]
```

【实例讲解】 double 函数将符号转化为 double 类型的浮点数，浮点数默认以小数的形式显示；vpa 函数将符号表达式中的数值计算出来，以小数的形式显示，但其数据类型依然是符号类型。

4.1.14 solve——求解代数方程

【语法说明】

- g=solve(eg)：输入参量 eq 表示待求解的方程，可以是符号表达式或字符串，如 x^2-2*x-1 或'x^2-2*x-1'，函数对方程 eq 中由命令 symvar(eq)确定的变量求解方程 eq=0。对于有多个解的方程，g 为符号列向量。
- g=solve(eq,var)：对符号表达式或没有等号的字符串 eq 中指定的变量 var 求解方程 eq(var)=0。
- g=solve(eq1,eq2,⋯,eqn)：输入参量 eq1,eq2,⋯,eqn 可以是符号表达式或字符串。该命令对方程组 eq1,eq2,⋯,eqn 中由命令 findsym 确定的 n 个变量如 x1,x2,⋯,xn 求解。若 g 为一单个变量，则 g 为一包含 n 个解的结构；若 g 为有 n 个变量的向量，则分别返回结果给相应的变量。
- g=solve(eq1,eq2, ⋯ ,eqn,var1,var2, ⋯ ,varn)：解方程组 eq1,eq2,⋯,eqn，其中变量为 var1,var2,⋯,varn，此时返回值是一个结

构体，其字段为 var1,var2,…,varn。

【功能介绍】 求代数方程的符号解析解。

【实例 4.14】 求解线性方程组

$$\begin{cases} x+2y+z=2 \\ 2x-10y-3z=5 \\ 3x+8y=5 \end{cases}$$

```
>> syms x y z
>> s = solve(x+2*y+z-z, 2*x - 10*y-3*z-5, 3*x+8*y-5, x,
y, z)        % 解方程组

s =
    x: [1x1 sym]
    y: [1x1 sym]
    z: [1x1 sym]

>> [s.x, s.y, s.z]                              % x、y、z 的值
 ans =

[ -5, 5/2, -40/3]
```

【实例讲解】 方程组的解为：$x=-5, y=\dfrac{5}{2}, z=-\dfrac{40}{3}$。

4.1.15 simple——计算表达式的最简形式

【语法说明】

- r=simple(S)：S 为待化简的符号表达式，函数试图找出 S 在代数上的最简形式。若 S 为一矩阵，则结果为整个矩阵的最短形式，但未必对每一个元素来说都是最简形式。如果不给定输出参数，函数将会显示所有可能的化简形式，最后返回最简洁的那一个。
- [r,how]=simple(S)：how 是一个表示化简方法的字符串。

【功能介绍】 返回符号表达式的最简形式。

【实例 4.15】 对 $\cos(2x)-\sin^2(x)$、、$m^2-5m\times n+6n^2$ 进行化简。

```
>> syms x y m n
>> [r,how]=simple([cos(2*x)-sin(x)^2, m^2-5*m*n+6* n^2])
    % 化简

r =
 [ 1 - 3*sin(x)^2, m^2 - 5*m*n + 6*n^2]


how =
simplify
```

【实例讲解】$\cos(2x)-\sin^2(x)$的化简形式为 $1-3\sin^2(x)$，$m^2-5m\times n+6n^2$ 已经是最简的形式了，化简方法为调用 simplify 函数，simplify 也是一个用于符号表达式化简的函数，详见 4.1.11 小节。

4.1.16 finverse——计算反函数

【语法说明】

- g=finverse(f)：求解函数 f 的反函数，其中 f 为标量，表示一个一元数学函数，g 满足 $g(f(x))$。
- g=finverse(f,v)：若符号函数 f 中含有多个符号变量，则指定其自变量为 v 计算其反函数，满足 $g(f(v))$。

【功能介绍】求符号函数的反函数，若函数不单调，则反函数有多个，此时函数会给出警告。

【实例 4.16】求 $\exp(x+3\times m)$、$\tan(x)$这两个简单符号的反函数。

```
>> syms x m
>> y1=exp(x+3*m);   % exp(x+3 × m)
>> finverse(y1)
 ans =

log(x) - 3*m
>> y2=tan(x);        % tan(x)
>> finverse(y2)
 ans =
```

```
atan(x)
```

【实例讲解】 finverse 函数需要注意两点：（1）输入参数必须是标量；（2）输入函数如果反函数不唯一，系统将会提出警告。

4.1.17 ploy——求特征多项式

【语法说明】

- p=poly(A)或 p=poly(A,v)：A 为符号矩阵，函数返回矩阵 A 的变量为 x 或 t 的特征多项式；若指定了参数 v，则返回变量为 v 的特征多项式。例如 poly([a b; c d])返回矩阵 $\begin{bmatrix} a & b \\ c & d \end{bmatrix}$ 的特征多项式为

$$x^2 + (-a - d)x + ad - bc$$

【功能介绍】 计算符号矩阵的特征多项式。

【实例 4.17】 计算一个 3×3 矩阵的特征多项式。

```
>> a=pascal(3);                % 3 阶 Pascal 矩阵
>> sa=sym(a)                   % 转为符号形式
 sa =

[ 1, 1, 1]
[ 1, 2, 3]
[ 1, 3, 6]

>> poly(sa)                    % 求特征多项式
 ans =

x^3 - 9*x^2 + 9*x - 1
>> poly(a)                     % 直接将数值矩阵输入到 poly 函数中
ans =

    1.0000   -9.0000    9.0000   -1.0000
```

【实例讲解】 在本例中，直接将数值矩阵 a 输入到 poly 函数中，也能得到系数向量形式表示的特征多项式。poly 函数有多个重载形式，调用时根据输入参数的不同使用了不同的函数。

4.1.18 poly2sym——将多项式系数向量转化为带符号变量的多项式

【语法说明】

- r=poly2sym(c)：c 为系数向量，表示一个降序排列的多项式。函数将其转化为一个符号多项式，默认的符号变量为 x。
- r=poly2sym(c,v)：将系数向量转为符号表达式时用 v 作为符号变量。

【功能介绍】多项式系数向量转化为带符号变量的多项式。

【实例 4.18】已知多项式 $x^4+2x^3+3x^2+6x+11$ 的系数，转化为符号多项式。

```
>> p1=poly2sym([1 2 3 6 11])
p1 =
x^4 + 2*x^3 + 3*x^2 + 6*x + 11
>> p2=poly2sym([1 3 2 -2 4],'t')
p2 =
t^4 + 3*t^3 + 2*t^2 - 2*t + 4
```

【实例讲解】poly2sym 函数提供了数值运算转化为符号多项式运算的接口。

4.1.19 symvar——确定表达式中的符号变量

【语法说明】

- r=symvar(S)：S 为符号表达式构成的标量或矩阵，函数在 S 中寻找符号变量，返回值是一个包含符号变量的向量。函数会忽略 i、j、pi 等符号，如果 S 不包含任何符号变量，则返回值是一个空的符号向量。
- r=symvar(S,N)：返回 S 中前 N 个符号变量，选取时以更接近 x 或 X 为准，大写字母构成的符号变量优先于小写字母构成的符号变量。
- r=symvar(str)：str 为字符串表示的符号表达式，函数寻找其中出现的符号变量，返回值是由字符串构成的细胞数组。若 S 中没有任何的符号变量，则返回值是空的细胞数组。

【功能介绍】从符号表达式或字符串中找出符号变量。

【实例 4.19】从下面的符号表达式中找出符号变量。

```
>> syms x y m n t
>> s=symvar(sin(m*x-y))          % 符号表达式 sin(m*x-y)
s =

[ m, x, y]
>> s= symvar('cos(pi*x - beta1)')  % 字符串'cos(pi*x -
beta1)'
s =

    'beta1'
    'x'
>> symvar([x^2+6*y-i*n+5, t*y])    % 符号表达式向量
ans =

[ n, t, x, y]
```

【实例讲解】symvar 函数有多个重载形式，可以接受符号表达式或字符串作为输入参数；当输入参数为符号表达式向量或矩阵时，函数寻找整个向量或矩阵中出现的所有符号变量并返回。

4.1.20 horner——用嵌套形式表示多项式

【语法说明】

- R=horner(P)：若 P 为符号多项式的矩阵，该命令将矩阵的每一元素转换成嵌套形式的表达式 R。

【功能介绍】用嵌套形式表示多项式。

【实例 4.20】将多项式 $f(x)=2x^5+2x^4+7x^3-8x^2+5x+4$ 表示为嵌套形式。

```
>> syms x
>> y=2*x^5+2*x^4+7*x^3-8*x^2+5*x+4   % 多项式的符号表示
y =
```

```
2*x^5 + 2*x^4 + 7*x^3 - 8*x^2 + 5*x + 4

>> h1=horner(y)                              % 嵌套形式
h1 =

x*(x*(x*(x*(2*x + 2) + 7) - 8) + 5) + 4

>> sym2poly(h1)                              % 系数向量
ans =

     2     2     7    -8     5     4
```

【实例讲解】将多项式表示为嵌套形式，可以减少乘法运算的次数。本例中，直接求解 $f(x)=2x^5+2x^4+7x^3-8x^2+5x+4$，需要进行 5+4+3+2+1=15 次乘法，5 次加法，而将其表示为嵌套形式 $x(x(x(x(2x+2)+7)-8)+5)+4$ 后，则只需要进行 1+1+1+1+1=5 次乘法，5 次加法，大大减小了运算复杂度。

4.2　符号微积分

MATLAB 中可以用 quad 函数计算数值积分，但结果为近似解。为了求得解析解，可以使用 int 函数。diff 函数可以同时求数值微分和符号微分，limit 函数所求的极限是微积分的理论基础。dsolve 函数可以用于求解微积分方程。

4.2.1　limit——计算符号表达式的极限

【语法说明】

- limit(F,x,a)：计算符号表达式 F 在 $x \to a$ 时的极限值。
- limit(F,a)：用命令 symvar(F)确定 F 中的自变量。
- limit(F)：符号表达式 F 中的自变量用 symvar 确定，求自变量趋近于零时的极限值。

- limit(F,x,a,'right')或 limit(F,x,a,'left')：计算符号函数 F 的单侧极限，即左极限 $x \to a^-$ 或右极限 $x \to a^+$。

【功能介绍】对符号函数求极限。

【实例 4.21】对 $\frac{\sin(x)}{x}$ 在零处的极限、$\frac{(x-2)}{(x^2-4)}$ 在−2 处的左右极限。

```
>> syms x
>> limit(sin(x)/x,x,0)                          % 求sin(x)/x
 ans =

1
>> limit((x-2)/(x^2-4),x,-2,'right')    % (x-2)/(x²-4)的右极限
 ans =

Inf

>> limit((x-2)/(x^2-4),x,-2,'left')     % (x-2)/(x²-4)的左极限
 ans =

-Inf
```

【实例讲解】部分函数在某些位置的极限不存在，直接求极限将返回 NaN，此时只能求单侧极限。

4.2.2 diff——计算符号微分

【语法说明】

- diff(f,v,n)：计算符号表达式 f 对自变量 v 的 n 次微分值。
- diff(f,v)：计算符号表达式 f 对自变量 v 的一次微分值。
- diff(f,n)：用 symvar 确定自变量，再计算符号表达式 f 对自变量的 n 次微分值。
- diff(f)：用 symvar 确定自变量，再计算符号表达式 f 对自

变量的一次微分值。

【功能介绍】 对符号表达式计算微分。diff 函数含有多个重载形式，除了计算符号微分以外，还可以计算数值微分。

【实例 4.22】 计算 $y=\sin^2(x)$的微分函数，并绘制相应图形。

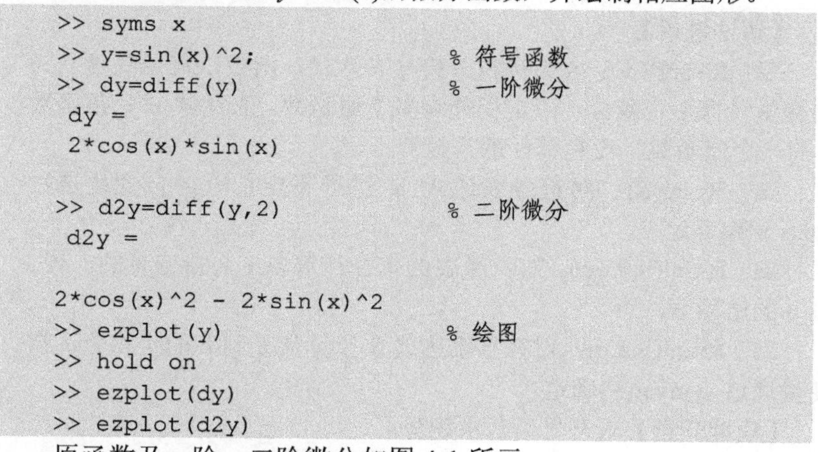

```
>> syms x
>> y=sin(x)^2;                    % 符号函数
>> dy=diff(y)                     % 一阶微分
 dy =
 2*cos(x)*sin(x)

>> d2y=diff(y,2)                  % 二阶微分
 d2y =

2*cos(x)^2 - 2*sin(x)^2
>> ezplot(y)                      % 绘图
>> hold on
>> ezplot(dy)
>> ezplot(d2y)
```

原函数及一阶、二阶微分如图 4-1 所示。

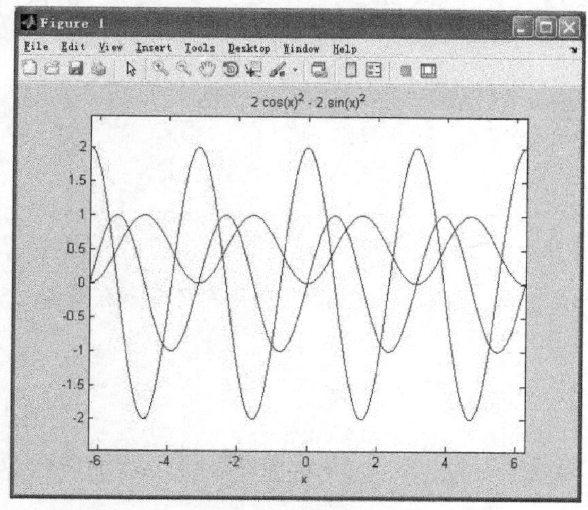

图 4-1　原函数及其导数

【实例讲解】 符号表达式可以使用 ezplot 函数直接绘制曲线图形。

4.2.3 int——计算符号积分

【语法说明】

- R=int(S,v)：S 为待积分符号表达式，函数以符号变量 v 为自变量计算不定积分。不定积分有多个原函数，表达式 R 只是函数 S 的一个原函数，没有带任意常数 C。
- R=int(S)：对符号表达式 S 进行不定积分，自变量通过 symvar(S)确定。
- R=int(S,v,a,b)：对符号表达式 S 计算以 v 为自变量的、从 a 到 b 的定积分。
- R=int(S,a,b)：对符号表达式 S 计算从 a 到 b 的定积分，自变量通过 symvar(S)确定。

【功能介绍】 求符号函数求积分。

【实例 4.23】 对 $\frac{1}{1+x^2}$ 、sin(x)求不定积分；对 $x\times(\log(1+x))$求(0, 1)的定积分。

```
>> syms x
>> y1=1/(1+x^2)        % 1/1+x^2
y1 =

1/(x^2 + 1)

>> int(y1)                    % 1/1+x^2 的不定积分为 atan(x)
ans =

atan(x)

>> y2=sin(x)                  % 正弦函数的不定积分为-cos(x)
y2 =
```

```
sin(x)

>> int(y2)
ans =

-cos(x)

>> y3=x*log(1+x)  % x×(log(1+x))从 0 到 1 的定积分等于 1/4
y3 =

x*log(x + 1)

>> int(y3,0,1)
ans =

1/4
```

【实例讲解】 int 函数计算符号积分，给出的是解析解，这样的算法通常都非常耗时。如果需要计算定积分的数值结果，可以使用数值积分函数 quad。

4.2.4 dsolve——求解常微分方程式

【语法说明】

- dsolve('equation')：字符串 equation 表示常微分方程式，函数的求解结果以符号表达式的形式给出。由于没有初始条件，因此求解结果包含常数 C1, C2, L。字符串 equation 中，以 Dy 表示一阶微分项，D2y 表示二阶微分项。
- dsolve('equation','condition','v')：condition'为初始条件，在求解结果中，使用 v 作为函数的自变量符号。
- dsolve('equation1', 'equation2',…,'condition1','condition2',…)：求解常微分方程组，此时，返回的结果是一个结构体。

【功能介绍】 求解常微分方程。

【实例 4.24】 求解常微分方程 $\frac{df}{dt}=f+\sin(t), f\left(\frac{\pi}{2}\right)=0$，及常微分方程组：

$$\begin{cases}\frac{du}{dv}=v\\ \frac{dv}{dw}=w\\ \frac{dw}{du}=-u\end{cases},\begin{cases}u(0)=0\\ v(0)=0\\ w(0)=1\end{cases}$$

```
>> dsolve('Df = f + sin(t)', 'f(pi/2) = 0')    % 常微分方程
 ans =

exp(t)/(2*exp(pi/2)) - sin(t)/2 - cos(t)/2

>> S = dsolve('Du=v, Dv=w, Dw=-u','u(0)=0, v(0)=0, w(0)=1')          % 常微分方程组
S =

    v: [1x1 sym]
    u: [1x1 sym]
    w: [1x1 sym]

>> [S.v, S.u, S.w]
 ans =

[ (cos((3^(1/2)*t)/2)*exp(t)^(3/2))/(3*exp(t)) - 1/(3*exp(t)) + (3^(1/2)*sin((3^(1/2)*t)/2)*exp(t)^(3/2))/(3*exp(t)), 1/(3*exp(t)) - (cos((3^(1/2)*t)/2)*exp(t)^(3/2))/(3*exp(t)) + (3^(1/2)*sin((3^(1/2)*t)/2)*exp(t)^(3/2))/(3*exp(t)), 1/(3*exp(t)) + (2*cos((3^(1/2)*t)/2)*exp(t)^(3/2))/(3*exp(t))]
```

【实例讲解】只有当初始条件个数、方程个数与带求解的函数个数相同时，方程或方程组才有唯一解。

4.3 绘制符号函数的图像

MATLAB 允许用户在只给出符号函数表达式的情况下绘制其函数图像，本节不但介绍了 ezplot 和 ezplot3 这两个用于绘制函数曲线的函数，还介绍了一系列与等高线绘制相关的函数。

4.3.1 ezplot——绘制符号函数图形

【语法说明】

如果要绘制图形的函数为显式函数：

- ezplot(fun)：对于一元函数 $f=f(x)$，在默认区间 $(-2\pi, 2\pi)$ 上绘制函数曲线图。
- ezplot(fun,[xmin,xmax])：在区间(xmin, xmax)上绘制函数曲线图。
- ezplot(fun,[xmin,xmax],fign)：fign 是一个整数，规定了窗口的序号，如果该序号的窗口存在，则在该窗口内绘图，如果不存在则创建一个再进行绘图。

如果函数为隐函数形式：

- ezplot(fun)：fun 为隐函数 $f=f(x,y)$，函数在 $-2\pi<x<2\pi$，$-2\pi<y<2\pi$ 区域内绘制 $f(x,y)=0$ 的图形。
- ezplot(fun,[xmin,xmax,ymin,ymax])：在−xmin<x<xmax, ymin<y<ymax 区域内绘制 $f(x, y)=0$ 的图形。

如果函数为参数方程形式：

- ezplot(funx,funy)：在 $0\leqslant t\leqslant 2\pi$ 上绘制参数方程 $x=x(t)$，$y=y(t)$。
- ezplot(funx,funy,[tmin,tmax])：在 tmin<t<tmax 上绘制参数

方程 $x=x(t)$，$y=y(t)$。

【功能介绍】绘制用符号变量表示的函数。

【实例 4.25】用 ezplot 绘制由参数方程 $x=1+\cos(t)$，$y=-2+2\sin(t)$ 确定的椭圆。

```
>> syms t                          % 声明符号变量
>> x=1+cos(t)                      % x
x =
cos(t) + 1
>> y=2*sin(t)-2                    % y
y =
2*sin(t) - 2
>> ezplot(x,y)                     % 绘图
>> grid on
```

执行结果如图 4-2 所示。

【实例讲解】参数方程确定的是以点[1, −2]为中心的椭圆。

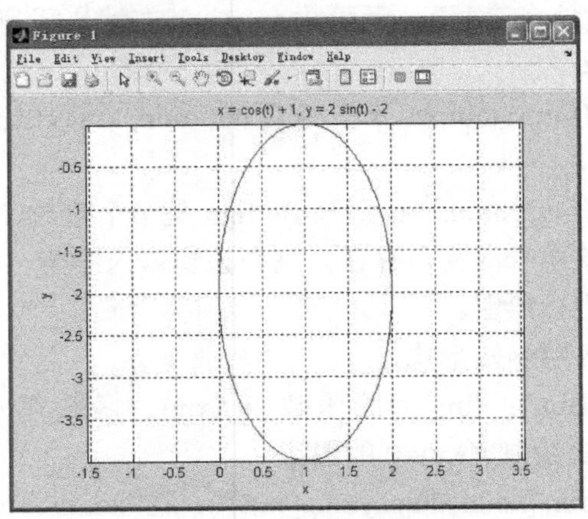

图 4-2　用 ezplot 绘制的椭圆

4.3.2　ezplot3——绘制三维符号函数

【语法说明】

- ezplot3(x,y,z)：在默认区间$(0,2\pi)$上由绘制参数方程 $x=x(t)$，

$y=y(t)$和 $z=z(t)$确定的曲线。

- ezplot3(x,y,z,[tmin,tmax])：指定绘图的区间为[tmin, tmax]。
- ezplot3(…,'animate')：画出曲线图，并显示函数值随着参数 t 增大而变化的过程。

【功能介绍】绘制由参数方程确定的符号函数三维图。

【实例 4.26】绘制螺旋线，并显示绘制过程。

```
>> syms t
>> x=cos(t)        % x 的参数方程
x =
cos(t)
>> y=sin(t)        % y 的参数方程
y =
sin(t)
>> z=t             % z 的参数方程
z =
t
>> ezplot3(x,y,z,[0,6*pi],'animate')          % 绘图
```

执行结果如图 4-3 所示。

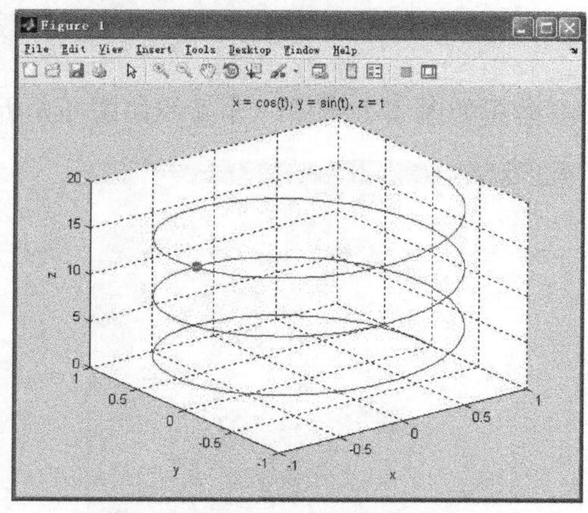

图 4-3　用 ezplot3 绘制的螺旋线

【实例讲解】函数使用一个红点沿着曲线运动来表示空间中的

点随着参数 t 变化而变化。

4.3.3 ezcontour——绘制符号函数的等高线图

【语法说明】

- ezcontour(fun)：fun 是二元函数的符号表达式，函数绘制 fun 在$-2\pi<x<2\pi$, $-2\pi<y<2\pi$上的等高线图。
- ezcontour(fun,domain)：参数 domain 指定自变量的区间，可以是[xmin, xmax, ymin, ymax]或[min, max]的形式。
- ezcontour(…,n)：参数 n 表示使用 n×n 个栅格点，在栅格点上绘制函数 f=fun(x,y)的图形，n 默认值为 60。

【功能介绍】画二元符号函数的等高线图，并自动添加标题与坐标注记。

【实例 4.27】画出符号函数 $z=x^2-y^2$ 的等高线。

```
>> syms x y
>> z=x^2-y^2                % 函数表达式
z =
x^2 - y^2
>> ezmesh(z)                % 网格图
>> figure;ezcontour(z)  % 等高线图
```

绘制的三维网格图如图 4-4 所示，等高线如图 4-5 所示。

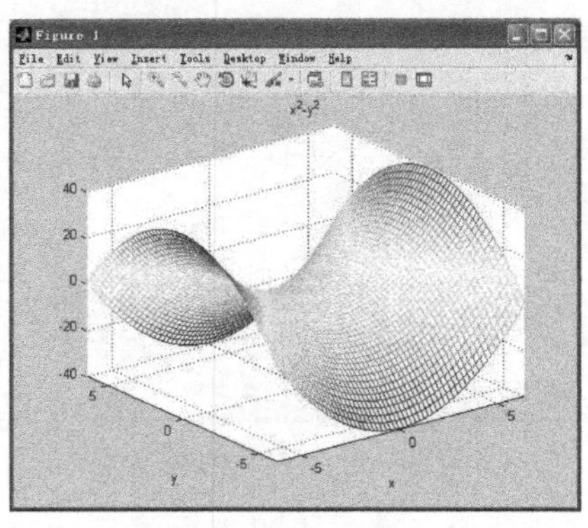

图 4-4　三维网格图

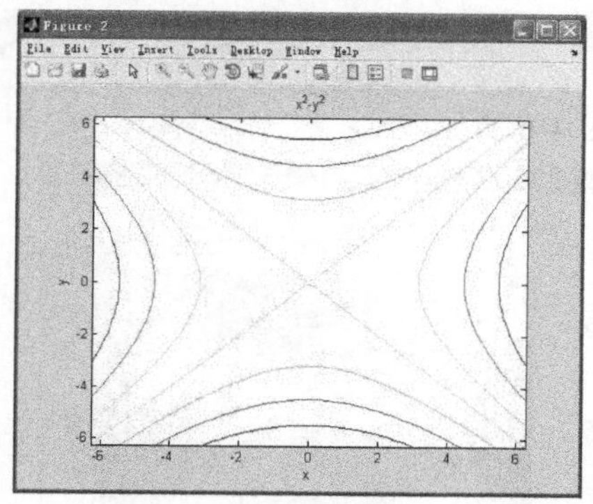

图 4-5　等高线图

【实例讲解】函数形状呈马鞍形，翘起部分对应等高线图中的红色线条。

4.3.4　ezcontourf——用不同颜色填充的等高线图

【语法说明】

- ezcontourf(fun)：fun 是二元函数的符号表达式，函数绘制 fun 在$-2\pi<x<2\pi$，$-2\pi<y<2\pi$上的等高线图，并用不同的颜色填充被等高线分隔的不同区域。
- ezcontourf(fun,domain)：参数 domain 指定自变量的区间，可以是[xmin, xmax, ymin, ymax]或[min, max]的形式。
- ezcontourf(…,n)：参数 n 表示使用 n×n 个栅格点，在栅格点上绘制函数 f=fun(x,y)的图形，n 默认值为 60。

【功能介绍】画二元符号函数的等高线图，用不同的颜色填充被等高线分隔的不同区域。

【实例 4.28】画出符号函数 $z=x^2-y^2$ 的等高线，并在等高线之间用颜色填充。

```
>>  syms x y
>>  z=x^2-y^2
z =
```

```
x^2 - y^2
>> ezcontourf(z)     % 绘制等高线并填充颜色
```

执行结果如图 4-6 所示。

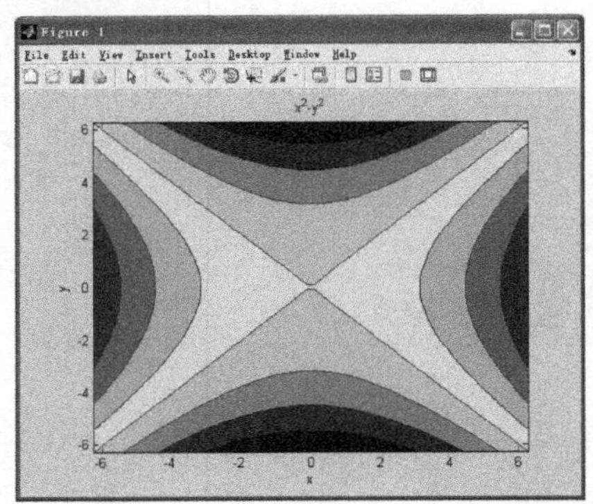

图 4-6 用 ezcontourf 绘制符号函数的等高线图并填充颜色

【实例讲解】 ezcontourf 的调用格式与 ezcontour 函数完全相同。

4.3.5 ezpolor——绘制极坐标图形

【语法说明】

- ezpolar(fun)：fun 为极坐标的符号表达式，函数将在默认区间 $0<\theta<2\pi$ 内画出极坐标方程 $r=f(\theta)$ 的图形，并将关系式显示在图形下方。
- ezpolar(fun,[a,b])：在指定区间 $a<\theta<b$ 上画函数 fun 的极坐标图，并在图的下方显示关系式。

【功能介绍】 绘制极坐标函数图。

【实例 4.29】 绘制两个符号函数的极坐标图。

```
>> syms t
>> x=sym('2')              % x 为半径为 2 的圆
x =
2
>> y=1+cos(2*t)            % y 为关于 cos(t)的函数
y =
cos(2*t) + 1
```

```
>> ezpolar(x);              % 绘图
>> hold on;
>> ezpolar(y);
```

执行结果如图 4-7 所示。

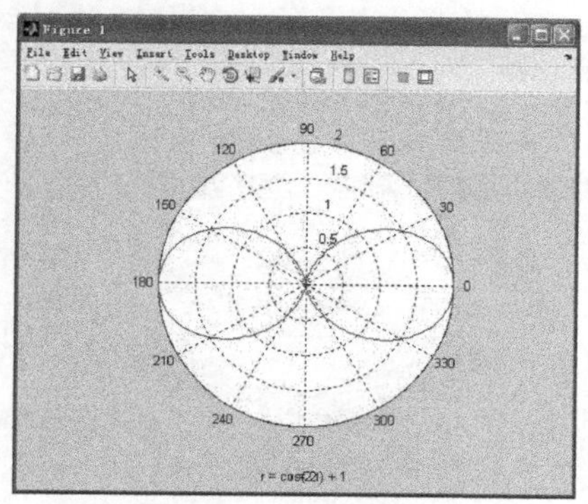

图 4-7　ezpolar 绘制极坐标图

【**实例讲解**】图中最外层的圆形即函数 x 的极坐标图。

4.3.6　ezmesh——符号函数的三维网格图

【**语法说明**】

- ezmesh(fun)：绘制二元符号函数 fun(x,y)的三维网格图，x、y 的默认区间均为(−2π, 2π)。
- ezmesh(fun,domain)：参数 domain 指定自变量的区间，可以是[xmin, xmax, ymin, ymax]或[min, max]的形式。
- ezmesh(funx,funy,funz)：空间曲面由参数方程 funx(s,t)、funy(s,t)、funz(s,t)确定，变量 s、t 的区间均为开区间(−2π, 2π)。
- ezmesh(funx,funy,funz,domain)：参数 domain 指定自变量的区间，可以是[xmin, xmax, ymin, ymax]或[min, max]的形式。
- ezmesh(…,n)：函数在 n×n 网格上绘图，可自定义 n 的大小，默认 n=60。

【**功能介绍**】绘制符号函数的三维网格图。

【实例 4.30】绘制 $z=1-e^{-\left(x^2+y^2\right)}$ 的三维网格图。

```
>> syms x y
>> z=1-exp(-(x^2+y^2))
z =
1 - 1/exp(x^2 + y^2)
>> ezmesh(z)
```

执行结果如图 4-8 所示。

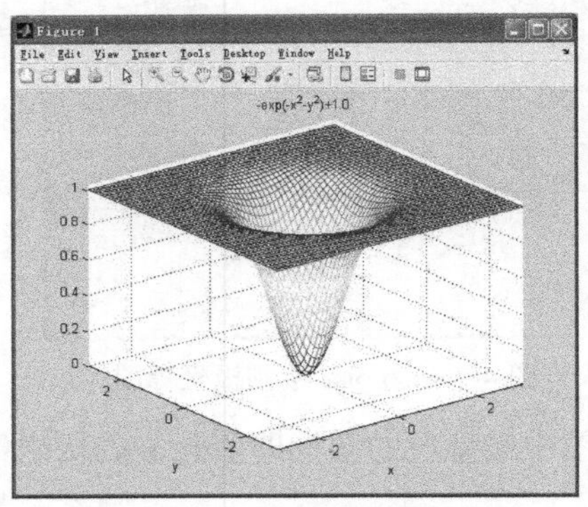

图 4-8　用 ezmesh 绘制的三维网格图

【实例讲解】$e^{-\left(x^2+y^2\right)}$ 函数的形状与二维正态分布概率密度函数相同，在原点处取得最大值，远离原点时迅速减小。

4.3.7　ezmeshc——同时画曲面网格图与等高线图

【语法说明】

- ezmeshc(fun)：绘制二元符号函数 fun(x,y)的三维网格图，并在下方显示等高线图，x、y 的默认区间均为(−2π, 2π)。
- ezmeshc(fun,domain)：参数 domain 指定自变量的区间，可以是[xmin, xmax, ymin, ymax]或[min, max]的形式。
- ezmeshc(funx,funy,funz)：空间曲面由参数方程 funx(s,t)、funy(s,t)、funz(s,t)确定，变量 s、t 的区间均为开区间(−2π, 2π)。
- ezmeshc(funx,funy,funz,domain)：参数 domain 指定自变量

的区间，可以是[xmin, xmax, ymin, ymax]或[min, max]的形式。

- ezmeshc(…,n)：函数在 n×n 网格上绘图，可自定义 n 的大小，默认 n=60。

【功能介绍】同时绘制的曲面网格图与等高线图。

【实例 4.31】绘制函数 $z=1-e^{-\left(x^2+y^2\right)}$ 的曲面网格图与等高线图。

```
>> syms x y
>> z=1-exp(-(x^2+y^2))
z =
1 - 1/exp(x^2 + y^2)
>> ezmeshc(z,80)
```

执行结果如图 4-9 所示。

【实例讲解】参数 80 用于设置网格大小。

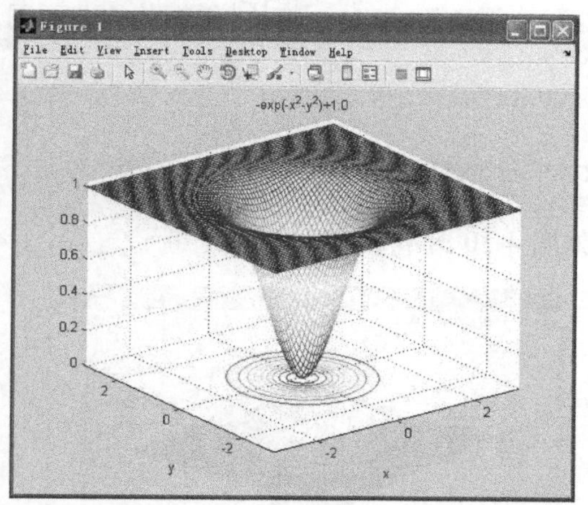

图 4-9 用 ezmeshc 绘制的网格图和等高线

4.3.8 ezsurf——三维带颜色的曲面图

【语法说明】

- ezsurf (fun)：绘制二元符号函数 fun(x,y)的三维曲面图，x、

y 的默认区间均为(−2π, 2π)。

- ezsurf (fun,domain)：参数 domain 指定自变量的区间，可以是[xmin, xmax, ymin, ymax]或[min, max]的形式。
- ezsurf (funx,funy,funz)：空间曲面由参数方程 funx(s,t)、funy(s,t)、funz(s,t)确定，变量 s、t 的区间均为开区间(−2π, 2π)。
- ezsurf (funx,funy,funz,domain)：参数 domain 指定自变量的区间，可以是[xmin, xmax, ymin, ymax]或[min, max]的形式。
- ezsurf (…,n)：函数在 n×n 网格上绘图，可自定义 n 的大小，默认 n=60。
- ezsurf(…,'circ')：在一个以圆形为中心画出函数 fun 的带颜色的空间曲面图。

【功能介绍】绘制三维曲面图，并用颜色标识函数值的大小。

【实例 4.32】绘制函数 $z=1-e^{-\left(x^2+y^2\right)}$ 带颜色的曲面图。

```
>> syms x y
>> z=1-exp(-(x^2+y^2))
z =
1 - 1/exp(x^2 + y^2)
>> ezsurf(z)
```

执行结果如图 4-10 所示。

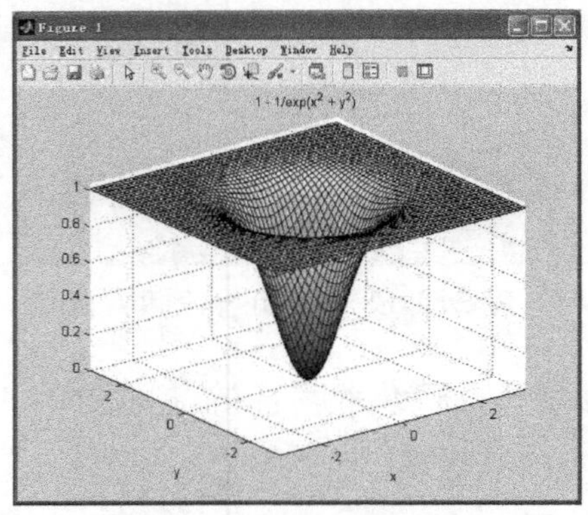

图 4-10　用 ezsurf 绘制带颜色的空间曲面图

【实例讲解】ezsurf 用不同的颜色填充绘制的曲面，颜色可以使用默认的设置，也可以采用自定义色图。

4.3.9 ezsurfc——同时画出曲面图与等高线图

【语法说明】

- ezsurfc (fun)：绘制二元符号函数 fun(x,y)的三维曲面图，并在平面中同时画出其等高线。x、y 的默认区间均为(−2π, 2π)。
- ezsurfc(fun,domain)：参数 domain 指定自变量的区间，可以是[xmin, xmax, ymin, ymax]或[min, max]的形式。
- ezsurfc(funx,funy,funz)：空间曲面由参数方程 funx(s,t)、funy(s,t)、funz(s,t)确定，变量 s、t 的区间均为开区间(−2π, 2π)。
- ezsurfc(funx,funy,funz,domain)：参数 domain 指定自变量的区间，可以是[xmin, xmax, ymin, ymax]或[min, max]的形式。
- ezsurfc (…,n)：函数在 n×n 网格上绘图，可自定义 n 的大小，默认 n=60。
- ezsurfc(…,'circ')：在一个以圆形为中心画出函数 fun 的带颜色的空间曲面图和等高线图。

【功能介绍】同时画出函数的曲面图与等高线图。

【实例 4.33】绘制函数 $z=1-e^{-\left(x^2+y^2\right)}$ 的曲面图，并绘制等高线。

```
>> syms x y
>> z=1-exp(-(x^2+y^2))
z =
1 - 1/exp(x^2 + y^2)
>> ezsurfc(z)
```

执行结果如图 4-11 所示。

【实例讲解】ezsurfc 的调用格式与 ezsurf 函数相同，在画出曲面图的同时添加了平面上的等高线。

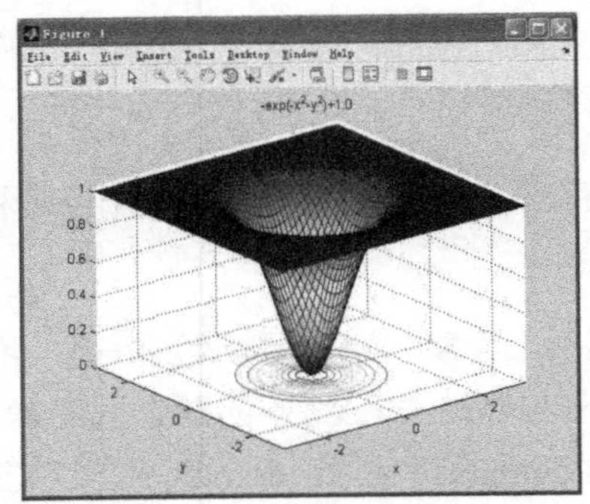

图 4-11　用 ezsurfc 绘制带颜色的空间曲面图

4.4 积分变换

积分变换包括傅里叶变换、拉普拉斯变换、Z-变换等，本节给出其变换与反变换函数。

4.4.1 fourier——Fourier 变换

【语法说明】

- F=fourier(f)：函数对符号函数 f 求傅里叶变换，默认自变量为 x，函数返回一个默认自变量为 w 的函数 F(w)，过程如下：

$$f = f(x) \to F = F(w)$$

如果 f 的自变量是 w，则函数返回的函数 F 以 t 为自变量。傅里叶变换的公式为：

$$F(w) = \int_{-\infty}^{+\infty} f(x) e^{-jwt} dx$$

- fourier(f,v)：指定 v 为输出函数的自变量。
- fourier(f,u,v)：在原函数 f 中，指定 u 作为自变量，在输出函数中，指定 v 为自变量。

【功能介绍】求符号函数的傅里叶积分变换。

【实例 4.34】求门函数的傅里叶变换，其傅里叶变换应有 sin(*x*)/*x* 的形式。

```
>> syms x y
>> y=heaviside(x)-heaviside(x-1)          % 门函数
y =
heaviside(x) - heaviside(x - 1)
>> F=fourier(y)                           % 求傅里叶变换
F =
(cos(w)*i + sin(w))/w - i/w
>> Fr=real(F);
>>  ezplot(Fr,[-6*pi,6*pi]);axis([-6*pi,6*pi,-1,2]);
    % 显示傅里叶变换的实部
```

执行结果如图 4-12 所示。

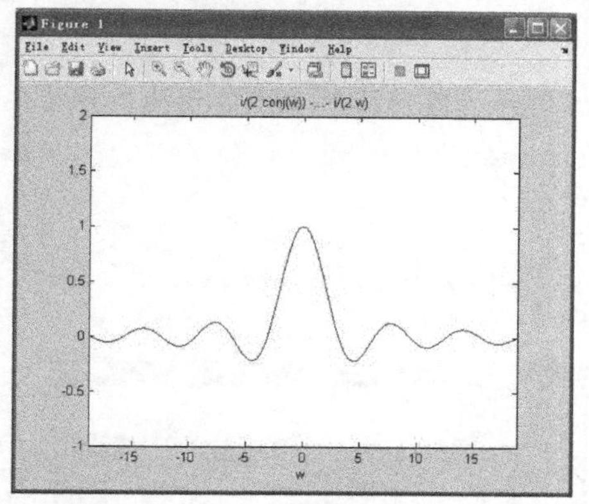

图 4-12　门函数的傅里叶变换

【实例讲解】傅里叶变换是积分变换中最为基础的变换形式。

4.4.2　ifourier——Fourier 逆变换

【语法说明】

- f=ifourier(F)：函数对符号函数 F 求傅里叶逆变换，默认自变量为 w，函数返回一个默认自变量为 x 的函数 f(x)，过程如下：

$$F = F(w) \to f = f(x)$$

如果 F 的自变量是 x，则函数返回的函数 f 以 t 为自变量。傅里叶逆变换的公式为：

$$f(x) = \frac{1}{2\pi}\int_{-\infty}^{+\infty} F(w)e^{jwt}dw$$

- ifourier(F,u)：指定 u 为输出函数的自变量，即返回 $f(u)$。
- ifourier(f,v,u)：在原函数 F 中，指定 v 作为自变量；在输出函数中，指定 u 为自变量。

【功能介绍】求符号函数的傅里叶逆变换。

【实例 4.35】求符号函数的傅里叶逆变换。

```
>> syms w
>> F=(cos(w)*i + sin(w))/w - i/w;           % 上例中门函数的傅里叶变换
>> f=ifourier(F)                             % 求傅里叶逆变换
f =
(pi + pi*(2*heaviside(x) - 1) - 2*pi*heaviside(x - 1))/(2*pi)
>> ezplot(f)                                 % 所得结果应为门函数
>> axis([-0.1,1.2,-0.1,1.1]);
```

执行结果如图 4-13 所示。

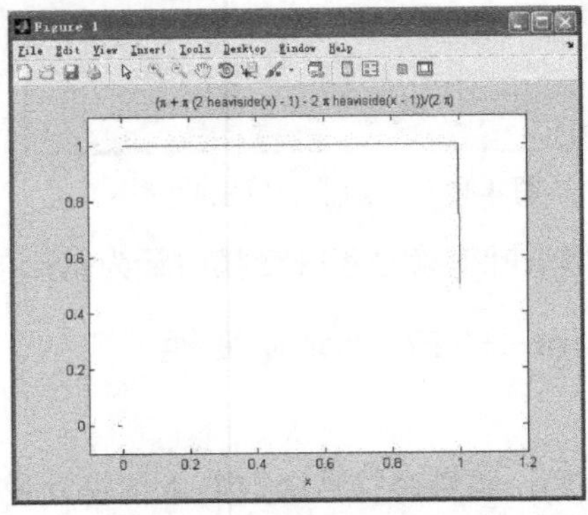

图 4-13　傅里叶逆变换结果

【实例讲解】门函数只在一定区间内取 1，其余的值均为零，一般关于原点对称，这里是经过平移的门函数。

4.4.3 laplace——Laplace 变换

【语法说明】

- L=laplace(F)：F 为默认自变量为 t 的函数表达式，laplace 函数返回一个默认自变量为 s 的函数 L(s)，L(s)是函数 F(t)的拉普拉斯变换，过程如下：

$$F = F(t) \rightarrow L = L(s)$$

如果 F 的自变量为 s，则输出函数使用 t 作为自变量。拉普拉斯变换的定义如下：

$$L(s) = \int_0^{\infty} F(t) e^{-st} dt$$

- laplace(F,t)：用 t 代替 s 作为输出函数的自变量。
- laplace(F,w,z)：在原函数 F 中，指定 w 为自变量，在输出函数 L 中，指定 z 为自变量。

【功能介绍】求符号函数的拉普拉斯变换。

【实例 4.36】给出幂函数和指数函数的拉普拉斯变换。

```
>> syms t a x
>> f = exp(-a*t);          % 指数函数
>> laplace(f)              % 指数函数的拉普拉斯变换
ans =
1/(a + s)
>> f = t^4;                % 幂函数
>> laplace(f)              % 幂函数的拉普拉斯变换
ans =
24/s^5
```

【实例讲解】拉普拉斯变换比傅里叶变换易于实现，拉普拉斯变换在单位圆上值就是离散时间傅里叶变换。

4.4.4 ilaplace——Laplace 逆变换

【语法说明】

- F=ilaplace(L)：L 是默认自变量为 s 的符号函数，ilaplace 函数返回一个默认自变量为 t 的函数 F(t)，F(t)是函数 L(s)的拉普拉斯逆变换，过程如下：

$$L=L(s)\to F=F(t)$$

当 L 的自变量为 t 时，以 x 作为输出函数的自变量。拉普拉斯逆变换的定义为

$$F(t)=\frac{1}{2\pi i}\int_{c-i\infty}^{c+i\infty}L(s)e^{st}ds$$

- ilaplace(L,y)：用 y 代替 t 作为输出函数的自变量。
- ilaplace(L,y,x)：在函数 L 中，指定 y 为自变量，在输出函数 F 中，指定 x 为自变量。

【功能介绍】 求符号函数的拉普拉斯逆变换。

【实例 4.37】 求几种典型函数的拉普拉斯逆变换。

```
>> syms s x t
>> f=1/s^2
f =
1/s^2
>> ilaplace(f)          % 1/s^2 的拉普拉斯逆变换
ans =
t
>> f=1/(x+t)
f =
1/(t + x)
>> ilaplace(f)          % 1/(x+t) 的拉普拉斯逆变换
ans =
```

```
1/exp(t^2)
>> f=1/(x-t)
f =
-1/(t - x)
>> ilaplace(f)          % 1/(x-t) 的拉普拉斯逆变换
ans =
exp(t^2)
```

【实例讲解】 一般，t^n 的单边拉普拉斯变换为 $\frac{n!}{s^{n+1}}$。

4.4.5 ztrans——Z-变换

【语法说明】

- F=ztrans(f)：f 为默认自变量为 n 的函数表达式，ztrans 函数返回一个默认自变量为 z 的函数 F(z)，F(z)是函数 f(n)的 Z-变换，过程为

$$f=f(n)\to F=F(z)$$

当 f 的自变量为 z 时，以 w 作为输出函数的自变量。Z-变换的定义为

$$F(z)=\sum_{0}^{\infty}\frac{f(n)}{z^n}$$

- ztrans(f,w)：用 w 代替 z 作为输出函数的自变量。
- ztrans(f,k,w)：在原函数 f 中，指定 k 为自变量，在输出函数 F 中，指定 w 为自变量。

【功能介绍】 求符号函数的 Z-变换。

【实例 4.38】 求常见函数的 Z-变换。

```
>> syms n z a
>> f=n^4;
>> ztrans(f)          % 幂函数
ans =
```

```
(z^4 + 11*z^3 + 11*z^2 + z)/(z - 1)^5
>> f=a^z;                % 指数函数
>> ztrans(f)
ans =
-w/(a - w)
>> ztrans(n)             % 一次函数
ans =
z/(z - 1)^2
```

【实例讲解】 Z-变换常用于离散数据的处理。

4.4.6 iztrans——逆 Z-变换

【语法说明】

- f=iztrans(F)：F 是默认自变量为 z 的函数表达式，iztrans 函数返回一个默认自变量为 n 的函数 f(n)，f(n)是函数 F(z)的逆 Z-变换：

$$F = F(w) \to f = f(k)$$

当 F 的自变量为 n 时，函数用 k 作为输出函数的自变量。逆 Z-变换的定义如下：

$$f(n) = \frac{1}{2\pi i}\oint_{|z|=R} F(z) z^{n-1} dz, n = 1, 2, \cdots$$

其中 R 为正值，以便使 F(z)在圆|z|=R 上和圆内是解析的。

- iztrans(F,k)：用 k 代替 n 作为输出函数的自变量。
- iztrans(F,w,k)：在输入函数 F 中，指定 w 作为自变量；在输出函数 f 中，指定 k 为自变量。

【功能介绍】 求符号函数的逆 Z-变换。

【实例 4.39】 求以下函数的逆 Z-变换。

```
>> syms z n
>> f=2*z/(z-2)^2                    % 2z/(z-2)^2
f =
```

```
(2*z)/(z - 2)^2
>> iztrans(f)
ans =
2^n + 2^n*(n - 1)
>> f=n*(n+1)/(n^2+2*n+1)      % n(n+1)/(n+1)^2
f =
(n*(n + 1))/(n^2 + 2*n + 1)
>> iztrans(f)                  % 求 f 的逆变换
ans =
(-1)^k
>> ztrans(ans)
ans =
z/(z + 1)
```

【实例讲解】 iztrans 为 ztrans 的逆变换。

4.5 其他符号运算函数

本节将笼统介绍上文未涉及的其他函数。这些函数也经常使用，如 vpa 函数可以将复杂的数值表示方式换算为浮点数的形式，taylor 函数可以为表达式进行泰勒展开。最后一节给出了利用符号表达式进行四则运算的方法，过去符号表达式的四则运算需要使用专门的函数，在现在的 MATLAB 中，加减乘除操作符一节重载了对符号表达式的运算，无需借助其他函数，但需注意数组运算与矩阵运算的区别。

4.5.1 vpa——可变精度算法

【语法说明】

- R=vpa(A)：用可变精度算法来计算数组 A 中的每一个元素，使其达到 d 位十进制精度，d 是当前 digits 函数设置的精确度位数，函数返回的 R 是符号表达式。

R=vpa(A,d)：用 d 代替 digits 函数设置的精确度位数对 A 进行计算，d 是介于 1 与 $2^{29}+1$ 之间的正整数。

【功能介绍】可变精度算法（variable-precision arithmetric，VPA）。

【实例 4.40】用 vpa 来改变数据的精确度。

```
>> A = vpa(hilb(2), 5)          % 5 位精度的希尔伯特矩阵
A =
[ 1.0,      0.5]
[ 0.5, 0.33333]
>> B = vpa(hilb(2), 15)         % 15 位精度的希尔伯特矩阵
B =
[ 1.0,              0.5]
[ 0.5, 0.333333333333333]
>> A-B                          % 两者相差一个很小的数
ans =
[ 0,                                         0]
[ 0, -0.00000000000001894780628914181992337138760174]
>> a = vpa(1/10, 10)            % 10 位精度的 0.1
a =
0.1
>> b = vpa(1/10, 32)            % 32 位精度的 0.1
b =
0.1
>> a-b
ans =
-0.000000000000000000086736173798840354720600815844403
>> a==b                         % MATLAB 显示 a~=b
ans =
     0
```

【实例讲解】由于 d 值可以由用户设置，因此 vpa 可以实现不同精度的计算。不同精度下相同的值可能变为不同，属于 round-off 错误。

4.5.2 subs——替换符号表达式中的变量

【语法说明】

R=subs(S)：用回调函数或工作空间中的变量替换符号表达

式 S 中的相同变量，如果是数值表达式则直接计算出结果。

- R=subs(S,new)：用符号 new 替换 S 中默认的符号变量。
- R=subs(S,old,new)：用 new 替换符号表达式 S 中的符号变量 old。

【功能介绍】 替换符号表达式或符号矩阵中的符号变量。

【实例 4.41】 对表达式中的变量用新的变量替换。

```
>> syms a b x y
>> y=a+cos(x)+sin(x)           % y 为符号表达式
y =
a + cos(x) + sin(x)
>> subs(y,x,1)                 % 用数字 1 替换 x
ans =
a + 6222953676999101/4503599627370496
>> ti=subs(y,x,sym(1))         % 用符号 1 替换 x
ti =
a + cos(1) + sin(1)
>> a=3;                        % 用工作空间中的 a 替换表达式中的 a
>> subs(ti)
ans =
   4.3818
```

【实例讲解】 注意符号 1 与数值 1 不同，可使用 sym(1)将 1 转换为符号 1。

4.5.3　taylor——符号函数的 Taylor 级数展开式

【语法说明】

- taylor(f)：求符号表达式 f 的 5 阶麦克劳林展开式，麦克劳林展开就是在 x_0=0 处展开。
- taylor(f,n)：对 f 求(n−1)阶麦克劳林展开式，n 为正整数。
- taylor(f,a)或 taylor(f,n,a)：求符号表达式 f 在 a 点处的泰勒展开式，a 为实数。如果 a 恰好为正整数，则将于 taylor(f,n)的形式混淆，此时应采用 taylor(f,n,a)的形式，n 指定展开的阶数。
- taylor(f,n,v)：将符号表达式 f 展开为(n−1)阶麦克劳林展开式，参数 v 指定表达式 f 中的自变量。

- taylor(f,n,v,a)：将符号表达式 f 在实数 a 处展开为(n−1)阶泰勒展开式，自变量为 v。

【功能介绍】求符号表达式的泰勒展开式。泰勒级数的定义为：若函数 $f(x)$在某领域内具有直到 n+1 阶的导数，则在该领域内 $f(x)$的 n 阶泰勒展开式为

$$f(x)=f(x_0)+f'(x_0)(x-x_0)+\cdots+\frac{f^{(n)}(a)}{n!}(x-x_0)^n$$

x_0=0 时，该级数称麦克劳林级数。取前若干项展开式，可以实现对原函数不同程度的近似。

【实例 4.42】对函数 $y=\sin(x)/x$ 做不同阶数的泰勒展开，观察逼近效果。

```
>> syms x t
>> y=sin(x)/x;
>> t4=taylor(y,4)          % 4 阶展开式
t4 =
1 - x^2/6
>> t8=taylor(y,8)          % 8 阶展开式
t8 =
- x^6/5040 + x^4/120 - x^2/6 + 1
>> t20=taylor(y,20)        % 20 阶展开
t20 =
x^18/121645100408832000  +  x^16/355687428096000  -
x^14/1307674368000 + x^12/6227020800 - x^10/39916800 +
x^8/362880 - x^6/5040 + x^4/120 - x^2/6 + 1
>> ezplot(y,[-12,12])          % 画出原函数
>> hold on;
>> ezplot(t4,[-12,12]); % 画出展开式
>> ezplot(t8,[-12,12]);
>> ezplot(t20,[-12,12]);
>> axis([-12,12,-4,3])
```

执行结果如图 4-14 所示。

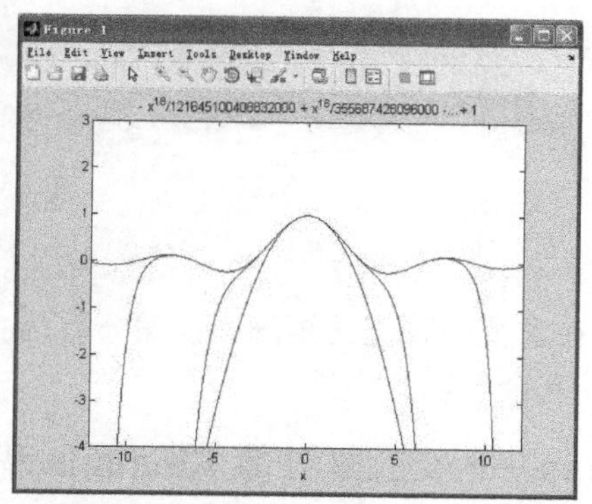

图 4-14 不同阶数的泰勒展开图

【实例讲解】将 $y=\sin(x)/x$ 函数在零附近展开为 4 阶、8 阶和 20 阶的泰勒展开式，阶数越高，在零附近的取值就越接近原函数。

4.5.4 jacobian——计算雅可比矩阵

【语法说明】

- R=jacobian(f,v)：f、v 都是符号表达式，f 可以为标量或长度为 m 的向量，v 是长度为 n 的向量。如果 f 为标量，则 R 返回一个 1×n 向量；如果 f 为向量，则返回 m×n 矩阵。

设 R 中的任意元素为 R(i,j)，其计算方式为

$$R(i,j)=\frac{\partial f(i)}{\partial v(j)}, i=1,2,\cdots,m; j=1,2,\cdots,n$$

【功能介绍】计算雅可比矩阵，雅可比矩阵定义为向量对向量的微分矩阵，体现了一个可微方程与给出点的最优线性逼近。

【实例 4.43】求两个向量的雅可比矩阵。

```
>> syms x y
>> xx=[sin(x)*y,x.^2,x+y]          % 第一个向量 xx
xx =
[ y*sin(x), x^2, x + y]
>> yy=[x,y]                        % 第二个向量 yy
```

```
yy =
[ x, y]
>> jacobian(xx,yy)              % 求xx与yy的雅克布矩阵
ans =
[ y*cos(x), sin(x)]
[      2*x,      0]
[        1,      1]
```

【实例讲解】在求得的雅克比矩阵中，第一行为 xx(1)=sin(x)*y 对 x 和 y 的偏导，其余行以此类推。

4.5.5 rsums——交互式计算 Riemann 积分

【语法说明】

- rsums(f)：计算函数 f 从 0 到 1 的黎曼积分，一般所求的积分均为黎曼积分。f 为字符串或符号表达式形式的函数，rsums 函数显示一个交互式对话框，用 10 个矩形条来显示函数 f(x)的图形，可以通过图形下方的滑块来调整矩形条的数量，可调整的范围是 2 到 128，所求得的积分值随着矩形条的细化越来越精确，矩形条的高度代表函数 f 在该矩形所在区间中点的函数值。
- rsums(f,a,b)或 rsums(f,[a,b])：交互式计算 f 在区间[a,b]的黎曼积分。

【功能介绍】交互式地计算黎曼积分。

【实例 4.44】计算二次函数在[0, 1]上的积分。

```
>> syms x
>> y=x.^2
y =
x^2
>> rsums(y)
```

执行结果如图 4-15 所示，积分结果在标题中显示，x.^2：0.333219。

【实例讲解】通过拖动滑块，可以调整图中矩形条的数量。二次函数在[0, 1]上的积分值应为$\frac{1}{3}$。

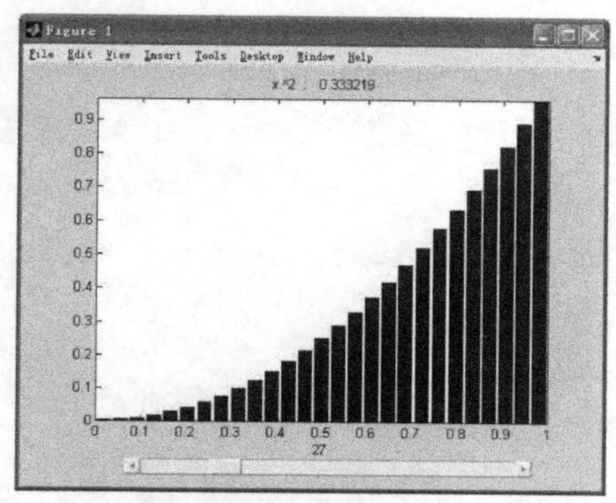

图 4-15 交互式计算二次函数在[0,1]上的积分

4.5.6 latex——符号表达式的 LaTeX 表达式

【语法说明】

- r=latex(S)：字符串 r 返回符号表达式 S 的 LaTeX 表达式。

【功能介绍】求符号表达式的 LaTeX 表达式，LaTeX 是一种基于 TeX 的排版系统，是建立在 TEX 基础上的宏语言。LaTeX 是出版界进行资料排版的必备排版软件。MATLAB 中许多函数都支持 LaTeX 格式，在 title、xlabel、ylabel、legenf 等命令中，将 Interpreter 属性设为 latex 即可使用 LaTeX 格式。MATLAB 用 LaTeX 编辑公式的基本格式为

1．\(LaTeX 命令 \)

2．$ LaTeX 命令 $

3．$$ LaTeX 命令 $$

【实例 4.45】生成几个简单符号表达式的 LaTeX 表达式，并应用在绘图中。

```
>> syms x y
>>  y=heaviside(x)-heaviside(x-1)   % 门函数
y =
heaviside(x) - heaviside(x - 1)
>> F=fourier(y)                          % 门函数的傅里叶变换
```

```
F =
(cos(w)*i + sin(w))/w - i/w
>> ezplot(real(F))                          % 显示傅里叶变换图
>> ls=latex(F)                      % 将表达式转化为 LaTeX 格式
ls =
\frac{\sin\!\left(w\right)  +  \cos\!\left(w\right)\,
\mathrm{i}}{w} - \frac{\mathrm{i}}{w}
>> text(0,0,['\(',ls,'\)'],'Interpreter','latex', 'FontSize',
18);% 在图中添加文本
```

执行结果如图 4-16 所示。

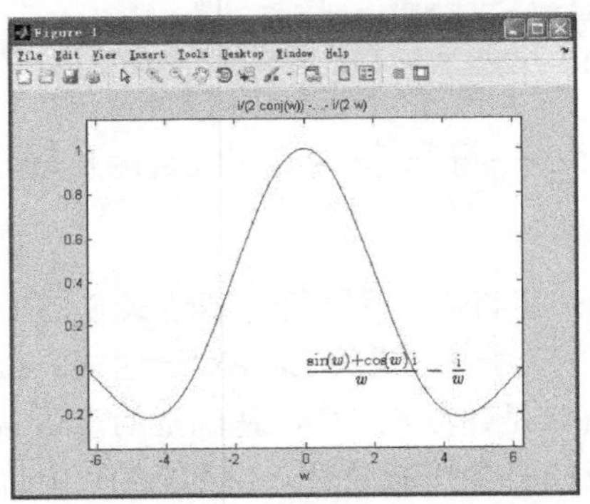

图 4-16　LaTeX 格式使用示例

【实例讲解】text 默认的 Interpreter 属性值为 tex，应修改为 latex 方可使用 LaTeX 格式。

4.5.7　syms——快速创建多个符号对象

【语法说明】

- syms arg1 arg2 …:一次性创建多个符号变量，在内部调用了 sym 函数，相当于

  arg1=sym('arg1');

  arg2=sym('arg2');…

- syms arg1 arg2 … real：声明符号变量 arg1、arg2…为实数，

相当于

arg1 = sym('arg1','real');

arg2 = sym('arg2','real');…

- syms arg1 arg2 … positive：声明符号变量 arg1、arg2…为正实数，相当于

arg1 = sym('arg1','positive');

arg2 = sym('arg2',' positive ');…

- syms arg1 arg2 … clear：清除对变量的限制，相当于

arg1 = sym('arg1','clear');

arg2 = sym('arg2','clear'); ...

【功能介绍】快速创建多个符号对象。

【实例 4.46】用 syms 创建符号变量。

```
>> syms x y t a           % 用 syms 声明符号变量
>> z=x*sin(t)+a           % 通过赋值，z 也称为符号变量
z =
a + x*sin(t)
>> whos                   % 显示工作空间中的变量
  Name      Size            Bytes  Class    Attributes

  a         1x1               60  sym
  t         1x1               60  sym
  x         1x1               60  sym
  y         1x1               60  sym
  z         1x1               60  sym
```

【实例讲解】在之前的符号函数中多次用到了 syms 函数，syms 函数能创建多个符号变量，供其他函数使用。

4.5.8　mfun——特殊函数的数值计算

【语法说明】

- mfun('function',par1,par2,par3,par4)：执行特殊函数 function，par1、par2 等均为数值量，对应于 function 函数的参数，参数数量上限为 4 个。参数的取值则取决于 function。MuPAD 使用 16 位精

度进行计算。

【功能介绍】 MuPAD 是一款极佳的符号、数值运算软件，非常适合科研人员使用。在 MATLAB 命令窗口输入 mupad 并按 Enter 键即可新建一个 mupad 窗口。mfun 函数可以调用 mupad 的函数进行计算。

【实例 4.47】 用 mfun 计算误差函数和整数的组合数。

```
>> e=mfun('erf',0:.1:10);          % 误差函数为 erf
>> plot(0:.1:10,e)
>> axis([-1,10,-0.1,1.1])
>> mfun('binomial',6,2)             % 计算 C_6^2

ans =
   15
>> mfun('binomial',6,3)             % 计算 C_6^3

ans =
   20
```

误差函数曲线图如图 4-17 所示。

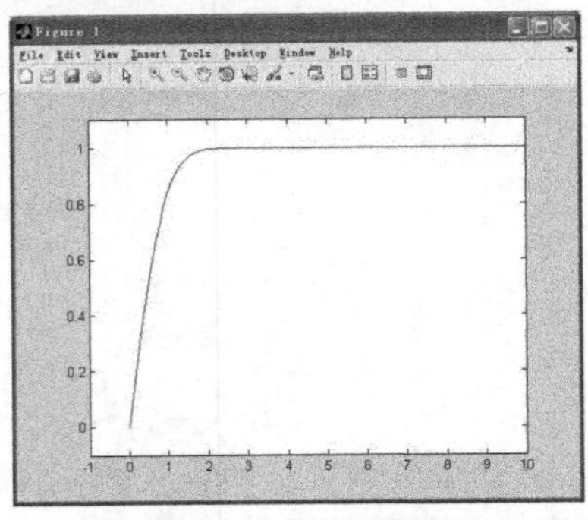

图 4-17　误差函数曲线

【实例讲解】 误差函数公式为 $\mathrm{erf}(z)=\dfrac{2}{\sqrt{\pi}}\int_0^z e^{-t^2}dt$，组合数公式为 $\mathrm{C}_m^n=\dfrac{m!}{n!(m-n)!}$。

4.5.9 sym2poly——将符号多项式转为数值形式

【语法说明】

- c=sym2poly(s)：s 是一个由单一符号变量构成的符号多项式，函数返回一个表示各幂次系数的向量，按自变量降幂排列。

【功能介绍】将符号多项式转化为数值多项式系数向量。

【实例 4.48】将符号表达式转换为数值多项式。

```
>> syms x u v;                                  %定义符号变量
>> sym2poly(x^3-2*x-5)                          %x^3-2x-5 的多项式
ans =
    1     0    -2    -5
>> sym2poly(v^4-3+5*v^2)                        %v^4+5v^2-3
ans =
    1     0     5     0    -3
>> sym2poly(sin(pi/6)*u+exp(1)*u^3)                %exp(1)
*u^3+sin(pi/6)*u
ans =
    2.7183         0    0.5000         0
>> sym2poly(sin(x/6)*x+exp(1)*x^3)
Error using mupadmex
Error in MuPAD command: DOUBLE cannot convert the input
expression into a double array.
```

【实例讲解】s 必须为符号多项式，sin(x/6)*x+exp(1)*x^3 中含有 sin(x/6)*x，不符合条件，系统将会报错。

4.5.10 ccode——符号表达式的 C 语言代码

【语法说明】

- c=ccode(s)：字符串 c 为用于计算符号表达式 s 的 C 语言代码。

- ccode(s,'file',fileName)：将优化的 C 语言代码写入由字符串 fileName 指定的文件中，该文件是文本文件。“优化”是指为了简化代码，系统自动生成一些中间变量。在该文件中，中间变量由字母 t 开头，后面跟上系统自动生成的数字，如 t32。

【功能介绍】求符号表达式的 C 语言代码。

【实例 4.49】生成符号表达式的 C 语言代码。

```
>> syms x
>> f = taylor(log(1+x))          % log(1+x)的泰勒展开式
f =
x^5/5 - x^4/4 + x^3/3 - x^2/2 + x
>> ccode(f)                      % 泰勒展开式的 C 语言实现
ans =
  t0 = x-(x*x)*(1.0/2.0)+(x*x*x)*(1.0/3.0)-(x*x*x*x)*
(1.0/4.0)+(x*x*x*x*x)*(1.0/5.0);
>> z = exp(-exp(-x));
>> ccode(diff(z,3),'file','ccodetest');
>> type ccodetest              % ccodetest 打印出文件的内容
  t2 = exp(-x);
  t3 = exp(-t2);
  t0 = t3*exp(x*-2.0)*-3.0+t3*exp(x*-3.0)+t2*t3;
```

【实例讲解】type 命令的作用是打印出文本文件的内容。

4.5.11 fortran——符号表达式的 FORTRAN 语言代码

【语法说明】

- c= fortran(s)：字符串 c 为用于计算符号表达式 s 的 FORTRAN 语言代码。
- fortran(s,‘file’,fileName)：将优化的 FORTRAN 语言代码写入由字符串 fileName 指定的文件中，该文件是文本文件。“优化”是指为了简化代码，系统自动生成一些中间变量。在该文件中，中间变量由字母 t 开头，后面跟上系统自动生成的数字，如 t32。

【功能介绍】求符号表达式的 FORTRAN 语言代码。

【实例 4.50】生成符号表达式的 FORTRAN 语言代码。

```
>> syms x
>> f = taylor(log(1+x))          % log(1+x)的泰勒展开式
f =
x^5/5 - x^4/4 + x^3/3 - x^2/2 + x
```

```
>> fortran(f)                    % 将展开式转化为 FORTRAN 形式
ans =
      t0 = x-x**2*(1.0D0/2.0D0)+x**3*(1.0D0/3.0D0) -x**4*
(1.0D0/4.0D0)+x*
     +*5*(1.0D0/5.0D0)
>> z = exp(-exp(-x));
>> fortran(diff(z,3),'file','ccodetest');        % 将结
果存入文件
>> type ccodetest
      t5 = exp(-x)
      t6 = exp(-t5)
      t0 = t6*exp(x*-2.0D0)*-3.0D0+t6*exp(x*-3.0D0) +
t5*t6
```

【实例讲解】将符号表达式转化为 FORTRAN 语言格式，便于 MATLAB 与 FORTRAN 语言的交流。

4.5.12　pretty——排版输出符号表达式

【语法说明】

- pretty(X)：将符号表达式 X 以类似数学排版的格式输出。

【功能介绍】将符号表达式以漂亮的排版格式输出。

【实例 4.51】以类似数学排版的格式输出符号矩阵。

```
>> A = sym(pascal(2))
A =
[ 1, 1]
[ 1, 2]
>> B = eig(A)
B =
 3/2 - 5^(1/2)/2
 5^(1/2)/2 + 3/2
>> pretty(B)
  +-           -+
  |        1/2  |
  |       5     |
  |  3/2 - ---- |
  |        2    |
```

```
  |                |
  |   1/2          |
  |  5             |
  |  ---- + 3/2    |
  |   2            |
  +-             -+
>> syms a b c d x
>> s = solve(a*x^3 + b*x^2 + c*x + d, x);
>> pretty(s)
  +-                                              -+
  |                    b     #2                    |
  |              #1  - ---  -  --                  |
  |                   3 a   #1                     |
  |                                                |
  |          1/2  / #2       \                     |
  |         3     | --  +  #1 |                    |
  |   #2         \ #1       /      b     #1        |
  |  ---    +   ---------    -  ---  -  --         |
  |  2 #1           2            3 a    2          |
  |                                                |
  |          1/2  / #2       \                     |
  |         3     |  -- +  #1 |  i                 |
  |   #2          \ #1       /     b     #1        |
  |  ----    -    --------    -  ---  -  --        |
  |  2 #1           2             3 a    2         |
  +-                                              -+
  where
     / / /        3        \2      \1/2     3              \1/3
     | | |  d   b   b c |     3 |      b   d     b c      |
  #1=| | | --  + -- - --  | + #2 | - -- - --  +  --    |
     | | | 2 a   3     2 |        |     3    2 a    2     |
     \ \ \    27 a   6 a  /       /    27 a      6 a      /

              2
             b            c
     #2  =  - ----   +  ---
              2          3 a
            9 a
```

【实例讲解】当表达式比较长时，pretty 函数采用#和数字的组合来代替，然后在下方显示该表达式的值。如本例中，#1 代表的表达式很长，且在式中出现多次。在下方显示#1 的值为 $\left(\left(\left(\frac{d}{2a}+\frac{b^3}{27a^3}-\frac{bc}{6a^2}\right)^2+\#2^3\right)^{1/2}-\frac{b^3}{27a^3}-\frac{d}{2a}+\frac{bc}{6a^2}\right)^{1/3}$，其中#2 的值为 $-\frac{b^2}{9a^2}+\frac{c}{3a}$。

4.5.13 digit——精确度函数

【语法说明】

- digits：显示 MuPAD 软件用于可变精度计算（variable-precision arithmetic，VPA）的有效数字位数。MuPAD 是 MATLAB 的符号运算引擎。
- d=digits：将当前的 VPA 有效数字位数返回给 d。
- digits(d)：d 为 1 到 $2^{29}+1$ 的正整数，函数将 VPA 的有效数字位数设为 d。

【功能介绍】得到或设置 VPA 有效数字位数。用 vpa 函数进行计算时也可以指定精度：R=vpa(A,d)。这种形式只在当次执行有效，长期设置精确度使用 digits 函数更方便。

【实例 4.52】digits 和 vpa 函数的使用。

```
>> vpa(1/3, 10)   % 改变默认精度，用 vpa 计算 10 位精度的 1/3
ans =
0.3333333333
>> old=digits          % 以下用 digits 函数来改变精度，第一步保
存原有精
old =
   32
>> digits(10)                % 第二步，设置新精度
>> vpa(1/3)                  % 第三步，用新精度进行计算
```

```
ans =
0.3333333333
>> vpa(pi)
ans =
3.141592654
>> digits(old)              % 第四步恢复原有精度
>> digits
Digits = 32
```

【实例讲解】使用 digits 函数改变精度之前要保存原有精度，使用完毕之后再恢复原有值。当计算量较大时，使用 digits 改变精度比用 vpa 更方便，修改起来也更容易，不必对每次 vpa 的调用逐次修改，只须修改 digits 函数的参数即可。

4.5.14 符号表达式的四则运算与幂运算

【语法说明】

在 MATLAB 6.5 及以下版本中，符号表达式的四则运算和幂运算需要借助函数来完成，相关的函数如下所示。

- symadd(a,b)：符号表达式 a 与 b 相加。
- symsub(a,b)：符号表达式 a 与 b 相减。
- symmul(a,b)：符号表达式 a 与 b 相乘。
- symdiv(a,b)：符号表达式 a 与 b 相除。
- sympow(a,b)：符号表达式 a 的 b 次幂。

MATLAB 高版本使用重载技术，符号表达式加减乘除运算符与数值数组的运算符相同，不需要借助函数。symadd、symsub、symmul、symdiv 和 sympow 函数由于效率和精度问题已经被删除。

- A+B 和 A-B：A 和 B 为符号数组。两者可以是同型的矩阵或多维数组，运算符对矩阵中的元素分别进行加减运算。A、B 其中之一可以是标量，该标量将被扩展为与另一矩阵相同大小。
- A.*B 和 A./B：符号矩阵 A 中的元素分别与符号矩阵 B 中的相应元素相乘或相除，A 与 B 是同型的。

- A*B 和 A/B：符号矩阵 A 与 B 相乘或相除，使用矩阵乘法或矩阵除法的运算规则。如果 A、B 其中之一是标量，则该标量将与另一矩阵中的每一个元素进行相乘或相除。
- A.^n：矩阵 A 中每个元素的 n 次幂。
- A^n：矩阵 A 的 n 次幂，采用矩阵运算规则，一般要求 A 为方阵，否则维数不匹配。

【功能介绍】 +、-运算符完成元素或矩阵的符号加减，.*、./、.^完成数组的乘法、除法和幂运算，*、/、^完成矩阵的乘法、除法和幂运算。一般称对每个元素分别执行的操作为数组运算，按矩阵运算规则进行的运算为矩阵运算。

【实例 4.53】 对符号矩阵进行四则运算。

```
>> syms x y u
>> s1=[x,y,u;x*y,x*u,y*u]          % s1 为 2*3 符号矩阵
s1 =
[   x,   y,   u]
[ x*y, u*x, u*y]
>> s1+x                            % s1 与标量 a 相加
ans =
[     2*x,   x + y,   u + x]
[ x + x*y, x + u*x, x + u*y]
>> A=sym('A',[2,3])          % 用 sym 函数产生 2*3 符号矩阵 A
A =
[ A1_1, A1_2, A1_3]
[ A2_1, A2_2, A2_3]
>> s1-A                            % s1 与同型矩阵 A 相减
ans =
[   x - A1_1,   y - A1_2,   u - A1_3]
[ x*y - A2_1, u*x - A2_2, u*y - A2_3]
```

以上为符号表达式的加减操作，下面比较符号表达式的数组乘法和矩阵乘法：

```
>> s1.*s1              % s1 中的每个元素求平方，属于数组运算
ans =
[    x^2,     y^2,     u^2]
```

```
[ x^2*y^2, u^2*x^2, u^2*y^2]
>> s1*s1    % 矩阵 s1 求平方，属于矩阵运算，由于维度不匹配报错
Error using mupadmex
Error in MuPAD command: dimensions do not match
[(Dom::Matrix(Dom::ExpressionField()))::_mult2
>> s2=sym('A',[3,1])    % 用 sym 函数创建 3*1 符号矩阵 s2
s2 =
 A1
 A2
 A3
>> s1*s2                % s1 与 s2 相乘，属于矩阵运算
ans =
      A3*u + A1*x + A2*y
 A2*u*x + A3*u*y + A1*x*y
```

数组乘方与矩阵乘方：

```
>> s1.^2               % 矩阵 s1 中各元素的二次幂，属于数组运算
ans =
[      x^2,      y^2,      u^2]
[ x^2*y^2, u^2*x^2, u^2*y^2]
>> s1.^x               % 矩阵 s1 中各元素的 x 次幂，属于数组运算
ans =
[      x^x,      y^x,      u^x]
[ (x*y)^x, (u*x)^x, (u*y)^x]
>> s1^x                   % 矩阵 s1 的 x 次幂，属于矩阵运算
ans =
matrix([[x, y, u], [x*y, u*x, u*y]])^x
>> s1^2                   % 矩阵 s1 的二次幂，属于矩阵运算
Error using mupadmex
Error in MuPAD command: not a square matrix
[(Dom::Matrix(Dom::ExpressionField()))::_power]
```

【实例讲解】符号运算与数值运算一样需要分清矩阵运算与数组运算，否则极易出错；加减法的矩阵运算和数组运算是相同的。

第 5 章　程序控制与设计

MATLAB 既是一款科学计算软件，又是一种语言。MATLAB 是一种解释型语言，但语法风格与编译型的 C 语言极其相似，许多关键字都与 C 语言相同。结构化程序设计需要的 3 种控制结构：顺序结构、选择结构和循环结构在 MATLAB 中都能实现。本章将会介绍与循环和条件结构相关的语句，以及与用户交互、显示信息相关的命令，这些命令主要出现在 M 脚本文件或 M 函数文件中。

5.1 input——接受用户的键盘输入

【语法说明】

- eval=input(prompt)：接受用户的键盘输入，并赋值给 eval。字符串 prompt 为提示符，假设用户在提示符后输入的值为 a+b，则这条命令相当于 eval=a+b。a 和 b 这两个标识符代表的变量如果不存在于工作空间中，系统将会报错。

使用 input 函数时应注意：

1．如果用户没有输入任何内容就按 Enter 键结束输入，函数将返回空矩阵。

2．如果 prompt 提示符需要换行，应使用换行符\n。由于\符号用于转义，因此用\\表示反斜杠。

3．如果输入的值不符合语法，函数将报错并再次回到提示符中，继续接受用户输入。

- str=input(prompt,'s')：将输入的内容作为字符串赋值给 str。假设用户输入 a+b，则这条命令等价于 str='a+b'。

【功能介绍】input 函数接受用户的键盘输入并将结果赋值给输出参数，是与用户最简单的交互方式之一。

【实例 5.1】使用不同参数的 input 函数接受输入数据。

```
>> rng(0)
>> ra=randi(9)                     % 在工作空间定义两个变量 a 和 b
ra =
    8
>> rb=randi(9)
rb =
    9
>> c=input('the sum of ra and rb:')      % 在提示符之后输入 ra+rb 并按 Enter 键
the sum of ra and rb:ra+rb
c =
   17
>> c=input('the sum of ra and rb:','s')      % 在提示符后输入 ra+rb 并按 Enter 键
the sum of ra and rb:ra+rb
c =
ra+rb
```

【实例讲解】没有's'参数时，函数将输入的 ra 和 rb 理解为工作空间中的变量名；有's'参数时，输入被作为字符串，直接复制给输出参数。

【实例 5.2】使用 input 函数接受用户输入，根据输入的不同执行不同的程序：如果输入 Y 或 y，则将工作空间中的变量保存到 MAT 文件再退出系统；如果输入 N 或 n，则直接退出系统；输入其他字符或字符串则不做处理。

在 MATLAB 中新建 input_test.m 脚本如下：

```
% input_test.m
r=input('Save data before shut down? Y/N?','s');
```

```
if isequal(r,'y') || isequal(r,'Y')
   save data.mat
   disp('quit MATLAB in 3 seconds...');
   pause(3);
   exit;
elseif isequal(r,'y') || isequal(r,'Y')
   disp('quit MATLAB in 3 seconds...');
   pause(3);
   exit;
else
    disp('do nothing');
end
```

运行该脚本，在提示符后输入 N 并按 Enter 键，命令窗口显示 quit MATLAB in 3 seconds...，3 秒后退出 MATLAB 系统。

【实例讲解】当需要用户决定下一步如何运行时，可以使用 input 函数，接受用户的键盘输入实现与用户的交互，功能上可以代替 questdlg，且较 questdlg 更为灵活。

5.2 disp——显示字符串或数组

【语法说明】

- disp(X)：如果 X 是一个矩阵或数组名，系统将 X 的值显示在命令窗口中。直接在命令窗口中输入 X 再按 Enter 键也能将 X 的值显示出来，但显示时会同时显示变量名。例如：

```
>> x=[1,2;3,4];
>> x                % 显示“x=”
x =
     1     2
     3     4
>> disp(x)          % 不显示“x=”，直接显示 x 的内容
     1     2
     3     4
```

如果参数X是字符串，则函数将字符串显示出来，并自动换行。disp只能接受一个参数，且不解析转义字符，因此遇到\n符号会原样输出，不会解释为换行符：

```
>> x='I love MATLAB;\n Yes I do';
>> disp(x)
I love MATLAB;\n Yes I do        % \n原样输出
```

disp函数必须提供输入参数，否则系统将会报错。如果输入的是空字符串，disp函数没有输出。一旦字符串非空，即使字符串只包含一个空格，函数也会自动换行：

```
>> disp()                % 必须提供输入参数
Error using disp
Not enough input arguments.

>> disp
Error using disp
Not enough input arguments.

>> disp('')              % 空字符串，函数不做任何处理
>> disp(' ')             % 字符串中包含一个空格，显示空格然后换行


>>
```

【功能介绍】disp函数用于显示字符串或当前工作空间中包含的变量。用于显示字符串时，fprintf函数可以替代它的功能。

【实例5.3】用disp实现较复杂的输出。

用fprintf函数实现disp输出字符串的功能：

```
>> disp('Today is sunny');              % disp自动换行
Today is sunny
>> fprintf(1,'Today is sunny\n');   % 1表示输出到屏幕，可以省略
Today is sunny
>> fprintf('Today is sunny\n');
Today is sunny
```

用disp和fprintf显示计算结果：

```
>> x=pi;
>> y=2;
>> z=x.^y
z =
   9.8696
>> disp(['x=',num2str(x),', y=',num2str(y),', x^y=',
num2str(z)])        % 采用 num2str 函数将数字转为字符串
x=3.1416, y=2, x^y=9.8696
>> fprintf('x=%d, y=%f, x^y=%f\n',x,y,z);      % %d 表
示整数，%f 表示浮点数
x=3.141593e+000, y=2.000000, x^y=9.869604
>> str=sprintf('x=%d, y=%f, x^y=%f',x,y,z);   % 用 sprintf
格式化字符串，再输出
>> disp(str)
x=3.141593e+000, y=2.000000, x^y=9.869604
```

用 disp 将数据以列表的形式打印出来：

```
>> data=[1,175,60,96;2,160,45,85;3,166,54,88;4,177, 69,
70];
>> disp('   学号 身高   体重   得分');disp(data);
   学号 身高   体重   得分
     1   175    60    96
     2   160    45    85
     3   166    54    88
     4   177    69    70
```

用 disp 函数显示超链接：

```
>> disp('<a href = "http://www.***.com"> MathWorks Web
Site</a>')
MathWorks Web Site
```

将鼠标指针置于超链接上方，指针形状将变为手型。单击超链接，MATLAB 将在自带的网页浏览器中打开 MathWorks 公司主页，如图 5-1 所示。

【实例讲解】 sprintf 函数用于格式化字符串，输出参数是得到的字符串；fprintf 函数也可以格式化字符串，它将得到的字符串输出到屏幕或文件中。MATLAB 自带了一个网页浏览器，在 MATLAB

命令窗口输入 Web 并按 Enter 键即可打开。

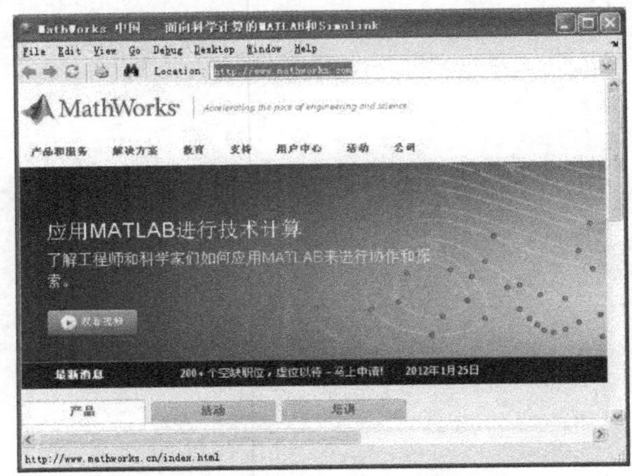

图 5-1　MathWorks 公司主页

5.3　pause——暂停程序运行

【语法说明】

- oldstate=pause(newsyaye)：pause 函数用于暂停程序运行，这一功能是可以被关闭的。newstate 和 oldstate 均为字符串，取值只能为 on 或 off。这条命令将 pause 函数的暂停功能设置为打开或关闭，并返回设置前的状态。当状态为 off 时，即使程序中出现了 pause 语句，也会被忽略，不会发生暂停或延时。
- pause on：打开 pause 的暂停功能。MATLAB 启动后 pause 的状态默认为打开。
- pause off：关闭 pause 的暂停功能。
- a=pause('query')：返回当前 pause 命令的状态，a 的值为 on 或 off。
- pause：暂停程序运行，等待用户输入任意键继续。这条命令在 pause 状态为打开时有效。

- pause：暂停程序运行，等待用户输入任意键继续。pause 状态为打开时有效。
- pause(n)：n 为任意非负实数。程序暂停 n 秒，然后继续运行。这条命令在 pause 状态为打开时有效。
- pause(inf)：等待无限长的时间，此时程序进入死循环。用户可以按 Ctrl+C 键返回 MATLAB 提示符。

【功能介绍】实现程序暂停。

【实例 5.4】用户输入数据进行计算，3 秒后显示计算结果。计算完成后等待用户输入任意键退出 MATLAB。

新建脚本文件 pause_test.m，输入代码如下：

```
% pause_test.m
a=input('输入第一个数: ');
b=input('输入第二个数: ');
fprintf('\n 正在计算');
for i=1:3
   fprintf('.');
   pause(1);
end

c=a+b;
fprintf('\n 结果等于 %f\n', c);
fprintf('按任意键退出 MATLAB 系统');
pause
exit
```

执行脚本，输入 3 和 4，结果如下：

```
>> pause_test
输入第一个数: 3
输入第二个数: 4

正在计算...
结果等于 7.000000
按任意键退出 MATLAB 系统
按任意键，即退出 MATLAB 系统。
```

【实例讲解】exit 命令用于退出 MATLAB，input 函数用于接受用户输入。pause(1)表示延迟 1 秒，pause 表示等待用户按任意键继续。

5.4 for 循环

【语法说明】

for 循环用于循环执行某段程序，其一般调用格式为：

```
for index = values
   program statements
   …
end
```

其中，values 可以有多种格式：

- index=initval:endval：冒号操作符表示自增 1，因此在每次循环中，index 的取值依次为 initval, initval+1, initval+2, …, cndval。
- index=initval:step:endval：以 step 为步进值，取值依次从 initval 递增，直到所取值大于 endval。
- index=valarray：valarray 可以为向量、矩阵、细胞数组或结构体。valarray 取不同的值时，循环的处理方式如下。

行向量：每次循环时 index 等于其中的一个元素。

列向量：将整个列向量赋值给 index，此时只有一次循环。

矩阵或多维数组：每次循环取其中的一列赋给 index。

字符串：每次循环取其中的一个字符。

细胞数组：每次循环取细胞数组的一个元素。

【功能介绍】for 循环用于执行循环次数已知的循环，是最常用的循环语句。index 为循环变量，在循环内部对 index 的任何修改只在当次循环中有效，下一次循环时 for 语句更新 index 的值，用户所做的修改将被覆盖。在循环执行的过程中，如果需要跳出循环，可以使用 break 或 return 命令；如果需要结束本次循环，直接进入下一次循环，可以使用 continue 命令。

【实例 5.5】演示不同形式的 for 循环。

```
>> for i='MATLAB'                % valarray 为字符串
fprintf('A iteration   ');
disp(i)
end
A iteration   M
A iteration   A
A iteration   T
A iteration   L
A iteration   A
A iteration   B
>> ma=[1,2,3;4,5,6]              % valarray 为矩阵
ma =
     1     2     3
     4     5     6
>> for i=ma;
fprintf('A iteration   \n');
disp(i);
end
A iteration
     1
     4
A iteration
     2
     5
A iteration
     3
     6
>> c=cell(1,4);                  % valarray 为细胞数组
>> c{1}='MATLAB';
>> c{2}=pi;
>> c{3}=uint8(9);
>> c{4}=[1,2,3,4];
>> for i=c;
fprintf('A iteration   \n');
disp(i)
```

```
end
A iteration
   'MATLAB'
A iteration
   [3.1416]
A iteration
   [9]
A iteration
[1x4 double]
>> a=[1,3,5,7]                    % valarray为行向量
a =
     1     3     5     7
>> for i=a
fprintf('A iteration :');
disp(i)
end
A iteration :     1
A iteration :     3
A iteration :     5
A iteration :     7
>> for i=1:2:7
fprintf('A iteration :');
disp(i)
end
A iteration :     1
A iteration :     3
A iteration :     5
A iteration :     7
```

【实例讲解】如果把字符串看做字符型的行向量，则 for 循环参数的使用规律为：每次循环取数组或细胞数组的一列赋给循环变量 index。在 index=initval:endval 的形式中，initval:endval 就是一个行向量。对于细胞数组，for 循环也按列取其值：

```
>> c={2,3};
>> c{1,1}='a';
>> c{1,2}=pi;
>> c{1,3}=2;
```

```
>> c{2,1}='MATLAB';
>> c{2,3}=9
c =
    'a'         [3.1416]    [2]
    'MATLAB'          []    [9]
>> for i=c
fprintf('A iteration :\n');
disp(i)
end
A iteration :
    'a'
    'MATLAB'
A iteration :
    [3.1416]
    []
A iteration :
    [2]
    [9]
```

因此，在使用 for 循环时应注意避免出现列向量，否则循环将会把列向量直接赋值给循环变量，执行一次循环即结束。如果出现列向量应取转置变为行向量。

【实例 5.6】利用嵌套的 for 循环创建希尔伯特矩阵。

```
>> k=5;
>> hilbert=zeros(k);
>> for m=1:k
for n=1:k
hilbert(m,n)=1/(m+n-1);
end
end
>> hilbert
hilbert =
    1.0000    0.5000    0.3333    0.2500    0.2000
    0.5000    0.3333    0.2500    0.2000    0.1667
    0.3333    0.2500    0.2000    0.1667    0.1429
    0.2500    0.2000    0.1667    0.1429    0.1250
    0.2000    0.1667    0.1429    0.1250    0.1111
```

【实例讲解】for 循环可以嵌套使用，实现对矩阵元素的操作。

【实例 5.7】for 循环处理矩阵元素值。

```
>> a=[1,2,3;4,6,8]                    % a 为 2*3 矩阵
a =
     1     2     3
     4     6     8
>> m1=mean(a)                         % m1 为每列的均值
m1 =
    2.5000    4.0000    5.5000
>> for i=1:3     % 矩阵 a 的每列减去相应的均值，用 for 循环实现
a1(:,i)=a(:,i)-m1(i);
end
>> a1
a1 =
   -1.5000   -2.0000   -2.5000
    1.5000    2.0000    2.5000
>> bsxfun(@minus,a,m1)       % 矩阵 a 的每列减去该列的均值，
用 bsxfun 函数实现
ans =
   -1.5000   -2.0000   -2.5000
    1.5000    2.0000    2.5000
>> m2=mean(a,2)                  % 求矩阵 a 每行的均值
m2 =
     2
     6
>> for i=1:2     % 矩阵 a 的每行减去该行的均值，用 for 循环实现
a2(i,:)=a(i,:)-m2(i);
end
>> a2
a2 =
    -1     0     1
    -2     0     2
>> bsxfun(@minus,a,m2)       % 矩阵 a 的每行减去该行的均值，
用 bsxfun 实现
ans =
    -1     0     1
    -2     0     2
```

【实例讲解】部分 for 循环可以使用 MATLAB 预定义函数实现，合理使用这些函数，有利于提高编程效率。bsxfun 函数用于对两个数组中的元素进行计算。另外，MATLAB 的计算以矩阵为基础，许多循环也可以用矩阵操作代替。

5.5 while 循环

【语法说明】

- while 循环的语法说明一般为：

```
while expression
  statements
end
```

expression 是循环表达式，当 expression 为 true 时，执行循环，否则循环结束。expression 为空值时，相当于 false。若 expression 为矩阵或多维数组，则当 expression 中任一元素均为非零值时，才执行循环。expression 中可以包含关系运算符（<、>、<=、>=、～=、==）或逻辑运算符（&&、||、～）。

与 for 循环相比，while 循环把更多的权限交给用户。在 for 循环中，对循环变量的更新是由循环自动完成的，用户不需要手动对循环变量进行赋值。而在 while 循环中，循环体内部必须对循环变量进行更新，并使其在特定条件下变为 false，从而结束循环，否则将循环无限多次，成为死循环。出现死循环时 MATLAB 无法自动跳出循环，用户可按 Ctrl+C 键将其结束。

当 expression 中出现的逻辑运算符支持短路时，例如：假设 a=0，b=1，则在表达式 a&&(b==3)中，只有当 a 和(b==3)均为真时，整个表达式才为真。由于 a 为 false，因此不需要计算 b==3，表达式直接返回 false。类似地，在表达式 b||(b/a)中，由于 b 为 true，因此不计算 b/a，整个表达式即可返回 true。

【功能介绍】 while 循环是一种常见的循环。利用 while 循环可以实现 for 循环的功能，且使用时比 for 循环更灵活，可以实现循环次数未知的循环。

【实例 5.8】 while 循环实现 for 循环的功能。

```
>> for i=1:5;                % for 循环
disp(i)
end
     1

     2

     3

     4

     5
>> a=1:5;                    % while 循环
>> index=1;
>> while true
disp(a(index));
index=index+1;
if(index>5)
break;
end
end
     1

     2

     3

     4

     5
```

【实例讲解】 如果一项任务可以用 for 循环和 while 循环完成，推荐使用 for 循环。因为 for 循环自动完成了循环变量的更新，用户不需要处理繁琐的细节，而且编写更为容易，思路清晰，可读性更强。

【实例 5.9】 eps 是 MATLAB 中的预定义变量，表示浮点数的精确度。eps 返回 1 附近的精确度，表示 1+eps 是系统能辨别的比 1 大的最小的浮点数。下面用 while 循环求 1 附近的浮点数精确度。

```
>> eps(1)                    % 1附近的精度
ans =
  2.2204e-016
>> e=1;                      % 用 while 循环求 eps
>> while (e+1)>1
e=e/2;
end
>> e
e =
  1.1102e-016
>> e=e*2                     % 求得的精度，与 eps(1)相等
e =
  2.2204e-016
>> isequal(1,1+e)            % 系统认为 1 和 1+e 是不相等的两个数
ans =
     0
>> isequal(1,1+e/2)          % 系统认为 1 等于 1+e/2
ans =
     1
```

【实例讲解】 在实数域中，数字是连续、无限的。计算机使用浮点数表示实数，只能表示有限个实数。假设浮点数所能表示的数字依次为…, 0, …, 1, a, …, a 为 1 的下一个浮点数，即 a=1+eps(1)。不同的数字附近 eps 值各不相同，在 0 附近精确度最高，eps 值最小：

```
>> eps(0)
ans =
  4.9407e-324
>> eps(1)
ans =
  2.2204e-016
```

值得注意的是，如果遇到精确度超过 eps 的数，系统将取四舍

五入的近似值，将该值表示为与其相距最近的浮点数：

```
>> isequal(1,1+eps*0.6)
ans =
     0
>> isequal(1+eps,1+eps*0.6)
ans =
     1
```

显然 1+eps*0.6 到 1+eps 的距离（0.4*eps）比 1+eps*0.6 到 1 的距离（0.6*eps）更近，因此计算机认为 1+eps*0.6 等于 1+eps。

在这个实例中，用(e+1)>1 作为循环条件，当 e 的值小于或等于 $\frac{1}{2}\mathrm{eps}(1)$ 时，系统认为(e+1)等于 1，循环条件为 false，循环结束。因此此时求得的 e 值应该乘以 2，才与 eps(1)相等。

【实例 5.10】 求 100 以内的最大质数。

```
% find_prime.m
i=3;              % 从 3 开始
num=0;            % 存放质数
while i<100       % 外层循环，i 小于 100

    isp=1;        % isp=1 表示质数，isp=0 表示合数
    for j=2:i-1
        if mod(i,j)==0
           isp=0;
        end
    end
    if isp==1
        num=i;
    end
    i=i+1;
end
fprintf('100 以内的最大质数= %d\n', num);
```

执行结果为：

```
100 以内的最大质数= 97
```

【实例讲解】 这段程序包含两重循环，外层循环用于遍历 3 到

99 之间的整数，内层循环用于判断一个整数是否为质数。注意 while 循环需要用户自己更新循环变量，否则会造成死循环。

5.6 if-else-end 条件结构

【语法说明】

- 单个选择分支的形式：

```
if expression
statements
end
```

expression 为 true（真）时，执行语句 statements，否则不执行。

- 两个选择分支的形式：

```
if expression
   statements1
else
   statements2
end
```

如果 expression 为真，执行语句 statements1，否则执行 statements2。

- 多个选择分支的形式：

```
if expression1
   statements1
elseif expression2
   statements2
elseif …

else
   statementsN
end
```

依次判断 expression1, expression2, …, expressionN 是否为真，遇到某个表达式为真时，即执行对应的语句。如果所有表达式均为假，则执行 else 对应的语句，else 语句是可选的。

【功能介绍】程序的结构可分为顺序结构、选择结构和循环结构。MATLAB 的循环结构主要由 for 循环和 while 循环实现，而选择结构则由 if-else-end 语句和 switch-case-end 语句实现。if-else-end 语句的特点是功能比较灵活，判断语句之间有优先关系。

【实例 5.11】规定考试成绩 60 分以上为及格，70 分以上为一般，80 分以上为良好，90 分以上为优秀。输入一个分数值，判断其成绩等级。

新建 if_test.m 脚本如下：

```
% if_test.m
score=input('请输入 0-100 之间的整数：');
if score>100 || score<0

elseif score>=90
   fprintf('优秀!\n');
elseif score>=80
   fprintf('良好!\n');
elseif score>=70
   fprintf('一般!\n');
elseif score>=60
   fprintf('及格!\n');
else
   fprintf('不及格! ');
end
```

运行脚本，在提示符后输入 85，结果如下：

```
请输入 0-100 之间的整数：85
良好!
```

【实例讲解】if 语句中的分支是有优先关系的，表达式中的条件可以重叠，如 score>70，从数学上理解，它包含了 score>80 和 score>90，但是由于后两者出现在 score>70 之前，因此如果程序在判断 score>70 是否为真时，可以肯定 score 不满足 score>80 的条件。此处不会出现歧义现象。

5.7 switch-case-end 条件结构

【语法说明】

- switch 结构的一般格式如下：

```
switch switch_expression
    case case_expression1
        statements1
    case case_expression2
        statements2
    …
    otherwise
        statementsN
end
```

switch_expression 是被用作判断的表达式，值为标量或字符串。每个 case 语句是一种情况，case_expression 可以是标量、字符串或标量组成的细胞数组、字符串组成的细胞数组。运行时，计算 switch_expression 与 case_expression 是否相等或是否包含在 case_expression 中，如果是则执行相应的程序语句。对 switch_expression 不同取值的处理如下。

1．标量数字：程序判断 eq(case_expression, switch_expression)是否为 true。

2．字符串：strcmp(case_expression, switch_expression)是否为 true。

3．细胞数组：细胞数组中至少有一个元素与 case_expression 相等，则返回 true。

当某个 case 分支为真，就执行该语句对应的 statements 语句，随后 switch 语句结束。这一点与 C 语言不同（C 语言需要人为加 break 语句结束，否则将顺序执行其他分支对应的语句）。如果所有 case 语句均为假，则执行 otherwise 对应的语句，但 otherwise 语句不是必需的。

【功能介绍】switch-case-end 语句是一种选择结构。switch 结构的各个分支没有优先关系，case_expression 列出了条件表达式 switch_expression 的取值，如果匹配则为真，否则为假。switch 不支持关系运算符（>、<等），表达大小关系应使用 if-else-end 语句。

【实例 5.12】使用 plot 绘图，可以用红、绿、蓝、品红、青等多种颜色。现只有 3 种颜色，对于输入的暖色调颜色，统一用红色进行绘制；对于冷色调颜色，统一用绿色进行绘制，其余用黑色绘制。

新建脚本 switch_test.m 如下：

```
% switch_test.m
col = input('输入颜色： ','s');
x=0:.1:2*pi;
y=sin(x)+2*cos(x);
switch col
   case {'r','y','m'}
      plot(x,y,'r');
   case {'b','g','c'}
      plot(x,y,'g');
   otherwise
      plot(x,y,'k');
end
```

执行脚本，在提示符后输入 m（表示品红色），结果如图 5-12 所示。

【实例讲解】switch 语句适合条件表达式的取值可以一一列出的场合，这种情况如果用 if-else-end 语句实现则显得过于繁琐。

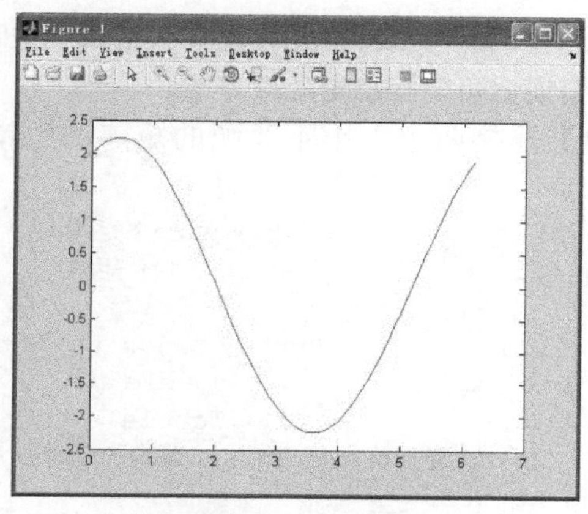

图 5-12 plot 绘图

5.8 try-catch——捕获异常

【语法说明】

- try-catch 语句常见的调用方式如下：

```
try
   statements1
catch exception
    statements2
end
```

statements1 是用户要执行但有可能出错的语句。直接执行该语句，如果出错，系统将停止执行并显示错误信息。使用 try-catch 语句时，如果 statements1 出错，程序立即跳转，执行 catch 语句块。try-catch 语句是允许用户自定义程序出错时的处理方法。exception 是用户任意给的一个变量，如果出错，这个变量将被赋值为一个 MException 对象，可以在 statement2 中提供关于该错误的信息。exception 是可选的参数。

【功能介绍】程序出错时 MATLAB 的处理方法一般是显示该错

误并停止程序的运行，try-catch 语句自定义了错误产生时的处理方法，用户在捕获错误后可自行决定处理方法。

【实例 5.13】连接两个大小不匹配的矩阵产生错误，并用 try-catch 捕获。

```
>> A=zeros(3);                  % A 为 3*3 矩阵
>> B=zeros(4);                  % B 为 4*4 矩阵
>> whos
  Name      Size            Bytes  Class     Attributes
  A         3x3                72  double
  B         4x4               128  double
>> C=[A,B]        % 直接执行 C=[A,B]，系统的处理方法是抛出错误
Error using horzcat
CAT arguments dimensions are not consistent.
>> try               % try-catch 语句。没有 exception 参数
C=[A,B];
catch
fprintf('\n 出错啦！ \n');
end

出错啦！             % 显示结果
>> try C=[A,B]       % try-catch 语句。有 exception 参数
catch err
fprintf('\n\n 出错啦！ \n');
disp(err.identifier);
end

出错啦！             % 显示结果
MATLAB:catenate:dimensionMismatch
```

【实例讲解】不带 exception 参数时，catch 语句在程序出错时执行，但程序无法知道出的是什么错。带 exception 参数时，该参数是一个 MException 对象，包含 identifier、message、stack、cause 字段，携带了错误的种类和其他信息。identifier 用于标识错误的种类，在本例中，维度不匹配错误的 identifier 为“MATLAB:catenate:dimensionMismatch”。

【实例 5.14】 对矩阵求逆，如果矩阵不是方阵或属于非逆矩阵，则求其伪逆。

```
>> A=rand(2,3);              % A 为 2*3 矩阵
>> try                       % try-catch 语句，求 A 的逆或伪逆
B=inv(A);
catch
B=pinv(A);
end
>> B                         % 求得的伪逆矩阵
B =
  -0.1295    0.6485
   1.5878   -1.3753
   0.0723    0.4570
>> inv(A)                    % 直接求其逆矩阵，系统将抛出错误
Error using inv
Matrix must be square.
```

【实例讲解】 在本例中，try 语句块和 catch 语句块都定义了变量 B，因此运行结束后，名为 B 的变量一定存在。但若将程序改为如下形式，对不同的输入就会有不同的结果：

```
>> A=rand(2,3);
>> try
B=inv(A);
catch
disp('error')
end
error
>> B
Undefined function or variable 'B'.
```

如果 B=inv(A)无错误，则 B 是 A 的逆矩阵。在这里，由于 B=inv(A)出现了错误，且在 catch 语句中只是简单地显示 error 字符串，没有对 B 进行赋值，因此名为 B 的矩阵并不存在，在之后的程序中，B 是一个未定义的变量。

5.9 continue——转到下一次循环

【语法说明】

- continue：在 for 循环和 while 循环中使用，一般与 if 同时出现。continue 结束本次循环，跳过循环体中剩下的语句，直接转到下一次循环。

【功能介绍】 continue 使程序结束本次循环，直接跳到下一次循环。对于 for 循环，程序将会更新循环变量并从头开始执行；对于 while 循环，程序直接跳到循环开始处重新执行。在 while 循环中使用 continue 语句时应小心处理逻辑，以免造成死循环。

【实例 5.15】 找出 100 以内所有能被 7 整除的数，计算其平方和。

```
>> s=0;
>> for i=1:100;
if mod(i,7)~=0
continue;
end
s=s+i.^2;
end
>> s
s =
       49735
```

【实例讲解】 本例需要找出能被 7 整除的数，continue 所在的 if 语句判断整数是否不能被 7 整除，如果是，则直接进入下一循环。这等效于下面的循环语句：

```
>> s=0;
>> for i=1:100;
if mod(i,7)==0
s=s+i.^2;
end
```

```
end
>> s
s =
    49735
```

上面的代码在循环体中用 if 判断是否遇到了需要的数字，如果是，则计算平方并累加。实例 5.15 使用 continue 语句，思路恰好相反：使用 if 判断遇到的数字是否属于不需要的数字，如果是，则丢弃该数字，转到下一次循环。

【实例 5.16】打印出 10 以内的整数，能被 3 整除的数字除外，使用 while 循环和 continue 实现。

```
i=0;
while i<10
   i=i+1;
   if mod(i,3)==0
      continue;
   end
   disp(i);
end
```

运行结果如下：

```
     1

     2

     4

     5

     7

     8

    10
```

这个例子的关键在于，i=i+1 语句必须出现在 continue 语句之前，否则可能陷入死循环。例如：

```
i=1;
```

```
while i<=10
    if mod(i,3)==0
        continue;
    end
    disp(i);
    i=i+1;
end
```

运行结果为：

```
     1

     2
```

系统在此处停住，按 Ctrl+C 键返回到提示符。

【实例讲解】当 i=3 时，mod(i,3)==0 条件为真，因此执行 continue，进入下一次循环。然而，while 循环不会自动更新循环变量，此时仍有 i=3，因此程序就在这两条语句之间反复循环，无法跳出。

5.10 break——跳出循环

【语法说明】

- break：只在 for 循环或 while 循环中出现。执行 break 命令时，程序跳出整个循环，开始接下去执行循环体之后的下一条语句。如果包含多重循环，则 break 语句只能跳出其所在的那一个循环。

【功能介绍】跳出整个循环，往往与 if 语句连用，表示在满足某种条件时结束整个循环。

【实例 5.17】找出一个最小整数，使其平方大于 1000，且必须为 7 的倍数。

```
i=3;
while true
   if i^2>1000 && mod(i,7)==0
```

```
        break
    end
    i=i+1;
end
fprintf('%d 为平方大于 1000 的、最小的 7 的倍数\n', i);
```

求解的结果为 35。

【实例讲解】本例只有一个要寻找的值，且给出了对于该值的限定条件。因此在循环中用循环变量 i 自增 1 的方式进行搜寻，当 i 符合给定的条件时任务完成，使用 break 退出循环。

5.11 return——函数返回

【语法说明】

- return：出现在函数中，执行 return 语句，函数直接返回。return 也可以用于结束 keyboard 模式。

【功能介绍】MATLAB 中函数输出参数的传递通过赋值语句直接完成，不需要使用 return，这与 C 语言不同。因此 return 的功能只限于使函数返回调用。

【实例 5.18】编写一个函数 mul(x,y)，如果调用时只有一个输入参数，则返回其共轭转置；如果有两个输入参数，则返回两者的乘积。

```
function z=mul(x,y)
if argin==1
    z=x';
    return;
end
z=x*y;
```

【实例讲解】return 直接返回，忽略函数中剩下的代码。

5.12 keyboard 模式

【语法说明】

■ keyboard：在 M 脚本、函数中使用 keyboard，当执行到这一语句时，程序暂停执行，将控制权交给键盘，用户可以查看或改变工作空间中的变量。此时的提示符变为 K>>。

keyboard 模式可以用来调试程序，功能与断点类似。在某些特定点加入 keyboard 语句，程序执行到此处时便暂停，输入 return 并按 Enter 键时系统退出 keyboard 模式，程序才恢复执行。如果输入 dbquit 并按 Enter 键，程序除了退出 keyboard 模式外，还将退出函数的执行。

【功能介绍】运行脚本或函数时暂停程序，进入 keyboard 模式。类似断点，用户可以观察和修改变量值，输入 return 后才恢复执行。

【实例 5.19】在脚本中加入 keyboard 语句进行调试。

```
a=input('输入第一个数: ');
b=input('输入第二个数: ');
fprintf('\n 正在计算\n');
for i=1:3
   fprintf('.');
   pause(1);
end
keyboard                    % keyboard 命令
c=a+b;
fprintf('\n 结果等于 %f\n', c);
fprintf('按任意键退出 MATLAB 系统');
pause
exit
```

执行脚本，提示输入数字，第一个数字输入 3，第二个数字输入 4。随后遇到 keyboard 语句，进入 keyboard 模式，如下所示：

```
输入第一个数: 3
输入第二个数: 4
```

```
正在计算...
K>>
```

在提示符后输入代码，将第一个数字改为 30，然后输入 return 并按 Enter 键退出 keyboard 模式。

```
K>> a=30
a =
   30
K>> return

结果等于 34.000000
按任意键退出 MATLAB 系统
```

输入任意值，从 MATLAB 系统中退出。

【实例讲解】通过 keyboard 命令，在程序执行的过程中改变了变量的值，达到了调试的目的。

5.13 error——显示错误信息

【语法说明】

- error(msgIdent,msgString,v1,v2,…,vN)：产生一个错误，如果有 catch 语句捕获这个错误，程序将会转入到 catch 语句块中运行，否则系统将会抛出该错误。

字符串 msgIdent 是该错误的唯一标识，格式为 component:mnemonic，其中 component 可以有多个，如运算时矩阵维度不匹配的错误，其 identifier（唯一标识）为 MATLAB:catenate:dimensionMismatch。

字符串 msgString 是一个解释性的参数，用于阐明错误产生的原因，也可以提示如何纠正这个错误。此时 msgString 可以解释转义字符，并进行字符串的格式化，支持%d、%f 等符号，v1、v2 等参数为与之相应的参数。

- error(msgString,v1,v2,…,vN)：产生一个不带 identifier 的错误。

- error(msgString)：产生一个错误，字符串 msgString 解释错误产生的原因，该字符串不支持转义，也不能实现字符串格式化。如 error('C:\table')将原样输出 C:\table'，而不会将\t 解释为跳格。

【功能介绍】 产生一个错误，并给出关于该错误的信息。

【实例 5.20】 定义一个函数，其输入参数个数必须为 2 个，否则报告一个错误。

```
function errtest1(x,y)

if nargin ~=2
   error('myApp:argChk', 'Wrong number of input arguments');
end
```

在命令窗口调用该函数：

```
>> errtest1(0)                % 用一个输入参数调用该函数
Error using errtest1 (line 4)
Wrong number of input arguments

>> lasterr            % 用 lasterr 可以得到报错时输出的字符串
ans =
Error using errtest1 (line 4)
Wrong number of input arguments

>> err = MException.last    % 结构体 err 得到该错误的信息
err =
  MException
  Properties:
    identifier: 'myApp:argChk'
       message: 'Wrong number of input arguments'
         cause: {0x1 cell}
         stack: [1x1 struct]
  Methods
```

【实例讲解】 调用时只输入一个参数，系统报错，输出字符串 msgString 解释错误产生的原因。可以用 lasterr 得到该字符串。MException.last 返回一个 MException 对象，该对象的 identifier 字段就等于函数的 msgIdent 参数，message 字段等于 msgString 参数。error

函数产生的错误可以被 catch 语句捕获：

```
>> try
errtest1(0)
catch
fprintf('arguments error\n\n');
end
arguments error
```

5.14 warning——显示警告信息

【语法说明】

- warning(message)：message 是一个字符串，函数显示警告信息 message，并设置系统的警告状态。该状态可由 lastwarn 函数返回。如果 message 为空字符串，函数不显示任何信息，并重置警告状态，使得 lastwarn 的返回值为空字符串。
- warning(message,a1,a2,…)：message 是格式化字符串，a1、a2 等参数为对应的变量。
- warning(message_id,message)：将字符串 message_id 设置为该警告的唯一标识。
- warning(message_id,message,a1,a2)：将字符串 message_id 设置为该警告的唯一标识，警告信息 message 为格式化字符串。

【功能介绍】显示警告信息，并设置系统的警告状态。warning 函数给用户提供警告但并不终止程序运行。

【实例 5.21】定义一个函数 mul(x,y)，其输入参数个数可以为一个或两个。但参数为一个时，返回 x^2；当输入参数为两个时，返回 $(x+y)^2$，但如果 x 与 y 不同型，则返回 x^2，同时显示警告。

```
function z=mul(x,y)           % 函数 mul
if nargin==1                  % 只有一个输入参数时
   z=x.^2;
   return;
end
```

```
    if isequal(size(x),size(y)) % 两个输入参数同型
        z=(x+y).^2;
    else                        % 两个输入参数不同型
        z=x.^2;
        warning('argin:size','input argument %s and %s have different size\n', 'x','y');
    end
```

在命令窗口调用该函数：

```
>> x=[1,2,3;4,5,6]         % x为2*3矩阵
x =
     1     2     3
     4     5     6
>> y=[1,2,3]               % y为1*3向量
y =
     1     2     3
>> mul(x)                  % 一个输入参数
ans =
     1     4     9
    16    25    36
>> mul(x,y)          % 两个输入参数，x与y不同型
Warning: input argument x and y have different size
> In mul at 12
ans =
     1     4     9
    16    25    36
```

【实例讲解】在本例中，mul函数的输入参数如果是两个不同型的矩阵，函数依然可以正确返回，但将在窗口中显示警告信息。在这个场合中，尽管仍能返回一个符合语法的值，但这个值可能并不是设计者想要的，因此使用warning函数比较合适，既提出了警告，又没有中断程序运行。可以用lastwarn得到warning函数设置的警告提示字符串：

```
>> lastwarn
ans =
input argument x and y have different size
```

第6章　MATLAB 绘图

作为一款应用广泛的数学软件，MATLAB 除了具有强大的计算能力以外，其出众的图形功能也是它如此受欢迎的原因之一。MATLAB 允许用户用少量的代码方便地绘制出复杂的图形，给原本枯燥的数据带来了极大的直观性和生动性。

MATLAB 中最常用的绘图功能是对函数曲线和曲面的绘制。本章将从绘图函数和图形设置函数两个方面介绍绘图函数的用法。

6.1　图形绘制函数

本节内容较为全面，既包含了最常用的 plot、stem、subplot、figure 等绘图函数，也包括了 sphere（绘制球体）、feather（绘制速度图）等主要用于某些特定领域的函数。

6.1.1　plot——绘制二维曲线

【语法说明】

- plot(X,Y)：根据 X、Y 的取值绘制曲线。若 X、Y 为长度相等的向量，则取X、Y中的对应元素，描绘出该点的坐标(X(*i*),Y(*i*))，最后再将每个点连接起来。如果 X、Y 其中之一或两者均为矩阵，则对每列进行绘制。绘制时只取元素值的实数部分，忽略虚数部分。
- plot(Y)：如果 Y 为复数构成的矩阵或向量，则这种调用形式相当于 plot(real(Y),imag(Y))。否则，相当于 plot(1:length(Y),Y)。

■ plot(X,Y,S)：S 是用于指定线型和颜色的字符串。关于颜色的符号及含义如表 6-1 所示。

表 6-1 颜色符号表

符号	r(red)	g(green)	b(blue)	c(cyan)
颜色	红色	绿色	蓝色	青色
符号	m(magenta)	y(yellow)	k(black)	w(white)
颜色	品红	黄色	黑色	白色

关于线型的符号及含义如表 6-2 所示。

表 6-2 线型定义符表

符号	-	--	:	-.	p
线型	实线（默认值）	虚线	点线	点划线	正五角星
符号	+	O	*	.	x
线型	加号	小圆圈	星号	实点	交叉号
符号	d	^	v	>	<
线型	菱形	向上三角形	向下三角形	向右三角形	向左三角形
符号	s	H			
线型	正方形	正六角星			

■ plot(X1,Y1,propertyName,propertyValue)：指定曲线的 propertyName 属性值为 propertyValue。常见的属性有 LineWidth，表示线宽，默认线宽为 0.5；MarkerSize，表示绘制的坐标点的大小，默认为 6；MarkerEdgeColor 与 MarkerFaceColor，分别表示坐标点的边缘颜色和填充颜色。

■ plot(X1,Y1,S1,X2,Y2,S2,…)：分别绘制 X1、Y1，X2，Y2 等两两对应的数据，Sn 为可选参数。如果未指定颜色，系统自动为各曲线选用不同的颜色，以便区别。

- h=plot(h1,...)：h1 为窗口句柄。这条命令指定在 h1 指定的窗口中进行绘图，并将绘制的曲线句柄返回给 h。如果同时绘制了多条曲线，则 h 是一个列向量。

【功能介绍】根据给定的向量或矩阵绘制二维图形，允许用户对图形的属性进行设置。

【实例 6.1】绘制 $y=\tan(\sin(x))-\sin(\tan(x))$曲线的部分图形，指定线宽为 2，线型为虚线，颜色为红色，节点处用正方形表示，正方形边缘为黑色，使用绿色填充，正方形大小为 10。

```
>> x = -pi:pi/10:pi;                              % 自变量的范围
>> y = tan(sin(x)) - sin(tan(x));                 % 函数值
>> plot(x,y,'--rs','LineWidth',2,...              % 绘制图形
       'MarkerEdgeColor','k',...
       'MarkerFaceColor','g',...
       'MarkerSize',10);
>> title('tan(sin(x)) - sin(tan(x))');
```

执行结果如图 6-1 所示。

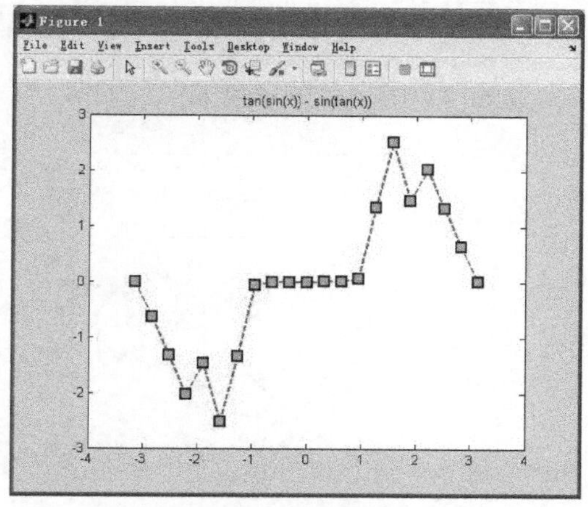

图 6-1　用 plot 绘制曲线

【实例讲解】LineWidth 属性表示线宽，MarkerEdgeColor 表示

坐标点边缘的颜色，MarkerFaceColor 表示坐标点的填充色，MarkerSize 表示坐标点大小。title 函数为图形添加标题。

【实例 6.2】用一条命令在区间[0, 2]内同时绘制 $y=\sqrt{x}$，$y=x$，$y=x^2$ 函数的曲线，并用不同的颜色和线性加以区别。

```
>> x=0:.05:2;
>> y1=sqrt(x);        % x^(1/2)
>> y2=x;              % x
>> y3=x.^2;           % x^2
>> h = plot(x,y1,'r-',x,y2,'b--',x,y3,'m.-')
    % 用不同的颜色和线型绘制 3 个函数


h =


  175.0099
  176.0094
  177.0094
>> legend('sqrt(x)','x','x^2')                          % 添加图例
>> title('plot')
```

绘制结果如图 6-2 所示。

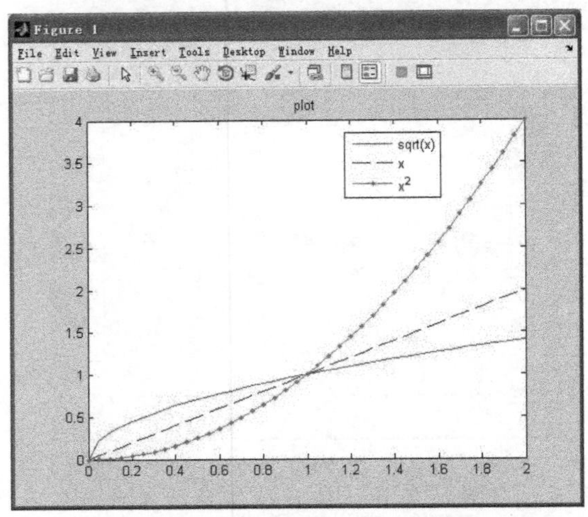

图 6-2　plot 同时绘制多条曲线

【实例讲解】当 plot 同时绘制多条曲线时，返回值是表示各曲线句柄的列向量。

6.1.2 subplot——窗口分区绘图

【语法说明】

- subplot(m,n,p)或 subplot(mnp)：创建一个新的窗口，会选中当前窗口，将其划分为 m 行 n 列的 m×n 个子区域，每个区域都可以单独绘图。函数选中其中的第 p 个子区域，接下来的绘图操作均对该区域进行，各个区域可以有各自独立的标题。
- subplot(m,n,P)：P 是一个向量，函数选中包含在 P 中的所有标号对应的子区域。通常 P 中包含的子区域是相邻的。

【功能介绍】将图形窗口拆分为多个子区域，并选中其中一个，以便进行后续绘图操作。

【实例 6.3】将一个图形窗口拆分为竖直方向上的 3 个子窗口，分布绘制正弦函数、指数函数和对数函数曲线图。

```
>> x=0.1:.1:6;
>> y1=sin(x);
>> y2=exp(x);
>> y3=log(x);
>> subplot(311)        % 第一个区域绘制正弦函数
>> plot(x,y1);
>> title('sin(x)')
>> subplot(312)        % 第二个区域绘制指数函数
>> plot(x,y2);
>> title('exp(x)')
>> subplot(313)        % 第三个区域绘制对数函数
>> plot(x,y3);
>> title('log(x)')
```

执行结果如图 6-3 所示。

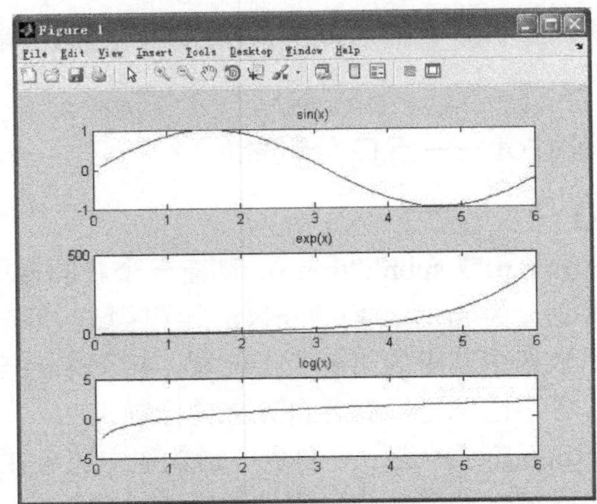

图 6-3　plot 函数绘制 sin、exp 和 log 函数

【实例讲解】执行 subplot(mnp)后，在以 m×n 形式划分的窗口中的第 p 个子区域将被选中，并绘制一个空的坐标轴，后续的绘图都在该坐标轴上进行。

6.1.3　figure——创建新窗口或选中窗口

【语法说明】

- h=figure('PropertyName','PropertyValue')：创建一个新的图形窗口，并将该窗口的 PropertyName 属性值设置为 PropertyValue，也可以不指定任何属性，此时采用默认设置。h 返回该窗口的句柄，窗口标题为 Figure h。MATLAB 将会从 1 开始编号，遇到已存在窗口则跳过。因此当 MATLAB 环境中没有其他图形窗口时，figure 命令将产生标题为 Figure 1 的窗口。
- figure(h)：创建句柄值为 h 的窗口。h 为 1 到 2147483646 之间的整数。如果句柄为 h 的窗口已经存在，则这条命令将该窗口设置为当前的活动窗口。

【功能介绍】创建新的图形窗口，或选中句柄为特定值的图形窗口。

【实例 6.4】先创建句柄为 2 的图形窗口，绘制指数函数曲线；创建句柄为 1 的窗口，绘制正弦曲线，并取消菜单栏和工具栏，将背景颜色设置为红色。

```
>> x=-3:.2:3;
>> y1=exp(x);
>> y2=sin(x);
>> h=figure(2)                                   % 第一个图形窗口
h =


     2
>> plot(x,y1)
>>  figure('MenuBar','none','ToolBar','none','color',
'r');        % 第二个图形窗口
>> plot(x,y2)
```

执行结果如图 6-4 与图 6-5 所示。

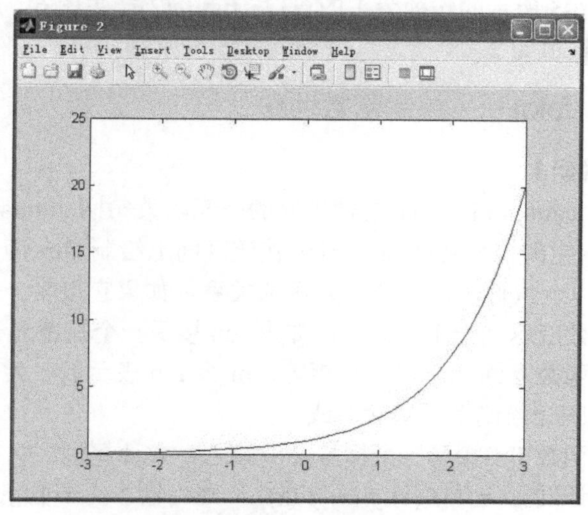

图 6-4　句柄为 2 的图形窗口

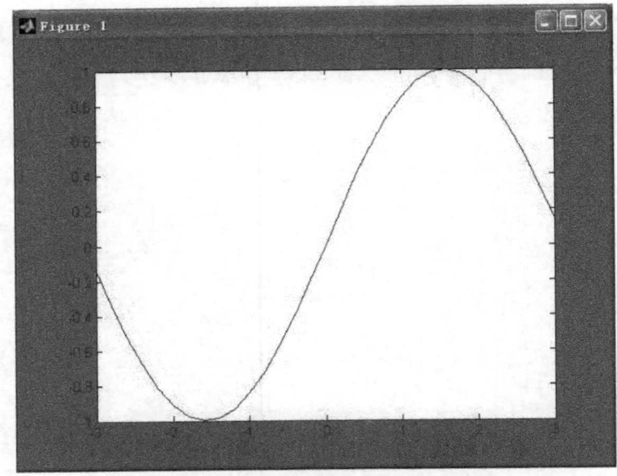

图 6-5　句柄为 1 的图形窗口

【实例讲解】figure('MenuBar','none','ToolBar','none','color','r')命令产生图 6-5 所示的句柄为 1 的窗口；figure(2)产生图 6-4 所示的窗口，其句柄值为 2。

6.1.4　fplot——绘制函数曲线

【语法说明】

- fplot(fun,limits)：fun 为待绘制的一元函数句柄，limits=[xmin, xmax]，为给定的自变量区间。fplot 在该区间上绘制 fun 函数的曲线。fun 可以一次性表示多个一元函数关系，如果它接受一个标量输入，则函数应返回一个行向量；如果 fun 接受一个长度为 N 的向量输入，则函数返回一个 N×m 矩阵，m 为 fun 表示的一元函数个数，此时，fplot 绘制多条函数曲线。

例如，函数 f(x)接受一个标量 x 的输入，并计算 f_1、f_2、f_3 3 种函数关系，返回行向量$[f_1(x), f_2(x), f_3(x)]$,，则当输入为 $x=[x_1, x_2]$时，函数返回矩阵：

$$\begin{bmatrix} f_1(x_1) & f_2(x_1) & f_3(x_1) \\ f_1(x_2) & f_2(x_2) & f_3(x_2) \end{bmatrix}$$

- plot(fun,limits,n)：当 n≥1 时，绘图时至少画出 n+1 个点，默认 n 值为 1。最大步长不超过(1/n)×(xmax−xmin)。
- [X,Y]=fplot(fun,limits,…)：不绘制图形，将计算得到的横纵坐标的值赋给 X 和 Y，可以再调用命令 plot(X,Y)将曲线图绘制出来。

【功能介绍】不计算函数值的情况下绘制一元函数在指定区间的曲线图，fplot 在内部计算并实现绘图。

【实例 6.5】在[1, 2]区间用 fplot 函数绘制 y=exp(x)与 y=log(x)+4 的曲线图；在[−20, 20]区间绘制自定义函数 myfun 的曲线图。

在命令窗口输入以下命令，绘制指数函数与对数函数曲线图：

```
>> explog = @(x)[exp(x(:)),log(x(:))+4];    % 匿名函数
>> fplot(explog, [1,2])
```

执行结果如图 6-6 所示。

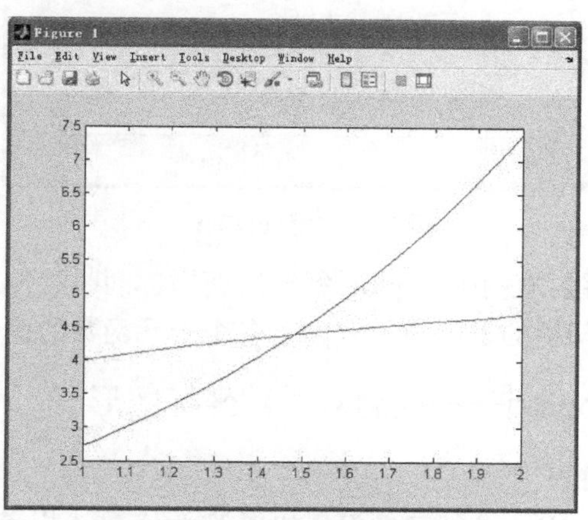

图 6-6 绘制指数函数与对数函数

在 MATLAB 中新建函数 myfun，具体内容如下：

```
function Y = myfun(x)                          % 自定义函数
Y(:,1) = 200*sin(x(:))./x(:);
```

```
Y(:,2) = x(:).^2;
```

myfun 函数实现了 $y_1 = 200\frac{\sin(x)}{x}$ 与 $y_2=x^2$。在命令窗口输入以下语句：

```
>> figure(2);
>> fplot(@myfun,[-20 20])
```

执行结果如图 6-7 所示。

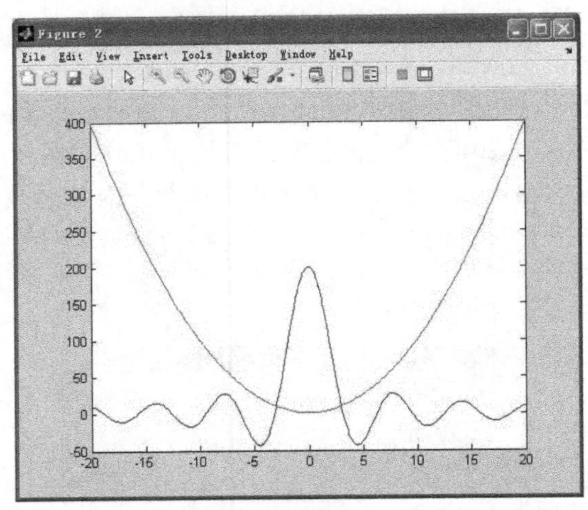

图 6-7　绘制 myfun

【实例讲解】本例中，fplot 每一次调用都同时绘制两条曲线，这是因为函数句柄的返回值就包含了多个一元函数的函数值。

6.1.5　loglog——绘制双对数坐标图形

【语法说明】

- loglog(Y)：绘制向量 Y。如果 Y 为实数，相当于 loglog(1:length(Y),Y)；如果 Y 为复数，函数等价于 loglog(real(Y),imag(Y))。
- loglog(X1,Y1,...)：同时绘制多条曲线，函数将为不同曲线自动选择不同颜色，以示区别。

- loglog(X1,Y1,S)：字符串 S 指定了绘图的线型、节点符号和颜色，取值及含义见 6.1.1 小节的表 6-1、表 6-2。
- loglog(…,'PropertyName',PropertyValue)：绘制曲线，并设置曲线的 PropertyName 属性值为 PropertyValue。

【功能介绍】绘制双对数坐标图形，其 x 轴和 y 轴均按常用对数的刻度进行绘制，调用形式与 plot 函数类似。

【实例 6.6】在$[10^{-1},10^{2}]$区间绘制指数函数的双对数坐标图。

```
>> x=logspace(-1,2);          % 横坐标取值
>> y=exp(x);
>> loglog(x,y,'-dr')          % 双对数坐标图
>> grid on
>> title('loglog')
```

执行结果如图 6-8 所示。

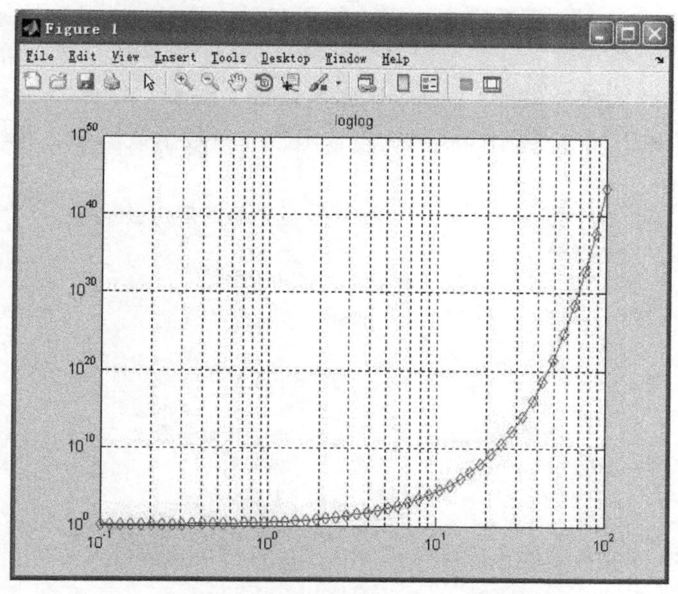

图 6-8　指数函数的双对数坐标图

【实例讲解】loglog 函数将横纵坐标同时用对数刻度显示，得

到的曲线形状与原曲线大体类似。logspace 函数用于生成对数等分向量。

6.1.6 semilogx/semilogy——绘制单对数坐标图形

【语法说明】

- semilogx(X,Y)或 semilogy(X,Y)
- semilogx(Y)或 semilogy(Y)
- semilogx(X1,Y1,…,Xn,Yn)或 semilogy(X1,Y1,…,Xn,Yn)
- semilogx(X1,Y1,S)或 semilogy(X1,Y1,S)
- semilogx (…,'PropertyName',PropertyValue) 或 semilogy (…,'PropertyName',PropertyValue)

【功能介绍】绘制单对数坐标图形。semilogx 与 semilogy 函数的调用格式与 plot 函数完全相同。差别在于，semilogx 函数的 x 轴采用常用对数坐标，y 轴采用正常的线性坐标；semilogy 函数的 x 轴采用正常的线性坐标，y 轴采用常用对数坐标。

【实例 6.7】绘制不同底数的指数函数与对数函数，并以单对数坐标显示。

```
>> x=0:.1:6;                        % 绘制指数函数
>> y1=exp(x);                       % 以 e 为底
>> y2=5.^(x);                       % 以 5 为底
>> semilogy(x,y1,'r-',x,y2,'k:');
>> title('semilogy');
>> legend('e^x','5^x')

>> xx=1:.1:7;                       % 绘制对数函数
>> y3=log(xx);                      % 以 e 为底
>> y4=log10(xx);                    % 以 10 为底
>> semilogx(xx,y3,'r-',xx,y4,'k:');
>> title('semilogx');
>> legend('log(x)','log10(x)')
```

指数函数和对数函数的坐标图分别如图 6-9 和图 6-10 所示。

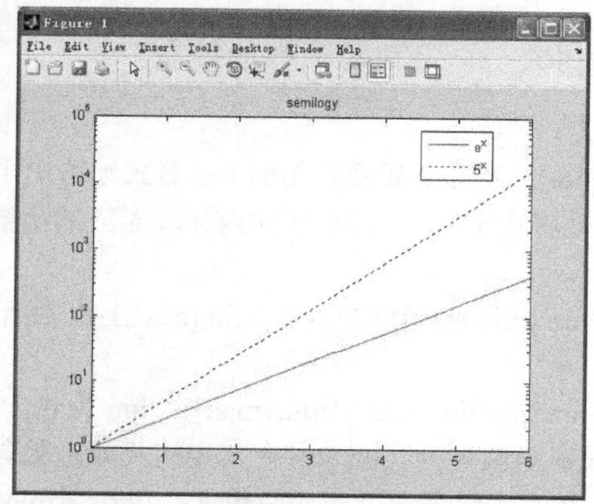

图 6-9　指数函数的单对数坐标图

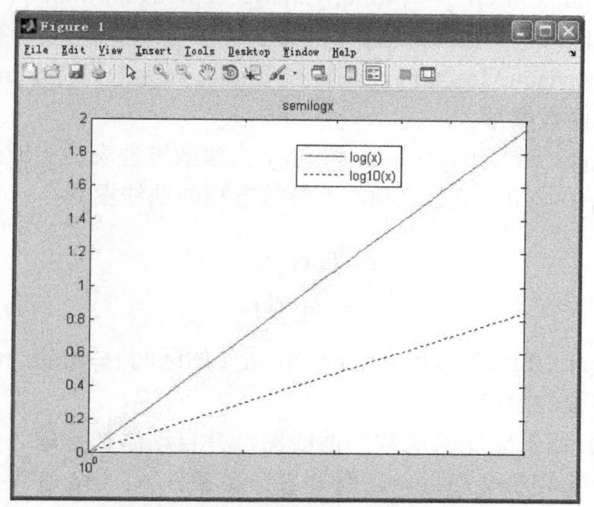

图 6-10　对数函数的单对数坐标图

【实例讲解】对数刻度是一种不均匀的刻度，它拉伸长度较小的区间，如(10^{-1}, 10^0)，同时压缩长度较大的区间，如(10^4, 10^5)，使它们在坐标轴上具有相同的长度。

6.1.7 ezplot——绘制隐函数曲线图

【语法说明】

- ezplot(fun)：字符串或函数句柄 fun 显式地给出了函数表达式 y=fun(x)，函数将在 $x\in[-2\pi, 2\pi]$区间内计算对应的函数值，并绘制出函数曲线。
- ezplot(fun,[min,max])：在区间[min,max]上绘制函数 y=fun(x)的曲线。
- ezplot(fun2,[xmin,xmax,ymin,ymax])：fun 为包含 x、y 变量的字符串表达式或函数句柄，ezplot 令其表达式或函数句柄表示的函数值等于零，从而确定了一个一元函数 $f(x, y)=0$。ezplot 的绘图区间为 $x\in$[xmin, xmax]，$y\in$[xmin, ymax]。ezplot(fun,[min,max])：指定 x 和 y 的区间均为[min,max]。
- ezplot(fun2,[min,max])：在 $x\in$[xmin, xmax]、$y\in$[xmin, ymax]区间绘制隐函数图形。
- ezplot(funx,funy)：funx 和 funy 为参数方程表达式或函数句柄，ezplot 在 $t\in[0, 2\pi]$上绘制以下参数方程的曲线图形：

$$\begin{cases} x = \text{funx}(t) \\ y = \text{funy}(t) \end{cases}$$

- ezplot(funx,funy,[tmin,tmax])：在 t 的区间 $t\in$[tmin, tmax]上绘制参数方程的图形。

【功能介绍】绘制隐函数的曲线图，并自动添加标题。如果自变量 x 与 y 满足方程 $f(x, y)=0$，使得在一定条件下，当 x 在某区间取得任意值时，总有满足该方程的唯一的 y 值，这时 $f(x, y)=0$ 就是一个隐函数。隐函数没有给出显式的 $y=F(x)$的计算表达式，但根据函数定义，隐函数实现了一个集合 A 到数集 B 的映射，且映射唯一。

【实例 6.8】绘制方程 $xy+x^2-y^2-1=0$、$x^2-y^2-1=0$、$x^3-y^3-1=0$ 和

参数方程$\begin{cases} x=\cos(t) \\ y=2\sin(t) \end{cases}$确定的曲线。

定义函数 ez_fun：

```
function z = ez_fun(x,y,k)
 z = x.^k - y.^k - 1;
```

在命令窗口输入以下命令：

```
>> colormap([0,0,1]);                           % 颜色设置为蓝色
>> subplot(221);                                % 第一幅图
>> ezplot('x*y + x^2 - y^2 - 1')
>> subplot(222);                                % 第二幅图
>> ezplot(@(x,y)ez_fun(x,y,2))
>> subplot(223);                                % 第三幅图
>> ezplot(@(x,y)ez_fun(x,y,3))
>> subplot(224);                                % 第四幅图
>> ezplot(@(t)cos(t), @(t)2*sin(t))
```

执行结果如图 6-11 所示。

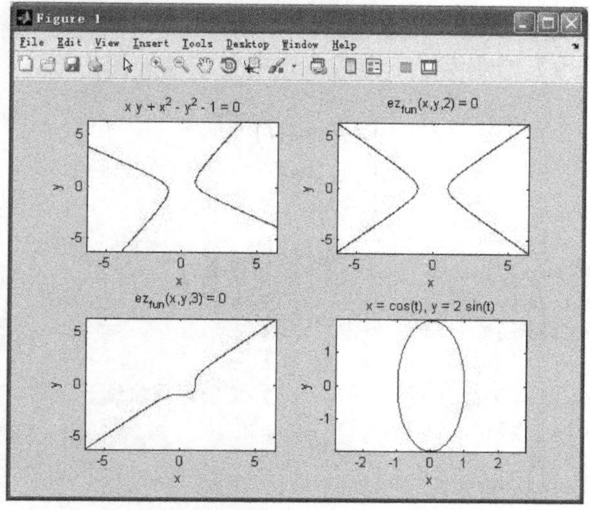

图 6-11 用隐函数绘制曲线

【实例讲解】参数方程绘制的默认区间为[0, 2π]，其余调用形式中自变量的默认区间为[−2π, 2π]。图 6-11 中，前两幅图均为双曲线，第四幅图为参数方程确定的椭圆。

6.1.8 plot3——绘制三维曲线

【语法说明】

- plot3(X1,Y1,Z1,...)：X1、Y1、Z1 为向量或矩阵，三者中的对应元素确定了空间中的一个点，函数描绘出这些点，然后将它们连接成曲线。如果 X1、Y1、Z1 为矩阵，函数将同时画出多条三维曲线。
- plot3(X1,Y1,Z1,S)：字符串 S 指定了画线的线型、节点符号和颜色，详见 6.1.1 小节的表 6-1 和表 6-2。
- h=plot3(...,'PropertyName',PropertyValue)：绘制三维曲线，并指定属性 PropertyName 的值为 PropertyValue。h 返回曲线句柄，如果同时绘制多条曲线，则 h 是一个列向量。

【功能介绍】绘制三维曲线。

【实例 6.9】绘制由以下方程确定的三维螺旋图：

$$\begin{cases} x = \cos(t) \\ y = \sin(t) \\ z = t \end{cases}$$

```
>> t = 0:pi/50:10*pi;          % 参数
>> x=cos(t);                   % x
>> y=sin(t);                   % y
>> z=t;                        % z
>> plot3(x,y,z,'o-r');         % 绘制螺旋曲线
>> title('plot3')
>> grid on
>> axis normal
```

得到的螺旋曲线如图 6-12 所示。

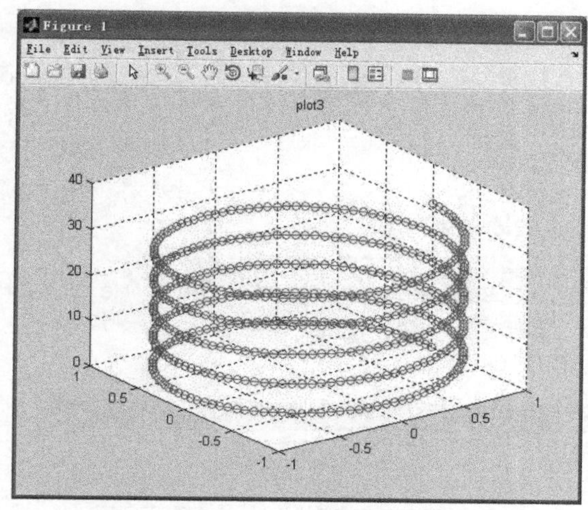

图 6-12 螺旋曲线图

【实例讲解】 plot3 语法形式与 plot 函数类似，是 plot 的三维版本。

6.1.9 stem——绘制二维离散序列

【语法说明】

- stem(X,Y)：X、Y 是同型向量，函数绘制 Y 在横坐标 X 上的离散点图。Y 也可以是矩阵，此时其行数必须等于 length(X)。
- stem(Y)：默认 X=length(1:Y)。
- stem(…,'fill')：字符串 fill 指定了图形中柄形末端的小圆圈的颜色。
- stem(…,S)：字符串 S 指定了画线的线型、节点符号和颜色，详见 6.1.1 小节的表 6-1 和表 6-2。
- h=stem(…)：绘制二维离散序列，并返回句柄 h。

【功能介绍】 绘制二维离散序列。stem 语法形式与 plot 类似，但不支持 plot(X1,Y1,X2,Y2,…)式的语法，一次只能绘制一份数据。如果要绘制多个长度相同的信号，可以使用 plot(X,Y)的形式，其中

Y 定义为 length(X)×*n* 矩阵。

【实例 6.10】 绘制信号 exp(−0.07*x*)cos(*x*)、exp(0.05*x*)cos(*x*)在[0, 25]的离散序列图。

```
>> x = 0:25;
>> y = [exp(-.07*x).*cos(x);exp(.05*x).*cos(x)]';
>> h = stem(x,y);
>> set(h(1),'MarkerFaceColor','blue')
>> set(h(2),'MarkerFaceColor','red','Marker','p')
>> title('stem')
```

执行结果如图 6-13 所示。

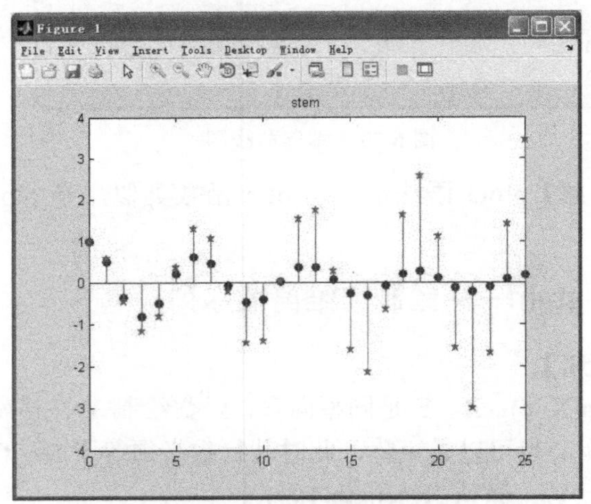

图 6-13　两个信号的离散序列图

【实例讲解】 stem 函数往往用在数字信号处理领域，用于绘制离散信号。

6.1.10　bar——绘制二维柱状图

【语法说明】

- bar(Y)：根据 Y 中的数据绘制柱状图。若 Y 为向量，则 Y 中的每一个元素为一个条目，若 Y 为矩阵，则矩阵中的每一行作为一组进行绘制。

- bar(X,Y)：横坐标的值为 X，如果 Y 为向量，则 X 是与 Y 长度相等的向量；如果 Y 为矩阵，则 X 的长度与 Y 的行数相等。
- bar(…,width)：标量 width 表示同一组内各直方图直接的宽度，默认值为 0.8。width 等于 1 时，同一组内的直方图间隔为零，并排显示。
- bar(…,style)：字符串 style 指定所绘制曲线的类型，可取值为'grouped'或 stacked，默认值为 grouped。

【功能介绍】 绘制二维柱状图。

【实例 6.11】 品牌 A 与品牌 B 在 2007～2011 年的市场占有率如表 6-3 所示，用柱状图显示其波动情况，并显示两者的市场占有率之和的变化。

表 6-3　占有率情况表

	2007 年	2008 年	2009 年	2010 年	2011 年
品牌 A	19.4%	18.2%	17.5%	20.1%	21.5%
品牌 B	15.8%	17.7%	16.5%	14.3%	16.8%

在 MATLAB 命令窗口中输入以下命令：

```
>> x1=[0.194,0.182,0.175,0.201,0.215];        % 品牌 A
>> x2=[0.158,0.177,0.165,0.143,0.168];        % 品牌 B
>> year=2007:2011;                            % 年份
>> bar(year,[x1;x2]',1)                       % 绘制柱状图
>> title('市场占有率')
>> legend('品牌 A','品牌 B')

>> figure;
>> bar(year,[x1;x2]',0.5,'stacked')       % 总市场占有率的
柱状图
>> title('总市场占有率')
```

品牌 A 与品牌 B 的占有率变化及两者总市场占有率的变化分别如图 6-14 和图 6-15 所示。

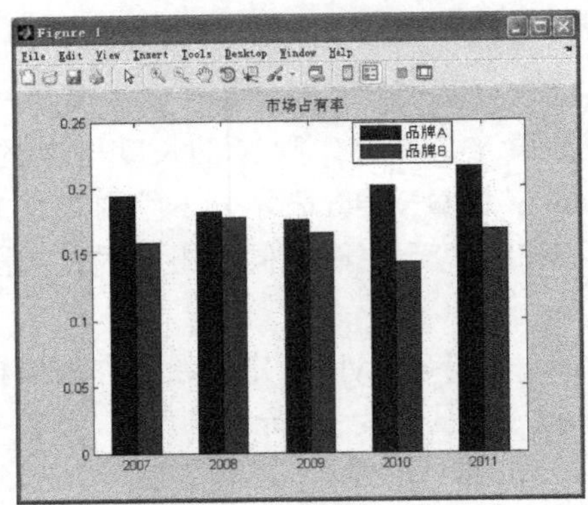

图 6-14　市场占有率柱状图

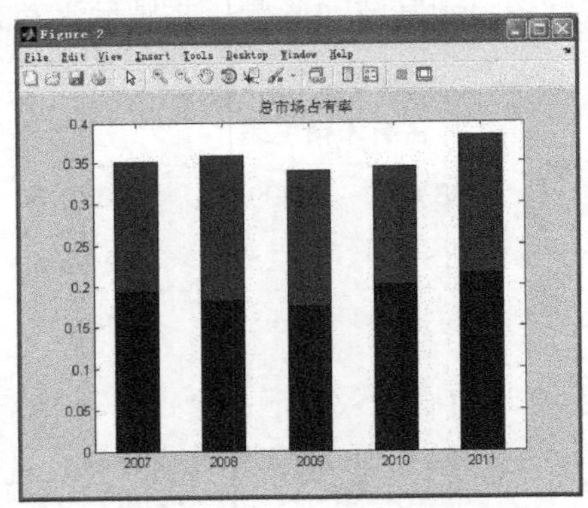

图 6-15　总市场占有率柱状图

【实例讲解】当风格为 grouped 时，同一组数据分别绘制；当风格为 stacked 时，同一组数据叠加在同一个长条中。

6.1.11　errorbar——绘制误差图

【语法说明】

- errorbar(Y,E)：在平面坐标系中画出向量 Y 的曲线图，并绘制相应位置上的误差 E，误差使用误差棒表示，误差棒垂直于横坐标，中点位于 Y，长度为 2×E(i)。

- errorbar(X,Y,E)：在横坐标 X 处画出向量 Y，并绘制 Y 中相应位置的误差 E。
- errorbar(X,Y,L,U)：L、U 与 X、Y 为同型向量，L 为误差下限，U 为误差上限。函数绘制的误差棒在点(X(i), Y(i))相处以下长为 L(i)、点(X(i), Y(i))以上长为 U(i)。
- errorbar(…,S)：字符串 S 指定了绘图的线型、节点符号和颜色，详见 6.1.1 小节的表 6-1、表 6-2。

【功能介绍】绘制出曲线的同时，画出每一点的误差大小。

【实例 6.12】给定一个 24×3 矩阵，每列是对同一份数据测量 3 次形成的结果。计算每份数据的值，并估计误差范围。

```
>> load count.dat          %载入 MATLAB 系统中自带的数据
>> whos
  Name       Size              Bytes  Class     Attributes

  count      24x3                576  double
>> y = mean(count,2);   %计算总和
>> e = std(count,1,2); %计算标准差
>> figure
>> errorbar(y,e,'xr')        %画出每个位置的标准差
>> title('errbar')
```

执行结果如图 6-16 所示。

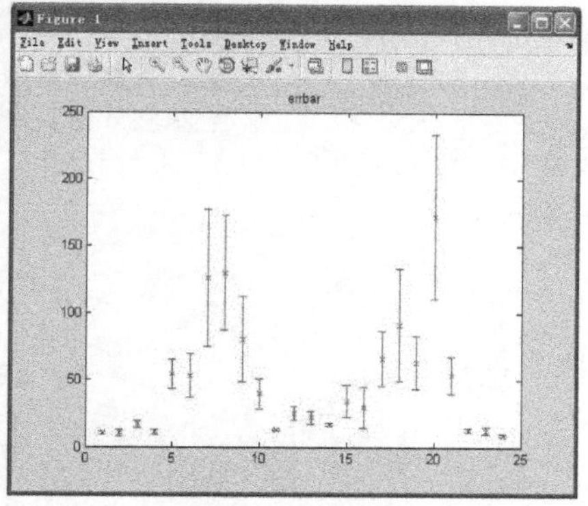

图 6-16　误差图

【实例讲解】如图 6-16 所示，星状坐标点为数据的期望值，以标准差作为误差的估计值，误差棒与横坐标垂直。

6.1.12 hist——绘制二维直方图

【语法说明】

- n=hist(Y)：函数将输入的向量 Y 平均分为 10 个均匀的区间，并统计每个区间出现的元素个数，返回一个长度为 10 的行向量。如果 Y 为 m×p 矩阵，函数对每一列做上述处理，返回一个 10×p 矩阵。
- n=hist(Y,X)：将 Y 中的数据划分为 length(X)个区间，每个区间以 X(i)为中心，绘制直方图。
- n=hist(Y,nbins)：将 Y 均匀划分为 nbins 个区间，再绘制直方图。
- [n,xout]=hist(…)：不绘制直方图，返回落在各区间的元素个数 n 和该区间的中心位置 xout。用户可调用 bar(xout,n)画出直方图。

【功能介绍】绘制二维直方图，直方图用于统计数据在各个范围出现的次数。

【实例 6.13】生成 1000 个服从指数分布的随机数，并绘制所得结果的直方图。

```
>> rng('default');
>> a=exprnd(2,1,1000);        % 生成指数分布随机数
>> hist(a,15)                 % 绘制直方图，采用 15 个中心点
>> title('指数分布直方图')
>> [n,xx]=hist(a,15)

n =

   386   243   135    96    73    30    19     7     5
3   1    0    0    1    1

xx =
```

```
    Columns 1 through 9

      0.5048      1.5123      2.5199      3.5274      4.5350
5.5425    6.5501    7.5576    8.5652

    Columns 10 through 15

      9.5727    10.5803    11.5878    12.5954    13.6029
14.6105
```

指数分布随机数的直方图如图 6-17 所示。

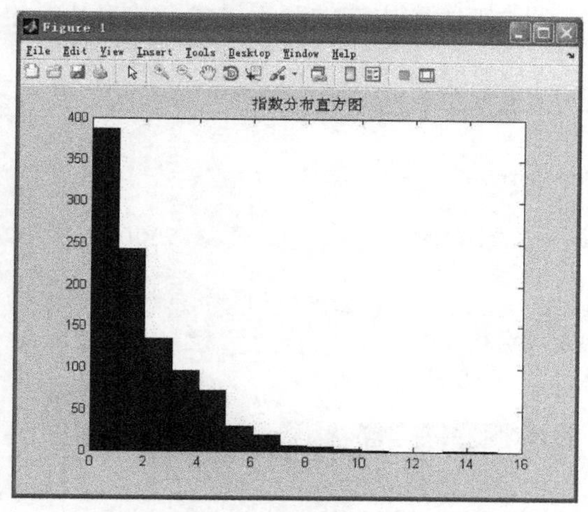

图 6-17　指数分布的直方图

【实例讲解】直方图统计了数据出现的频率，当数据量大时，大致与概率相一致。在指数分布中，数值越小，出现的概率越大。

6.1.13　pie——绘制饼图

【语法说明】

- pie(X)：X 可以为任意形状的矩阵或数组，但都会被转为向量。函数计算 X 中所有元素的大小，按比例绘制在饼图上，并标识出所占的百分比。百分比由 X(*i*)/sum(X(:))算得，如果 sum(X(:))<1，函数不会

对数据做归一化，而是直接进行绘制，此时无法得到完整的圆形。

- pie(X,explode)：explode 是与 X 同型的数组，包含的元素为零或 1，1 表示该位置元素对应的扇形从圆中分离出来突出显示。
- pie(…, labels)：labels 为字符串构成的细胞数组，用来作为数据 X 的标签。

【功能介绍】绘制饼图，饼图用扇形大小表示数据所占的比重，在统计报表中极为常用。

【实例 6.14】将[1, 3, 0.5, 2.5, 2]绘制为饼图，表示某跨国公司在欧洲、北美、非洲、亚太和中东的利润组成，并将其中的亚太地区突出显示。

```
>> a=[1,3,0.5,2.5,2]

a =

    1.0000    3.0000    0.5000    2.5000    2.0000

>> pie(a,[0,0,0,1,0],{'欧洲','北美','非洲','亚太','中东'})
>> title('利润构成图')
```

执行结果如图 6-18 所示。

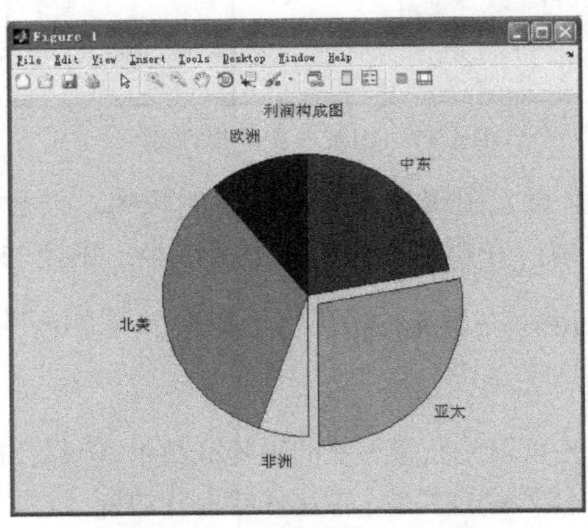

图 6-18　表示利润组成的饼图

【实例讲解】explode 设置分离效果，使图形更生动。

6.1.14　mesh——绘制三维网格图

【语法说明】

- mesh(X,Y,Z)：X、Y、Z 为同型矩阵，函数根据三者确定的节点[X(*i*,*j*), Y(*i*, *j*), Z(*i*, *j*)]绘制网格曲面。X、Y 也可以是长度分别为 size(Z, 2)、size(Z, 1)的向量，形成的网格节点坐标为[X(*j*), Y(*ij*), Z(*i*, *j*)]。
- mesh(Z)：相当于[m, n]=size(Z)，X=1:n，Y=1:m，然后调用 mesh(X,Y,Z)。
- mesh(…,'PropertyName',PropertyValue)：设置图形 PropertyName 属性的值为 PropertyValue。

【功能介绍】绘制三维网格图，可以用来显示二维函数。

【实例 6.15】绘制二维 sinc 函数的网格图。

```
>> figure;
>> [X,Y] = meshgrid(-8:.5:8);                    % X、Y
>> R = sqrt(X.^2 + Y.^2) + eps;
>> Z = sin(R)./R;                                % sinc 函数
>> mesh(Z);                                      % 绘制网格图
>> title('sinc(x)')
```

执行结果如图 6-19 所示。

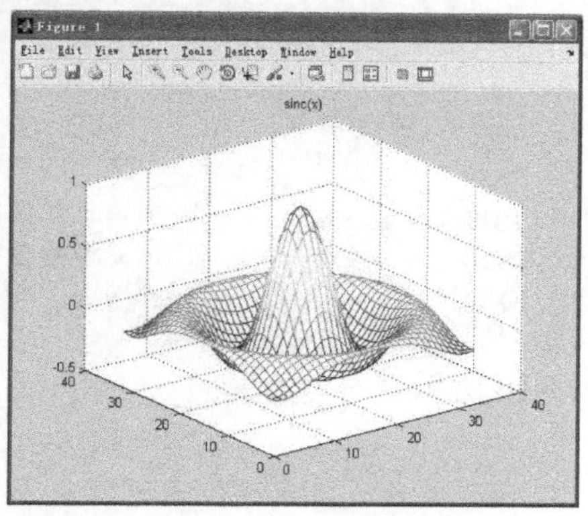

图 6-19　sinc 函数的三维网格图

【实例讲解】二维 sinc 函数具有草帽式的形状。代码中 eps 是一个极小的浮点数，以避免出现零作为除数的现象。

6.1.15 surf——绘制三维曲面图

【语法说明】

- surf(X,Y,Z)：X、Y、Z 为同型矩阵，函数根据三者确定的节点[X(*i*,*j*), Y(*i*, *j*), Z(*i*, *j*)]绘制三维曲面图。X、Y 也可以是长度分别为 size(Z, 2)、size(Z, 1)的向量，对应的曲面坐标为[X(*j*), Y(*i*), Z(*i*, *j*)]。
- surf(Z)：相当于[m, n]=size(Z)，X=1:n，Y=1:m，然后调用 surf(X,Y,Z)。
- surf(…,'PropertyName',PropertyValue)：设置图形 PropertyName 属性的值为 PropertyValue。

【功能介绍】绘制三维曲面图，可用于绘制二维函数曲面。surf 函数的调用格式与 mesh 函数一致，区别是 surf 函数填充了网格线之间的区域。

【实例 6.16】绘制 peaks 函数对应的三维曲面图。

```
>> peaks                              % peaks 函数的表达式

z =  3*(1-x).^2.*exp(-(x.^2) - (y+1).^2) ...
   - 10*(x/5 - x.^3 - y.^5).*exp(-x.^2-y.^2) ...
   - 1/3*exp(-(x+1).^2 - y.^2)

>> x=-3:.2:3;
>> y=x;
>> [xx,yy]=meshgrid(x,y);             % 构造二维网格点
>> z=peaks(xx,yy);                    % 计算函数值
>> surf(xx,yy,z);                     % 绘图
>> title('peaks')
```

执行结果如图 6-20 所示。

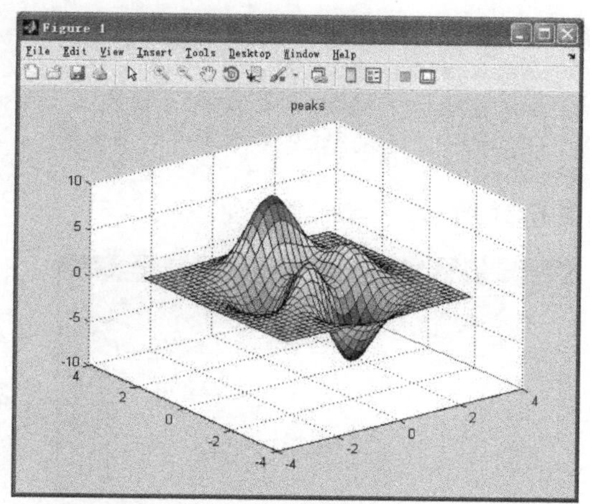

图 6-20 peaks 函数的三维曲面图

【实例讲解】 peaks 函数是 MATLAB 自带的二维示例函数；meshgrid 函数将向量转化为可用作三维绘图的二维网格矩阵。

6.1.16 contour——绘制二维等高线

【语法说明】

- contour(X,Y,Z)：以递增的向量 x、y 为横纵坐标，绘制 Z 的等高线图。函数根据 Z 的值自动选取等高线的高度值，并用不同的颜色区分大小。
- contour(X,Y,Z,n)：指定等高线条数为 n。
- contour(X,Y,Z,v)：等高线的高度值为向量 v 中的元素值，等高线的条数等于向量 v 的长度。
- contour(…,S)：字符串 S 指定了等高线的线型和颜色。
- contour(Z,n)或 contour(Z,n)或 contour(Z,v)：X、Y 通过 Z 自动计算。

【功能介绍】 绘制曲面的平面等高线。

【实例 6.17】 画出 peaks 函数曲面的等高线图。

```
>> x=-3:.2:3;
```

```
>> y=x;
>> [xx,yy]=meshgrid(x,y);
>> z=peaks(xx,yy);                  % peaks 函数
>> contour(z,10)                    % 绘制平面等高线
>> title('contour of peaks')
```

等高线如图 6-21 所示。

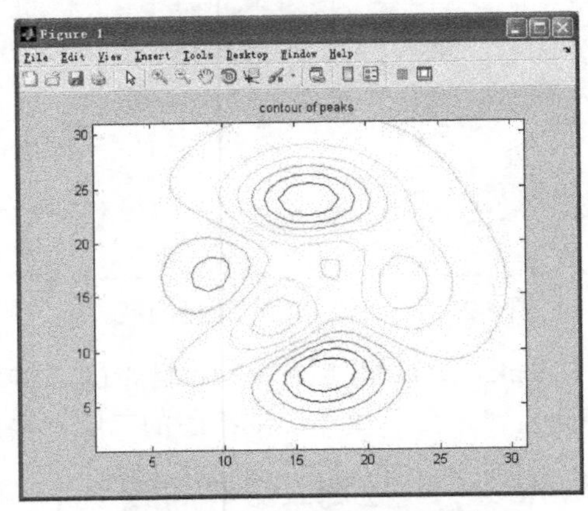

图 6-21 曲面 peaks 的等高线

【实例讲解】 本例中用参数设置了等高线条数为 10 条，图中用偏红的颜色表示高值，用偏蓝的颜色表示低值。

6.1.17 contour3——绘制三维等高线

【语法说明】

- contour3(X,Y,Z)：以递增的向量 x、y 为横纵坐标，绘制 Z 的三维等高线图。函数根据 Z 的值自动选取等高线的高度值，并用不同的颜色区分大小。
- contour3(X,Y,Z,n)：指定等高线条数为 n。
- contour3(X,Y,Z,v)：等高线的高度值为向量 v 中的元素值，等高线的条数等于向量 v 的长度。
- contour3(…,S)：字符串 S 指定了等高线的线型和颜色。

- contour3(Z,n)或 contour3(Z,n)或 contour3(Z,v)：X、Y 通过 Z 自动计算。

【功能介绍】绘制三维等高线。函数 contour3 的调用格式与 contour 类似。

【实例 6.18】画出 peaks 函数曲面的三维等高线图。

```
>> x=-3:.2:3;
>> y=x;
>> [xx,yy]=meshgrid(x,y);
>> z=peaks(xx,yy);
>> contour3(z,10)                % 绘制三维等高线
>> axis tight
>> title('contour3 of peaks')
```

执行结果如图 6-22 所示。

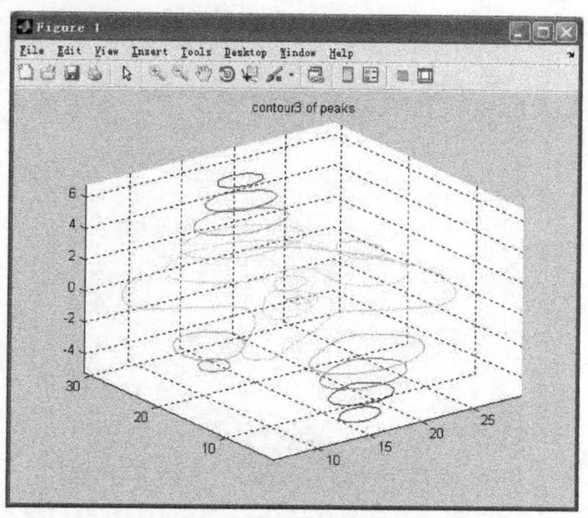

图 6-22 用 contour3 函数绘制等高线

【实例讲解】contour3 函数将等高线绘制在三维空间中。

6.1.18 contourf——填充二维等高线

【语法说明】

- contourf(X,Y,Z)

- contourf(X,Y,Z,n)
- contourf(X,Y,Z,v)
- contourf(…,S)
- contourf(Z,n)或 contourf(Z,n)或 contourf(Z,v)

【功能介绍】 绘制二维等高线，并填充等高线之间的部分。contouf 函数的调用格式与 contour 函数相同。

【实例 6.19】 画出并填充 peaks 函数曲面的等高线图。

```
>> x=-3:.2:3;
>> y=x;
>> [xx,yy]=meshgrid(x,y);
>> z=peaks(xx,yy);                    % peaks 函数
>> contourf(z,10)                     % 绘制并填充等高线
>> title('contourf of peaks')
```

执行结果如图 6-23 所示。

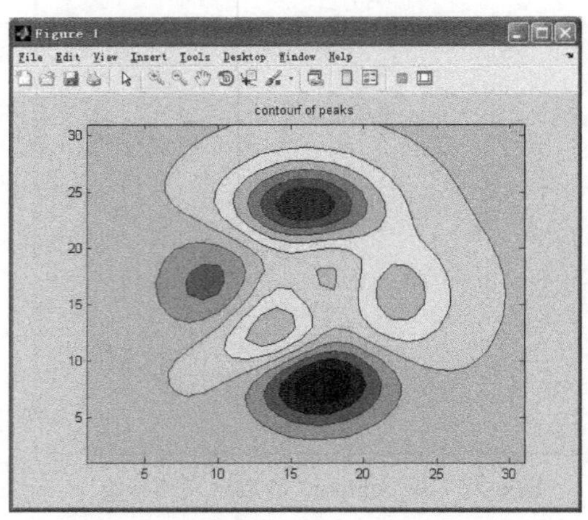

图 6-23　用颜色填充的等高线图

【实例讲解】 contour 系列函数调用格式都比较类似，除了本节介绍的几个函数外，还有 contourc、ezcontour 等，不再一一介绍。

6.1.19 sphere——绘制球体

【语法说明】

- sphere(n)：在当前图形窗口中绘制由 n×n 个面组成的单位球体。
- sphere：在当前图形窗口中绘制由 20×20 个面组成的单位球体。
- [X,Y,Z]=sphere(n)：函数不绘制球体，返回 3 个(*n*+1)×(*n*+1)的二维矩阵。用户可以调用 mesh(X,Y,Z)或 surf(X,Y,Z)将球体绘制出来。

【功能介绍】绘制球体。

【实例 6.20】绘制 3 个球体。

```
>> figure
>> [x,y,z] = sphere;
>> surf(x,y,z)                        % 第一个球
>> hold on
>> surf(x+3,y-2,z)                    % 第二个球
>> surf(2*x,2*(y+1),2*(z-3))          % 第三个球
>> daspect([1 1 1])
>> title('sphere')
```

执行结果如图 6-24 所示。

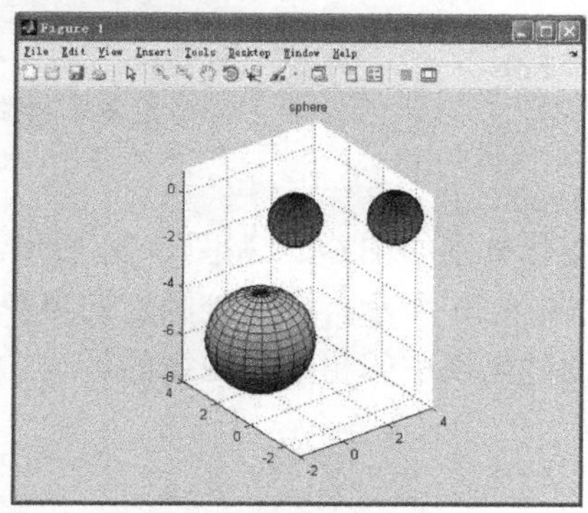

图 6-24 绘制多个球体

【实例讲解】本例没有使用 sphere 函数直接绘图，而是计算出 X、Y、Z 的坐标，然后使用该坐标值及坐标值的变换绘制多个球体。

6.1.20 cylinder——绘制圆柱

【语法说明】

- cylinder(r,n)：绘制一个半径为 r、高度为 1 的圆柱，圆柱的圆周部分被细分为 n 等分。
- cylinder(r)：默认 n=20。
- cylinder：默认半径 r=1。
- [X,Y,Z]=cylinder(…)：不直接画出圆柱体，而是返回圆柱数据的输出参量，绘制时可以使用命令 surf(X,Y,Z)。

【功能介绍】绘制圆柱，可以绘制形状规则或不规则的圆柱体。

【实例 6.21】绘制一个中间粗、两边细的圆柱，半径按二次函数规律变化。

```
>> t=-2:.1:2;
>> r=4-t.^2;
>> [X,Y,Z] = cylinder(r);          % 计算圆柱数据
>> surf(X,Y,Z)                     % 绘制圆柱
>> axis tight
>> title('cylinder');
>> figure;                         % 绘制半径曲线
>> plot(t,r)
>> title('radius');
```

圆柱和半径的变化分别如图 6-25 和图 6-26 所示。

【实例讲解】如图 6-26 所示，在零处圆柱的半径最大，在两端则减小为零，因此圆柱呈现中间粗、两边细的形状。

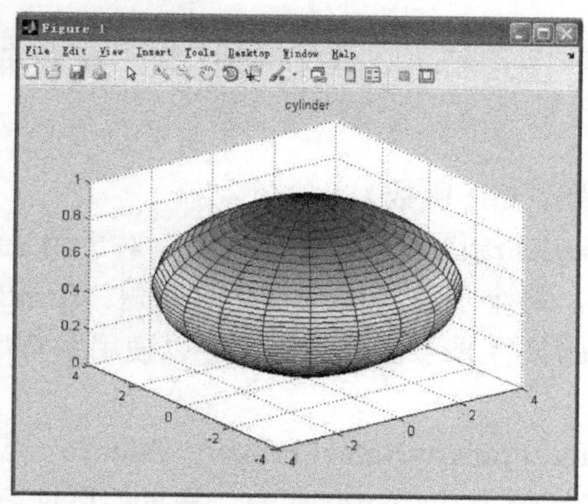

图 6-25 绘制圆柱

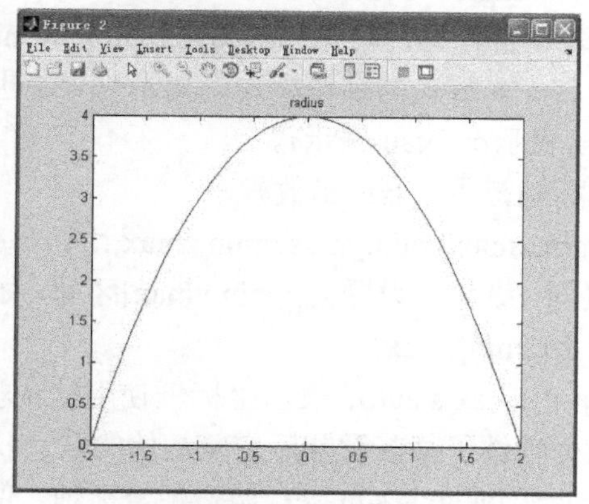

图 6-26 圆柱半径

6.2 图形设置函数

图形设置包括给图形添加网格、标题、边框、图例、字符串，设置颜色条、横纵坐标轴等，对于一个完整、含义丰富的坐标图来说是必不可少的。

6.2.1 设置图形标题、坐标轴标签、坐标轴范围

【语法说明】

（1）添加标题（title 函数）

- title(string)：给图形窗口添加标题，对于用 subplot 函数分割出来的子窗口，每个子窗口都有独立的标题。string 为标题字符串。如果需要标题换行显示多行字符，可以使用字符串构成的细胞数组。
- title(string,‘PropertyName’,PropertyValue)：设置标题的 PropertyName 属性值为 PropertyValue。常见的属性有 Background Color、Color、FontAngle、FontName、FontSize 及 Interpreter 等。其中 Interpreter 表示解释器，可选值为 latex、tex 和 none，默认为 tex。该解释器会将 a^b 形式的字符串自动显示为 a^b。也可以显示希腊字母，如\alpha 表示α，\tau 表示τ。

（2）设置坐标轴范围（axis 函数）

- axis([xmin,xmax,ymin,ymax,zmin,zmax,...])：将横坐标设置为[xmin,xmax]区间，纵坐标设置为[ymin,ymax]区间，如果有 Z 坐标的话，将其设置为[zmin,zmax]。
- axis(‘auto’)或 axis auto：表示坐标轴使用默认状态，一般这条命令用于对坐标轴做了某些设置后恢复初始的默认状态。
- axis(‘square’)或 axis square：调整各坐标轴，使其具有相同的长度。
- axis(‘equal’)或 axis equal：调整各坐标轴，使其单位长度相同。
- axis(‘normal’)或 axis normal：使坐标轴适应窗口形状的变化。
- axis(‘tight’)或 axis tight：将坐标的范围设置为坐标内图形数据的范围，这条命令是为了让图形尽量充满整个坐标轴。
- axis(‘on’)：显示坐标轴的图形和其他标记。

- axis('off')：不显示坐标轴的图形和其他标记。

（3）设置坐标轴的标注

xlabel(string)或 ylabel(string)：分别给横、纵坐标添加标注。

【功能介绍】 title 函数给坐标轴添加标题，axis 函数设置坐标轴的范围，xlabel 和 ylabel 设置坐标轴的标注。

【实例 6.22】 绘制正弦曲线 $y=\sin(\theta)$，给图形添加标题和坐标轴标注。

```
>> theta = 0:.1:10;
>> y=sin(theta);
>> plot(theta,y);
>> title('y=sin(\theta)')
>> axis([-1,11,-1.1,1.1])
>> xlabel('\theta')
>> ylabel('y')
```

执行结果如图 6-27 所示。

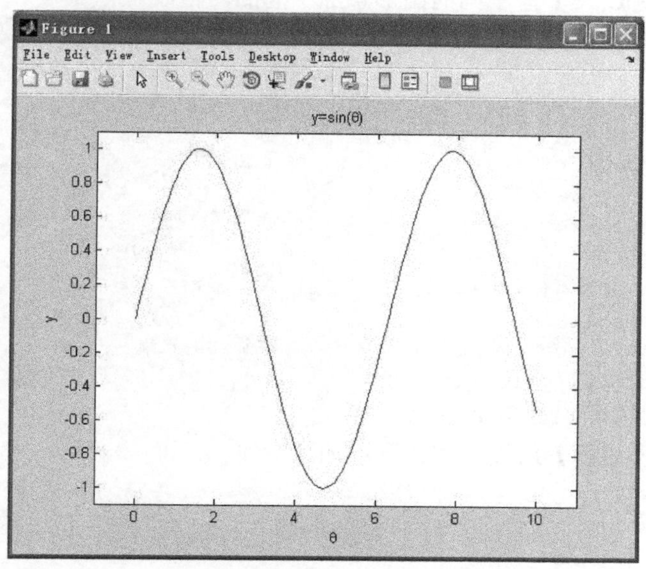

图 6-27 正态分布曲线

【实例讲解】标题和横坐标标注中都使用了\theta，显示为希腊字母θ。

6.2.2 grid、box——添加网格和边框

【语法说明】

（1）添加网格线。

- grid on：在坐标轴中添加网格线。
- grid off：去掉坐标轴中的网格线。
- grid minor：在坐标轴中添加细网格线。

（2）添加边框。

- box on：在坐标轴中添加边框。
- box off：去掉当前坐标轴中的边框。

【功能介绍】给坐标添加网格和边框。

【实例 6.23】为不同的图形添加不同的网格线。

```
>> figure
>> subplot(2,2,1)                    % 第 1 幅图
>> plot(rand(1,20))                  % 默认没有网格线
>> title('grid off')
>> subplot(2,2,2)                    % 第 2 幅图
>> plot(rand(1,20))
>> grid on                           % 添加网格线
>> title('grid on')
>> subplot(2,2,[3 4])                % 第 3 幅图
>> plot(rand(1,20))
>> grid(gca,'minor')                 % 添加细网格线
>> title('grid minor')
```

执行结果如图 6-28 所示。

【实例讲解】绘图时默认不添加网格线。

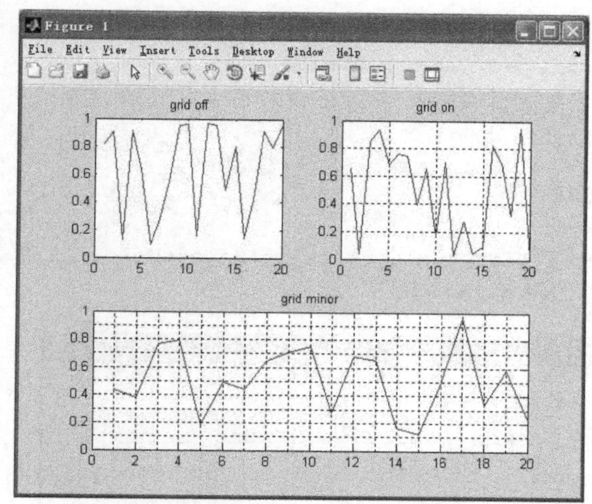

图 6-28 grid 的不同用法

6.2.3 legend——添加图例

【语法说明】

- legend('string1','string2',...)：为坐标轴添加图例。一般在同一个坐标轴内绘制了多条曲线时，需要用图例来为每条曲线添加说明。legend 函数按曲线绘制的顺序显示字符串 string1、string2……，并与曲线的线型、符号和颜色相对应。
- legend(...,'PropertyName',PropertyValue)：设置图例的属性。最常用的属性为 Location，表示图例的位置，可取值有 North、South、NorthEast、NorthOutside 等，也可取为 Best，此时函数自动寻找一个不遮挡住坐标图形的位置。

【功能介绍】为坐标轴中的曲线添加图例。

【实例 6.24】绘制 3 条不同的曲线，并添加图例。

```
>> figure
>> x = 0:.2:12;
>> plot(x,besselj(1,x),x,besselj(2,x),x,besselj(3,x));
```

```
>> hleg = legend('First','Second','Third',...
'Location','NorthEastOutside')

hleg =

  182.0074

>> set(hleg,'FontAngle','italic','TextColor',[.3,.2,.1])
```

执行结果如图 6-29 所示。

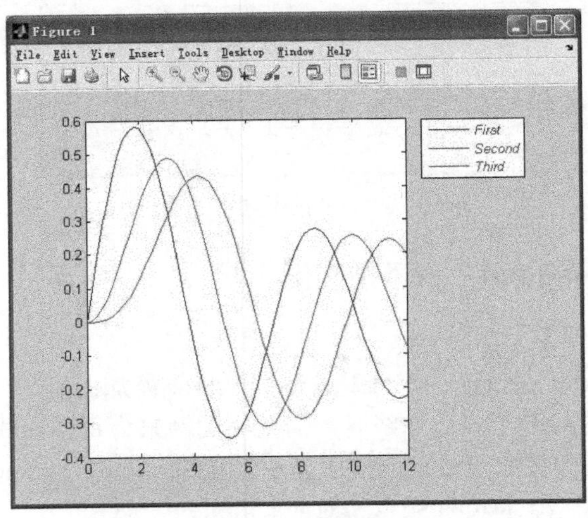

图 6-29　图例

【实例讲解】 NorthEastOutside 参数指定了图例的位置在坐标轴外侧的右上角。

6.2.4 text——添加字符串

【语法说明】

- text(x,y,'string'): 在二维平面的(x, y)点处添加字符串 string。
- text(x,y,z,'string')：在三维平面的(x, y, z)点处添加字符串 string。

- text(…,'PropertyName',PropertyValue)：添加字符串，并设置其 PropertyName 属性值为 PropertyValue。

【功能介绍】在二维或三维图形中添加字符串。

【实例 6.25】绘制正弦函数，并标出 x=π处的坐标点。

```
>> plot(0:pi/20:2*pi,sin(0:pi/20:2*pi))  % 绘制正弦曲线
>> text(pi,0,' \leftarrow sin(\pi)','FontSize',18)
% 显示文字
>> title('text ')
```

执行结果如图 6-30 所示。

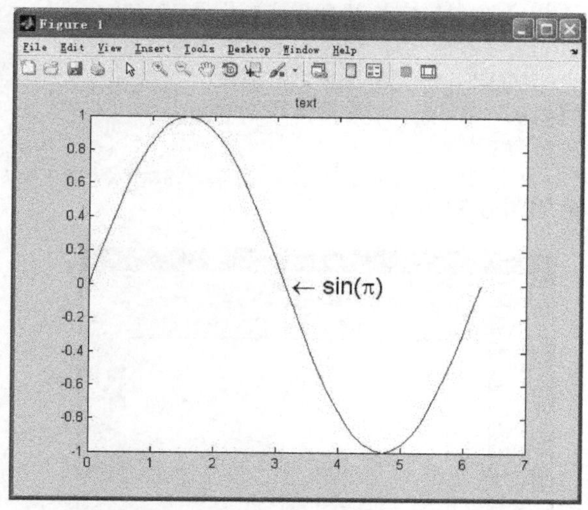

图 6-30　函数 $y=x^2+2x-3$ 在[−2, 2]内的零点

【实例讲解】\pi 表示希腊字母π，\leftarrow 表示左箭头，FontSize 属性为字号大小。

6.2.5　hold——图形保持

【语法说明】

- hold on：对当前图像窗口设置图形保持，接下来绘制的曲线会被叠加到原图中，之前绘制的内容不会被清空。

- hold off：取消图形保持。新绘制的内容将会覆盖原有内容。
- hold all：保持图形，且保持原有颜色设置，继续绘图时系统自动选用不同的颜色。

【功能介绍】对一个图形窗口使用 hold on 进行图形保持后，继续绘制的内容不会覆盖原有内容，使同一窗口可以绘制多个内容。

【实例 6.26】在同一窗口下绘制指数函数曲线和对数函数曲线。

```
>> x=.1:.1:2;
>> y1=exp(x);
>> y2=log(x);
>> plot(x,y1);          % 绘制指数函数
>> hold all             % 保持图形，并保持颜色设置
>> plot(x,y2);          % 绘制对数函数
>> plot(x,x)            % 绘制直线 y=x
>> hold off
>> title('hold')
```

执行结果如图 6-31 所示。

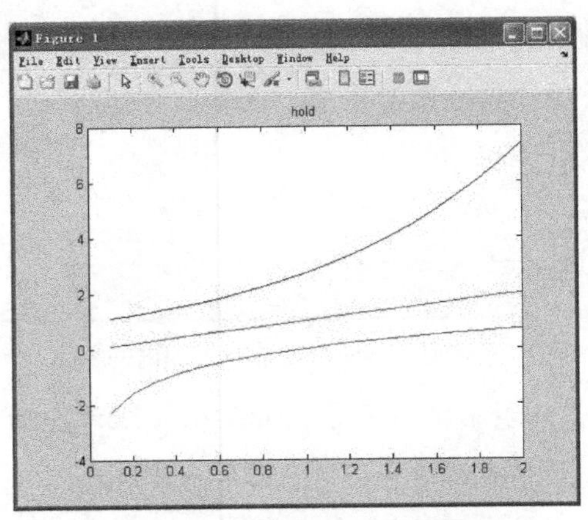

图 6-31 hold 函数用于保持图形

【实例讲解】hold all 命令保持图形，且保持了颜色设置，因此绘制的 3 条曲线颜色均不相同。

6.2.6 clabel——绘制等高线高度标签

【语法说明】

- clabel(C)：C 为 contour 函数返回的矩阵。clabel 根据 C 中的数据将标签添加到当前图形窗口中。
- clabel(C,v)：在向量 v 指定的高度值处添加标签。
- clabel(C,h)：C 为 contour 函数返回的矩阵，h 为等高线句柄。函数将标签添加到句柄 h 对应的等高线中。
- clabel(C,h,v)：在句柄 h 所对应的等高线的高度 v 处插入标签 C。

【功能介绍】在二维等高线图中添加标签，标签显示了等高线表示的高度值。

【实例 6.27】绘制 peaks 等高线，并显示每条等高线的高度值。

```
>> [x,y] = meshgrid(-2:.2:2);
>> z=peaks(x,y);                              % 计算函数值
>> [C,h] = contour(x,y,z);                    % 绘制等高线
>> clabel(C,h);                               % 等高线标签
>> title('带标签的等高线')
```

执行结果如图 6-32 所示。

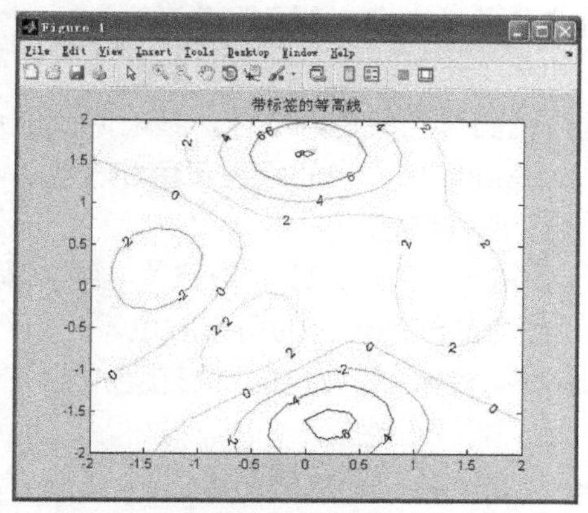

图 6-32 为二维等高线添加标注

【实例讲解】 clabel 函数往往与 contour 函数连在一起用。

6.2.7 colormap——设置色图

【语法说明】

- colormap(map)：设置色图为矩阵 map。map 是一个 n×3 矩阵，包含 n 种颜色。
- colormap('default')：将当前的色图设置为默认色图。
- cmap=colormap：返回当前色图。色图矩阵 cmap 是一个 n×3 矩阵，每行表示一种颜色，矩阵元素处于 0～1 之间。
- colormap(color)或 colormap(color(n))：设置色图，系统自带了一些色图矩阵，供用户直接使用。参数 n 可用于指定颜色的个数。支持的色图如下。

（1）gray：线性灰度色图。

（2）line：线性色图。

（3）autumn：从红色逐渐变为橘黄色，再变为黄色。

（4）bone：带一点蓝色的灰度。

（5）cool：从青绿色逐渐变化到品红色。

（6）copper：从黑色逐渐变化为亮铜色。

（7）flag：包含红色、白色、绿色和黑色。

（8）hot：从黑色过渡到红色、橙色、黄色，再到白色。

（9）hsv：从红色变化到黄色、绿色，最后回到红色。

（10）jet：从蓝色到红色，中间经过黄色和橙色。

（11）pink：柔和的桃红色。

（12）prism：重复 6 种颜色：红、橙、黄、绿、蓝、紫。

（13）spring：包含品红和黄色的阴影颜色。

（14）summer：包含绿色和黄色的阴影颜色。

（15）white：全白的单色色图。

（16）winter：包含蓝色和绿色的阴影色。

【功能介绍】 设定和获取当前的色图。色图是一个 n×3 矩阵，

形式为

$$\begin{bmatrix} r_1, g_1, b_1 \\ r_2, g_2, b_2 \\ \text{L} \\ r_n, g_n, b_n \end{bmatrix}$$

矩阵元素大小在0～1之间，每一行为一种颜色，3个分量分别表示红色、绿色和蓝色。在绘制三维图形时，Z方向上不同大小的值对应不同的颜色。map(1,:)对应Z方向上的低值，map(end,:)对应Z方向上的高值。

【实例6.28】显示peaks三维网格图，分别用默认、summer、autumn、hot、prism及自定义色图进行显示。

```
>> mesh(peaks)
>> title('default color')                      % 默认色图
>> colormap summer                             % summer 色图
>> title('summer')
>> colormap autumn                             % autumn 色图
>> title('autumn')
>> colormap hot                                % hot 色图
>> title('hot')
>> colormap prism                              % prism 色图
>> title('prism')
>> colormap([1,0,0;0,1,0;0,0,1])               % 自定义色图
>> title('自定义')
```

默认色图和summer色图如图6-33和图6-34所示，autumn和hot色图如图6-35和图6-36所示；prism和自定义色图如图6-37和图6-38所示。

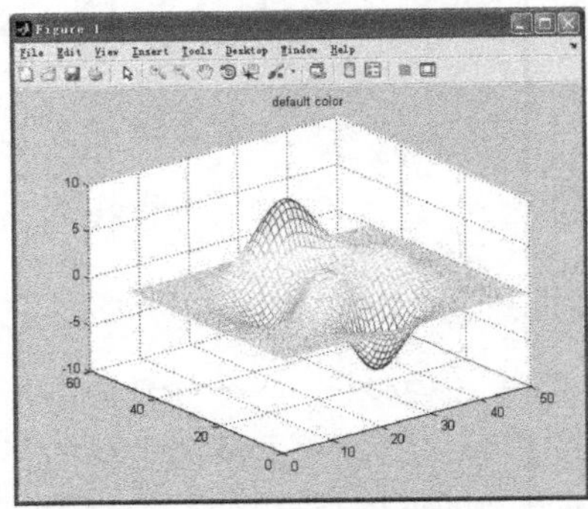

图 6-33　使用默认色图

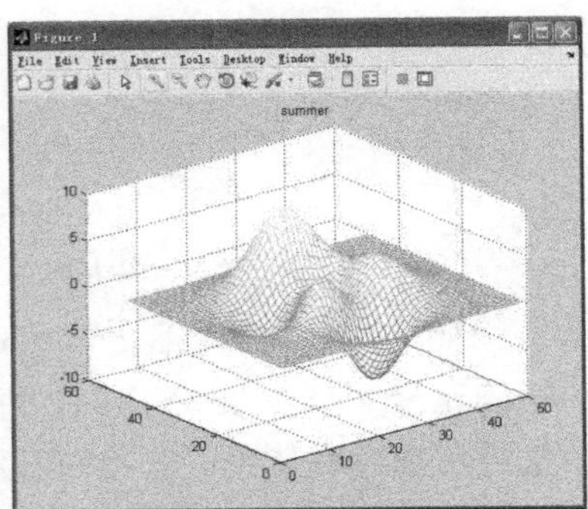

图 6-34　使用 summer 色图

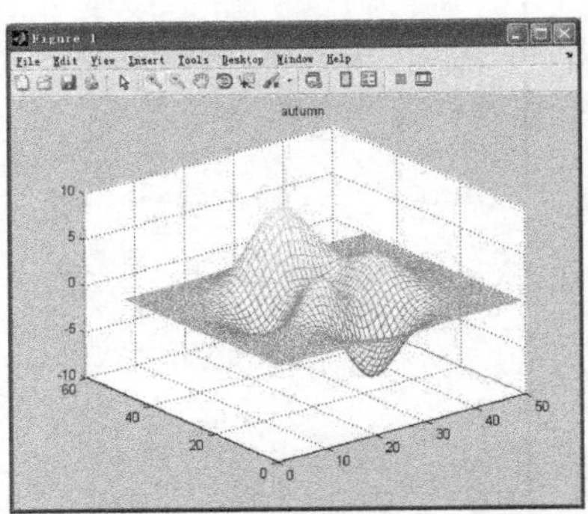

图 6-35　使用 autumn 色图

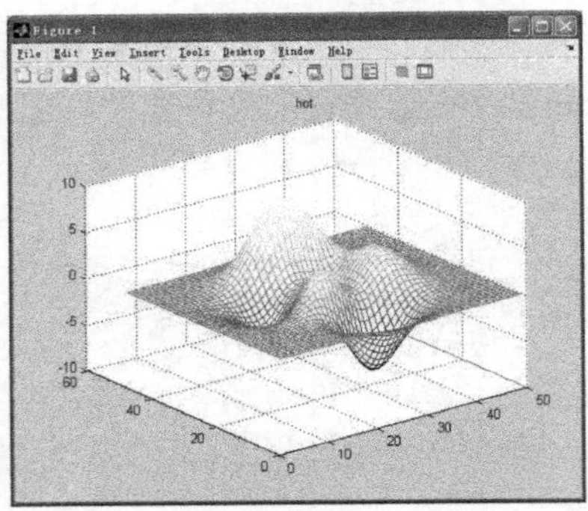

图 6-36　使用 hot 色图

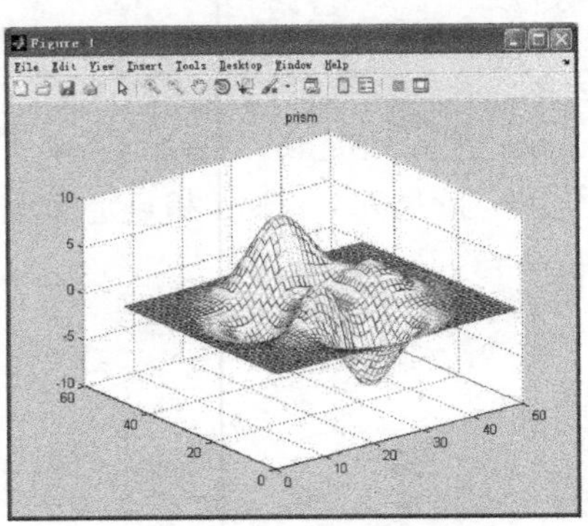

图 6-37　使用 prism 色图

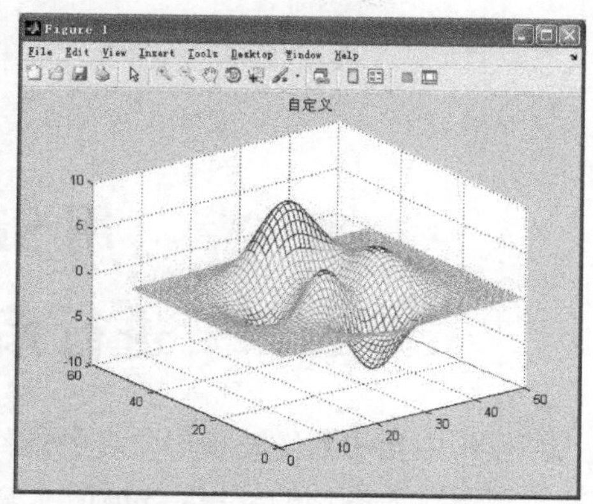

图 6-38　使用自定义色图

【实例讲解】不同的颜色矩阵大小不一，对应的颜色也各不相同。本例中自定义的色图矩阵只包含 3 个颜色：

$$\begin{bmatrix}1,0,0\\0,1,0\\0,0,1\end{bmatrix}$$

第一行、第二行和第三行分别表示红色、绿色和蓝色。如图 6-35 所示，曲面下方“山谷”位置使用红色，上方“山峰”位置使用蓝色，中间部分为绿色。

第 7 章　用 Simulink 进行系统仿真

Simulink 是 MATLAB 中用于系统建模与仿真的软件包，在自动控制、电子通信等领域有较为广泛的应用。Simulink 以图形用户界面为平台，通过鼠标拖拽可构造出线性、非线性、离散、连续及混合系统，并以“框图”表示之。在框图中，用户可设定模块参数，调整模块间连接，从而摆脱深奥的数学推演，直观但深入地了解系统状况。

7.1　Simulink 基本操作命令

以下主要涉及 Simulink 中对模块、系统和句柄的操作，它们是正确建立系统、保证系统运行的基础。

7.1.1　simulink——打开 Simulink 模块库浏览器

【语法说明】

- simulink：用命令行的方式启动 Simulink，打开 Simulink 模块库浏览器，另外，也可以在 MATLAB 主界面中单击工具栏上的 Simulink 按钮启动 Simulink。

【功能介绍】 打开 Simulink 模块库浏览器。

【实例 7.1】 从命令窗口启动 Simulink。

```
>> simulink
```

执行结果如图 7-1 所示。

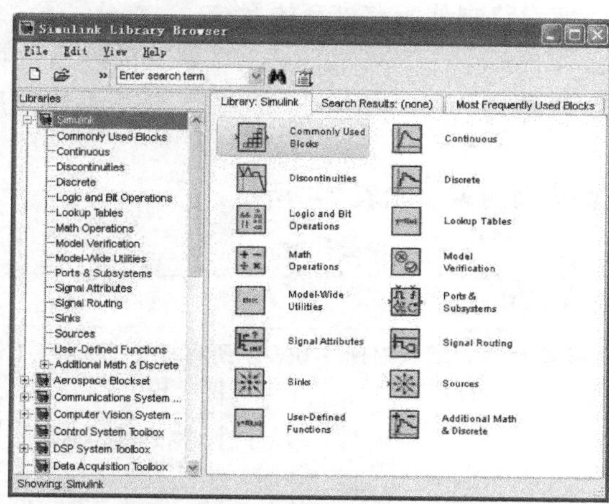

图 7-1 Simulink 模块浏览器

【实例讲解】图 7-1 显示了模块库浏览器中的常见模块库，包括信号源模块库（Sources）、连续系统模块库（Continuous）、离散系统模块库（Discrete）、数学运算模块库（Math Operations）、输出模块库（Sinks）和非线性系统模块库（Discontinuities）等。

7.1.2 find_system——查找仿真系统或系统中的模块

【语法说明】

- h=find_system(sys,c1,cv1,c2,cv2,…, p1,v1,p2,v2,…)：查找符合条件的系统或对象。sys 用于指定搜索范围，一般为系统或子系统，可以是路径名或路径名组成的细胞数组，此时返回值 h 为所得对象路径名的细胞数组；sys 也可以是句柄或句柄组成的向量，此时返回值 h 为所得对象句柄的向量。c1、cv1 等参数为搜索时的约束条件（如搜索深度等），p1, p2, p3, …为搜索对象的属性，不区分大小写，v1, v2, v3, …为相应的属性值，区分大小写。
- h=find_system(c1,cv1,c2,cv2,…, p1,v1,p2,v2,…)：在 c1、cv1

等参数指定的搜索约束下搜索属性 p1, p2, p3, …的值为 v1, v2, v3, …的对象。搜索范围是所有打开的系统。

- h=find_system(p1,v1,p2,v2,…)：在默认的搜索约束下搜索属性 p1, p2, p3, …的值为 v1, v2, v3,…的对象。搜索范围是所有打开的系统。

部分搜索约束及可取值如表 7-1 所示。

表 7-1　搜索约束

搜索约束	可 取 值	说 明
SearchDepth	标量整数。默认对所有深度进行搜索	0 表示所有打开的系统，1 表示顶层系统的模块和子系统
FindAll	on 或 off，默认为 off	取 on 时，对连线、端口和注释进行搜索，此时无论 sys 的类型为路径还是句柄，函数都将返回对象的句柄向量
CaseSensitive	on 或 off，默认为 on	搜索时是否区分大小写
RegExp	on 或 off，默认为 off	on 表示搜索表达式为正则表达式

【功能介绍】在一定范围内查找系统或对象。没有指定搜索范围时，在所有打开的系统中进行查找。如果同时有搜索约束参数和属性约束参数，搜索约束参数必须位于属性约束参数之前。

【实例 7.2】打开 Simulink 自带的方针系统 vdp，并找出所有增益模块和连线对象。

```
>> open_system('vdp')                    % 打开 vdp 仿真系统
>> gb = find_system('vdp', 'BlockType', 'Gain')
% 寻找 Gain 模块
gb =
    'vdp/Mu'
>> sys = get_param('vdp', 'Handle');      % 获得系统句柄
>> l = find_system(sys, 'FindAll', 'on', 'type', 'line');
    % 寻找所有 line 对象
>> l
```

```
l =
  1.0e+003 *

    1.9500
    1.9490
    1.90
    1.9470
    1.9460
    1.9450
    1.9440
    1.9430
    1.9420
    1.9410
    1.9400
    1.9390
    1.9380
    1.9370
    1.9360
    1.9350
    1.9340
```

打开 vdp 系统，其结构如图 7-2 所示。

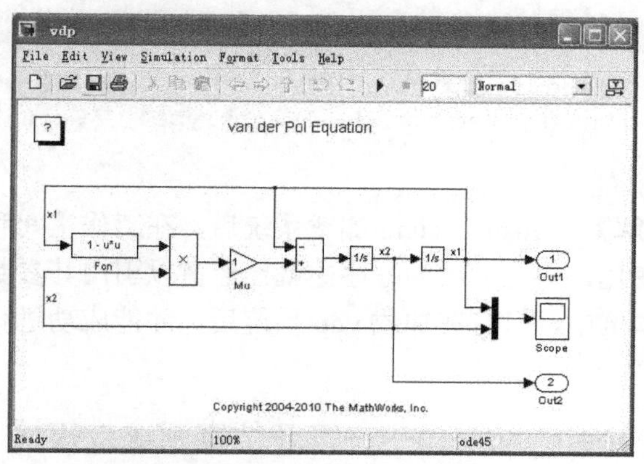

图 7-2 系统 vdp 的框图

【实例讲解】vdp 是 Simulink 自带的仿真系统，用于求解范德波

（Van Der Pol）微分方程。在 find_system('vdp', 'BlockType', 'Gain') 中，vdp 表示搜索范围，BlockType 为对象属性，属性 Gain 表示增益。这条命令在 vdp 系统中搜索增益模块，在图 7-2 所示的系统中，只有一个名为 Mu 的增益模块。由于 vdp 为字符串，因此给出的返回值也为字符串。而在 l = find_system(sys, 'FindAll', 'on', 'type', 'line')中，sys 为 vdp 系统的句柄，因此返回值为 line 对象的句柄组成的向量。FindAll 为搜索约束，type 为属性。

7.1.3 load_system——加载仿真系统

【语法说明】

- load_system(sys)：字符串 sys 为仿真系统名称，函数加载该仿真系统，将其读进内存，但并不显示系统框图。

【功能介绍】加载仿真系统，但不显示系统框图。

【实例 7.3】加载 Simulink 自带的仿真系统 vdp，并查找 Gain 模块。

```
>> gb = find_system('vdp', 'BlockType', 'Gain')
% 未加载 vdp 时进行查找
Error in specification of object or property name and value pairs
>> load_system('vdp')                          % 加载 vdp
>> gb = find_system('vdp', 'BlockType', 'Gain') % 查找
gb =
    'vdp/Mu'
```

【实例讲解】用 load_system 加载系统后，在工作空间和界面中看不出任何变化，但在后续的程序中就已经可以引用其参数和模块信息了。在本例中，只有在加载 vdp 系统后，才能成功进行模块的查找。

7.1.4 open_system——打开仿真系统或模块

【语法说明】

- open_system(sys)：打开名称为 sys 的仿真系统窗口，sys

可以为系统或子系统。当打开的是子系统时，如果顶层系统已经打开，可以使用相对路径；如果顶层系统尚未打开或载入，则必须使用全路径来打开其子系统，否则系统将会报错。如果系统名称包含多行字符，应使用 sprintf 函数格式化字符串，不能直接用\n 表示：

open_system(['f14/Aircraft' sprintf('\n') 'Dynamics' sprintf('\n') 'Model'])

- open_system(blk)：blk 是系统中某模块的全路径，这条命令打开 blk 模块对应的对话框。如果模块定义了 OpenFcn 回调函数，此时该回调函数将被执行。
- open_system(blk,'parameter')：blk 是系统中某模块的全路径，这条命令打开该模块的参数设置对话框。

【功能介绍】 打开指定的系统、子系统或模块。

【实例 7.4】 打开两个系统自带的仿真系统。

```
>> open_system( {'f14','vdp'} );
```

仿真系统 f14、vdp 如图 7-3 所示。

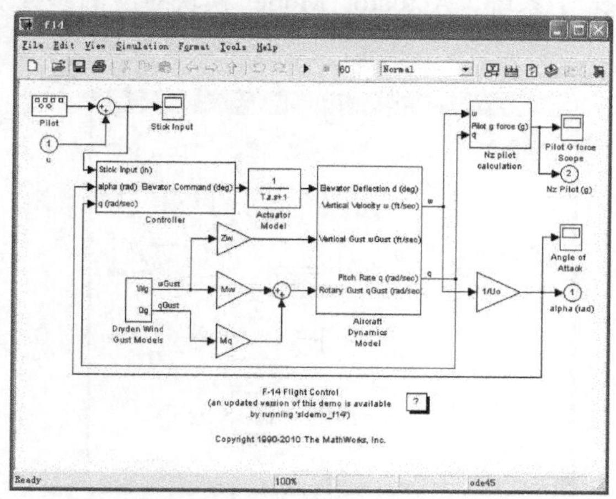

图 7-3　仿真系统 f14、vdp

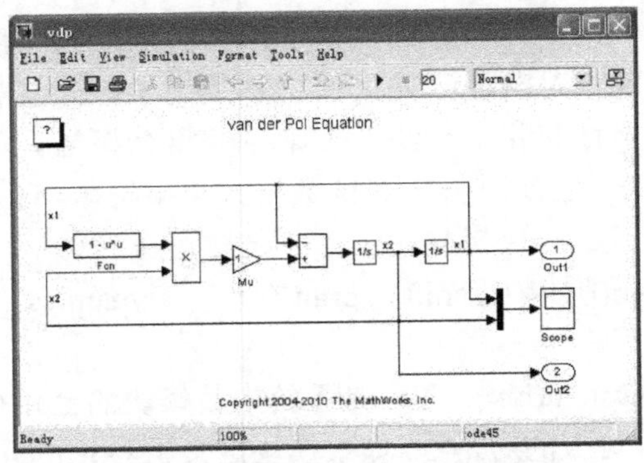

图 7-3　仿真系统 f14、vdp（续）

【实例讲解】输入参数可以是字符串，还可以是字符串构成的细胞数组，此时系统一次性打开多个系统。

【实例 7.5】打开 f14 系统中的 Controller 子系统和 Actuator Model 模块。

```
>> open_system('f14/Controller');
>> open_system(['f14/Actuator',sprintf('\n'), 'Model']);
```

Controller 子系统、Actuator Model 模块对应的参数对话框如图 7-4 所示。

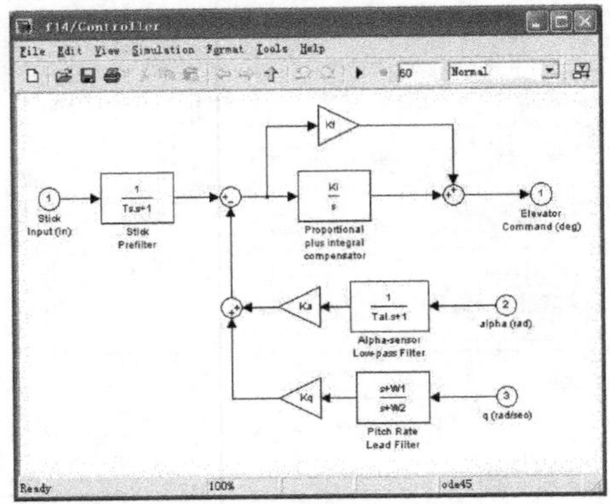

图 7-4　Controller 子模块和 Actuator Model 模块

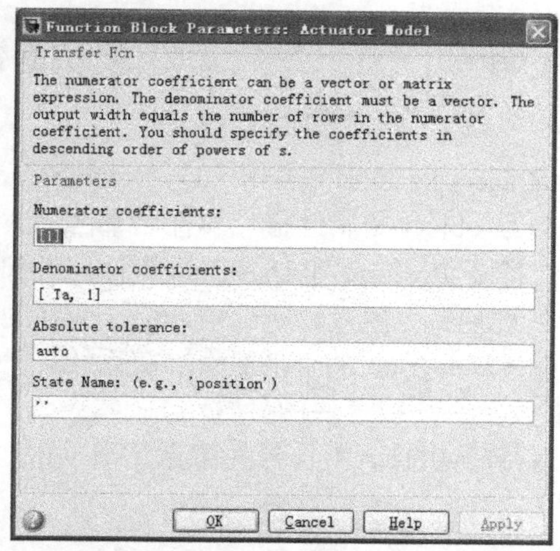

图 7-4　Controller 子模块和 Actuator Model 模块（续）

【实例讲解】在模块的参数设置对话框中可以查看或修改模块参数。对 Controller 子系统，也可以加上 parameter 参数，打开其参数对话框：

```
>> open_system('f14/Controller','parameter');
```

结果如图 7-5 所示。

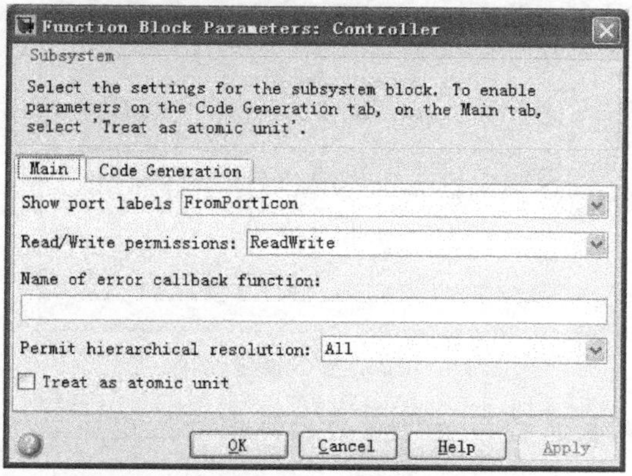

图 7-5　Controller 子系统的参数设置对话框

7.1.5 set_param——设置系统或模块的参数

【语法说明】

- set_param(object,paramName1,Value1,…,paramNameN, ValueN)：设置系统或模块对象 object 是属性值。属性名不区分大小写，属性值则区分大小写。除了 Position 和 UserData 属性，大部分属性的值均为字符串。为使设置命令生效，应选中 object 所在的系统，单击 Edit 菜单中的 Update Diagram 命令来更新当前系统。

【功能介绍】设置系统或模块的参数。

【实例 7.6】打开 MATLAB 自带的仿真系统 vdp，并将增益模块的增益值设置为 20。

```
>> open_system('vdp');
>> g=get_param('vdp/Mu','Gain')
g =
100
>> set_param('vdp/Mu','Gain','20');
```

在 vdp 系统中单击 Edit 菜单中的 Update Diagram 命令，属性值即得到更新。双击 Mu 模块，查看 Gain 属性，如图 7-6 所示。

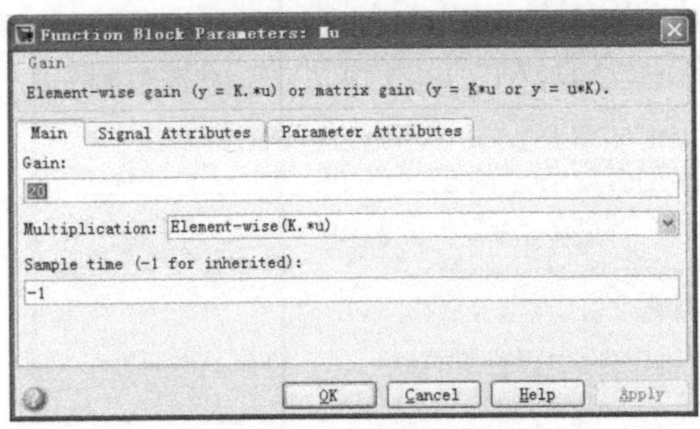

图 7-6 Gain 参数设置结果

【实例讲解】通过命令行修改属性值后应更新系统，使修改生效。

7.1.6 get_param——获取系统或模块的参数

【语法说明】

- paramValue=get_param(object,paramName)：返回对象 object 属性为 paramName 的属性值。属性名区分大小写。object 为表示系统或模块的路径的字符串。
- paramValue=get_param(objectCellArray,paramName)：objectCellArray 是包含模块名称的细胞数组，对应的返回值 paramValue 也为细胞数组。
- paramValue=get_param(objectHandle,paramName)：objectHandle 为系统或模块对象的句柄，函数返回 objectHandle 中属性 paramName 的属性值。
- paramValue=get_param(0,paramName)：返回当前 Simulink 会话的参数值或模块参数的默认值。

【功能介绍】获取系统或模块的参数。

【实例 7.7】获取 Simulink 自带系统 f14 中所有增益模块的增益值。

```
>> open_system('f14')
>> h=find_system('f14','BlockType','Gain');
>> h
h =
    [1x33 char]
    [1x33 char]
    [1x33 char]
    [1x33 char]
    'f14/Controller/Gain'
    'f14/Controller/Gain2'
    'f14/Controller/Gain3'
    'f14/Gain'
    'f14/Gain1'
    'f14/Gain2'
    'f14/Gain5'
```

```
    [1x30 char]
    [1x30 char]

>> g=get_param(h,'Gain');
>> g
g =
    'Uo'
    'Mw'
    'Zd'
    'Md'
    'Kf'
    'Kq'
    'Ka'
    'Zw'
    'Mq'
    'Mw'
    '1/Uo'
    '22.8'
    '1/g'
```

【实例讲解】find_system 函数返回所有增益模块句柄，get_param 函数通过句柄获取各增益模块的增益值。

7.1.7 gcs——获得当前系统名称

【语法说明】

- gcs：返回当前系统的全路径名称。当前系统是指当前顶层系统或当前顶层系统的子系统，如果一个系统正在被编辑、正在执行回调函数或正在仿真，则该系统为当前系统。当前系统是用户最近一次点击过的系统。gcs 可返回系统中的子系统，bdroot 命令则总是返回当前顶层系统。

【功能介绍】获得当前系统名称。

【实例 7.8】打开一个系统，显示 gcs 返回值的变化。

```
>> gcs                    % 未打开任何系统
ans =
    ''
```

```
>> simulink                  % 启动 Simulink
>> gcs
ans =
simulink
>> open_system('f14')        % 打开系统 f14
>> gcs
ans =
f14
```

f14 仿真系统中有一个名为 Controller 的子系统，双击该子系统，再返回命令窗口。

```
>> gcs                       % 打开子系统 Controller 后
ans =
f14/Controller
>> bdroot                    % bdroot 依然返回顶层系统名称
ans =
f14
```

【实例讲解】gcs 的值随着操作的进行不断由系统自动进行更新。

7.1.8 gcb——获得当前模块名称

【语法说明】

- gcb：返回当前系统中当前模块的全路径名称。当前模块是用户最近一次点击过的模块。
- gcb(sys)：返回当 sys 指定的系统中的当前模块名称。字符串 sys 为系统名称。

【功能介绍】获得当前系统名称。

【实例 7.9】加载系统，比较 gcs 与 gcb 的区别。

```
>> load_system('vdp')              % 载入 vdp 系统
>> gcb                             % 当前模块
ans =
vdp/Fcn
>> gcs                             % 当前系统
ans =
vdp
>> load_system('f14')              % 载入 f14 系统
```

```
>> gcs                                  % 当前系统
ans =
f14
>> gcb                                  % 当前模块
ans =
f14/Nz Pilot (g)
>> gcb('vdp')                           % 系统 vdp 的当前模块
ans =
vdp/Fcn
```

【实例讲解】命令 gcb('vdp')返回系统 vdp 的当前模块，此时当前系统并不是 vdp，函数返回 vdp 是当前系统时的当前模块。

7.1.9 gcbh——获得当前模块句柄

【语法说明】

- gcbh：返回当前系统中当前模块的句柄。

【功能介绍】获得当前模块的句柄。

【实例 7.10】打开一个 MATLAB 自带仿真系统，获得当前模块的句柄和名称。

```
>> open_system('vdp')
>> h=gcbh
h =
  1.9220e+003
>> get_param(h,'Name')
ans =
Fcn
```

【实例讲解】得到句柄后可用 get_param 函数得到当前模块的属性信息。

7.1.10 getfullname——获得当前模块的全路径名称

【语法说明】

- gcbh：获得当前模块或连线的全路径名称。

【功能介绍】获得当前模块的全路径名称。

【实例 7.11】打开一个 MATLAB 自带仿真系统，获得当前模块的全路径名称。选中其中一条连线，获取该连线的句柄并显示其名称。

```
>> open_system('vdp')
>> h=gcbh                    % 当前模块句柄
h =
  1.9330e+003
>> getfullname(h)            % 当前模块全路径名称
ans =
vdp/Out2
选中其中一条连线:
>> hl=find_system('vdp','FindAll','on','Type','line',
'Selected','on')
hl =
  1.9390e+003
>> getfullname(hl)
ans =
vdp/x2/1
```

【实例讲解】 该连线全路径名称为 vdp/x2/1。

7.1.11 slupdate——更新旧版本的仿真模块

【语法说明】

- slupdate(sys)：用最新版 Simulink 更新仿真系统 sys 中的旧版本模块。更新之前应先打开该系统。
- slupdate(sys,prompt)：如果 prompt 参数值为 1，函数在更新之前打印出提示，用户可以选中 y（更新）、n（不更新）或 a（全部更新），默认为 y。

【功能介绍】 用最新的版本更新旧版本仿真系统中的模块。

【实例 7.12】 MATLAB 自带仿真系统 f14 存在需要更新的模块，打开该系统并对所有模块进行更新。

```
>> open_system('f14')
>> slupdate('f14',1)                              % 更新
Replace 'f14/Aircraft Dynamics Model/Vertical Velocity
w (ft//sec)'? ([y]/n/a)y          % 输入 y
```

```
    Replace 'f14/Aircraft Dynamics Model/Pitch Rate q
(rad//sec)'? ([y]/n/a)y          % 输入 y
    Replace 'f14/Controller/Elevator Command (deg)'?
([y]/n/a)a                       % 输入 a
    The following blocks in 'f14' were updated:
      f14/Aircraft Dynamics Model/Vertical Velocity w
(ft//sec)
      f14/Aircraft Dynamics Model/Pitch Rate q (rad//sec)
      f14/Controller/Elevator Command (deg)
      f14/Dryden Wind Gust Models/Wg
      f14/Dryden Wind Gust Models/Qg
      f14/Nz pilot calculation/Pilot g force (g)
      f14
    ans =
        {}
```

【实例讲解】输入 a 后，系统不再提示，对剩下的所有旧模块进行更新，并显示更新记录。

7.1.12 bdclose——无条件关闭仿真系统窗口

【语法说明】

- bdclose：不加提示地关闭当前仿真系统，未保存的修改将会丢失。
- bdclose(sys)：关闭名为 sys 的仿真系统窗口。
- bdclose('all')：关闭所有打开的仿真系统。

【功能介绍】无条件关闭 Simulink 系统窗口。

【实例 7.13】打开一个仿真系统，再将其无条件关闭。

```
>> open_system('vdp')
>> bdclose('vdp')
```

【实例讲解】这条命令直接将窗口关闭，不带提示，应谨慎使用。

7.1.13 slhelp——查看 Simulink 帮助信息

【语法说明】

- slhelp：打开 MATLAB 帮助系统，并定位到 Simulink 处。

- slhelp(block_handle,option)：block_handle 为模块的句柄或全路径，函数在帮助浏览器中打开该模块的帮助信息。字符串 option 是可选参数，可取值为 parameter 或 mask。

【功能介绍】查看 Simulink 帮助信息。

【实例 7.14】打开一个 MATLAB 自带仿真系统 vdp，选中一个模块，打开关于该模块的帮助文档。

```
>> open_system('vdp')
>> slhelp(gcbh)
```

执行结果如图 7-7 所示。

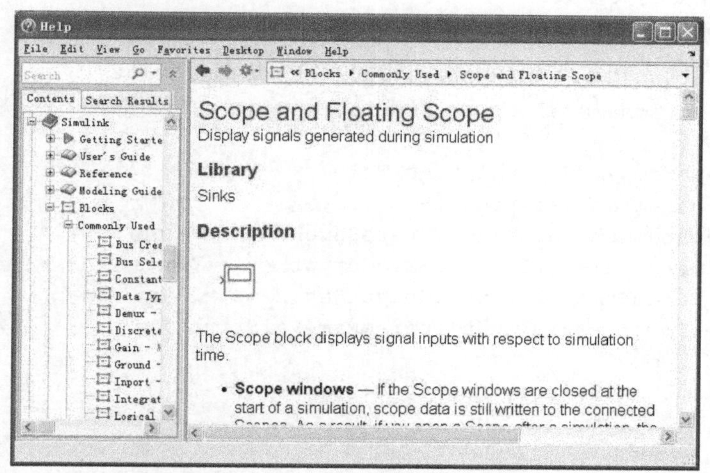

图 7-7　模块 Scope 对应的帮助文档

【实例讲解】用户也可以用 doc 命令打开帮助系统，自行找到关于 Simulink 的帮助信息。

7.2　仿真控制命令

除通过 GUI（图形用户接口）方式执行系统仿真外，用户还可在命令窗口设置仿真参数，控制系统运行。

7.2.1 sim——动态系统仿真

【语法说明】

- simOut=sim(model,ParamName1,Value1,...)：字符串 model 为待仿真的系统名，ParamName1 和 Value1 指定了仿真参数值。sinOut 是一个 Simulink.SimulationOutput 对象，包含了所有输出信息。
- simOut=sim(model,ParameterStruct)：使用结构体 Parameter Struct 指定仿真参数。

【功能介绍】对动态系统进行仿真。

【实例 7.15】对 Simulink 自带的系统 vdp 进行仿真。

```
>>paramNameValStruct.SimulationMode = 'rapid';
% 设置参数
>>paramNameValStruct.AbsTol         = '1e-5';
>>paramNameValStruct.SaveState      = 'on';
>>paramNameValStruct.StateSaveName  = 'xoutNew';
>>paramNameValStruct.SaveOutput     = 'on';
>>paramNameValStruct.OutputSaveName = 'youtNew';
>>simOut = sim('vdp',paramNameValStruct);      % 仿真
>> simOut
Simulink.SimulationOutput:
   xoutNew: [1650x2 double]
   youtNew: [1650x2 double]
>> x=simOut.get('xoutNew'); % 用 simOut 的 get 函数获取仿真结果
>> y=simOut.get('youtNew');
```

【实例讲解】仿真结果可以用 get 函数获得。

【实例 7.16】新建一个二阶系统，并用 sim 函数进行仿真。输入信号是阶跃信号，系统采用开环传递函数$\dfrac{1}{s^2+0.7s}$，信号输出到示波器显示。系统框图如图 7-8 所示。

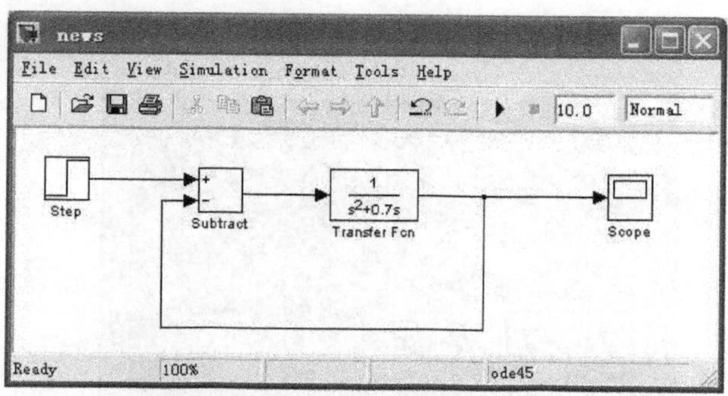

图 7-8 系统框图

将系统保存为 news.mdl 文件，在命令窗口用 sim 进行仿真：

```
>> [s,t]=sim('news');
>> plot(s,t(:,2));
>> grid on
```

显示结果如图 7-9 所示。

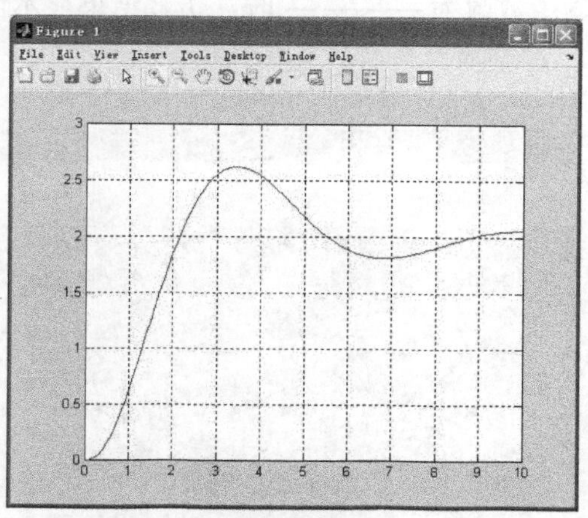

图 7-9 仿真结果

在 news 系统中单击运行按钮，得到结果与图 7-9 相同，如图 7-10 所示。

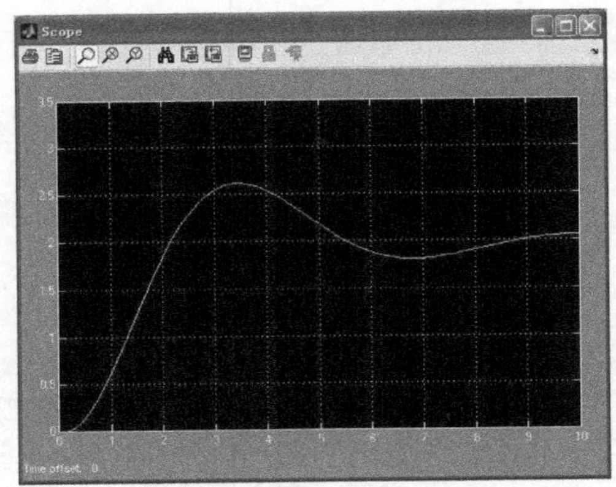

图 7-10　界面中的运行结果

【实例讲解】这是一个二阶系统，阶跃信号最大值为 2，系统经过一段时间运行后稳定在 2 附近。修改传输函数，可能导致系统不稳定，如将传输函数改为$\dfrac{1}{s^2+0.07s}$时，仿真结果显示函数持续振荡，如图 7-11 所示。

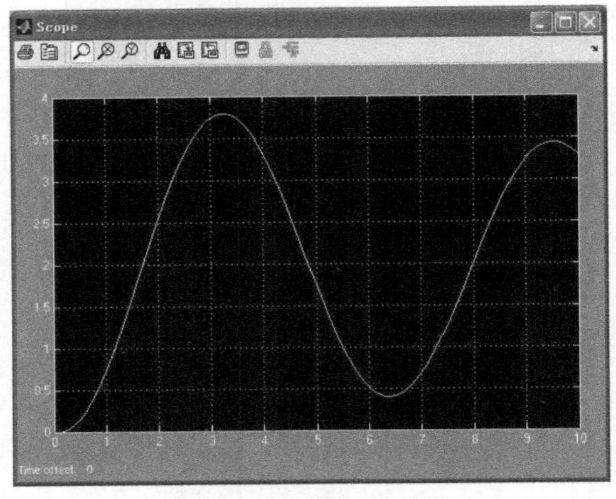

图 7-11　结果有一段振荡

7.2.2　linmod——模型线性化

【语法说明】

- [a,b,c,d]=linmod(sys)：sys 为仿真系统名，函数在默认状态和输入下得到系统的状态空间线性模型。
- [a,b,c,d]=linmod(sys,x,u)：指定状态向量 x 和输入 u。x 可以用结构体的形式，用以下语句来获取结构体 x：

X = Simulink.BlockDiagram.getInitialState('SYS');

- [num, den] = linmod(sys, x, u)：以传输函数的形式返回得到的线性系统。
- sys_struc = linmod('sys', x, u)：将线性系统以一个结构体的形式返回。

【功能介绍】 仿真模型的线性化。

【实例 7.17】 建立一个二阶系统 test_s，对该系统进行线性化，观察线性化之后的系统特性。

系统框图如图 7-12 所示。

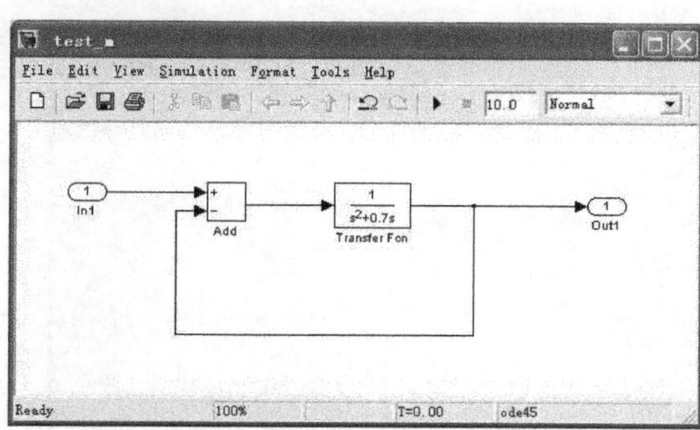

图 7-12　系统框图

对系统 test_s 进行线性化：

```
>> [a,b,c,d]=linmod('test_m');        % 线性化
>> sy=ss(a,b,c,d)                % 将 a、b、c、d 参数转为 sy 模型
```

```
a =
          x1    x2
   x1   -0.7    -1
   x2     1      0
b =
        u1
   x1   1
   x2   0
c =
        x1  x2
   y1   0   1
d =
        u1
   y1   0
Continuous-time state-space model.
>> impulse(sy)                        % 显示冲激响应
>> figure;step(sy)                    % 显示阶跃响应
>> figure;bode(sy)                    % 波特图
```

冲激响应、阶跃响应和波特图，如图 7-13 所示。

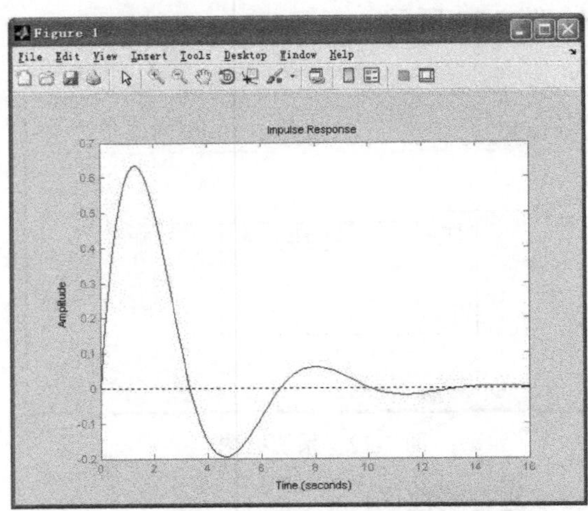

图 7-13　冲激响应、阶跃响应和波特图

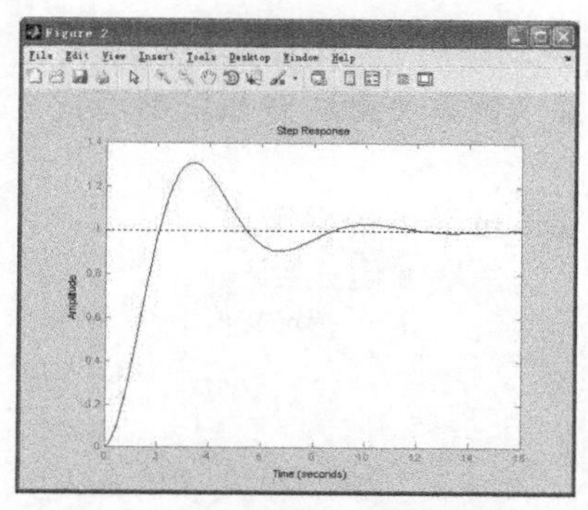

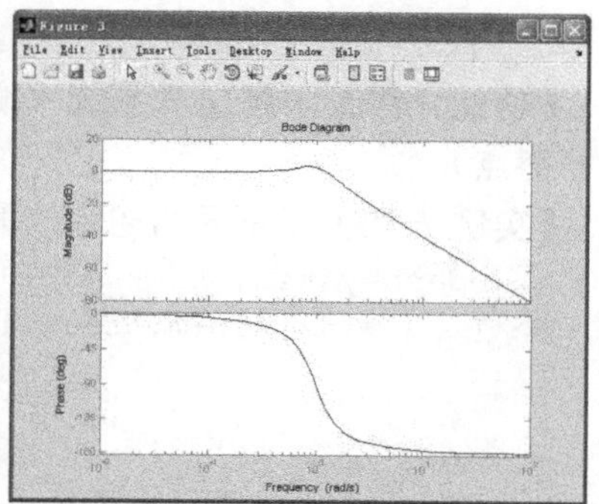

图 7-13 冲激响应、阶跃响应和波特图（续）

【实例讲解】 ss 函数返回一个状态空间模型，impulse 函数求模型的冲激响应，step 函数求模型的阶跃响应。另外，线性化还可以采用传输函数的形式：

```
>> [num,den]=linmod('test_m')   % 线性化，返回传输函数形式
num =
     0     0     1
den =
    1.0000    0.7000    1.0000
>> f=tf(num,den)                 % 显示传输函数
Transfer function:
      1
---------------
s^2 + 0.7 s + 1
```

tf 函数用接受传输函数的分子分母系数，然后显示传输函数表达式。

7.2.3 trim——求解系统平衡点

【语法说明】

- [x,u,y,dx]=trim('sys')：求解仿真系统的平衡点，平衡点就是系统状态的微分为零的点。trim 函数从某个初始值开始搜索，返回离初值最近的一个平衡点。初始值由用户显式或隐式地给出。

- [x,u,y,dx]=trim('sys',x0,u0)：找到距离 x0 最近的平衡点。

【功能介绍】求解仿真系统平衡点（但并不是所有系统都能找到平衡点）。

【实例 7.18】用不同的初始值求 test_m 系统的平衡点。

```
>> open_system('test_m');                % 打开系统
>> [x,u,y,dx]=trim('test_m');            % 不指定初值
>> x
x =
     0
     0
>> u
u =
     0
>> y
y =
     0
>> dx
dx =
     0
     0
>> [x,u,y,dx]=trim('test_m',[4,1]')      % 初值为[4,1]'
x =
         0
    0.5000
u =
    0.5000
y =
    0.5000
dx =
  1.0e-015 *
   -0.1665
         0
```

【实例讲解】针对不同输入，函数在该输入附近寻找最近的平衡点并返回，因此不同的初始值可能会得出不同的平衡点。

第8章 GUI图形用户界面

图形用户界面（Graphical User Interfaces，GUI）是大部分软件与用户交互的接口。利用 MATLAB 不但可以拥有强大的运算能力，还能够方便快捷地进行 GUI 界面的创建。本章主要介绍最基本的句柄图形相关函数、预定义对话框以及简单的控件编写函数。

8.1 对象与属性

MATLAB 以句柄来管理和控制图形对象，例如，get/set 函数可以根据句柄来获取和修改图形属性。

8.1.1 figure——创建窗口对象

【语法格式】

- figure：创建一个独立的图形窗口，窗口属性为默认属性。创建完成后，该窗口自动获得焦点，成为当前窗口，之后的绘图操作都默认在此窗口进行。
- figure('PropertyName','PropertyValue')：创建图形窗口，窗口属性由函数的输入参数指定。
- figure(h)：如果句柄 h 表示的图形已经存在，则该窗口将被指定为当前活动窗口，此时该窗口会显示在所有窗口之前，如果不希望将其显示在最前，可以使用 set(0,'CurrentFigure',h)命令。如果不存在 h 表示的图形，则创建一个句柄为 h 的图形窗口并将其指定为当前活动窗口，此时 h 必须为整数，否则系统将会报错。

【功能简介】 创建图形窗口对象。MATLAB 中的绘图操作默认针对当前活动窗口进行，可用 gcf 获得当前 Figure 窗口的句柄。figure 函数产生窗口的句柄是一个正整数，句柄值一般显示在窗口的标题栏中，如果句柄为 1，标题栏显示为 Figure 1，也可以人为将其去掉。

【实例 8.1】 创建图形窗口，给窗口添加自定义标题。

```
>> h=figure                              % 创建图形窗口
h =
     1
>> set(h,'NumberTitle','off')   % 去掉 Figure 1 字样
>> set(h,'Name','新标题')            % 窗口标题为“新标题”
>> h=figure
h =
     2
>> set(h,'Name','新标题')            % 不去掉 Figure 2 字样，
并将窗口标题设为“新标题”
```

第一个窗口如图 8-1 所示，第二个窗口如图 8-2 所示。

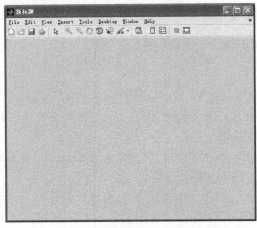

图 8-1 去掉 Figure 字样的窗口标题

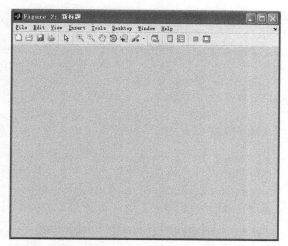

图 8-2 包含 Figure2 字样的标题

【实例分析】 Figure 窗口的 NumberTitle 属性可以取 on 或 off，分别表示使用和不使用 Figure n 字样的标题，Name 属性指定自定义标题。

8.1.2 uimenu——创建菜单或子菜单

【语法格式】

- handle=uimenu('PropertyName','PropertyValue',...)：在当前图形窗口的菜单栏创建菜单，属性值由输入参数确定。最重要的属性是 callback 属性，它决定了用户触发该菜单命令时系统执行的动作。
- handle=uimenu(parent,'PropertyName','PropertyValue',...)：创建 parent 的子菜单，parent 是已存在的菜单或上下文菜单句柄。如果 parent 是图形窗口句柄，则函数将在该窗口的菜单栏创建菜单。

【功能简介】 创建菜单或子菜单。

【实例 8.2】 在图形窗口中添加用户自定义的菜单，实现新建 M 文件、改变窗口颜色、关闭窗口等功能。

```
>>  h=figure('Color',[1,1,1],'Name','MenuDlg',  'Menu
Bar','none');        % 创建窗口
>> m=uimenu(h,'label','&File');                  % 创建菜单
>> uimenu(m,'label','new','callback','edit Untitled.
m');                 % 添加 5 个子菜单
>> uimenu(m,'label','Red','callback','set(gcf, ''Color'',
''r'')');
>> uimenu(m,'label','Blue','callback','set(gcf, ''Color'',
''b'')');
>> uimenu(m,'label','Green','callback','set(gcf, ''Color'',
''g'')');
>> uimenu(m,'label','Close','callback','close');
```

单击 File 菜单中的 Green 命令，窗口变为绿色，如图 8-3 所示。

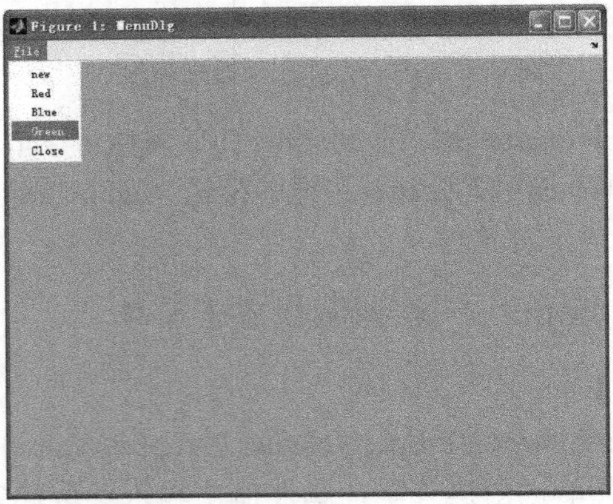

图 8-3　给 Figure 窗口添加菜单

【实例分析】菜单的 label 属性表示菜单显示的名称，callback 属性为菜单执行的命令。创建窗口时将窗口的 MenuBar 属性设为 none，因此窗口中没有 Figure 窗口的默认菜单。

8.1.3　set——设置图形对象属性

【语法格式】

- set(H,'PropertyName',PropertyValue,...)：设置图形句柄 H

的属性值。H 也可以为句柄向量，此时向量中所有句柄代表的图形对象的属性都被设置为对应的属性值。

- set(H,a)：将图形句柄 h 的属性设置为特定值。a 是一个结构体，它的字段对应 H 的属性名，字段值对应属性值。
- a=set(H)：返回句柄 H 中用户可以设置的属性，并列出属性值的所有可能值。
- pv=set(H,'PropertyName')：返回句柄 H 中某属性所有可能的取值。

【功能简介】设置图形对象属性。

【实例 8.3】绘制直线，并将其颜色改为红色。

```
>> plot(1:10);
>> h=get(gca,'Children')
h =
  175.0052
>> set(h,'Color','r')                % h 为直线的句柄
```

执行结果如图 8-4 所示。

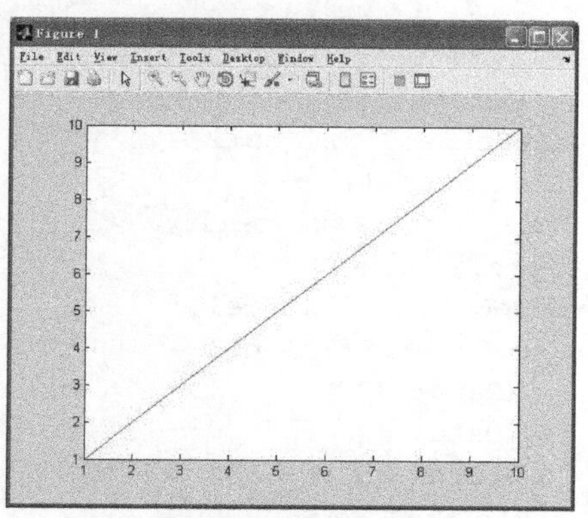

图 8-4　将直线颜色设为红色

【实例分析】直线属于坐标轴的子对象，因此其 Color 属性被设置为了红色。

【实例 8.4】列出直线对象可被设置的属性、当前的属性值和所

有可能值。

```
>> plot(1:10);                                % 绘制一条直线
>> h=get(gca,'Children');                     % 返回直线句柄
>> get(h)                                     % 列出属性值
          DisplayName: ''
           Annotation: [1x1 hg.Annotation]
                Color: [0 0 1]
            LineStyle: '-'
            LineWidth: 0.5000
               Marker: 'none'
           MarkerSize: 6
      MarkerEdgeColor: 'auto'
      MarkerFaceColor: 'none'
                XData: [1 2 3 4 5 6 7 8 9 10]
                YData: [1 2 3 4 5 6 7 8 9 10]
                ZData: [1x0 double]
…

>> s=set(h)
s =
          DisplayName: {}
                Color: {}
            LineStyle: {5x1 cell}
            LineWidth: {}
               Marker: {14x1 cell}
           MarkerSize: {}
      MarkerEdgeColor: {2x1 cell}
      MarkerFaceColor: {2x1 cell}
                XData: {}
                YData: {}
                ZData: {}
      …
>> s.LineStyle                              % 直线的线型
ans =
    '-'
    '--'
    ':'
```

```
    '-.'
    'none'
```

【实例分析】get(h)返回可设置的属性及其当前值，set(h)返回可设置的属性及其可能值，限于篇幅，这里只列出了部分属性。

8.1.4 get——获得图形对象属性

【语法格式】

- get(H)：H 必须为标量句柄，函数返回 H 的所有属性和当前的属性值。
- get(H,'PropertyName')：返回图形句柄 H 中属性 Property Name 的值。
- a=get(h,pn)：H 为 m 个图形句柄，pn 是 n 个字符串组成的细胞数组，形如{'Property1','Property2',...}，返回值 a 是一个 m*n 的细胞数组，是对应的属性值。
- a=get(0)：返回所有用户可设置的属性的当前值，a 是一个结构数组。
- a=get(H,'Default')：返回图形句柄 H 的默认属性值。

【功能简介】获得图形对象的属性。

【实例 8.5】获取坐标轴的子对象中若干属性的属性值。

```
>> props = {'HandleVisibility', 'Interruptible';% 4 个属性值
'SelectionHighlight', 'Type'};
>> plot(1:10)                              % 绘图，出现坐标轴
>> output = get(get(gca,'Children'),props) % 取得坐标轴中子对象的属性
output =
   'on'    'on'    'on'    'line'
>> whos output                        % output 是一个 1*4 细胞数组
  Name         Size              Bytes  Class    Attributes
  output       1x4                 260  cell
```

【实例分析】坐标轴的 Chilren 属性返回子对象句柄。

8.1.5 gcf——返回当前图形窗口句柄

【语法格式】

- h=gcf：返回当前图形窗口句柄，图形窗口是用 plot、title、surf、figure 等函数调用产生的窗口。如果没有图形窗口，系统会新产生一个，并返回其句柄。
- h=get(0,'CurrentFigure')：返回当前图形窗口句柄，如果图形窗口不存在，h 返回空矩阵。

【功能简介】 返回当前图形窗口句柄。

【实例 8.6】 用 gco 得到坐标轴句柄。

```
>> h=figure                                   % 创建窗口
h =
     1
>> set(gcf,'Color','r');                      % 将窗口颜色设为红色。gcf
返回当前图形窗口
>> set(gcf,'Menubar','none')                  % 去掉菜单栏
```

执行结果如图 8-5 所示。

图 8-5　gcf 的用法

【实例分析】 gcf返回当前图形窗口，在本例中，set(gcf,'Color','r')相当于 set(h,'Color','r')。

8.2 预定义对话框

MATLAB 给出了一些常用对话框的简单实现，包括错误提示对话框、警告对话框、消息对话框等，这些对话框以显示字符串和图标为主，也有部分对话框需要用户对颜色、选项等进行选择。

8.2.1 helpdlg——创建帮助对话框

【语法格式】

- helpdlg：创建并显示帮助对话框。对话框标题为 Help Dialog，显示内容为 This is the default help string。
- helpdlg(helpstring,dlgname)：创建并显示帮助对话框，对话框名称为 dlgname，显示的内容为 helpstring。
- helpdlg(helpstring)：创建并显示名称为 Help Dialog 的对话框，显示内容为 helpstring。

【功能简介】创建帮助对话框。帮助对话框是一种预定义对话框，只有标题和对话框中字符串可以由用户自定义，对话框中包含一个帮助图标和 OK 按钮。这是一种非模态对话框，内部用 msgbox 函数实现。

【实例 8.7】用帮助对话框显示帮助信息：Please select a M file。

```
>> helpdlg('Please select a M file')
```

执行结果如图 8-6 所示。

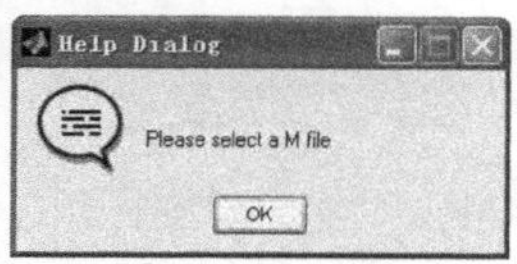

图 8-6 帮助对话框

【实例分析】帮助对话框用于向用户提供帮助信息。

8.2.2 errordlg——创建错误对话框

【语法格式】

- errordlg：创建错误提示对话框，标题为 Error Dialog，内容为 This is the default error string。
- errordlg(errorstring)：创建错误提示对话框，显示的内容为 errorstring。
- errordlg(errorstring,dlgname)：创建错误提示对话框，提示内容为 errorstring，标题为 dlgname。
- errordlg(errorstring,dlgname,createmode)：createmode 参数指定对话框的模式，可以是字符串和结构体。如果为字符串，则必须是'modal'、'non-modal'或'replace'。如果是结构体，则必须包含 WindowStyle 和 Interpreter 两个字段，其中 WindowStyle 必须是上述 3 个字符串之一，默认为'non-modal'，Interpreter 取值为'tex'或'none'，默认为'none'。

【功能简介】创建、显示错误提示对话框。对话框包含一个错误图标，一个 OK 按钮和一个字符串。标题和字符串可以由用户自定义。错误对话框可以为模态对话框，也可以为非模态对话框。errordlg 函数内部调用 msgbox 函数来显示对话框。

【实例 8.8】创建一个错误提示对话框，并将其设置为模态对话框。

```
>> errordlg('Input should be positive','Input Error','modal');        % 错误对话框
```

执行结果如图 8-7 所示。

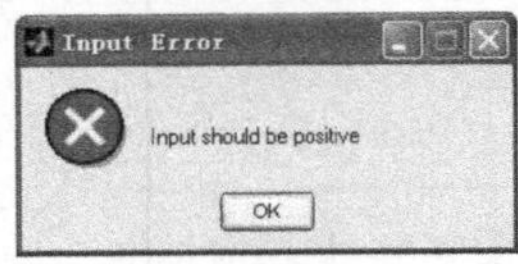

图 8-7 错误提示对话框

【实例分析】模态对话框是指在用户想要对对话框以外的应用程序进行操作时，必须首先对该对话框进行响应。非模态对话框打开后，仍允许用户对其他对象进行操作。而打开模态对话框时，只有在关闭该对话框之后，界面中的其他对象才能响应用户的操作。

8.2.3 warndlg——创建警告对话框

【语法格式】

- warndlg：创建警告对话框，标题为 Warning Dialog，对话框包含一个警告图标和一个 OK 按钮，以及一个内容为 This is the default warning string 的字符串。
- warndlg(warningstring)：对话框标题为 Warning Dialog，显示的字符串为 warningstring。
- warndlg(warningstring,dlgname)：警告对话框的标题为 dlgname，显示的字符串为 warningstring。
- warndlg(warningstring,dlgname,createmode)：警告对话框标题为 dlgname，显示的字符串为 errorstring。Createmode 参数指定对话框模式，可以是字符串和结构体。如果为字符串，则必须是 modal、non-modal 或 replace，默认值为 non-modal。如果是结构体，则必须包含 WindowStyle 和 Interpreter 两个字段。WindowStyle 的值必须是上述 3 个字符串之一，Interpreter 的值为 tex 或 none，默认为 none。

如果需要显示多行警告信息，有两种方法可以实现：

（1）warningstring 是包含有换行符的 sprintf 函数，如 warndlg(sprintf('First line \n Second Line'))。

（2）warningstring 是包含字符串的细胞数组，如 warndlg({'First line','Second Line'})。

【功能简介】打开警告对话框。warndlg 在内部调用了 msgbox 函数。

【实例 8.9】创建一个警告对话框，并显示两行字符。

```
>> warndlg({'The System will be closed in 10 seconds',...
```

```
'    Ignore first line.    '},'The Title')
```

执行结果如图 8-8 所示。

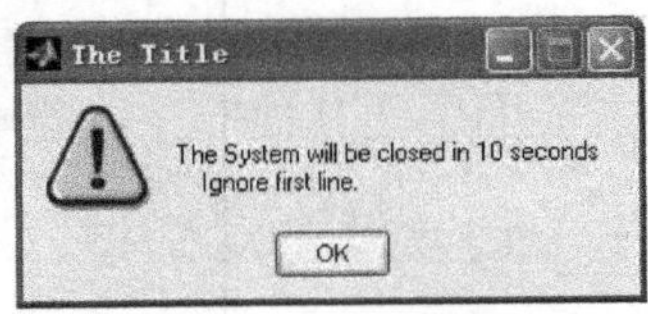

图 8-8 警告对话框

【实例分析】事实上，helpdlg、errordlg 函数均可用本节所述的两种方法来显示多行信息。

8.2.4 uisetcolor——标准颜色选择对话框

【语法格式】

- c=uisetcolor：打开颜色选择对话框，初始选择的颜色为白色，返回值 c 为用户最终选择的颜色。该对话框为模态对话框。
- c=uisetcolor([r,g,b])：打开颜色选择对话框，初始选择的颜色由[r,g,b]确定，r、g、b 值在[0,1]之间，分别表示 RGB 颜色空间的红色、蓝色和绿色分量。
- c=uisetcolor(h)：h 是某图形对象的句柄，该命令显示颜色选择对话框，初始选择的颜色为 h 所指的对象的颜色，图形对象 h 必须包含 Color 属性。
- uisetcolor(…,DialogTitle)：打开颜色选择对话框，使用字符串 DialogTitle 作为标题。

【功能简介】打开标准对话框来设置对象的颜色，如果用户按 OK 按钮关闭该对话框，则返回值 c=[r,g,b]，如果用户按 Cancel 按钮退出，则返回值 c=0。

【实例 8.10】使用颜色对话框选择颜色。

```
>> col=uisetcolor([0.85,0.7,1])     % 选择一个颜色
col =
    1.0000    0.6000    0.7843
```

```
>> figure('color',col)                    % 使用该颜色创建窗口
```

颜色对话框如图 8-9 所示，根据选取的颜色创建 Figure 窗口，如图 8-10 所示。

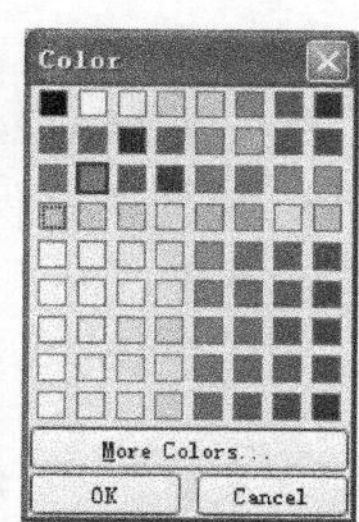

图 8-9 颜色选择对话框

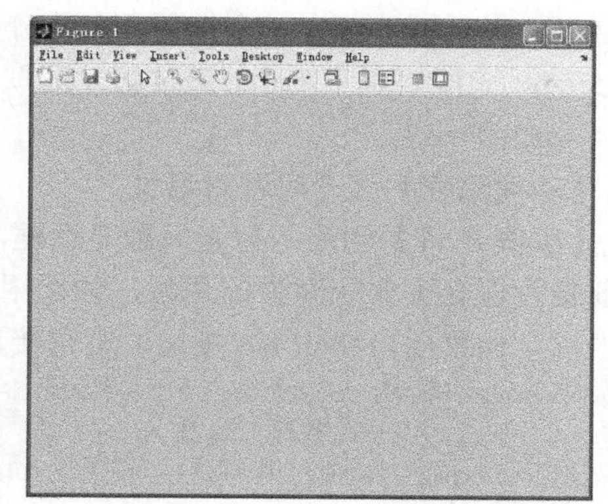

图 8-10 给 Figure 窗口设置颜色

【实例分析】选择的颜色 R=1，G=0.6，B=0.7843，红色分量较大，颜色偏红。

8.2.5 questdlg——创建问题对话框

【语法格式】

- button=questdlg(qstring)：打开问题对话框，对话框包含 3 个按钮：Yes、No 和 Cancel，用户按下任意按钮，函数都将所按下按钮的名称返回给 button。如果按下对话框的关闭按钮，则 button 为空字符串，按下 Enter 键相当于按下 Yes 按钮。问题对话框中显示的字符串由 qstring 指定，qstring 可以为字符串或字符串组成的细胞数组。
- button=questdlg(qstring,title)：字符串 title 指定对话框标题，如果没有 title 参数，对话框标题为空。
- button=questdlg(qstring,title,default)：字符串 default 指定按下 Enter 键时被触发的按钮，其值必须是 Yes、No 或 Cancel。一般

情况下，用户按下 Enter 键相当于按下 Yes 按钮，即 Yes 按钮为默认被选中的按钮。

- button=questdlg(qstring,title,str1,str2,str3,default)：创建问题对话框，对话框上包含 3 个按钮，名称分别为 str1、str2 和 str3，并用 default 来确定按下 Enter 键时触发的默认按钮，default 值必须为 str1、str2 和 str3。

【功能简介】 打开问题对话框。

【实例 8.11】 创建并打开问题对话框，提示用户关闭 MATLAB 之前是否保存工作空间中的变量，如果用户单击 Yes 按钮，则保存并退出，如果用户单击 No 按钮，则直接退出，否则直接返回。

```
>> anss=questdlg('Sure to save data before exit?','Save or not');...    % 创建对话框
if isequal(anss,'Yes')        % 如果选择 Yes，则保存后暂停 3 秒，然后退出系统
save
pause(3);
exit
elseif isequal(anss,'No')    % 选择 No,则暂停 3 秒后退出系统
pause(3);
exit
else                          % 直接返回
return
end
```

弹出对话框如图 8-11 所示，单击 Yes 按钮，系统将工作空间的数据保存到 matlab.mat 文件后等待 3 秒，然后退出。单击 No 按钮，系统等待 3 秒后退出。单击 Cancel 按钮，系统直接返回。

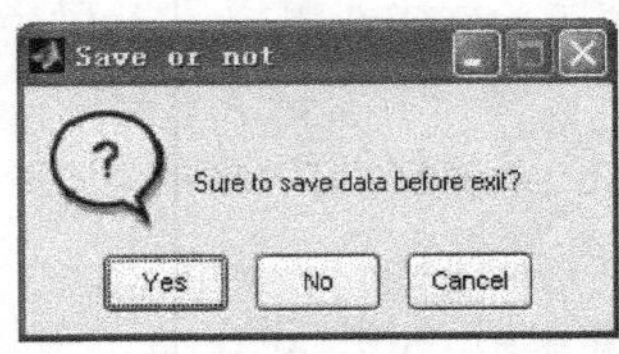

图 8-11　问题对话框

【实例分析】 save 命令将工作空间的所有变量保存至 matlab.mat 文件；pause(n)命令的作用是暂停 n 秒；exit 命令退出 MATLAB 系统。

8.2.6 msgbox——创建消息对话框

【语法格式】

- msgbox(Message)：创建消息对话框，Message 为显示的提示信息。
- msgbox(Message,Title)：指定消息对话框的标题 Title。
- msgbox(Message,Title,Icon)：字符串 Icon 指定对话框的图标，Icon 的可取值为 none、error、help、warn 和 custom，默认值为 none，即没有图标。
- h=msgbox(Message,Title,'custom',IconData,IconCMap)：自定义图标，IconData 为图标数据，IconCMap 为相应的色图。
- msgbox(…,CreateMode)：字符串 CreateMode 指定对话框模式，可取值为 modal、non-modal 和 replace，默认值为 non-modal，即非模态对话框。

【功能简介】 创建并显示消息对话框。对话框中的标题、显示的提示信息字符串和图标是可以自定义的。errordlg、warndlg 和 helpdlg 的功能都可以由 msgbox 实现。

【实例 8.12】 当前路径下有图标文件 mfc.ico。产生一个消息对话框，使用 MFC 风格的图标，并提示“MFC 程序已找到”。

```
>> [a,map]=imread('mfc.ico',1);
>> msgbox('MFC 程序已找到','About MFC','custom',a,map)
```

执行结果如图 8-12 所示。

图 8-12 消息对话框

【实例分析】 要完整显示图标，必须把色图数据加上，否则可能无法显示。

【实例 8.13】 用 msgbox 实现 helpdlg、errordlg 和 warndlg 的功能。

```
>> msgbox('输入 help plot 可查询 plot 函数的用法','帮助对话框','help')
>> msgbox('出错了! 返回吧','错误对话框','error')
>> msgbox('警告: 继续运行程序可能导致系统崩溃','警告对话框','warn')
```

帮助对话框如图 8-13 所示，错误对话框如图 8-14 所示，警告对话框如图 8-15 所示。

图 8-13 帮助对话框

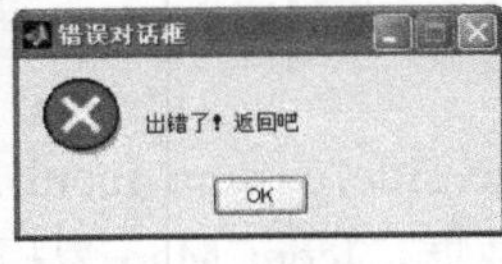

图 8-14 错误对话框

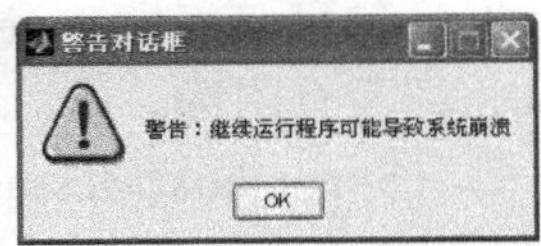

图 8-15 警告对话框

【实例分析】 帮助对话框、错误对话框和警告对话框内部就是用 msgbox 来创建窗口的。

8.3 编写控件内容

MATLAB 运行用户完全从源代码创建 GUI 界面，在这个过程中，uicontrol 是最常用的函数，用户可以用它创建所有控件。按钮控件是 uicontrol 函数调用时的默认控件。

8.3.1 uicontrol——控件编写

【语法格式】

- handle=uicontrol('PropertyName','PropertyValue')：在当前窗口中创建控件，用输入参数并设置其属性值，其中 Style 属性决定控件的类型，如默认值 pushbutton 表示按钮控件。

- handle=uicontrol(parent,'PropertyName','PropertyValue')：用句柄 parent 指定父窗口，parent 可以是图形窗口、面板（uipanel）或按钮组（uibuttongroup）。创建的控件中的 Parent 属性同样表示父窗口，如果 Parent 属性与 parent 参数不一致，则以 Parent 属性的值为准。
- handle=uicontrol：用默认属性创建一个按钮控件。
- uicontrol(uich)：uich 是控件句柄，这条命令使 uich 表示的控件获得焦点。

【功能简介】创建图形界面中的控件。在 MATLAB 中可以使用 M 文件直接编写 GUI 程序，也可以使用 guide 工具在集成的环境中通过控件的拖曳设计界面，再编写 M 文件实现 GUI 程序的具体功能。使用 M 文件直接编写时，使用频率最高的就是 uicontrol 函数，所有控件的创建都要使用它。uicontrol 控件的 Style 属性决定控件类型，对应关系如表 8-1 所示。

表 8-1　控件类型

属性值	pushbutton	togglebutton	radiobutton	checkbox	edit
控件	按钮	开关按钮	单选按钮	多选框	编辑框
属性值	text	slider	frame	listbox	popupmenu
控件	文本框	滑块	边框	列表框	弹出式菜单

【实例 8.14】用 uicontrol 函数创建编辑框、文本框和按钮，实现四则运算功能。

脚本文件 cal.m 的代码如下：

```
% cal.m
% 四则运算
h=figure;
set(h,'MenuBar','none','pos',[403 246 480 318]);

% +
p11=uicontrol('style','edit','pos',[100,250,50,30],'
```

```
FontSize',12);
    p12=uicontrol('style','edit','pos',[200,250,50,30],'
FontSize',12);
    r1=uicontrol('style','text','pos',[300,250,50,30],'F
ontSize',12,'back','w');
    uicontrol('style','text','pos',[170,250,12,30],'stri
ng','+','FontSize',14);
    uicontrol('style','text','pos',[270,250,12,30],'stri
ng','=','FontSize',14);
    color=get(p11,'BackgroundColor');
    set(gcf,'Color',color);

    % -
    p21=uicontrol('style','edit','pos',[100,200,50,30],'
FontSize',12);
    p22=uicontrol('style','edit','pos',[200,200,50,30],'
FontSize',12);
    r2=uicontrol('style','text','pos',[300,200,50,30],'F
ontSize',12,'back','w');
    uicontrol('style','text','pos',[170,200,12,30],'stri
ng','-','FontSize',14);
    uicontrol('style','text','pos',[270,200,12,30],'stri
ng','=','FontSize',14);

    % *
    p31=uicontrol('style','edit','pos',[100,150,50,30],'
FontSize',12);
    p32=uicontrol('style','edit','pos',[200,150,50,30],'
FontSize',12);
    r3=uicontrol('style','text','pos',[300,150,50,30],'
FontSize',12,'back','w');
    uicontrol('style','text','pos',[170,150,12,30],'
string','*','FontSize',14);
    uicontrol('style','text','pos',[270,150,12,30],'
string','=','FontSize',14);

    % /
```

```
    p41=uicontrol('style','edit','pos',[100,100,50,30],'
FontSize',12);
    p42=uicontrol('style','edit','pos',[200,100,50,30],'
FontSize',12);
    r4=uicontrol('style','text','pos',[300,100,50,30],'
FontSize',12,'back','w');
    uicontrol('style','text','pos',[170,100,12,30],'
string','/','FontSize',14);
    uicontrol('style','text','pos',[270,100,12,30],'
string','=','FontSize',14);

    % ^
    p51=uicontrol('style','edit','pos',[100,50,50,30],'
FontSize',12);
    p52=uicontrol('style','edit','pos',[200,50,50,30],'
FontSize',12);
    r5=uicontrol('style','text','pos',[300,50,50,30],'
FontSize',12,'back','w');
    uicontrol('style','text','pos',[170,50,12,30],'
string','^','FontSize',14);
    uicontrol('style','text','pos',[270,50,12,30],'
string','=','FontSize',14);

    % 按钮
    pb=uicontrol('pos',[400,150,50,30],'FontSize',12,'
string','计算');
    str=['set(r1,''string'',num2str(str2num(get(p11,''
string''))+str2num(get(p12,''string''))));'...
        'set(r2,''string'',num2str(str2num(get(p21,
''string''))-str2num(get(p22,''string''))));'...
        'set(r3,''string'',num2str(str2num(get(p31,
''string''))*str2num(get(p32,''string''))));'...
        'set(r4,''string'',num2str(str2num(get(p41,
''string''))/str2num(get(p42,''string''))));'...
        'set(r5,''string'',num2str(str2num(get(p51,
''string''))^str2num(get(p52,''string''))));'];
    set(pb,'callback',str);
```

执行脚本，在编辑框中输入数字，单击“计算”按钮，在右边的编辑框中将显示计算结果。结果如图 8-16 所示。

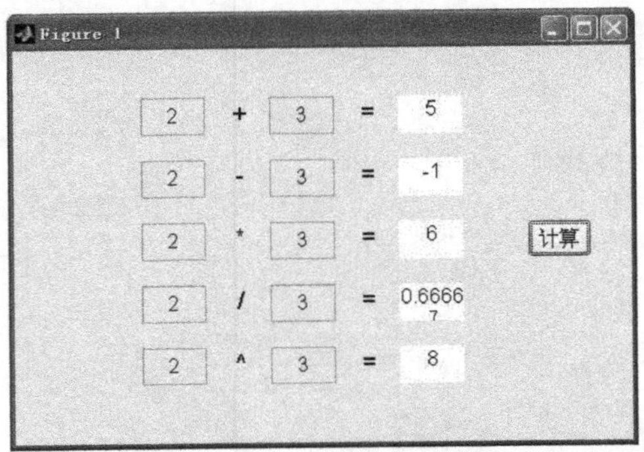

图 8-16　四则运算对话框

【实例分析】在本例中用到了编辑框、文本框和按钮。编辑框可以接受用户输入，文本框的功能主要是显示文本，按钮则用于触发由 callback 属性指定的某个动作。

8.3.2　Button——按钮控件编写

【语法格式】

- handle=uicontrol(‘style’,‘pushbutton’,‘PropertyName’, ‘Property Value’)：创建按钮，并设置其属性值。

由于按钮是 GUI 程序设计中使用频率最高的一种控件，因此本节重点介绍按钮控件的使用。用以下两条命令可以获得按钮的当前属性和属性值：

```
h=uicontrol;
s=set(h)
```

表 8-2 列出了按钮的常用属性和可取值。

表 8-2 按钮控件的常见属性

属 性	可 取 值	含 义
BackgroundColor	[r,g,b]或单个字母表示的颜色，如'r'	背景色，指按钮的颜色
ForegroundColor	同 BackgroundColor	前景色，指按钮名称的颜色
FontAngle	normal/ italic/ oblique	字体是否斜体
FontName	字符串表示的字体，如'MS Sans Serif'	字体名称
FontSize	数字	表示字号
FontWeight	light/ normal/ demi/ bold	表示字体粗细，bold 表示加粗
FontUnits	inches 、 centimeters 、normalized、points 或 pixels	字号的单位
Parent	句柄	父窗口句柄
Position	[left,bottom,width,height]	left 和 bottom 表示按钮左下角的位置，width 和 height 表示按钮的宽度和高度
Enable	on 或 off 或 inactive	按钮是否激活
Callback	字符串、细胞数组或函数句柄	回调函数
Selected	on 或 off	是否被选中
String	字符串	按钮名称
UIContextMenu	菜单对象	上下文菜单
TooltipString	字符串	当光标位于按钮上时显示的提示字符串
Units	inches 、 centimeters 、normalized、points、pixels 或 characters	position 中各数字的单位

【**实例 8.15**】在窗口中创建两个按钮，分别设置不同的颜色和字体。

```
    >> x=0:.1:3;
    >> plot(x,sin(x));
    >> h=uicontrol('position',[10,20,60,20],'background color',
'w','foregroundcolor',[1,0,0]);
    >> set(h,'string','PUSH1','fontsize',12,'fontweight',
'bold')     % 加粗，12 号字，背景色为白色，前景色为红色
    >> h=uicontrol('position',[110,20,60,20],'background
color','r','foregroundcolor',[0,1,1]);
    >> set(h,'string','PUSH2','fontsize',12,'FontAngle',
'italic')   % 斜体，背景色为红色，前景色为青色
    >> set(h,'callback','grid on');     % 按钮 PUSH2 执行
grid on
```

在弹出的对话框中单击 PUSH2 按钮，为坐标轴添加网格线，如图 8-17 所示。

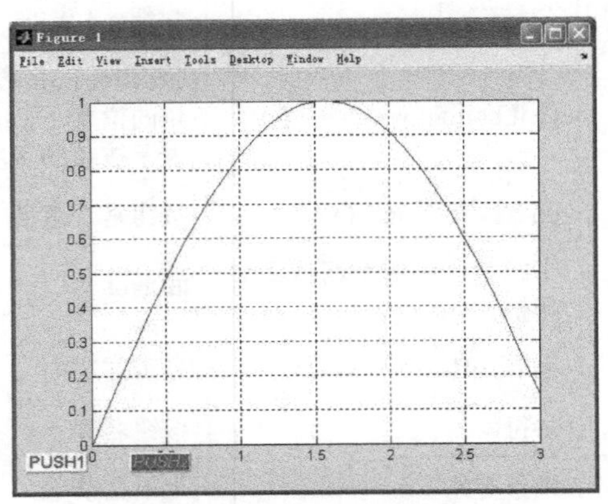

图 8-17 用弹出式菜单改变图形色调

【**实例分析**】给按钮设背景色或前景色时，属性值既可以是 RGB 分量的值，也可以是单个字母表示的颜色，如 r 表示红色，g 表示绿色，b 表示蓝色，k 表示黑色，y 表示黄色等。

【**实例 8.16**】在窗口中创建两个按钮，第一个按钮名称为

OPEN，用于打开图像文件；第二个按钮名称为 SHOW，用于在坐标轴中显示图像。在没有使用 OPEN 按钮打开图像之前，SHOW 按钮保持灰色状态，表示不可用。给两个按钮设置提示字符串，分别为“打开图片”和“显示图片”。

```
>> h=figure;
>> set(h,'pos',[200,300,360,240]);      % Figure 的位置
>> h1=uicontrol('pos',[40,50,90,40]);
>> h2=uicontrol('pos',[160,50,90,40]);
>> set(h1,'string','OPEN','tooltip','打开图片','selected','on')     % 提示字符串
>> set(h2,'string','SHOW','tooltip','显示图片','enable','off')
>> set(gcf,'name','打开&显示图片')
```

弹出的对话框如图 8-18 所示。

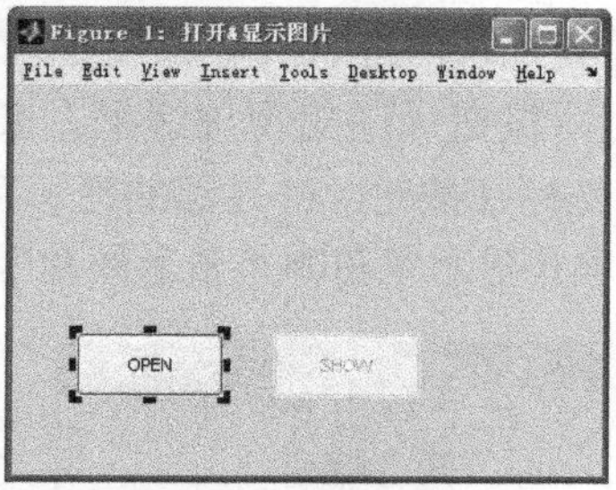

图 8-18　用弹出式菜单改变图形色调

此时只是设置了按钮的显示属性，并没有涉及其具体功能。下面代码实现图片的打开和显示：

```
>> str=['[file,path]=uigetfile({''*.jpg''; ''*.bmp''});'];
>> str2=['if file~=0,I=imread([path,''\'',file]);set(h2,''enable'',''on'');end'];
>> str=[str,str2];
>> set(h1,'callback',str); % 第一个按钮功能为读进图片
>> set(h2,'callback','imshow(I)');% 第二个按钮为显示图片
```

单击 OPEN 按钮，在弹出的文件选择对话框中选择一张 jpg

图片或 bmp 图片，单击确定，此时 SHOW 按钮变为可用状态，如图 8-19 所示。

单击 SHOW 按钮，窗口中将显示选中的图片，如图 8-20 所示。

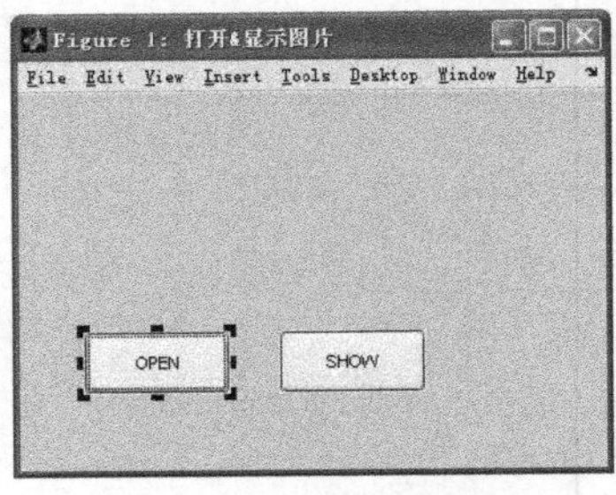

图 8-19　SHOW 按钮变为可用

图 8-20　显示图片

【实例分析】当按钮只在某种条件下才能使用时，可用 enable 属性先将其禁止，在条件满足时再将 enable 属性变为 on，使按钮可用。selected 属性为 on 时，按钮周围出现虚线框，表示按钮被选中。TooltipString 属性是当光标在按钮上时显示的提示字符串。将光标置于 SHOW 按钮上，显示其提示字符串“显示图片”，如图 8-21 所示。

图 8-21　TooltipString 属性

第9章 MATLAB在信号处理领域的应用

MATLAB 中包含一个“信号处理工具箱”。通过它，可在计算机上模拟电信领域信号的产生、变换和处理，并轻松设计满足特定要求的模拟或数字滤波器。再通过 MATLAB 强大的绘图功能，将信号处理的结果通过图像来直观体现。

9.1 测试信号的生成

信号一般被表示为时间的函数或序列，有些常见信号可用普通的计算函数（如正弦信号、指数信号）获得；而电信领域比较典型、独特的信号则可用本节接下来介绍的方法生成。

9.1.1 生成阶跃信号

【语法说明】

- s=ones(1,n)：产生长度为 n 的全 1 向量来表示单位阶跃信号。
- y=stepfun(t,t0)：t 是一个单调递增的序列，函数将 t 中小于标量 t0 的值置为 0，大于或等于 t0 的值置为 1，并返回给 y。
- y=1/2+1/2*sign(x)：x 为单调递增的序列，函数对小于零的值返回 0，大于零的值返回 1，零值返回 0.5。
- y=heaviside(x)：x 为符号表达式，对 x 中小于零的数，heaviside 函数返回 0，大于零的数返回 1，零值返回 0.5。最后 y 返回产生的符号形式的单位阶跃信号。

【功能介绍】产生单位阶跃信号。阶跃信号是信号处理中最为基础的一种信号，其函数公式如下：

$$f(x)=\begin{cases}0 & x<0\\1 & x\geqslant 0\end{cases}$$

在 MATLAB 中可以用多种方式产生阶跃信号，数值形式的阶跃信号是一个由 0 和 1 组成的向量，ones、stepfun 和 sign 函数产生的就是数值形式的阶跃信号。heaviside 函数产生符号形式的阶跃信号。

【实例 9.1】用不同方法产生单位阶跃信号。

```
>> x1=ones(1,5)                      % 用 ones 产生阶跃信号
x1 =
    1     1     1     1     1
>> x2=stepfun([-5:.1:5],0);      % 用 stepfun 产生阶跃信号
>> x3=1/2+1/2*sign(-5:.1:5);     % 用 sign 函数产生阶跃信号
>> syms t
>> x4=heaviside(t)    % 用 heaviside 产生符号形式的阶跃信号
x4 =
heaviside(t)

>> subplot(411);stem(x1);         % 绘图
>> title('ones 函数');
>> subplot(412);stem([-5:.1:5],x2); axis([-1,6,0,2]);
>> title('stepfun 函数');
>> subplot(413);stem([-5:.1:5],x3);
>> title('sign 函数');
>> subplot(414);ezplot(x4,[-5,5]);
>> title('heaviside');
```

产生的阶跃信号如图 9-1 所示。

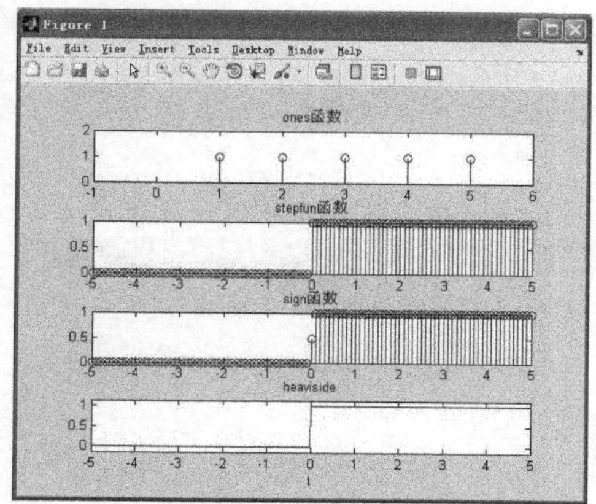

图 9-1 4 个函数产生的阶跃信号

【实例讲解】 stepfun 在联机帮助系统中无法查到，但是使用 help stepfun 能看到帮助信息。

9.1.2 diric——生成狄利克雷（Dirichlet）信号

【语法说明】

- y=diric(x,n)：n 为正整数，y 返回 x 处的 Dirichlet 函数值，函数公式为

$$D(x)=\begin{cases}\dfrac{\sin(nx/2)}{n\sin(x/2)} & x\neq 2\pi k, k=0,\pm1,\pm2,\cdots \\ (-1)^{k(n-1)} & x=2\pi k, k=0,\pm1,\pm2,\cdots\end{cases}$$

如果 n 为奇数，函数周期为 2π；如果 n 为偶数，函数周期为 4π。函数的最大值为 1，当 n 为偶数时，其最小值为−1。

【功能介绍】 生成 Dirichlet 信号，即周期性的 sinc 信号。

【实例 9.2】 生成不同参数下的 Dirichlet 信号。

```
>> x=0:.1:20;
>> y1=diric(x,9);               % n=9
>> y2=diric(x,14);              % n=14
```

```
>> subplot(211);plot(x,y1)        % 绘图
>> title('n=9');
>> subplot(212);plot(x,y2)
>> title('n=14');
```

执行结果如图 9-2 所示。

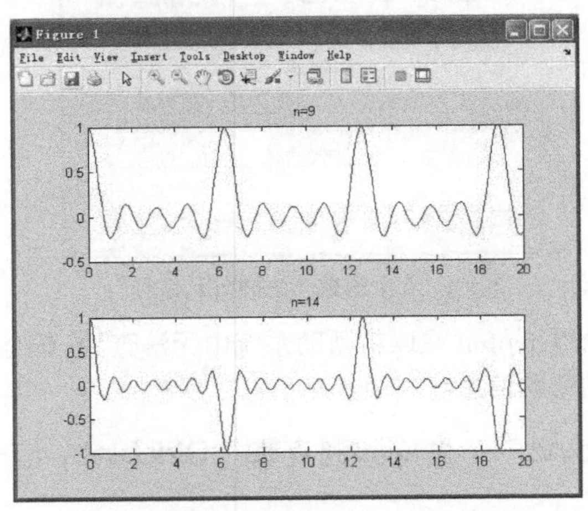

图 9-2　不同参数下的 diric 函数

【实例讲解】 n 值越大，同一个周期内波峰和波谷数量越多。

9.1.3　sawtooth——生成锯齿波或三角波

【语法说明】

- sawtooth(t)：t 为时间向量，函数产生周期为 2π的锯齿波，函数值的范围为−1～1。在 2π的整数倍位置函数值为−1，随着 t 值增大，函数以 1/π为斜率递增，达到最大值 1。
- sawtooth(t,width)：对锯齿波的波形进行修改，产生三角波。width 参数取值为 0～1，在一个周期中，函数最大值出现的位置为 2×π×*width*。sawtooth(t)等效于 sawtooth(t,1)。

【功能介绍】 生成锯齿波或三角波。

【实例 9.3】 改变 width 参数，生成不同形状的锯齿波。

```
>> t=-2*pi:.1:2*pi;
>> y1=sawtooth(t,0);                   % width=0
>> y2=sawtooth(t,0.5);                 % width=0.5
>> y3=sawtooth(t,1);                   % width=1
>> figure;stem(t,y1);title('width=0');
>> figure;stem(t,y2);title('width=0.5');
>> figure;stem(t,y3);title('width=1');
```

执行结果如图 9-3 所示。

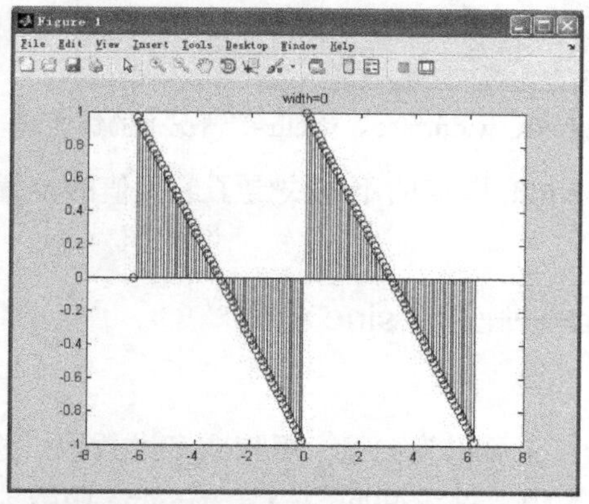

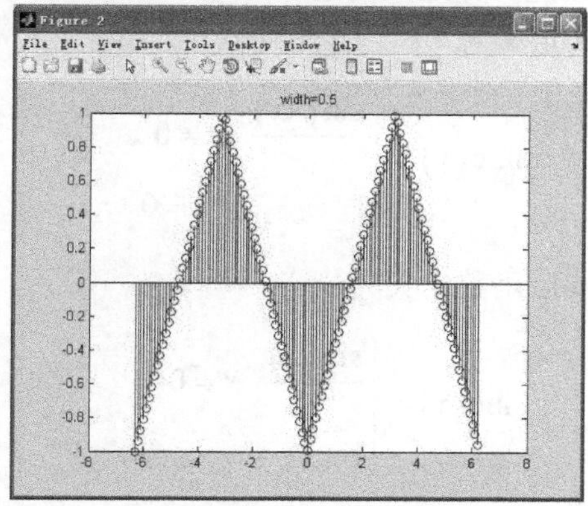

图 9-3 width=0、width=0.5、width=1 情况下的锯齿波

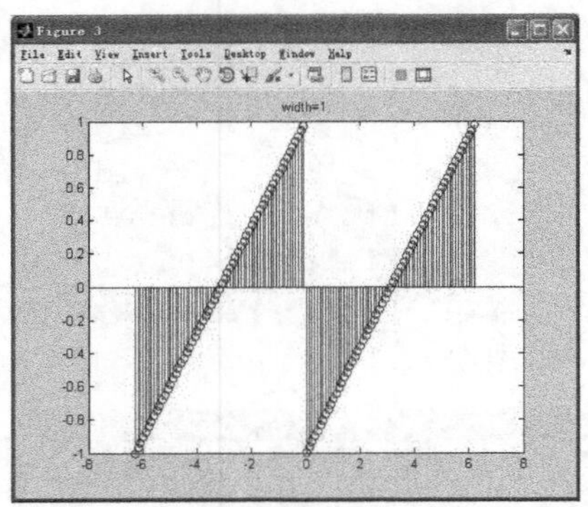

图 9-3　width=0、width=0.5、width=1 情况下的锯齿波（续）

【实例讲解】 width 取值的不同决定了最大值的位置和增减区间的位置。

9.1.4　sinc——生成 sinc 信号

【语法说明】

- y=sinc(x)：x 可以为向量、矩阵或多维数组。函数对 x 中的元素计算 sinc 函数值，并返回同型矩阵 y。sinc 函数即采样函数，归一化的 sinc 函数定义为

$$\mathrm{sinc}(x)=\begin{cases}\dfrac{\sin(\pi x)}{\pi x} & x\neq 0\\ 1 & x=0\end{cases}$$

非归一化的 sinc 函数定义为

$$\mathrm{sinc}(x)=\begin{cases}\dfrac{\sin(x)}{x} & x\neq 0\\ 1 & x=0\end{cases}$$

归一化 sinc 函数的过零点是非零整数，非归一化 sinc 函数的过零点是π的非零倍数。sinc 函数在插值和带限函数中应用广泛。

【功能介绍】生成 sinc 信号。

【实例 9.4】绘制归一化 sinc 函数和非归一化 sinc 函数的图形。

```
>> x=-2*pi:.1:2*pi;
>> y1=sinc(x);              % 归一化 sinc 函数
>> y2=sinc(x/pi);           % 非归一化 sinc 函数
>> plot(x,y1,'-');
>> hold on;
>> plot(x,y2,'.-');
>> legend('归一化','非归一化');
>> grid on
```

执行结果如图 9-4 所示。

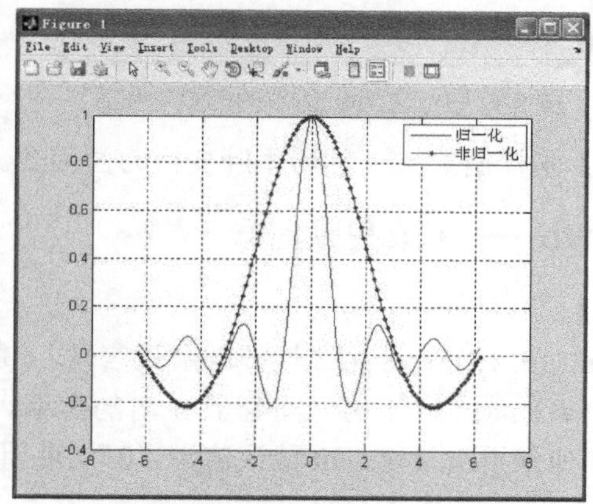

图 9-4 归一化和非归一化的 sinc 函数

【实例 9.5】求归一化 sinc 函数的傅里叶变换。

```
>> syms x
>> y=sinc(x)                      % sinc 函数
y =
sin(pi*x)/(pi*x)
>> f=fourier(y)                   % 求 sinc 函数的傅里叶变换
f =
(pi*heaviside(pi - w) - pi*heaviside(- pi - w))/pi
>> ezplot(f,[-4,4]);              % 绘图
>> title('sinc 函数的 Fourier 变换');
```

执行结果如图 9-5 所示。

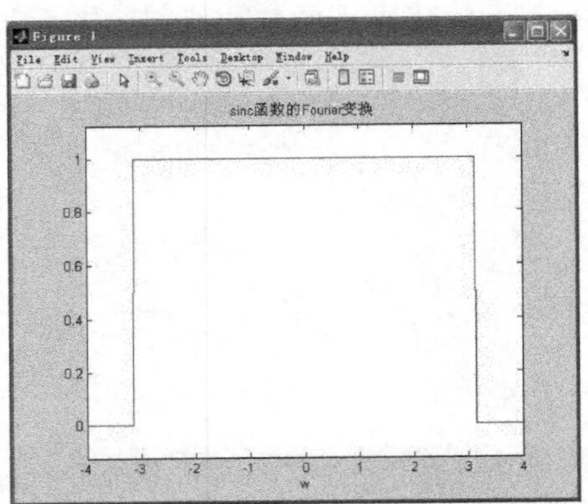

图 9-5 归一化 sinc 函数的傅里叶变换

【实例讲解】采样函数 sinc 的傅里叶变换为门函数。

9.1.5 chirp——生成扫频信号

【语法说明】

- y=chirp(t,f0,t1,f1)：产生线性扫频余弦信号。t 是时间序列，f0 为时间等于 0 时的频率，f1 为时间等于 t1 时的频率。f0、t1 与 f1 均为可选参数，如果不加指定，f0 默认值为“0”（使用对数扫频时为 1e-6），t1 为“1”，f1 为“100Hz”。
- y=chirp(t,f0,t1,f1,‘method’)：method 为信号频率变化的方式，可选值有 linear（线性，默认值）、quadratic（平方）和 logrithmic（对数）。

在线性扫频中，频率为 $f_i(t)=f_0+\beta t$，其中 $\beta=\dfrac{(f_1-f_0)}{t_1}$。

在平方扫频中，频率为 $f_i(t)=f_0+\beta t^2$，其中 $\beta=\dfrac{(f_1-f_0)}{{t_1}^2}$。

在对数扫频中，频率为 $f_i(t)=f_0+\beta^t$，其中 $\beta=\left(\frac{f_1}{f_0}\right)^{\frac{1}{t_1}}$。

- y=chirp(t,f0,t,f1,'method',phi)：phi 指定 t=0 时的相位，单位为度。

【功能介绍】生成扫频信号，返回的信号是频率逐渐变化的余弦波。

【实例 9.6】用不同方法生成扫频信号。

```
>> t = 0:0.001:2;
>> y1 = chirp(t,0,1,50);                    % 线性扫频信号
>> y2=chirp(t,0,1,50,'quadratic');          % 平方扫频信号
>> y3=chirp(t,0,1,50,'logarithmic');        % 对数扫频信号
>> subplot(311);plot(t,y1)                  % 绘图
>> title('linear');
>> subplot(312);plot(t,y2)
>> title('quadratic');
>> subplot(313);plot(t,y3)
>> title('logarithmic');
>> spectrogram(y2,256,250,256,1E3,'yaxis')      % 平方
扫频信号频谱
```

扫频信号与其功率谱如图 9-6 所示。

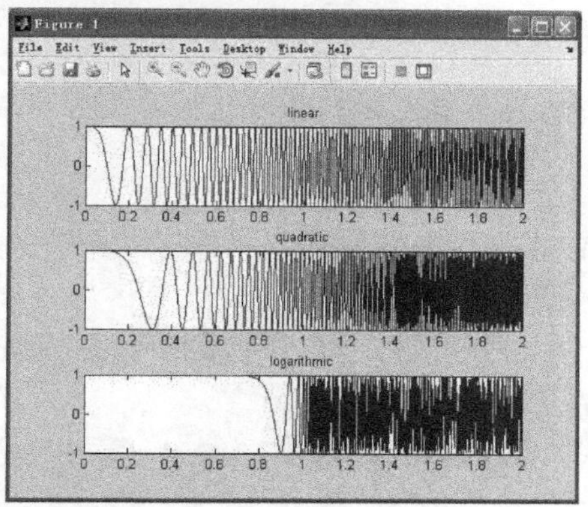

图 9-6　3 种扫频信号与扫频信号 y2 的功率谱

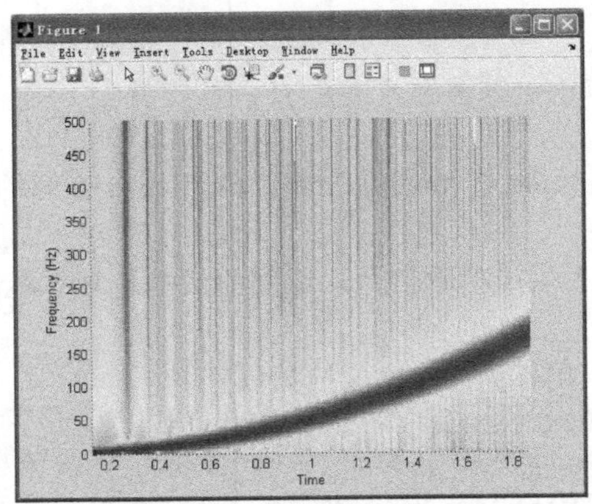

图 9-6　3 种扫频信号与扫频信号 y2 的功率谱（续）

【实例讲解】3 种扫频信号频率增大的快慢不同。spectrogram 函数用于绘制信号功率谱。

9.2　在时域、频域进行信号分析

对信号进行分析是基本的信号处理操作，常见的分析包括均值、方差、傅里叶变换等。

9.2.1　mean——求信号的均值

【语法说明】

- mean(x)：求信号 x 的平均值。

【功能介绍】求信号的均值。

【实例 9.7】统计中国若干年的消费物价指数（Consumer Price Index，CPI）均值。

```
>>p=[0.06,0.024,0.093,0.188,0.031,0.147,0.241,0.171,
0.083,0.028,-0.08,-0.014,0.004,0.007,-0.008,0.015,0.059,
-0.007]  % 历年 CPI 数据
```

```
p =
  Columns 1 through 11
    0.0600     0.0240     0.0930     0.1880     0.0310
0.1470   0.2410   0.1710   0.0830   0.0280   -0.0800
  Columns 12 through 18
   -0.0140     0.0040     0.0070    -0.0080     0.0150
0.0590   -0.0070
>> mean(p)                                % CPI 均值为 5.79%
ans =
    0.0579
```

【实例讲解】均值是最简单的信号数值特征。

9.2.2 std——信号的标准差

【语法说明】

- std(x)：求信号的标准差。标准差的平方等于方差，计算公式如下：

$$s=\sqrt{\frac{1}{n-1}\sum_{i=1}^{n}\left(x_i-\bar{x}\right)^2}$$

其中 n 为信号长度，这种计算方法得出的标准差是信号标准差的无偏估计。

- std(x,1)：用以下公式求标准差：

$$s=\sqrt{\frac{1}{n}\sum_{i=1}^{n}\left(x_i-\bar{x}\right)^2}$$

【功能介绍】求信号的标准差。

【实例 9.8】求 CPI 数据的标准差，并求落在 $\bar{x}\pm\sigma$ 范围内的元素比例，σ为标准差。

```
>>p=[0.06,0.024,0.093,0.188,0.031,0.147,0.241,0.171,
0.083,0.028,-0.08,-0.014,0.004,0.007,-0.008,0.015,0.059,
-0.007]                 % 历年 CPI 数据
p =
```

```
     Columns 1 through 10
       0.0600      0.0240      0.0930      0.1880      0.0310
0.1470    0.2410    0.1710    0.0830    0.0280
     Columns 11 through 18
      -0.0800     -0.0140      0.0040      0.0070     -0.0080
0.0150    0.0590   -0.0070

   >> s1=std(p)              % 无偏估计的标准差
   s1 =
      0.0826
   >> s1=std(p,1)            % 有偏估计的标准差
   s1 =
         0.0802
   >> m=mean(p)              % 均值
   m =
      0.0579
   >> a=m-s1                 % m±std的范围
   a =
     -0.0224
   >> b=m+s1
   b =
         0.1381
   >> su=sum(p>a & p<b)      % 在m±std范围的元素个数
   su =
      13
   >> su/length(p)
   ans =
      0.7222
```

【实例讲解】计算结果显示，72%的数据处于$\overline{x}\pm\sigma$范围内。

9.2.3 xcorr——信号的自相关或互相关

【语法说明】

- c=xcorr(x,y)：求向量x与y的互相关。如果x、y长度为n，则c长度为2×n−1；如果x与y长度不相等，则用零填充短的那一个序列，使两者等长。

- c=xcorr(x)：求信号 x 的自相关。
- c=xcorr(x,'option')或 c=xcorr(x,y,'option')：字符串 option 可取的值有 biased（有偏估计）、unbiased（无偏估计）、coeff（标准化，0 处的函数值为 1）和 none（直接采用原始数据计算），默认为 none。
- c=xcorr(x,y,maxlags)：maxlags 是最大延迟，指定延迟范围为[-maxlags, maxlags]，此时 c 的长度为 2×maxlags+1。

【功能介绍】估计信号自相关性或互相关。互相关公式为

$$R_{xy}(m)=E\left(x_{n+m}y_n^*\right)=E\left(x_n y_{n-m}^*\right)$$

c=xcorr(x,y,maxlags)中的延迟相当于公式中的 m。$E(\cdot)$表示期望值。xcorr 计算自相关或互相关的公式为

$$R_{xy}(m)=\begin{cases}\sum_{n=0}^{N-m-1} x_{n+m}y_n^* & m\geqslant 0\\ R_{yx}^*(-m) & m<0\end{cases}$$

在输出向量中，$c(m)=R_{xy}(m-N), m=1, \cdots, 2N-1$。

【实例 9.9】求随机序列的自相关和互相关。

```
>> rng(0);
>> x=rand(1,100);                  % 第一个序列: x
>> y=rand(1,100);                  % 第二个序列: y
>> xr1=xcorr(x,y);                 % xr1 为 x 与 y 的互相关
>> xr2=xcorr(x,x);                 % xr2 为 x 的自相关
>> n=length(x);
>> figure;bar(-n+1:n-1,xr1) % 绘图
>> title('x 与 y 的互相关');
>> figure;bar(-n+1:n-1,xr2)
>> title('x 的自相关');
```

图 9-7 显示了 x 与 y 的互相关以及 x 的自相关状况。

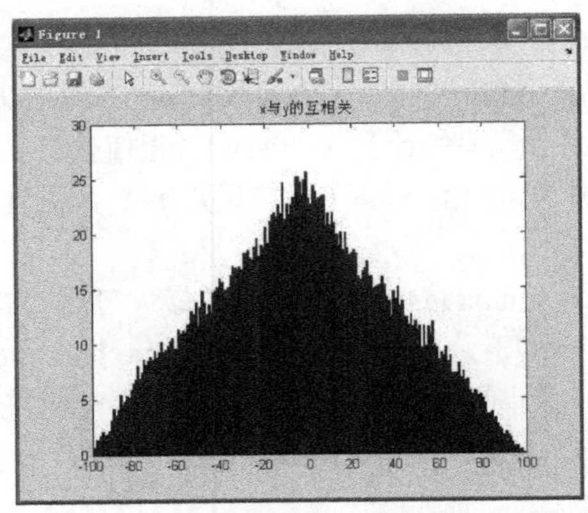

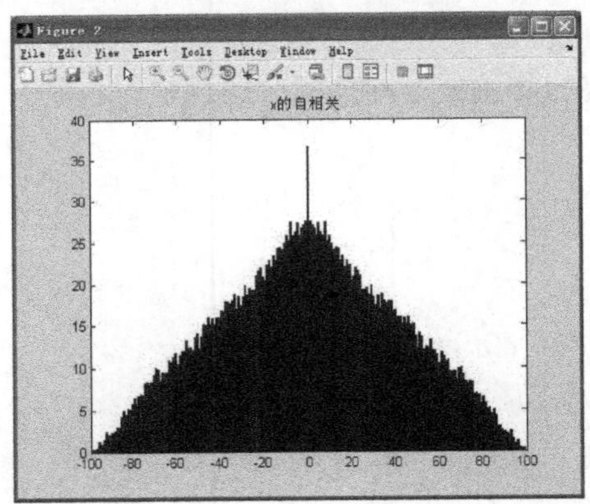

图 9-7 x 与 y 的互相关（上）以及 x 的自相关（下）

【实例讲解】自相关函数在零处取得最大值（即函数 $f(x)$ 与其自身相关性最强），其余位置的函数值表示函数 $f(x)$ 与其移位序列 $f(x+m)$ 的相关性，这些位置的函数值往往随着 x 远离零点而逐渐减小。互相关函数的大小则依两列信号的关系而定。

9.2.4 conv——信号卷积

【语法说明】

- w=conv(u,v)：计算向量 u 与向量 v 的卷积，若向量 u 长度

为 M，v 长度为 N，则 w 长度为 M+N−1。卷积公式为

$$\omega(k)=\sum_{j}u(j)v(k-j+1)$$

【功能介绍】对两个信号做卷积运算，也可以完成多项式相乘运算。卷积是信号处理中的常见操作，时域做卷积相当于频域相乘。另外，如果 u 和 v 分别是两个多项式的系数向量，则 u 与 v 的卷积 w 就等于这两个多项式乘积的系数。

【实例 9.10】计算两个向量的卷积。

```
>> x=-3*pi:.1:3*pi;
>> y1=sinc(x);                          % y1 为 sinc 信号
>> xx=zeros(1,30);                      % xx 包含两个冲激
>> xx(1)=1;
>> xx(30)=1;
>> y=conv(y1,xx);                       % y1 与 xx 做卷积
>> subplot(211);plot(x,y1);             % 绘图
>> title('原信号');
>> subplot(212);plot(y)
>> axis([-10,230,-.5,1.5])
>> title('卷积后的信号');
```

执行结果如图 9-8 所示。

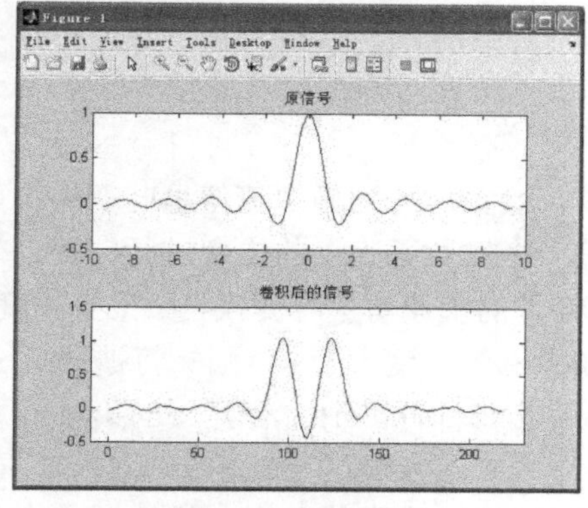

图 9-8　卷积结果

【实例讲解】由于 xx 中含有两个冲激，卷积的结果是将 sinc 信号向左和向右进行搬移，然后将两个信号叠加，形成双峰形式的波形。

【实例 9.11】计算多项式 $3x^2+x-7$ 与多项式 $5x^5+4x^4+3x^3+2x^2+1$ 的乘积。

```
>> a=[3,1,-7]                        % 第一个多项式
a =
     3     1    -7
>> b=[5,4,3,2,0,1]                   % 第二个多项式
b =
     5     4     3     2     0     1
>> c=conv(a,b)                       % 乘积
c =
    15    17   -22   -19   -19   -11     1    -7
```

【实例讲解】乘积多项式为 $15x^7+17x^6-22x^5-19x^4-19x^3-11x^2+x-7$。

9.2.5　fft——快速傅里叶变换

【语法说明】

- fft(x)：用快速傅里叶变换（Fast Fourier Transformation，FFT）方法计算信号向量 x 的离散傅里叶变换（DFT）。公式如下：

$$X(k)=\sum_{j=1}^{N}x(j)\omega_N^{(j-1)(k-1)}$$

其中　$\omega_N=e^{(-2\pi i)/N}$

如果 x 是矩阵，函数对每列做快速傅里叶变换；如果 x 是多维数组，函数沿着第一个维数不为 1 的维度进行计算。

- fft(x,n)：补零的快速傅里叶变换，如果 x 长度小于 n，则在末尾用零补齐；如果 x 的长度大于 n，则 x 将被截断。
- fft(x,n,dim)或 fft(x,[],dim)：沿着 x 的第 dim 个维度计算快速傅里叶变换。

【功能介绍】计算快速傅里叶变换。傅里叶变换是积分变换中

最为基础的一种变换形式，利用傅里叶变换可以进行频域的信号分析。对于数字信号，往往采用离散傅里叶变换（Discret Fourier Transformation，DFT）将时域信号转到频域，离散傅里叶变换计算时非常消耗资源，效率低下，无法在工程实践中有效地发挥作用。快速傅里叶变换（FFT）是 DFT 的快速算法，计算速度远高于 DFT，在工程实际中时域离散傅里叶变换的场合一般都用 FFT 来计算。

【实例 9.12】对含噪声的信号 $y=\frac{1}{2}\cos(100\pi x)+\sin(300\pi x)$ 进行频域分析。

```
>> L=200;                              % 采样点的个数，即信号长度
>> Fs=1000;                            % 采样频率为 1kHz
>> t=(0:L-1)*1/Fs;                     % 时间
>> y=cos(100*pi*t)*0.5+sin(300*pi*t);
>> y=y+rand(1,length(y));              % 加入噪声的信号函数
>> plot(Fs*t,y)                        % 显示原始信号
>> title('y=cos(100*pi*t)*0.5+sin(300*pi*t)');
>> xlabel('time(ms)');
>> NFFT = 2^nextpow2(L);               % NFFT 为做 FFT 的点数
>> Y = fft(y,NFFT)/L;                  % 执行 fft
>> f = Fs/2*linspace(0,1,NFFT/2+1);
>> plot(f,2*abs(Y(1:NFFT/2+1)))            % 显示
>> title('y 的 FFT 结果')
>> xlabel('Frequency (Hz)')
>> ylabel('|Y(f)|')
>> ff=Y.*conj(Y);                          % 功率谱
>> plot(f,ff(1:NFFT/2+1))
>> title('功率');
>> xlabel('Frequency (Hz)');
```

图 9-9 依次给出了原始信号、快速傅里叶变换的结果以及功率图。

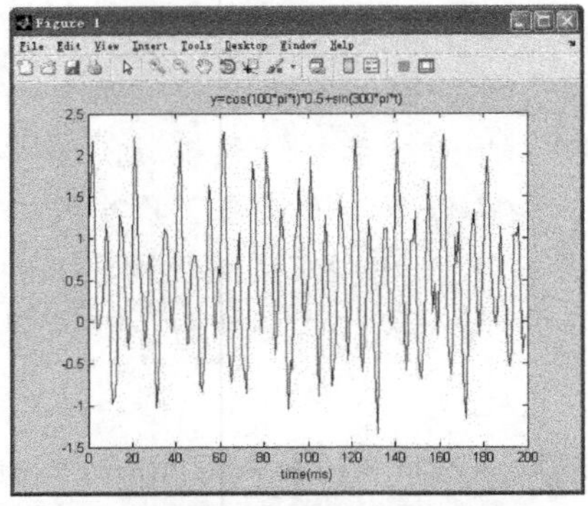

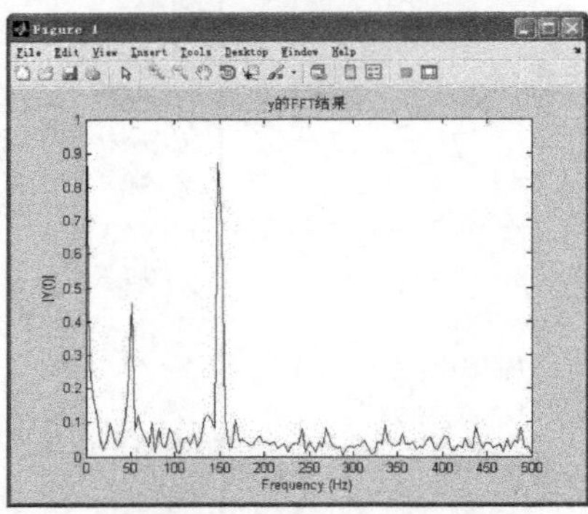

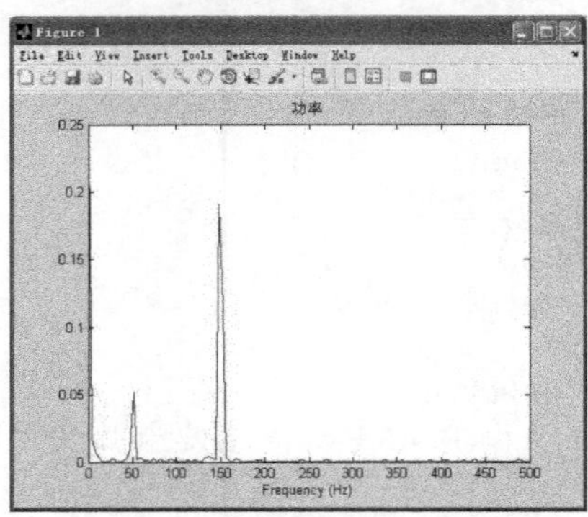

图 9-9　原始信号（上）、FFT 结果（中）和功率谱（下）

【实例讲解】 原始信号 $y=\frac{1}{2}\cos(100\pi x)+\sin(300\pi x)=\frac{1}{2}\cos(50\times 2\pi x)+\sin(150\times 2\pi x)$，包含 50Hz 和 150Hz 两个频率，快速傅里叶变换的结果印证了这一点（图 9-9 中）。应当指出，由于实信号的变换结果是左右对称的，因此图 9-9 中的中和上只显示了一半的变换结果。图 9-9 中的上是功率谱。信号最高频率为 40，因此采样频率应大于 80。

9.2.6 hilbert——希尔伯特（Hilbert）变换

【语法说明】

- x=hilbert(xr)：xr 为输入的实信号。如果 xr 为向量，返回一个同型的复数向量 x=xr+i*xi，x 的实部是输入信号本身，虚部 xi 包含了 xr 的希尔伯特变换，是 xr 相移 90 度的结果。如果 xr 为矩阵，函数对每一列计算希尔伯特变换，如果 xr 是多维数组，则沿着第一个维数不等于 1 的维度进行计算。
- x=hilbert(xr,n)：计算时使用了 n 点的 FFT。若 xr 长度不足 n，将在后面补零；若 xr 长度大于 n，则 xr 将被截断。最后返回长度为 n 的复数向量。

【功能介绍】 计算信号的希尔伯特变换，希尔伯特变换在分析时间序列信号的瞬时幅频特性中非常有用。

【实例 9.13】 计算余弦信号的希尔伯特变换。

```
>> t=-2*pi:.1:2*pi;
>> y=cos(t);                        % 原函数为余弦函数
>> yy=hilbert(y);                   % 希尔伯特变换
>> plot(y,'r-');                    % 绘图
>> hold on;
>> plot(imag(yy),'b-')
>> legend('原函数','希尔伯特变换');
```

执行结果如图 9-10 所示。

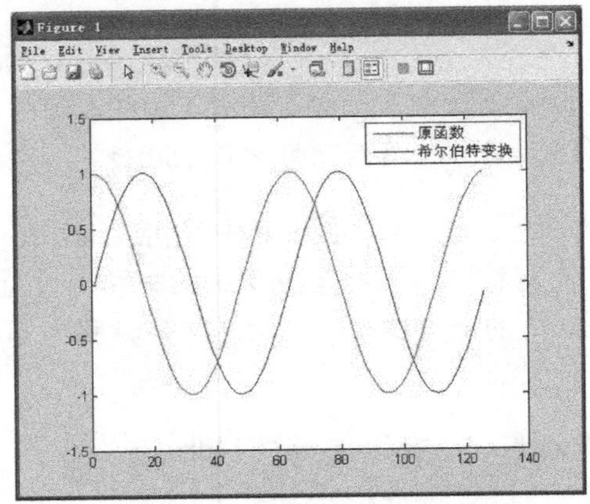

图 9-10　余弦信号的希尔伯特变换

【实例讲解】 hilbert 函数返回的结果是一个复数向量，其虚部为信号的希尔伯特变换。在这个例子中，余弦函数相移 90 度，变为正弦函数。

9.2.7　residuez——Z-变换的部分分式展开

【语法说明】

以下两种调用格式在 Z-变换所得结果的两种表示形式之间转换。第一种表示方式是一个分式，其分子分母均为 z^{-1} 的多项式：

$$\frac{B(z)}{A(z)}=\frac{b_0+b_1z^{-1}+b_2z^{-2}+\cdots+b_mz^{-m}}{a_0+a_1z^{-1}+a_2z^{-2}+\cdots+a_nz^{-n}}$$

另一种形式为部分分式展开的形式：

$$\frac{B(z)}{A(z)}=\frac{r(1)}{1-p(1)z^{-1}}+\cdots+\frac{r(n)}{1-p(n)z^{-1}}+k(1)+k(2)z^{-1}+\cdots+k(m-n+1)z^{-(m-n)}$$

- [r,p,k]=residuez(b,a)：b、a 分别是第一种形式中分子和分母按照未知数降幂排列的系数向量。函数将这种形式转换为部分分式展开，返回值 r 为留数，p 为极点坐标，k 为直接项。表达式的极点个数为 length(a)-1=length(r)=length(p)。

- [b,a]=residuez(r,p,k)：这种调用形式是上一种形式的逆过程。

【功能介绍】 Z-变换的部分分式展开。

【实例 9.14】 对 $\frac{2z^{-2}+1}{z^{-1}+1}$ 进行部分分式展开。

```
>> b=[1,0,2]                    % 分子系数
b =
     1     0     2
>> a=[1,1]                      % 分母系数
a =
     1     1

>> [r,p,k]=residuez(b,a)     % 部分分式展开
r =
     3
p =
    -1
k =
    -2     2
```

【实例讲解】 $\frac{3}{1+z^{-1}}-2+2z^{-1}=\frac{3}{1+z^{-1}}+2\frac{\left(z^{-1}-1\right)\left(1+z^{-1}\right)}{1+z^{-1}}$

$=\frac{2z^{-2}-2+3}{1+z^{-1}}=\frac{2z^{-2}+1}{1+z^{-1}}$。注意到变量 z 以 z^{-1} 的形式出现，而系数是按降幂排列的，因此 $\frac{2z^{-2}+1}{z^{-1}+1}$ 的分子系数为[1,0,2]，而不是[2,0,1]，切勿弄错。

9.3 滤波器函数

常见的滤波器类型包括：巴特沃斯、切比雪夫、贝塞尔、椭圆以及有限长单位冲击响应滤波器等，本节中将一一列举。同时，本节还包括了几种从模拟滤波器获取数字滤波器的方法。

9.3.1 buttap——设计巴特沃斯模拟低通滤波器

【语法说明】

- [z,p,k]=buttap(n)：设计一个 n 阶模拟低通巴特沃斯滤波器，z 表示零点，由于没有零点，z 为空矩阵；p 是一个长度为 n 的列向量，表示极点；k 是表示增益的标量。低通的巴特沃斯滤波器的幅值平方响应函数为

$$\left|H(\omega)\right|^2=\frac{1}{1+\left(\omega/\omega_0\right)^{2n}}$$

传输函数为

$$H(s)=\frac{z(s)}{p(s)}=\frac{k}{\left(s-p(1)\right)\left(s-p(2)\right)\left(s-p(n)\right)}$$

【功能介绍】设计巴特沃斯模拟低通滤波器，巴特沃斯滤波器的特点是通频带的频率响应曲线最平坦，且一直单调。计算方法如下：

```
z = [];
p = exp(sqrt(-1)*(pi*(1:2:2*n-1)/(2*n)+pi/2)).';
k = real(prod(-p));
```

【实例 9.15】设计一个 5 阶的巴特沃斯滤波器，截止频率为 2kHz。

```
>> n=5;
```

```
>>Wn=2000*2*pi;                          % 截止频率
>> [z,p,k]=buttap(n);                    % 设计 n 阶滤波器
>> [b0,a0]=zp2tf(z,p,k);                 % 转为传输函数形式
>> [b,a]=lp2lp(b0,a0,Wn);
>> [h,w]=freqs(b,a);                     % h 为幅频响应
>> plot(w/(2*pi),20*log10(abs(h)))
>> grid on
>> xlabel('frequency/Hz');
>> ylabel('幅频响应/dB');
```

幅频响应曲线如图 9-11 所示。

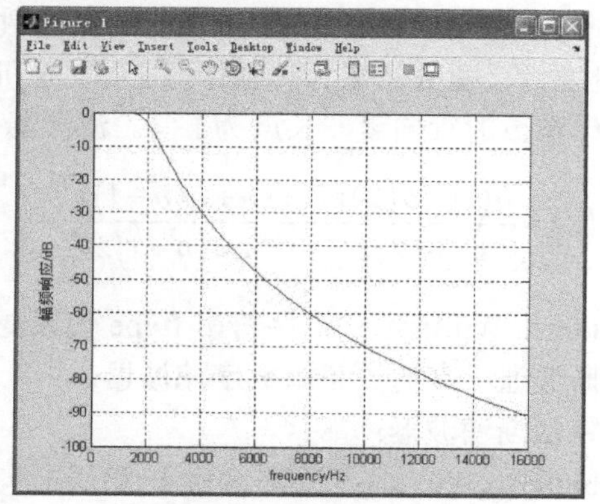

图 9-11 buttap 设计滤波器

【实例讲解】该滤波器只有极点，没有零点。截止频率为 2000Hz，图中 2000Hz 对应位置的幅度衰减约为−3dB，即幅度峰值的 $\frac{1}{\sqrt{2}}$ 倍。buttap 是巴特沃斯滤波器的底层函数，只能设计模拟低通滤波器，其他滤波器可以在模拟低通滤波器上改造得到。butter 函数可以设计模拟或数字的巴特沃斯滤波器，它在内部调用了 buttap 函数。

9.3.2 butter——设计巴特沃斯滤波器

【语法说明】

设计数字巴特沃斯滤波器：

- [z,p,k]=butter(n,Wn)：设计 n 阶巴特沃斯低通数字滤波器，Wn 为归一化截止频率，取值为 0～1。z、p 是长度为 n 的列向量，分别代表零、极点，k 为标量表示增益。若 Wn 为包含两个元素的向量，函数会设计一个带通滤波器，通带为 Wn(1)<w<Wn(2)。
- [z,p,k]=butter(n,Wn,'ftype')：字符串 ftype 指定滤波器类型，可取值为 high、low、stop，分别代表高通、低通和带阻滤波器。类型为带阻滤波器时，Wn 是包含两个元素的向量，租带为 Wn(1)<w<Wn(2)。
- [b,a]=butter(n,Wn)：设计 n 阶巴特沃斯低通数字滤波器，Wn 为标准化截止频率。函数结果为传输函数形式，b 和 a 分别为传输函数分子、分母系数的行向量，长度为 n+1。滤波器传输函数为

$$H(z)=\frac{b(1)+b(2)z^{-1}+\cdots+b(n+1)z^{-n}}{1+a(2)z^{-1}+\cdots+a(n+1)z^{-n}}$$

- [b,a]=butter(n,Wn,'ftype')：字符串 ftype 代表滤波器类型，可以设计巴特沃斯低通、高通、带阻数字滤波器。

设计模拟巴特沃斯滤波器：

- [z,p,k]=butter(n,Wn,'s')：设计 n 阶巴特沃斯模拟低通滤波器，Wn 为角截止频率，单位为 rad/s。z、p、k 为零极点与增益。
- [z,p,k]=butter(n,Wn,'ftype','s')：字符串 ftype 指定滤波器类型。
- [b,a]=butter(n,Wn,'s')或[b,a]=butter(n,Wn,'ftype','s')：返回巴特沃斯模拟滤波器的传输函数形式：

$$H(s)=\frac{B(s)}{A(s)}=\frac{b(1)s^{n}+b(2)s^{n-1}+\cdots+b(n+1)}{s^{n}+a(2)s^{n-1}+\cdots+a(n+1)}$$

【功能介绍】 butter 函数可以设计低通、高通、带通、带阻的模拟或数字巴特沃斯滤波器，在内部调用了 buttap 函数。巴特沃斯滤波器牺牲滚降特性换取下降的单调性，除非在应用中单调性特别重

要，否则可以用椭圆滤波器或切比雪夫滤波器，这两者都可以提供更好的滚降特性。

【实例 9.16】 设计一个模拟巴特沃斯低通滤波器，通带截止频率为 3000Hz，通带最大衰减 5dB，阻带最小衰减 30dB，阻带截止频率为 5000Hz。并显示其频响特性。

在命令窗口中输入：

```
>> wp=3000*2*pi;                          % 通带截止频率
>> ws=5000*2*pi;                          % 阻带截止频率
>> rp=5;                                  % 通带最大衰减
>> rs=30;                                 % 阻带最小衰减
>> [n,Wn]=buttord(wp,ws,rp,rs,'s');% 计算所需的阶数和截止频率
>> n                                      % 7 阶
n =
     7
>> Wn                                     % 截止频率为 19182 rad/s
Wn =
  1.9182e+004
>> [b,a]=butter(n,Wn,'s')                 % 设计滤波器
b =
  1.0e+029 *
       0       0       0       0       0       0       0   9.5558
a =
  1.0e+029 *
     0.0000     0.0000     0.0000     0.0000     0.0000
0.0000    0.0022    9.5558
>> freqs(b,a)                             % 绘制幅频响应曲线
```

幅频响应曲线如图 9-12 所示。

【实例讲解】 buttord 函数接收通带和阻带的截止频率、衰减指标，返回滤波器的阶数和截止频率。freqs 函数绘制模拟滤波器的幅频响应曲线。

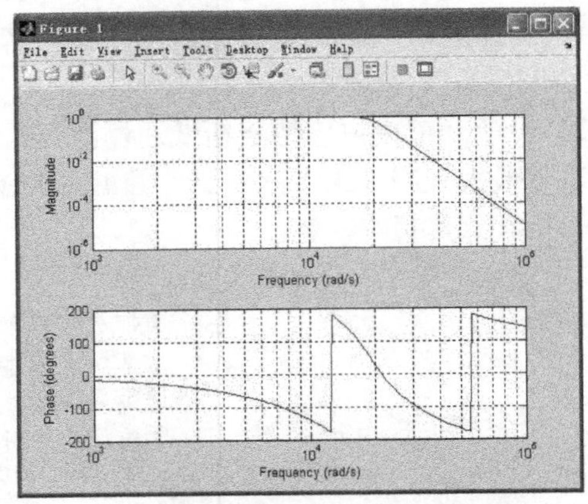

图 9-12 模拟巴特沃斯低通滤波器

9.3.3 cheb1ap——设计切比雪夫 1 型模拟低通滤波器

【语法说明】

- [z,p,k]=cheb1ap(n,Rp)：设计 n 阶切比雪夫 1 型模拟低通滤波器，Rp 为波纹，在这里等于通带内的最大衰减，单位为 dB。z 为零点，由于该示波器没有零点，因此 z 等于空矩阵；p 为长度为 n 的列向量，表示极点；标量 k 为增益。传输函数为

$$H(s)=\frac{z(s)}{p(s)}=\frac{k}{(s-p(1))(s-p(2))\cdots(s-p(n))}$$

【功能介绍】设计切比雪夫 1 型模拟低通滤波器。切比雪夫滤波器分为两种，在通带上幅频特性等波纹波动、阻带上单调的滤波器为 1 型切比雪夫滤波器，在阻带上幅频特性等波纹波动、通带上单调的滤波器为 2 型切比雪夫滤波器。cheb1ap 是一个比较底层的函数，且只能设计模拟低通滤波器。其他类型（高通、带通等）的切比雪夫滤波器可以用 cheby1 函数实现，cheby1 在内部调用了 cheb1ap 函数。

【实例 9.17】 设计 6 阶切比雪夫 1 型模拟低通滤波器，截止频率 2kHz，通带最大衰减为 2dB。

```
>> [z,p,k]=cheb1ap(6, 2);                % 设计滤波器
>> [b0,a0]=zp2tf(z,p,k);
>> [b,a]=lp2lp(b0,a0,2000*2*pi);
>> [h,w]=freqs(b,a);
>> plot(w/(2*pi),20*log10(abs(h)))  % 绘制幅频特性曲线
>> grid on
>> xlabel('frequency/Hz');
>> ylabel('幅频响应/dB');
```

滤波器的幅频特性如图 9-13 所示。

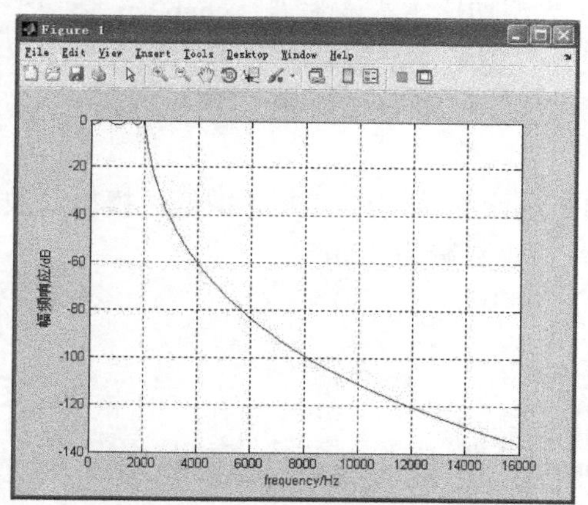

图 9-13 切比雪夫 1 型滤波器

【实例讲解】 切比雪夫滤波器在过渡带比巴特沃斯衰减快，但幅频特性不及后者平坦。从图 9-13 中可以看到通带波纹。

9.3.4 cheb2ap——设计切比雪夫 2 型模拟低通滤波器

【语法说明】

- [z,p,k]=cheb1ap(n,Rp)：设计 n 阶切比雪夫 2 型模拟低通滤

波器，Rp 为波纹，在这里等于阻带内相对于通带最大值的最小衰减，单位为 dB。z 为长度为 n 的列向量，表示零点；p 为长度为 n 的列向量，表示极点；标量 k 为增益。传输函数为

$$H(s)=\frac{z(s)}{p(s)}=k\frac{(s-z(1))(s-z(2))\cdots(s-z(n))}{(s-p(1))(s-p(2))\cdots(s-p(n))}$$

【功能介绍】设计切比雪夫 2 型模拟低通滤波器。切比雪夫滤波器分为两种，在通带上幅频特性等波纹波动、阻带上单调的滤波器为 1 型切比雪夫滤波器，在阻带上幅频特性等波纹波动、通带上单调的滤波器为 2 型切比雪夫滤波器。cheb2ap 是一个比较底层的函数，且只能设计模拟低通滤波器。其他类型（高通、带通等）的切比雪夫滤波器可以用 cheby2 函数实现，cheby2 在内部调用了 cheb2ap 函数。

【实例 9.18】设计 6 阶切比雪夫 2 型低通模拟滤波器，截止频率 5500Hz，阻带最小衰减为 40dB。

```
>> [z,p,k]=cheb2ap(6,40);                    % 设计 6 阶切比雪夫 2 型滤波器
>> [b0,a0]=zp2tf(z,p,k);
>> [b,a]=lp2lp(b0,a0,5500*2*pi);
>> [h,w]=freqs(b,a);
>> semilogx(w/(2*pi),20*log10(abs(h))) % 绘图
>> grid on;
>> xlabel('frequency/Hz');
>> ylabel('幅频响应/dB');
```

幅频响应如图 9-14 所示。

【实例讲解】与切比雪夫 1 型滤波器不同，切比雪夫 2 型滤波器存在零点，从传输函数中也可以看出来。

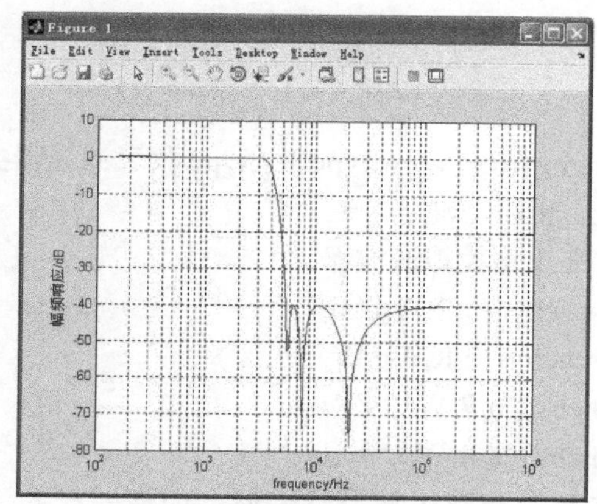

图 9-14　幅频响应曲线

9.3.5　cheby1——设计切比雪夫 1 型滤波器

【语法说明】

设计切比雪夫 1 型数字滤波器：

- [z,p,k]=cheby1(n,R,Wp)：设计 n 阶切比雪夫 1 型数字低通滤波器，Wp 为通带归一化截止频率，取值为 0～1。R 为波纹幅度，即通带内的最大衰减，单位为 dB。Z 和 p 均为长度为 n 的列向量，分别表示零点和极点，标量 k 为增益。如果 Wp 是包含两个元素的向量，函数将会设计一个带通滤波器，通带为 Wp(1)<w<Wp(2)。
- [z,p,k]=cheby1(n,R,Wp,'ftype')：字符串 ftype 指定滤波器类型，可取值有 high、low、stop，分别代表高通、低通和带阻滤波器。类型为带阻滤波器时，Wp 是包含两个元素的向量，阻带为 Wp(1)<w<Wp(2)。
- [b,a]=cheby1(n,R,Wp)：设计 n 阶切比雪夫 1 型滤波器，返回值为传输函数形式，b 和 a 分别为传输函数分子和分母系数的行向量，长度均为 n+1。滤波器传输函数为

$$H(z)=\frac{b(1)+b(2)z^{-1}+\cdots+b(n+1)z^{-n}}{1+a(2)z^{-1}+\cdots+a(n+1)z^{-n}}$$

- [b,a]=cheby1(n,R,Wp,'ftype')：ftype 代表滤波器类型，可以设计低通、高通、带阻滤波器。

设计切比雪夫 1 型模拟滤波器：

- [z,p,k]=cheby1(n,R,Wp,'s')
- [z,p,k]=cheby1(n,R,Wp,'ftype','s')
- [b,a]=cheby1(n,R,Wp,'s')
- [b,a]=cheby1(n,R,Wp,'ftype','s')

模拟滤波器参数与数字滤波器类似，但需要在参数末尾加上's'。另外，Wp 为通带角截止频率，单位为 rad/s。模拟切比雪夫滤波器传输函数为

$$H(s)=\frac{B(s)}{A(s)}=\frac{b(1)s^{n}+b(2)s^{n-1}+\cdots+b(n+1)}{s^{n}+a(2)s^{n-1}+\cdots+a(n+1)}$$

【功能介绍】设计模拟和数字的低通、高通、带通、带阻切比雪夫 1 型滤波器。切比雪夫 1 型滤波器在通带有等幅的波纹，在阻带单调。

【实例 9.19】设计一个切比雪夫数字低通滤波器，采用频率为 2kHz（故奈奎斯特频率为 1kHz），通带 0～600Hz 内衰减不大于 5dB，阻带 700Hz～1kHz 内衰减不小于 40dB。

```
>> Wp=600/1000;                          % 归一化频率
>> Ws=700/1000;
>> Rp=5;                                 % 衰减
>> Rs=40;
>> [n,Wp]=cheb1ord(Wp,Ws,Rp,Rs)          % 计算阶数
n =
     6
Wp =
    0.6000
>> [b,a] = cheby1(n,Rp,Wp);              % 设计滤波器
```

```
>> freqz(b,a,512,2000);                    % 绘图
>> title('切比雪夫 1 型数字滤波器');
```

执行结果如图 9-15 所示。

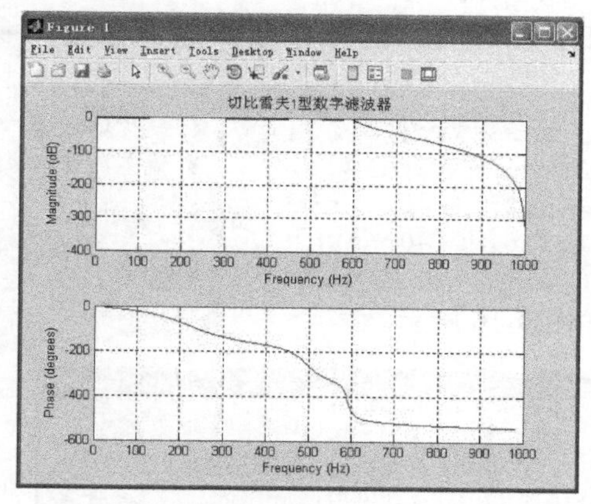

图 9-15　切比雪夫 1 型滤波器

【实例讲解】cheb1ord 函数用于计算切比雪夫 1 型滤波器的阶数，freqz 函数用于绘制数字滤波器的幅频响应。由于采用频率 $f_s=2$kHz，因此奈奎斯特频率为 1000Hz，对应图中横坐标的最大值。

9.3.6　besselap——设计贝塞尔模拟低通滤波器

【语法说明】

- [z,p,k]=besselap(n)：设计 n 阶贝塞尔模拟低通滤波器，n≤25。z 表示零点，该滤波器无零点，因此 z 为空矩阵，p 为长度为 n 的列向量，表示极点，标量 k 为增益。贝赛尔滤波器是具有最大平坦的群延迟的线性过滤器，但它的衰减特性较差，在同样的滤波器指标下，需要设计更高阶数的贝塞尔滤波器才能满足要求。零频率的群延时为

$$\left(\frac{(2n)!}{2^n n!}\right)^{1/n}$$

【功能介绍】设计贝塞尔模拟低通滤波器。besselap 是较为底层的函数，besself 函数在内部调用了 besselap，能设计低通、高通、带通和带阻贝塞尔滤波器。

【实例 9.20】设计 12 阶贝塞尔低通滤波器，截止频率为 2500Hz。

```
>> [z,p,k]=besselap(12);                % 设计滤波器
>> Wn=2500*2*pi;                        % 截止频率，rad/s
>> [b0,a0]=zp2tf(z,p,k);
>> [b,a]=lp2lp(b0,a0,Wn);
>> freqs(b,a);                          % 绘图
```

幅频响应如图 9-16 所示。

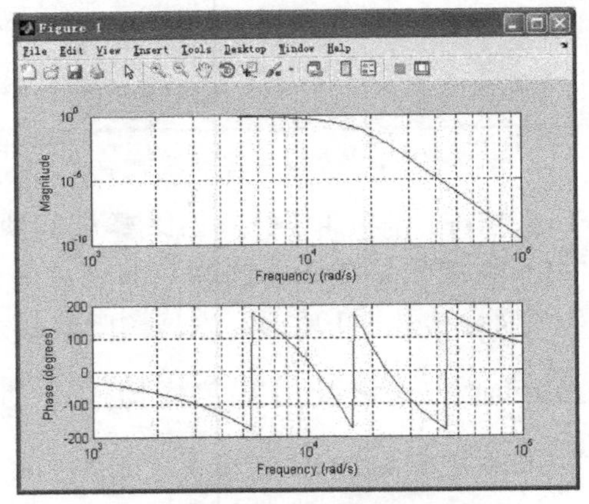

图 9-16 贝塞尔滤波器幅频响应

【实例讲解】与巴特沃斯、切比雪夫等滤波器相比，要得到相同的下降性能，贝塞尔滤波器需要的阶数更高。

9.3.7 besself——设计贝塞尔模拟滤波器

【语法说明】

- [z,p,k]=besself(n,Wo)：设计 n 阶贝塞尔模拟滤波器，该滤波器在小于频率 Wo 时，其群延时近似为常数，Wo 单位为 rad/s。

滤波器阶数越高，群延时越接近常数。群延时定义为相移特性的微分，当系统没有相位失真时，群延时为常数。z、p 为表示零点和极点的向量，标量 k 为增益。如果 Wo 为包含两个元素的向量，则 besself 设计一个带通滤波器。

- [z,p,k]=besself(n,Wo,ntype)：ntype 可以取任意值，包括空矩阵。如果 Wo 为标量，则函数设计一个高通滤波器，在 w>Wo 的频率区间，滤波器具有近似恒定的群延时。如果 Wo 为含有两个元素的向量，则 besself 设计一个带阻滤波器。
- [b,a]=besself(n,Wo)：返回滤波器的传输函数形式，b 和 a 为长度为 n+1 的行向量，分别为分子和分母的系数。

【功能介绍】设计贝塞尔模拟滤波器，besself 函数不支持数字滤波器。

【实例 9.21】设计一个 6 阶贝塞尔高通滤波器，在大于 3000Hz 范围内具有恒定的群延时。

```
>> wo=3000*2*pi;
>> [b,a] = besself(6,10000)      % 设计贝塞尔高通滤波器
b =
  1.0e+024 *
        0       0       0       0       0       0  1.0000
a =
  1.0e+024 *
    0.0000   0.0000   0.0000   0.0000   0.0000   0.0005
1.0000
>> freqs(b,a)
```

幅频响应曲线如图 9-17 所示。

【实例讲解】在 MATLAB 中输入 help besself 或 doc besself 可以查看 besself 函数的帮助信息，帮助信息显示 besself 只能用于低通滤波器的设计。但是输入 edit besself 查看源文件可以发现 besself 也可以用于设计高通、带通和带阻滤波器。

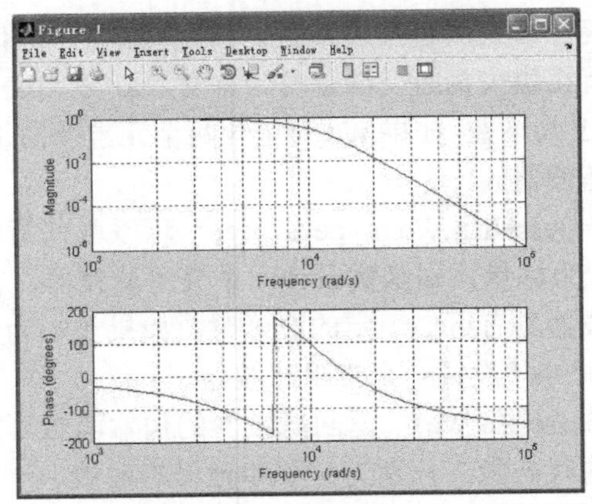

图 9-17 贝塞尔高通滤波器

9.3.8 ellip——设计椭圆滤波器

【语法说明】

设计数字椭圆滤波器：

- [z,p,k]=ellip(n,Rp,Rs,Wp)：设计 n 阶椭圆数字低通滤波器，Wp 为通带归一化截止频率，取值为 0～1。Rp 为通带波纹幅度，即通带内的最大衰减。Rs 为阻带相对于通带峰值的最小衰减。z、p 是长度为 n 的向量，分别表示零点和极点，标量 k 为传输函数的增益。如果 Wp 为包含两个元素的向量，函数将会设计一个带通滤波器，通带为 Wp(1)<w<Wp(2)。
- [z,p,k]=ellip(n,Rp,Rs,Wp,‘ftype’)：字符串 ftype 指定滤波器类型，可取值为 high、low、stop，分别表示高通、低通和带阻滤波器。类型为带阻滤波器时，Wp 是包含两个元素的向量。
- [b,a]=ellip(n,Rp,Rs,Wp)：设计 n 阶椭圆数字低通滤波器，Wp 为截止频率。长度为 n+1 的行向量 b 和 a 分别表示传输函数的分子和分母系数。
- [b,a]=ellip(n,Rp,Rs,Wp,‘ftype’)：字符串 ftype 代表滤波器类

型，可以设计低通、高通和带阻滤波器。

设计模拟椭圆滤波器：

- [z,p,k]=ellip(n,Rp,Rs,Wp,'s')
- [z,p,k]=ellip(n,Rp,Rs,Wp,'ftype','s')
- [b,a]=ellip(n,Rp,Rs,Wp,'s')
- [b,a]= ellip(n,Rp,Rs,Wp,'ftype','s')

设计模拟滤波器时，Wp 单位为 rad/s。

【功能介绍】设计低通、高通、带通、带阻的模拟或数字椭圆滤波器。椭圆滤波器下降性能优于巴特沃斯滤波器或切比雪夫滤波器，但在通带和阻带均有等幅波纹。满足相同的下降指标，椭圆滤波器所需的阶数最小。椭圆滤波器设计的底层函数为 ellipap，该函数只能设计模拟低通的椭圆滤波器。ellip 函数在内部调用了 ellipap 函数。

【实例 9.22】设计一个 6 阶数字椭圆低通滤波器，采样频率为 1000Hz，通带截止频率为 300Hz，最大衰减为 3dB，阻带最小衰减为 50dB。

```
>> fs=1000;                  % 采样频率
>> fp=300/(fs/2)             % 归一化通带截止频率
fp =
   0.6000
>> [b,a]=ellip(6,3,50,fp)   % 设计滤波器
b =
   0.0773    0.2938    0.5859    0.7239    0.5859
0.2938   0.0773
a =
   1.0000    0.1087    1.7557   -0.3324    1.1081
-0.2677   0.3539
>> freqz(b,a,512,fs);         % 绘制频响特性曲线
```

执行结果如图 9-18 所示。

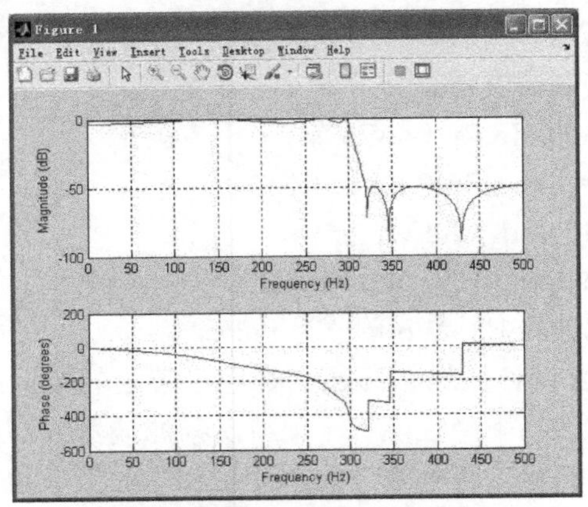

图 9-18　椭圆滤波器频响特性

【实例讲解】奈奎斯特频率为 500Hz，因此横坐标取值范围为 0～500。在椭圆滤波器的幅频响应曲线中可以看到通带和阻带中都有等幅波纹。

9.3.9　impinvar——用脉冲响应不变法将模拟滤波器转为数字滤波器

【语法说明】

- [bz,az]=impinvar(b,a,fs)：将模拟滤波器转换为数字滤波器，保证起脉冲响应不变。b 与 a 是模拟滤波器传递函数的分子和分母系数，fs 为采样频率，默认为 1Hz。转换得到数字滤波器传递函数的分子 bz 和分母系数 az。
- [bz,az]=impinvar(b,a,fs,tol)：tol 为精确度，用于确定数值接近的两个极点是否相等，默认值为 0.001。

【功能介绍】采用脉冲响应不变法将模拟滤波器转换为数字滤波器。

【实例 9.23】设计巴特沃斯模拟低通滤波器，再转换为数字滤波器。

```
>> wp=3000*2*pi;
>> ws=5000*2*pi;
>> rp=5;
>> rs=30;
>> [n,Wn]=buttord(wp,ws,rp,rs,'s');
>> [b,a]=butter(n,Wn,'s');           % 设计模拟低通滤波器
>> freqs(b,a)                        % 显示模拟滤波器的响应曲线
>> fs=30000;                         % 采样频率
>> [bz,az]=impinvar(b,a,fs);         % 转为数字滤波器
>> figure;freqz(bz,az)               % 显示数字滤波器的响应曲线
>> figure;                           % 显示两个滤波器的脉冲响应
>> sys=tf(b,a);
>> subplot(2,1,1); impulse(sys);
>> subplot(2,1,2);impz(bz,az);
```

模拟滤波器的频响特性、数字滤波器的频响特性以及两者的脉冲响应对比如图 9-19 所示。

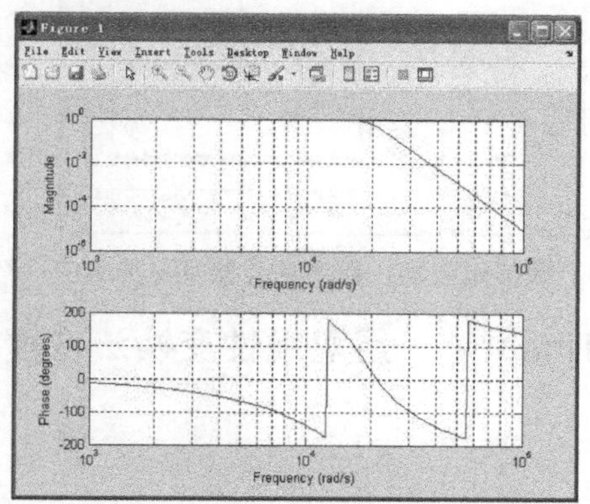

图 9-19 模拟滤波器、数字滤波器及脉冲响应

【实例讲解】 impinvar 函数保证得到的数字滤波器脉冲响应与模拟滤波器一致。

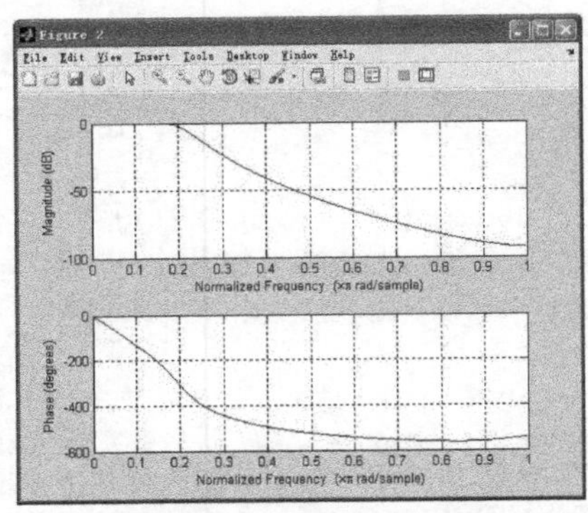

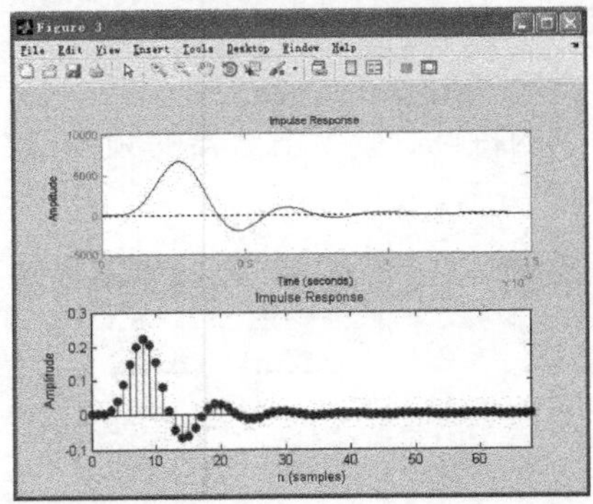

图 9-19　模拟滤波器、数字滤波器及脉冲响应（续）

9.3.10　bilinear——用双线性变换法将模拟滤波器转为数字滤波器

【语法说明】

- [zd,pd,kd]=bilinear(z,p,k,fs)：z、p、k 分别为模拟滤波器的零点、极点和增益，fs 为采样频率。zd、pd、kd 返回数字滤波器的零极点和增益。

- [numd,dend]=bilinear(num,den,fs)：num 与 den 为模拟滤波器传递函数的分子和分母系数，fs 为采样频率。numd 和 dend 返回数字滤波器传递函数的分子和分母系数。模拟滤波器传递函数公式如下：

$$\frac{B(s)}{A(s)}=\frac{B(1)s^{n}+B(2)s^{n-1}+\cdots+B(n+1)}{A(1)s^{n}+A(2)s^{n-1}+\cdots+A(m+1)}$$

【功能介绍】用双线性变换法将模拟滤波器转为数字滤波器。双线性变换法能克服脉冲响应不变法由于频谱交叠产生的混淆。

【实例 9.24】用双线性变换法将模拟滤波器转换为数字滤波器。

```
>> wp=3000*2*pi;
>> ws=5000*2*pi;
>> rp=5;
>> rs=30;
>> [n,Wn]=buttord(wp,ws,rp,rs,'s');
>> [b,a]=butter(n,Wn,'s');          % 设计模拟滤波器
>> freqs(b,a)                       % 显示模拟滤波器频响特性
>> fs=30000;
>> [bz,az]=bilinear(b,a,fs);        % 转为数字滤波器
>> figure;freqz(bz,az)              % 显示数字滤波器频响特性
>> figure;
>> sys=tf(b,a);
>> subplot(2,1,1); impulse(sys);      % 模拟滤波器脉冲响应
>> subplot(2,1,2);impz(bz,az);        % 数字滤波器脉冲响应
```

模拟滤波器的频响特性、数字滤波器的频响特性以及两者的脉冲响应对比如图 9-20 所示。

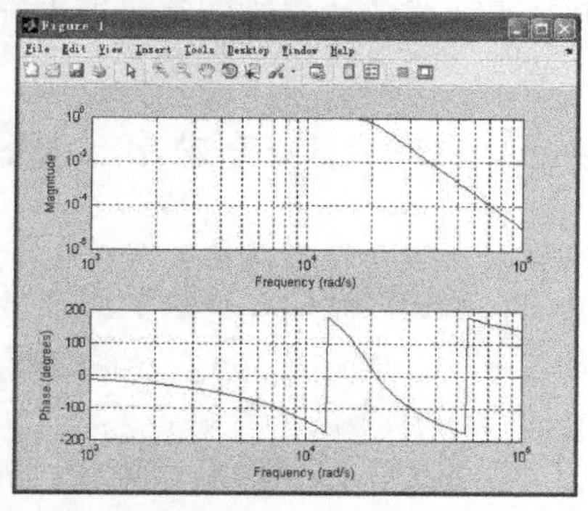

图 9-20 模拟滤波器、数字滤波器以及脉冲响应

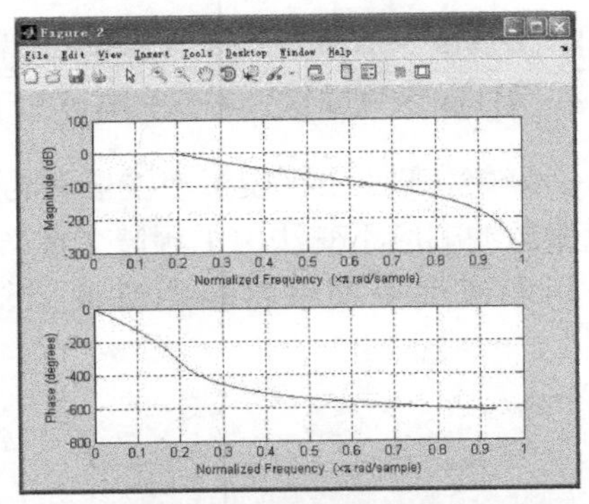

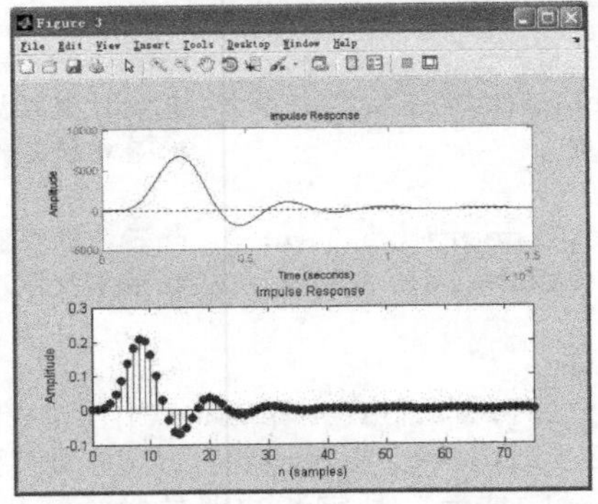

图 9-20 模拟滤波器、数字滤波器以及脉冲响应（续）

【实例讲解】用双线性变换法得到的数字滤波器幅频响应与脉冲响应不变法形状不同。

9.3.11 yulewalk——设计 IIR 数字滤波器

【语法说明】

- [b,a]=yulewalk(n,f,m)：设计 n 阶数字滤波器，向量 f、m 指定滤波器幅频响应的形状。f 为频率向量，元素值在区间[0, 1]中，1 表示奈奎斯特频率，即采样频率的一半。f 第一个元素必须为零，最后一个元素必须为 1，其他值以递增顺序排列。m 是与 f 同型的向量，代表相应频率上的幅值。长度为 n+1 的行向量 b、a 分别返回滤波器传输函数的分子和分母系数。

【功能介绍】设计递归 IIR 数字滤波器。

【实例 9.25】设计一个 6 阶 IIR 低通数字滤波器。

```
>> f=0:.1:1;
>> y=[1,0.9,1,0.7,0.5,0.2,0.15,0.14,0.10,0.09,0.092]
y =
    1.0000      0.9000      1.0000      0.7000      0.5000
0.2000    0.1500    0.1400    0.1000    0.0900    0.0920
>> [b,a]=yulewalk(8,f,y)          % 设计滤波器
b =
    0.2897      0.0078      0.0224     -0.0506     -0.0020
-0.0198    0.0343    0.0001   -0.0030
a =
    1.0000     -1.2751      0.8177     -0.3984      0.2649
-0.2660    0.2672   -0.1427    0.0165
>> freqz(b,a)                     % 绘图
```

执行结果如图 9-21 所示。

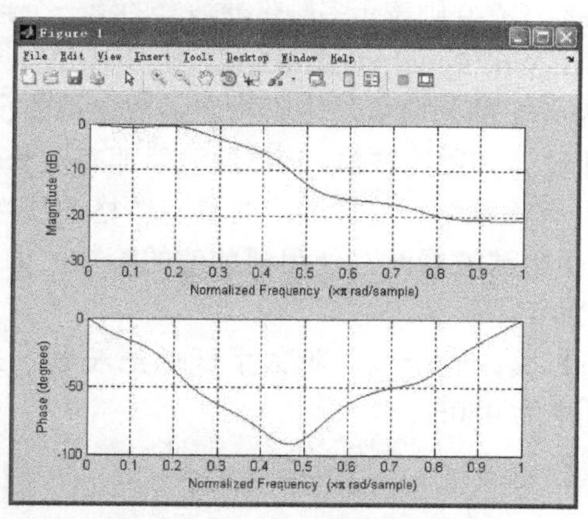

图 9-21　yulewalk 设计的滤波器

【实例讲解】yulewalk 设计的数字滤波器属于 IIR 滤波器，可无限脉冲响应滤波器。

9.3.12 fir1——设计基于窗的 FIR 滤波器

【语法说明】

- b=fir1(n,Wn)：设计一个 n 阶的基于汉明窗的线性相位低通滤波器，Wn 为归一化截止频率，取值在 0～1 之间。长度为 n+1 的行向量 b 为滤波器系数，传输函数为：

$$B(z)=b(1)+b(2)z^{-1}\cdots+b(n+1)z^{-n}$$

如果 Wn 是两个元素的向量$[w_1,w_2]$，函数将会设计一个带通滤波器，通带为 $w_1<w<w_2$。如果 Wn 是多个元素的向量，$Wn=[w_1, w_2,\cdots, w_m]$，则频带为 $0<w<w_1, w_1<w<w_2, \cdots, W_n<w<1$。

- b=fir1(n,Wn,'ftype')：字符串 ftype 指定滤波器类型，可取值有 high、stop、DC-1、DC-0，分别代表高通、带阻和多频带滤波器。在多频带滤波器中，通带和阻带交替出现，DC-1 表示多频带滤波器的第一个频带为通带，DC-0 则表示多频带滤波器的第一个频带为阻带。
- b=fir1(n,Wn,'ftype',window) 或 b=fir1(n,Wn,window)：window 为长度为 n+1 的列向量，用于指定函数使用的窗。

【功能介绍】设计 FIR 滤波器，FIR 滤波器即有限长单位冲激响应滤波器，在保证有任意幅频特性的同时具有严格的线性相频特性。fir1 设计高通和带阻滤波器时，使用偶数值的阶数，如果指定了奇数值，系统自动加 1。

【实例 9.26】设计一个 24 阶数字低通滤波器，采样频率为 1000Hz，截止频率为 450Hz。

```
>> fs=1000;
>> f=450;
>> b=fir1(24,f/fs)       % 设计
b =
  Columns 1 through 12
   -0.0020      0.0004      0.0045      0.0012     -0.0117
-0.0087    0.0232    0.0297   -0.0361   -0.0819    0.0462
0.3099
```

```
   Columns 13 through 24
     0.4506      0.3099      0.0462     -0.0819     -0.0361
0.0297     0.0232    -0.0087    -0.0117     0.0012     0.0045
0.0004
   Column 25
    -0.0020
>> freqz(b)          % 显示
```

执行结果如图 9-22 所示。

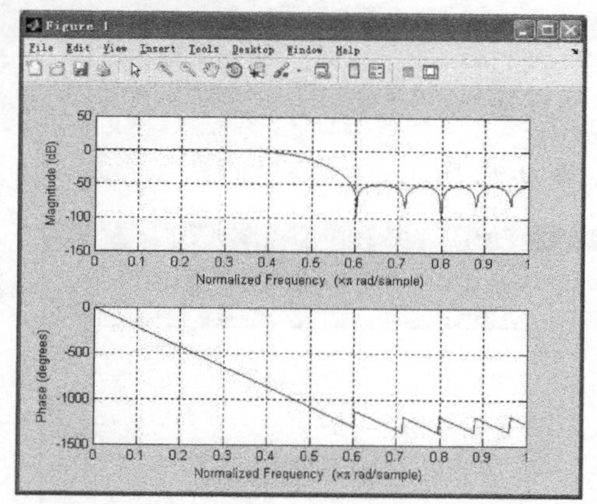

图 9-22　24 阶低通 FIR 滤波器

【实例讲解】FIR 滤波器没有极点，只有零点。

9.3.13　fir2——设计基于频率采样的 FIR 滤波器

【语法说明】

- b=fir2(n,f,m)：设计一个 n 阶的 FIR 低通滤波器，f 是一个递增的向量，第一个元素为 0，最后一个元素为 1，1 表示奈奎斯特频率。向量 m 与 f 同型，表示对应频率处的幅值。返回值 b 是一个长度为 n+1 的向量，表示传输函数系数。传输函数为

$$B(z)=b(1)+b(2)z^{-1}\cdots+b(n+1)z^{-n}$$

- b=fir2(n,f,m,window)：长度为 n+1 的列向量 window 指明了

使用的窗，默认为汉明窗。

【功能介绍】设计基于频率采样的 FIR 滤波器，fir2 设计的滤波器能得到任意形状的幅频响应。

【实例 9.27】设计一个 30 阶高通滤波器。

```
>> f=0:.1:1;
>> m=[0.05,0.04,0.1,0.04,0.03,0.3,0.7,0.9,0.95,0.93,
0.9];
>> b=fir2(30,f,m);              % 用 fir2 设计 FIR 滤波器
>> [h,w]=freqz(b);              % h 为幅频特性，w 为角频率
>> plot(w./(2*pi),abs(h))
>> grid on
```

执行结果如图 9-23 所示。

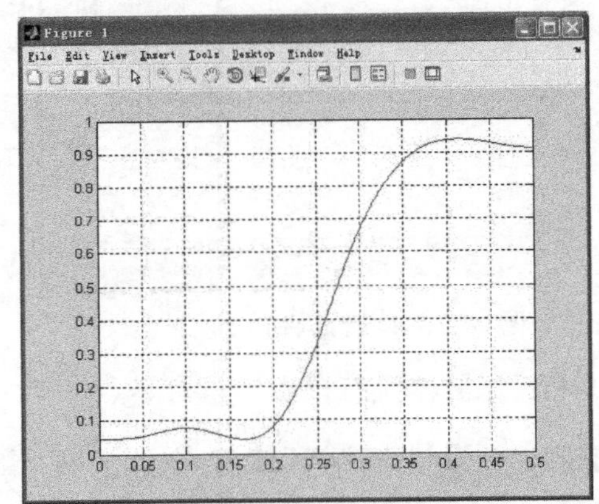

图 9-23　30 阶高通 FIR 滤波器

【实例讲解】fir2 函数可以设计任意形状的 FIR 滤波器，只须在输入的向量参数中指定幅值变化情况即可。

第10章 MATLAB与数理统计

概率统计是研究随机现象统计规律的学科，它定量地描述了事物发展的规律，在工业生产、农业生产、天文气象、理化研究、电子信息、金融、经济、管理等多学科领域有较高的应用价值。MATLAB依靠其统计工具箱（Statistic Toolbox），胜任从随机数产生、计算密度和分布律、揭示随机变量数字特征、参数估计、假设检验直到概率统计的图形化输出等一整套编程计算工作，为统计建模提供了绝佳的平台。

本章将从以上几个方面入手，给出具体的 MATLAB 函数语法及编程实例，并适当补充学科背景知识，降低读者上手编程的门坎。

10.1 满足特定分布的随机数生成

满足一定分布的随机数产生，是进行概率统计研究的基础和前提。本小节将介绍 3 个随机数生成函数。

10.1.1 binornd——生成二项分布随机数

【语法说明】

- R=binornd(N,P)：生成服从以 N 和 P 为参数的二项分布的随机数。N 为独立重复试验的次数，P 为一次试验中随机事件的发生概率。N 与 P 可为同型向量、矩阵或多维数组，此时 R 返回同型的随机数组。如果 N 与 P 其中之一为标量，则该标量将被扩展为与另一个参数同型的数组。

- R=binornd(N,P,m,n,⋯)：若 N 与 P 为标量，则函数按 N 和 P 的值生成 m×n×⋯大小的随机数组 R。如果 N 与 P 均不为标量，则必须满足[m, n,⋯]=size(N)，且 N 与 P 同型。如果其中之一为标量，另一个不是标量，则标量值将被扩展为与另一参数同型。
- R=binornd(N,P,[m,n,⋯])：同 R=binornd(N,P,m,n,⋯)。

【功能介绍】生成服从二项分布的随机数。假设ξ是一个随机事件，发生的概率为 p，则不发生的概率 q=1−p。做 N 次独立重复试验，事件ξ发生的次数应该在 0～N 次之间。ξ发生 k 次的概率为：

$$P(k)=C_N^k p^k q^{N-k} \quad k=0,1,\cdots,N$$

相当于一个二项式的展开项，二项分布因此得名。

【实例 10.1】生成服从(8, 0.6)二项分布的 3×4 随机矩阵；生成 N=9，P 分别等于 0.4、0.5、0.6 的二项分布随机数，每种分布生成 8 个数。

```
>> a=binornd(8,0.6,3,4)      % 服从二项分布(8, 0.6)的 3×4 随机矩阵。
a =
     5     5     6     6
     6     6     5     7
     5     4     3     6

>> p=[0.4,0.5,0.6]                        % p=0.4,0.5,0.6
p =
    0.4000    0.5000    0.6000
>> p=repmat(p,8,1)                        % 矩阵扩展
p =
    0.4000    0.5000    0.6000
    0.4000    0.5000    0.6000
    0.4000    0.5000    0.6000
    0.4000    0.5000    0.6000
    0.4000    0.5000    0.6000
```

```
      0.4000    0.5000    0.6000
      0.4000    0.5000    0.6000
      0.4000    0.5000    0.6000
   >> b=binornd(9,p,8,3)
% 第一列为满足(9,0.4)二项分布的随机数，以此类推
   b =
        1     3     6
        3     1     5
        4     4     5
        0     7     6
        2     3     6
        5     7     3
        5     7     4
        2     6     4
```

【实例讲解】当N和P不都是标量时，返回矩阵中的元素各自服从不同参数的二项分布。

10.1.2 normrnd——生成正态分布随机数

【语法说明】

- R=normrnd(mu,sigma)：生成服从参数为mu和sigma的正态分布的随机数。mu为均值，sigma为标准差。R是与mu、sigma同型的数组，如果mu和sigma之一为标量，则该标量将被扩展为与另一个参数具有相同大小的数组。
- R=normrnd(mu,sigma,m,n,…)：若N与P为标量，则函数按N和P的值生成m×n×……大小的随机数组R。如果N与P均不为标量，则必须满足[m, n, …]=size(N)，且N与P同型。
- R=normrnd(mu,sigma,[m,n,⋯])：同R=normrnd(mu,sigma,m,n,⋯)。

【功能介绍】生成服从正态分布随机数。正态分布又称高斯分布，其特点是数据集中在平均值附近，离均值越远，出现的概率越小，曲线呈钟形。在正态分布中，mu为随机变量的期望，sigma为随机变量的标准差。正态分布的概率密度函数为

$$f(x)=\frac{1}{\sqrt{2\pi}\sigma}e^{-\frac{(x-\mu)^2}{2\sigma^2}}$$

【实例 10.2】生成 10000 个服从(3, 1)正态分布的随机数，并求随机数的均值与标准差。

```
>> a=normrnd(3,1,1,10000); % 生成服从(3, 1)正态分布的随机数
>> mean(a)                                    % 求随机数均值
ans =
   3.0050
>> std(a)                                     % 求随机数标准差
ans =
   0.9897
```

【实例讲解】正态分布是一种连续型随机变量的概率分布，随机变量的取值可以为任意实数。正态分布是自然界中最常见的一种分布，在通信系统中常假设噪声服从正态分布，称高斯噪声。

10.1.3 random——生成指定分布的随机数

【语法说明】

- Y=random('name',A)
- Y=random('name',A,B)
- Y=random('name',A,B,C)

字符串 name 为概率分布名称，A、B、C 为概率分布的参数，其个数视具体的分布种类而定。函数返回与 A、B、C 同型的随机数组 Y。如果 A、B 或 C 其中之一为标量，则将其扩展为与其他参数同型的数组。

- Y=random('name',A,B,⋯,m,n,⋯)
- Y=random('name',A,B,⋯,[m,n,⋯])

生成 m×n×……随机数组。前面的参数 A、B、C 可以均为标量，此时返回的随机数组中的元素符合同一分布。如果 A、B、C 不都为标量，则其尺寸应与 m×n×……一致，否则系统将报错。

【功能介绍】生成指定分布的随机数。random 函数在参数中指定概率分布的种类，可以实现 binornd、normrnd、chi2rnd、betarnd 等函数的功能，是一个通用性很强的函数。可以实现的概率分布有二项分布（bino）、beta 分布（beta）、正态分布（norm）、卡方分布（chi2）、F 分布（f）、伽马分布（gam）、韦伯分布（wbl）、瑞利分布（rayl）等。在 random 函数内部调用了 normrnd、betarnd、chi2rnd 等函数。

【实例 10.3】分布生成服从韦伯分布、卡方分布的随机数。

```
>> a=random('wbl',2,3,4,5)       % 韦伯分布包含两个参数
a =
    2.0758    1.8010    1.7491    1.5471    1.9066
    2.6295    1.2230    1.0781    1.6631    2.5143
    1.9954    1.4346    1.8290    1.6999    2.1431
    1.9827    1.0920    2.1987    1.9544    3.4009

>> b=random('chi2',3,4,5)        % 卡方分布包含一个参数
b =
    2.7802    0.1158    5.9772    1.5202    0.8467
    1.5029    3.9393    0.2292    3.3649    0.4809
    2.8559    1.1856    0.4646    3.5421    0.8777
    2.3543    0.2609    1.0576    0.0314    3.3035
```

【实例讲解】卡方分布是若干个服从标准正态分布的随机数的平方和的分布；韦伯分布则是可靠性分析和寿命检验的理论基础。

10.2 分布、概率与概率密度

分布函数是对随机变量的最基本描述方式，它揭示了事物发生的可能性。对应于连续型和离散型随机变量，分别用“概率密度”和“概率值”去刻画它们的可能性。

10.2.1 binopdf——计算二项分布的概率

【语法说明】

- Y=binopdf(X,N,P)：函数返回 X 中的每个值在相应 N、P 参数指定的二项分布下的概率值。X 中的元素值必须是 0～*N* 之间的整数，否则其概率值为零。输入参数 X、N、P 为同型矩阵，如果有参数为标量，则该参数将被扩展为其他参数同型的数组。

【功能介绍】计算二项分布概率。二项分布属于离散分布，没有概率密度函数的概念，binopdf 函数求得的是二项分布取各个离散值的概率。

【实例 10.4】计算 *N*=8，*P* 分别等于 0.3、0.5、0.7 时，出现概率最大的随机变量值。

```
>> x=0:8;                                    % 随机变量取值为 0～8
>> p1=binopdf(x,8,0.3)                       % p=0.3
p1 =
    0.0576    0.1977    0.2965    0.2541    0.1361
0.0467    0.0100    0.0012    0.0001
>> [~,index1]=max(p1);index1=index1-1 % 计算 p=0.3 时
概率最大的随机变量值
index1 =
     2

>> p1=binopdf(x,8,0.5)                       % p=0.5
p1 =
    0.0039    0.0312    0.1094    0.2187    0.2734
0.2187    0.1094    0.0312    0.0039
>> [~,index1]=max(p1);index1=index1-1 % 计算 p=0.5 时
概率最大的随机变量值
index1 =
     4

>> p1=binopdf(x,8,0.7)                       % p=0.7
p1 =
    0.0001    0.0012    0.0100    0.0467    0.1361
```

```
0.2541    0.2965    0.1977    0.0576
    >> [~,index1]=max(p1);index1=index1-1 % 计算 p=0.7 时
概率最大的随机变量值
    index1 =
         6
```

【实例讲解】在[~,index1]=max(p1)中，index1 返回最大元素的序号，由于 p1(1)~p1(9)分别对应随机变量 0~8，因此出现概率最大的随机变量等于 index1 减 1。

10.2.2 normpdf——计算正态分布的概率密度

【语法说明】

- Y=normpdf(X,mu,sigma)：计算X中的元素在参数mu、sigma指定的正态分布下的概率密度函数值。Y 是与 X、N、P 同型的数组，如果输入参数中有一个为标量，则将其扩展为与其他输入参数同型的矩阵或数组。
- Y=normpdf(X,mu)：默认 sigma=1。
- Y=normpdf(X)：默认 mu=0，sigma=1，即标准正态分布。

【功能介绍】计算正态分布的概率密度函数值。正态分布是一种常见的概率分布，常常被用来表示观测值围绕着某个中心呈现出对称波动的情况。根据中心极限定理，当所观察的现象由很多微小的因素构成时，这种现象很有可能就会呈现出正态分布。

【实例 10.5】绘制正态分布概率密度函数曲线；计算随机变量落在$-3\sigma \leqslant x \leqslant 3\sigma$区域内的概率。

```
>> x=-4:.1:4;
>> y=normpdf(x,0,1);                % 标准正态分布
>> plot(x,y);
>> hold on;
>> ind=find(x<=3 & x>=-3);
>> bar(x(ind),y(ind),'r');
>> title('标准正态分布：红色区域为-3sigma < x < 3sigme');
>> hold off
>> v=quad('normpdf',-3,3)   % 落在-3σ≤x≤3σ区域内的概率
```

```
v =
    0.9973
```

执行结果如图 10-1 所示。

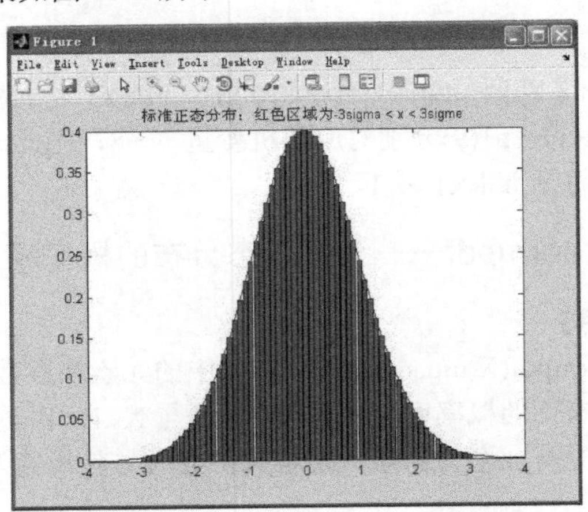

图 10-1　标准正态分布概率密度函数图

【实例讲解】 quad 函数用于求一元函数的定积分。对于标准正态分布，随机变量落在$-3\sigma \leqslant x \leqslant 3\sigma$范围内的概率为 99.73%，表示几乎所有的随机变量都落在均值附近$\pm 3\sigma$范围内。

10.2.3　lognpdf——计算对数正态分布的概率密度

【语法说明】

- Y=lognpdf(X,mu,sigma)：计算 X 中的元素在 mu、sigma 参数指定的对数正态分布下的概率密度函数值。X 与 mu、sigma 为同型数组，如果输入参数中有一个为标量，则将其扩展为与其他输入同型的矩阵或数组。X 满足 X>0，否则其概率为零。

【功能介绍】 计算对数正态分布的概率密度函数。如果一个随机变量的对数符合正态分布，则该随机变量符合对数正态分布。在对数正态分布中，mu 为相应的正态分布的期望（均值），sigma 为相应正态分布的标准差。假设对数正态分布的期望和标准差为 m 和

υ，相应的正态分布的期望和标准差为μ和σ，用以下公式进行互求：

$$\begin{cases} m = e^{\mu+\sigma^2/2} \\ \upsilon = e^{2\mu+\sigma^2}\left(e^{\sigma^2}-1\right) \end{cases}$$

$$\begin{cases} \mu = \log\left(m^2/\sqrt{\upsilon+m^2}\right) \\ \sigma = \sqrt{\log\left(\upsilon/m^2+1\right)} \end{cases}$$

【实例 10.6】绘制对数正态分布的概率密度函数图，并给出期望与方差。

```
>> x = (0:0.02:10);
>> y = lognpdf(x,0,1);        % 对数正态分布
>> plot(x,y); grid;
>> xlabel('x'); ylabel('p')
>> [M,V]=lognstat(0,1)        % 计算对数正态分布的期望与方差
M =
   1.6487
V =
   4.6708
```

执行结果如图 10-2 所示。

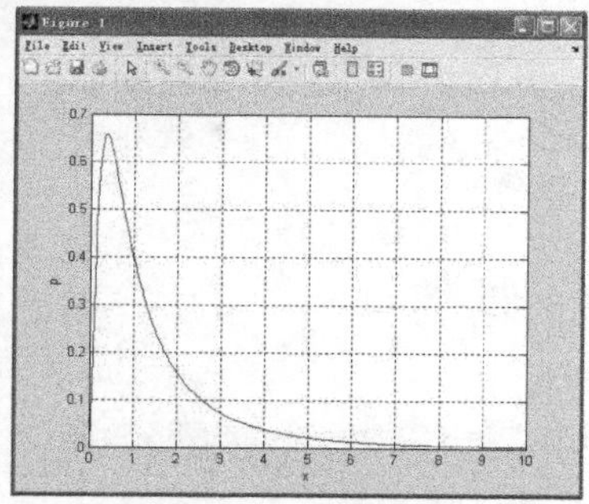

图 10-2 对数正态分布概率密度函数图

【实例讲解】在 log(*x*)中，*x*>0，因此对数正态分布的随机变量只能取正值。

10.2.4 chi2pdf——计算卡方分布的概率密度

【语法说明】

- Y=chi2pdf(X,V)：函数计算 X 中的元素在参数 V 指定的卡方分布下的概率密度函数值。如果输入参数中有一个为标量，则将其扩展为与另一个输入参数同型的矩阵或数组。参数 V 必须为正数，X 满足 0≤x≤+∞。

【功能介绍】计算卡方分布概率密度函数。卡方分布只有一个参数 V，且 V 为正整数。卡方分布中的随机变量 X 是 V 个服从正态分布的随机变量的平方和，因此 X≥0。X 可表示为

$$X=\sum_{i=1}^{V}t_i^2$$

其中，t_i 服从标准正态分布。参数 V 又称卡方分布的自由度。

【实例 10.7】生成服从卡方分布的随机数，并绘制卡方分布在不同参数时的概率密度函数图。

```
>> x1=0:.1:7;
>> y2=chi2pdf(x1,2);          % 参数为 2
>> y3=chi2pdf(x1,3);          % 参数为 3
>> y4=chi2pdf(x1,4);          % 参数为 4
>> y8=chi2pdf(x1,8);          % 参数为 8
>> plot(x1,y2,'r');
>> hold on;
>> plot(x1,y3,'g.-');
>> plot(x1,y4,'b--');
>> plot(x1,y8,'b.-');
>> legend('V=2','V=3','V=4','V=8');
>> hold off
```

执行结果如图 10-3 所示。

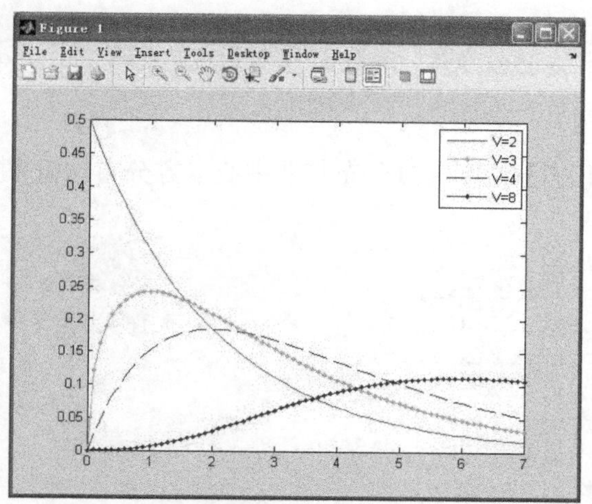

图 10-3　不同参数的卡方分布概率分布图

【实例讲解】随着参数的增大，卡方分布概率密度函数的形状出现了较大的变化。

10.2.5　ncx2pdf——计算非中心卡方分布的概率密度

【语法说明】

- Y=ncx2pdf(X,V,DELTA)：计算X中各元素在参数V、DELTA指定下的非中心卡方分布概率密度函数值。X与V、DELTA是同型的数组，如果输入参数中有一个为标量，则将其扩展为与其他输入参数同型的矩阵或数组。X满足0≤x≤+∞，V为正整数，DELTA为正实数。

【功能介绍】计算非中心卡方分布的概率密度函数。非中心卡方分布又称广义瑞利分布或莱斯分布，其随机变量X定义为V个服从正态分布的随机数的平方和：

$$X = \sum_{i=1}^{V} t_i^{\,2}$$

其中 t_i 服从正态分布。参数 V 称自由度，$\delta=\sqrt{\sum_{i=1}^{V}\mu_i^2}$ 称为非中心参数。

【实例 10.8】 绘制卡方分布与非中心卡方分布的概率密度函数曲线。

```
>> x=0:.1:7;
>> y1=chi2pdf(x,2);                     % 卡方分布
>> y2=ncx2pdf(x,2,1);                   % 非中心卡方分布
>> y3=ncx2pdf(x,2,.1);
>> plot(x,y1,'-');
>> hold on;
>> plot(x,y2,'.-');
>> plot(x,y3,'r.-');
>> hold off
>> legend('chi2','ncx2 - 1','ncx2pdf - 0.1');
```

执行结果如图 10-4 所示。

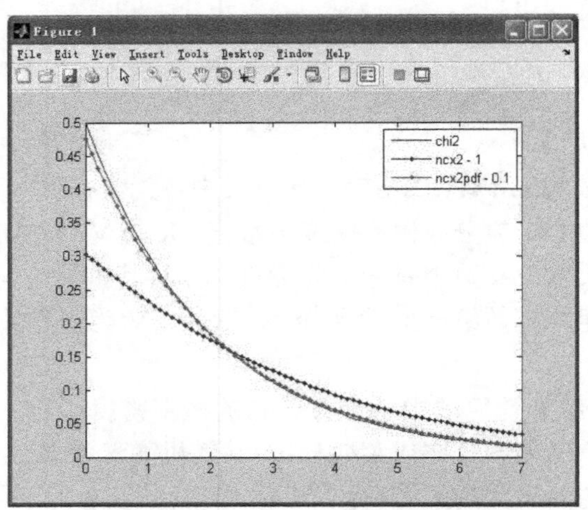

图 10-4 非中心卡方分布与卡方分布的对比图

【实例讲解】 非中心参数越小，非中心卡方分布越接近卡方分布。

10.2.6 fpdf——计算 F 分布的概率密度

【语法说明】

- Y=fpdf(X,V1,V2)：计算 X 中元素在相应参数 V1、V2 指定的 F 分布下的概率密度函数值。X 与 V1、V2 是同型的数组，如果其中有一个为标量，则将其扩展为与其他输入参数同型的矩阵或数组。V1、V2 必须为正数，X 中的元素满足 0≤X≤+∞。

【功能介绍】 计算 F 分布的概率密度函数。假设随机变量 c_1 服从自由度为 M 的卡方分布，c_2 服从自由度为 N 的卡方分布，定义随机变量ξ：

$$\xi = \frac{c_1 / M}{c_2 / N}$$

则ξ服从参数为(M, N)的 F 分布，显然$\xi \geqslant 0$。M 称为分子自由度，N 称为分母自由度。

【实例 10.9】 画出服从(2, 2)和(2, 4)F 分布的随机变量的概率密度函数曲线。

```
>> x=0:.1:5;
>> y1=fpdf(x,2,2);                % (2, 2)
>> y2=fpdf(x,2,4);                % (2, 4)
>> plot(x,y1);
>> hold on;
>> plot(x,y2,'.-');
>> hold off;
>> legend('(2,2)','(2,4)');
>> title('F分布');
```

执行结果如图 10-5 所示。

【实例讲解】 不同概率分布之间往往存在相互关联，F 分布以卡方分布为基础，最终来源于正态分布。

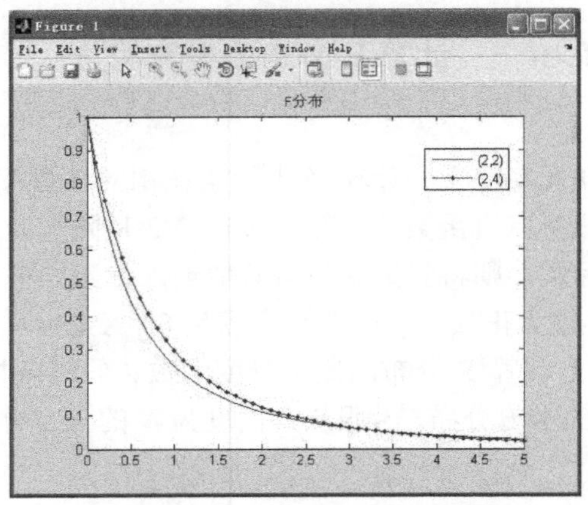

图 10-5　F 分布的概率密度函数图

10.2.7　ncfpdf——计算非中心 F 分布的概率密度

【语法说明】

- Y=ncfpdf(X,NU1,NU2,DELTA)：函数返回 X 中的每个值在相应参数 NU1、NU2 和 DELTA 指定的非中心 F 分布下的概率值。X 与 NU1、NU2 和 DELTA 是同型的数组，如果输入参数中有一个为标量，则将其扩展为与其他输入参数同型的矩阵或数组。

【功能介绍】计算非中心 F 分布的概率密度函数值。假设随机变量 c_1 服从自由度为 M 的卡方分布，c_2 服从参数为(N, δ)的非中心卡方分布，定义随机变量ξ:

$$\xi = \frac{c_1 / M}{c_2 / N}$$

则ξ服从自由度为$(M N)$，非中心参数为δ的非中心 F 分布。$\delta = 0$ 时非中心 F 分布退化为 F 分布。

【实例 10.10】绘制 F 分布与非中心 F 分布的对比图。

```
>> x=0:.1:5;
>> y1=fpdf(x,2,3);                    %F分布
```

```
>> y2=ncfpdf(x,2,3,0);          % δ=0
>> y3=ncfpdf(x,2,3,1);          % δ=1
>> isequal(y1,y2)
ans =
     1

>> plot(x,y1,'-');
>> hold on;
>> plot(x,y2,'r');
>> plot(x,y3,'.-');
>> hold off
>> legend('fpdf','ncfpdf - 0', 'ncfpdf - 1');
```

执行结果如图 10-6 所示。

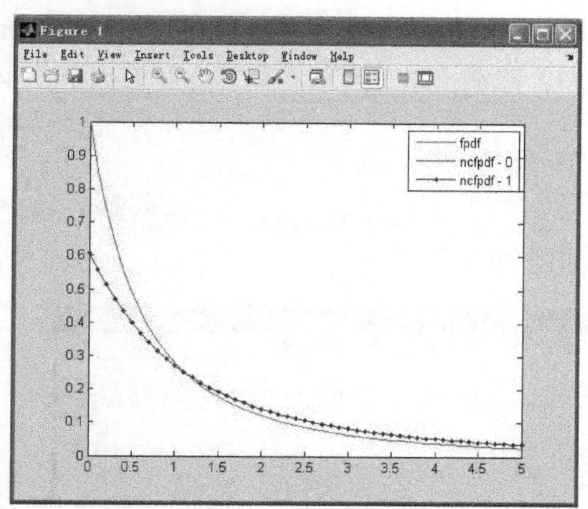

图 10-6 F 分布与非中心 F 分布的对比图

【实例讲解】 ncfpdf(x,2,3,0)与 fpdf(x,2,3)产生的结果完全相等，非中心参数为零的非中心 F 分布就等价于 F 分布。

10.2.8 poisspdf——计算泊松分布的概率

【语法说明】

- Y=poisspdf(X,lambda)：计算 X 中元素在参数 lambda 指定

的泊松分布下的概率值。Y 是与 X、lambda 同型的数组，如果输入参数中有一个为标量，则将其扩展为与另一个输入参数同型的矩阵或数组。X 可以为任意非负值，但只在整数值处概率不为零。参数 lambda>0。

【功能介绍】 计算泊松分布的概率。泊松分布是一种离散分布，其概率为

$$p(x)=\frac{\lambda^k e^{-\lambda}}{k!}\ \ k\in N$$

泊松分布的均值和方差均为λ，若干个服从泊松分布的变量之和仍服从泊松分布。在二项分布中，如果试验次数 n 很大，概率 p 很小，乘积$\lambda=np$ 适中，则事件发生的次数可以用泊松分布来逼近。

【实例 10.11】 绘制泊松分布在参数为 3 时的概率分布图。

```
>> x=0:10;
>> y=poisspdf(x,3);
>> stem(x,y)
>> title('泊松分布  lambda=3');
```

执行结果如图 10-7 所示。

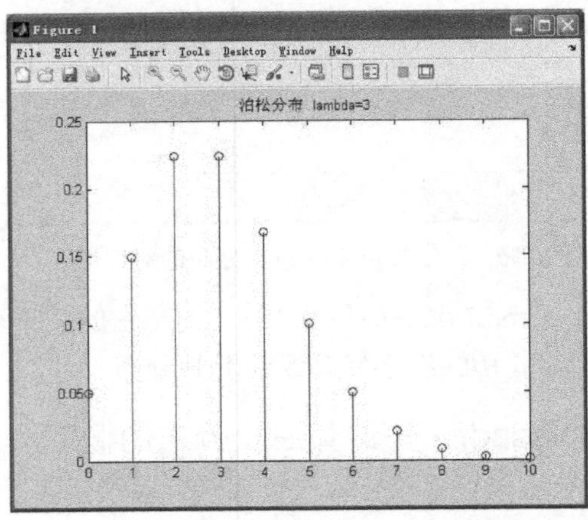

图 10-7 参数为 3 时的泊松分布概率分布图

【实例讲解】泊松分布是一种重要的离散分布，适合描述单位时间内随机事件发生的次数，如汽车站台的候车人数、机器出现的故障数等。

10.2.9 tpdf——计算 T 分布的概率密度

【语法说明】

- Y=tpdf(X,V)：计算 X 中的元素在自由度 V 指定的 T 分布下的概率密度函数值。X 与 V 是同型的数组，如果输入参数中有一个为标量，则将其扩展为与另一个输入参数同型的矩阵或数组。

【功能介绍】计算 T 分布的概率密度函数值。假设随机变量 X 和 K 分别满足正态分布和自由度为 n 的卡方分布，则随机变量 T 服从自由度为 n 的学生 T分布，简称 T分布：

$$T=\frac{X}{\sqrt{K/n}}$$

T的范围为$-\infty \leqslant T \leqslant +\infty$。当 $n>1$ 时，期望 $E(T)=0$；当 $n>2$ 时，方差$\sigma^2=\dfrac{n}{n-2}$。

【实例 10.12】绘制 T 分布在不同参数时的概率密度函数图。

```
>> x=-4:.1:4;
>> y1=tpdf(x,3);
>> y2=tpdf(x,8);
>> y3=normpdf(x,0,1);
>> plot(x,y1);
>> hold on;
>> plot(x,y2,'r-');
>> plot(x,y3,'r.-');
>> hold off
>> legend('T - 3','T - 8','norm');
>> title('T分布于标准正态分布');
```

执行结果如图 10-8 所示。

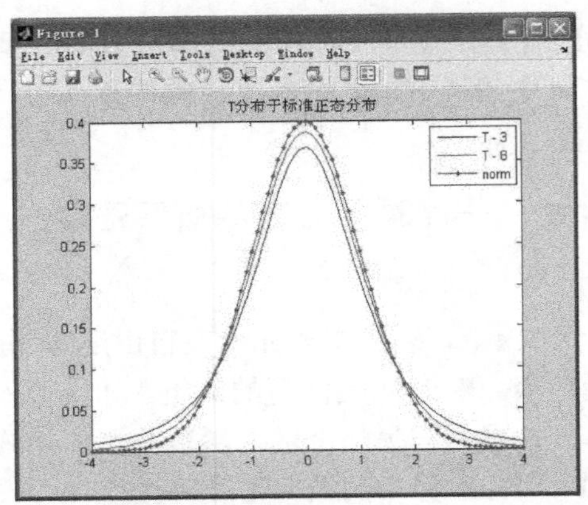

图 10-8　标准正态分布与不同自由度的 T 分布对比图

【实例讲解】 T分布形状与标准正态分布类似，自由度 n 的增加，T分布越来越接近正态分布。

10.2.10　raylpdf——计算瑞利分布的概率密度

【语法说明】

- Y=raylpdf(X,B)：计算 X 中的元素在参数 B 指定的瑞利分布下的概率密度函数值。Y 是与 X、B 同型的数组，如果输入参数中有一个为标量，则将其扩展为与另一个输入参数同型的矩阵或数组。X 满足 X>0。

【功能介绍】 计算瑞利分布的概率密度函数值。参数为 b 的瑞利分布概率密度函数为

$$f(x)=\frac{x}{b^2}e^{-\frac{x^2}{2b^2}}\quad x>0$$

b 称为尺度参数。瑞利的分布的期望 $E(x)=\sqrt{\frac{\pi}{2}}b$ ，方差 $\sigma^2=\left(2-\frac{\pi}{2}\right)b^2$ 。两个正交的高斯噪声信号之和的包络服从瑞利分

布，因此瑞利分布可用于描述平坦衰落信号接收包络。

【实例 10.13】绘制瑞利分布在不同尺度参数时的概率密度函数图。

```
>> x=0:.1:4;
>> y1=raylpdf(x,0.5);                % b=0.5
>> y2=raylpdf(x,0.7);                % b=0.7
>> y3=raylpdf(x,1);                  % b=1
>> y4=raylpdf(x,2);                  % b=2
>> y5=raylpdf(x,8);                  % b=8
>> plot(x,y1,'r');
>> hold on
>> plot(x,y2,'r--');
>> plot(x,y3,'b-');
>> plot(x,y4,'b--');
>> plot(x,y5,'g-');
>> hold off
>> title('瑞利分布');
>> legend('b=0.5','b=0.7','b=1','b=2','b=8');
```

执行结果如图 10-9 所示。

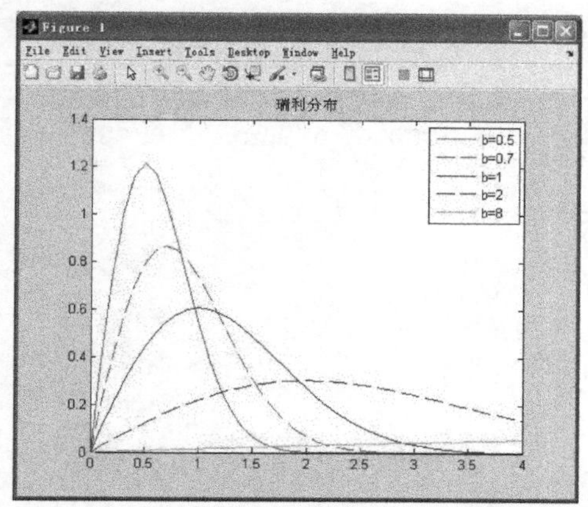

图 10-9　瑞利分布在不同尺度参数时的概率密度函数图

【实例讲解】尺度参数越大，概率密度曲线越扁平。

10.2.11 wblpdf——计算韦伯分布的概率密度

【语法说明】

- Y=wblpdf(X,A,B)：计算 X 中的元素在参数 A、B 指定的韦伯分布下的概率密度函数值。Y 是与 X、A、B 同型的数组，如果输入参数中有一个为标量，则将其扩展为与其他输入同型的矩阵或数组。

【功能介绍】计算韦伯分布的概率密度函数值。参数为(a, b)的韦伯分布的概率密度函数为

$$f(x)=\frac{b}{a}\left(\frac{x}{a}\right)^{b-1}e^{-(x/a)^b}\quad x\geqslant 0$$

其中 a>0 为尺度参数，b>0 为形状参数。韦伯分布与很多分布都有关系，例如，当 b=1 时，韦伯分布就等于指数分布；当 b=2 时，韦伯分布等于瑞利分布。

【实例 10.14】验证韦伯分布与指数分布和瑞利分布的关系。

```
>> x=0:.1:1
x =
         0    0.1000    0.2000    0.3000    0.4000
0.5000    0.6000    0.7000    0.8000    0.9000    1.0000

>> y1=wblpdf(x,3,1)
y1 =
    0.3333    0.3224    0.3118    0.3016    0.2917
0.2822    0.2729    0.2640    0.2553    0.2469    0.2388
>> y1=exppdf(x,3)                          % 指数分布
y1 =
    0.3333    0.3224    0.3118    0.3016    0.2917
0.2822    0.2729    0.2640    0.2553    0.2469    0.2388

>> y1=wblpdf(x,3,2)
y1 =
         0    0.0222    0.0442    0.0660    0.0873
```

```
0.1081    0.1281    0.1473    0.1656    0.1828    0.1989
    >> y1=raylpdf(x,3/sqrt(2))        % 瑞利分布
    y1 =
            0      0.0222      0.0442      0.0660      0.0873
0.1081    0.1281    0.1473    0.1656    0.1828    0.1989
```

【实例讲解】 b=2 时，韦伯分布相当于瑞利分布，但是输入参数需要用系数进行调整才能得出与 raylpdf 相同的结果。

10.2.12 gampdf——计算伽马分布的概率密度

【语法说明】

- Y=gampdf(X,A,B)：计算 X 中的元素在参数 A、B 指定的伽马分布下的概率密度函数值。X 与 A、B 是同型的数组，如果输入参数中有一个为标量，则将其扩展为与其他输入同型的矩阵或数组。X、A、B 均大于零。

【功能介绍】 计算伽马分布的概率密度函数值。参数为(γ、λ)的伽马分布的概率密度函数为

$$f(x)=\frac{\lambda^{\gamma}x^{\gamma-1}}{\Gamma(\gamma)}e^{-\lambda x}$$

其中γ>0，为形状参数。λ>0，为尺度参数。令$\beta=1/\lambda$，则$E(x)=\gamma\beta$，$\sigma^2=\gamma\beta^2$，γ=1 时伽马分布退化为指数分布。

【实例 10.15】 绘制不同参数下伽马分布的概率密度函数图。

```
    >> x=0:.1:20;
    >> y1=gampdf(x,1,2);            %不同参数的伽马分布
    >> y2=gampdf(x,2,2);
    >> y3=gampdf(x,3,2);
    >> y4=gampdf(x,5,1);
    >> y5=gampdf(9,0.5);
    >> plot(x,y1,x,y2,x,y3,x,y4,x,y5);
    >>  legend('gam=1,lambda=2','gam=2,lambda=2','gam=3,
lambda=2','gam=5,lambda=1','gam=9,lambda=0.5');
```

执行结果如图 10-10 所示。

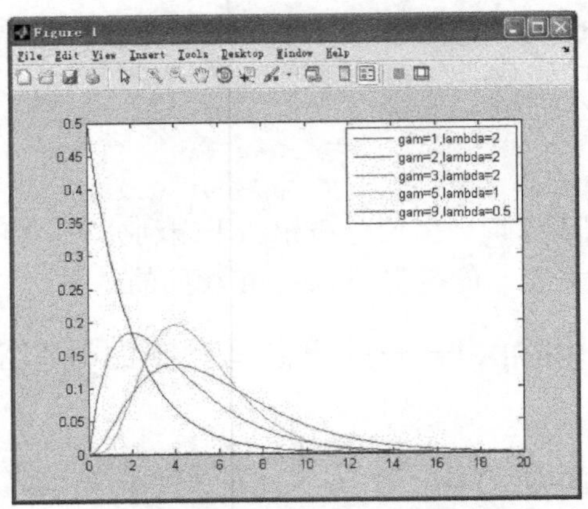

图 10-10 不同参数下伽马分布的概率密度函数图

【实例讲解】伽马分布在寿命可靠性模型中有广泛应用，伽马分布比指数分布更加灵活，指数分布表示一种无记忆的随机过程，但产品的使用寿命往往与其当前寿命有关。

10.2.13 nbinpdf——计算负二项分布的概率

【语法说明】

- Y=nbinpdf(X,N,P)：计算 X 中的元素在参数 N、P 指定的负二项分布下的概率值。输入参数 X、N、P 为同型矩阵，如果有参数为标量，则该参数将被扩展为其他参数同型的数组。

【功能介绍】计算负二项分布的概率。负二项分布又称帕斯卡分布，属于离散分布。如果随机变量 k 服从参数为(n,p)的负二项分布，则概率值为

$$P(k)=C_{n+k-1}^{n-1}(1-p)^k p^n$$

其中 k=0, 1, …，期望$E(k)=\dfrac{n(1-p)}{p}$，方差$\sigma^2=\dfrac{n(1-p)}{p^2}$。

负二项分布的含义是，已知随机事件ξ在一次试验中发生的概率为p，在多次独立重复试验中，恰好在第$n+k$次试验时出现第n次的概率。n=1时负二项分布退化为几何分布。

【实例10.16】计算n=2,20,40，p=0.7的负二项分布概率。

```
>> x=0:30;
>> y1=nbinpdf(x,2,.7);      % n=2
>> y2=nbinpdf(x,20,.7);     % n=20
>> y3=nbinpdf(x,40,.7);     % n=40
>> plot(x,y1,'ro-');
>> hold on;
>> plot(x,y2,'bo-');
>> plot(x,y3,'go-');
>> hold off
>> legend('N=2','N=20','N=40');
```

执行结果如图10-11所示。

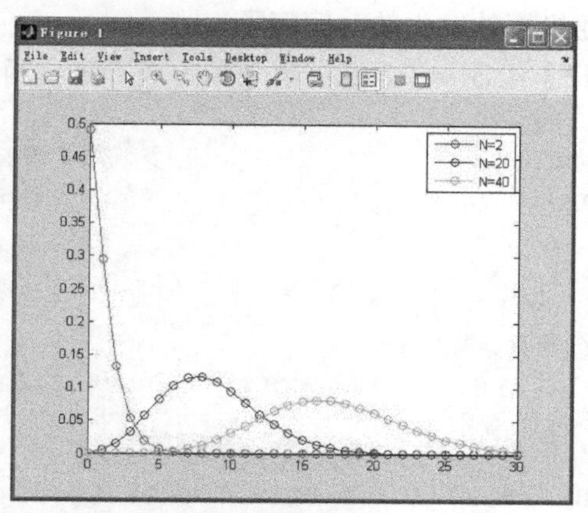

图10-11 不同参数的负二项分布

【实例讲解】负二项分布是离散分布，图中为了便于观看将离散的点用线连起来，但只有整数值处（用圆圈表示）有定义。

10.2.14 exppdf——计算指数分布的概率密度

【语法说明】

- Y=exppdf(X,mu)：计算 X 中的元素在参数 mu 指定的指数分布下的概率密度函数值。Y 返回与 X 和 mu 同型的数组。如果输入参数中有一个为标量，则将其扩展为与另一输入参数同型的矩阵或数组。X 与 mu 均大于零。

【功能介绍】计算指数分布的概率密度函数值。参数为μ的指数函数概率密度函数为

$$f(x)=\frac{1}{\mu}e^{-\frac{x}{\mu}}$$

μ为指数分布的期望，方差$\sigma^2=\mu^2$。指数分布具有无记忆性，常用来表示独立随机事件发生的时间间隔。

【实例 10.17】绘制μ=1,2 的指数分布的概率密度函数图。

```
>> x=0:.1:4;
>> y1=exppdf(x,1);                    % 参数为 1 的指数分布
>> y2=exppdf(x,2);                    % 参数为 2 的指数分布
>> plot(x,y1);
>> hold on;
>> plot(x,y2,'.-');
>> title('指数分布');
>> x=[0,1,2,3];            % 计算 mu=2 时 x=0,1,2,3 处的概率值
>> yy=exppdf(x,2)
yy =
    0.5000    0.3033    0.1839    0.1116

>> plot(x,yy,'ro','LineWidth',2);
>> diff(yy)./yy(1:3)                  % 计算减少的百分比
ans =
   -0.3935   -0.3935   -0.3935

>> legend('mu=1','mu=2','mu=2; x=0,1,2,3');
```

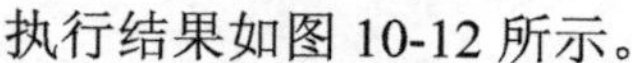

执行结果如图 10-12 所示。

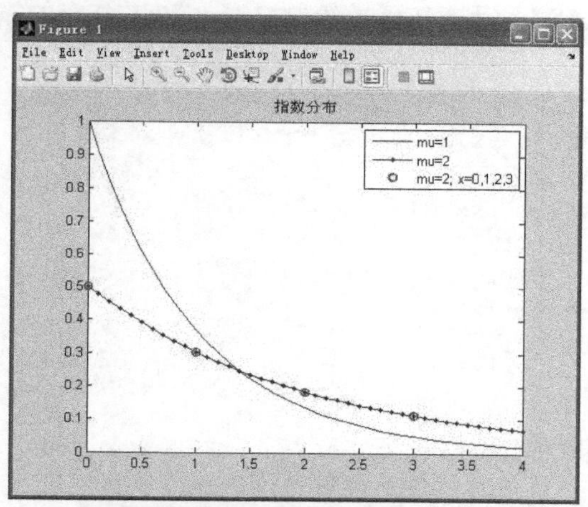

图 10-12　指数分布的概率密度函数图

【实例讲解】 指数分布具有无记忆性，diff(yy)./yy(1:3)计算 $p(x=1)$相对 $p(x=0)$、$p(x=2)$相对 $p(x=1)$以及 $p(x=3)$相对 $p(x=2)$减少的百分比，算得结果相等。

10.2.15　pdf——计算指定分布的概率密度函数

【语法说明】

- Y=pdf('name',X,A)
- Y=pdf('name',X,A,B)
- Y=pdf('name',X,A,B,C)

字符串 name 指定概率分布的种类，函数计算自变量 X 在指定概率分布下的概率值，A、B、C 为分布的参数。X、A、B、C 应为同型数组，如果为标量，则该参数将被扩展为与其他参数同型的数组。

【功能介绍】 pdf 是一个通用的计算概率密度的函数，在 pdf 的参数中指定概率分布类型，就可以实现 normpdf、betapdf、wblpdf

等函数的功能。

【实例 10.18】利用 pdf 函数绘制 F 分布和 T 分布的概率密度函数曲线。

```
>> x=0:.1:5;
>> y1=pdf('f',x,2,2);
>> xx=-3:.1:3;
>> y2=pdf('t',xx,3);
>> subplot(211);
>> plot(x,y1);
>> title('F分布');
>> subplot(212);
>> plot(xx,y2);
>> title('F分布');
```

执行结果如图 10-13 所示。

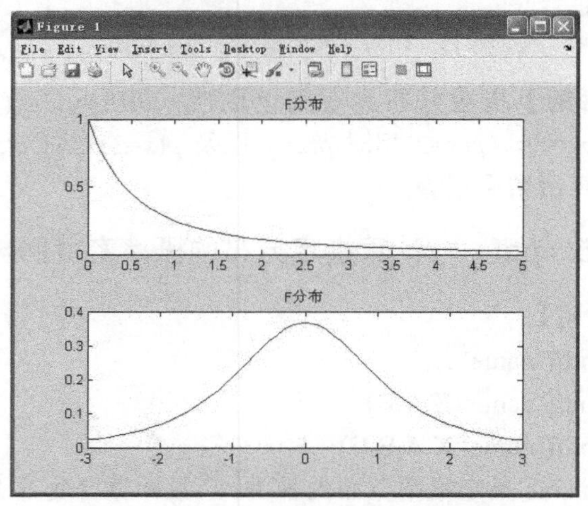

图 10-13　F 分布和 T 分布的概率密度函数

【实例讲解】 pdf 函数根据输入参数的不同，在内部调用了 fpdf 和 tpdf 实现概率密度函数的计算。

10.3 随机变量的累积分布

“累积概率”指随机变量在某段区间内出现的概率（密度）总和，其计算过程相当于对概率密度进行累加或积分。

10.3.1 binocdf——计算二项分布的累积概率

【语法说明】

- Y=binocdf(X,N,P)：计算 X 中的元素在参数 N、P 确定的二项分布下的累积概率值。Y 是与 X、N、P 同型的数组，如果 X、N 和 P 其中之一为标量，则该标量将被扩展为与其他参数同型的数组。N 为正整数，X 满足 0≤X≤N。

【功能介绍】计算二项分布的累积概率。binocdf(x,n,p)表示对一个发生概率为 p 的随机事件做 n 次独立重复试验，该事件发生 0～x 次的概率。

【实例 10.19】某球队在一个赛季中共需进行 150 场比赛，根据往年数据，该球队单场胜率为 0.6。假设比赛之间相互独立，求该球队一个赛季胜 90 场以上的概率（包括 90 场）。

```
>> x=binocdf(89,150,0.6)
x =
    0.4646
>> 1-x
ans =
    0.5354
```

【实例讲解】binocdf(89,150,0.6)表示该球队胜 0～89 场的概率，因此赢球 90 场以上的概率为 1−X=53.54%。

10.3.2 normcdf——计算正态分布的累积概率

【语法说明】

- P=normcdf(X,mu,sigma)：计算 X 中的元素在均值 mu、标准差 sigma 确定的正态分布下的累积概率值。P 是与 X、mu、sigma 同型的数组，如果输入参数其中之一为标量，则该标量将被扩展为与其他参数同型的数组。
- [P,PLO,PUP]=normcdf(X,mu,sigma,pcov,alpha)：mu 和 sigma 为估计值，pcov 为其协方差矩阵，alpha 为置信因子，默认值为 0.05。函数返回累积概率值及其置信区间[PLO, PUP]。

【功能介绍】计算正态分布的累积概率值。

【实例 10.20】在标准正态分布中，分别计算随机变量落在区间 $-\sigma \leqslant x \leqslant \sigma$、$-2\sigma \leqslant x \leqslant 2\sigma$和$-3\sigma \leqslant x \leqslant 3\sigma$的概率。

```
>> p1=normcdf(1)-normcdf(-1)     % 落在-σ≤x≤σ的概率
p1 =
    0.6827
>> p2=normcdf(2)-normcdf(-2)     % 落在-2σ≤x≤2σ的概率
p2 ="
    0.9545
>> p3=normcdf(3)-normcdf(-3)     % 落在-3σ≤x≤3σ的概率
p3 =
    0.9973
```

【实例讲解】normcdf 函数为 normpdf 函数的积分，p1=normcdf(1)−normcdf(−1)相当于求 normpdf 从−1 到 1 的定积分。

10.3.3 cdf——计算指定分布的累积分布

【语法说明】

- Y=cdf('name',X,A)
- Y=cdf('name',X,A,B)
- Y=cdf('name',X,A,B,C)

字符串 name 指定概率分布的名称。函数计算 X 中的元素在参数 A、B、C 和分布名称 name 决定的概率分布下的累积分布函数值。Y 返回与输入参数同型的数组。如果 X、A、B 或 C 其中之一为标量，则将其扩展为与其他参数同型的数组。

【功能介绍】 cdf（Cumulative Distribution Functions）计算指定分布的累积分布函数值。cdf 的内部调用了 betacdf、expcdf、gamcdf 等函数，通过对 name 参数的判断决定调用哪个函数。

【实例 10.21】 绘制对数正态分布和瑞利分布的累积分布函数曲线。

```
>> x=0:.1:6;
>> y1=cdf('logn',x,0,1);          % 对数正态分布
>> y2=cdf('rayl',x,2);            % 瑞利分布
>> plot(x,y1,'r-');
>> hold on;
>> plot(x,y2,'b.-');
>> hold off
>> legend('logn', 'rayl');
```

执行结果如图 10-14 所示。

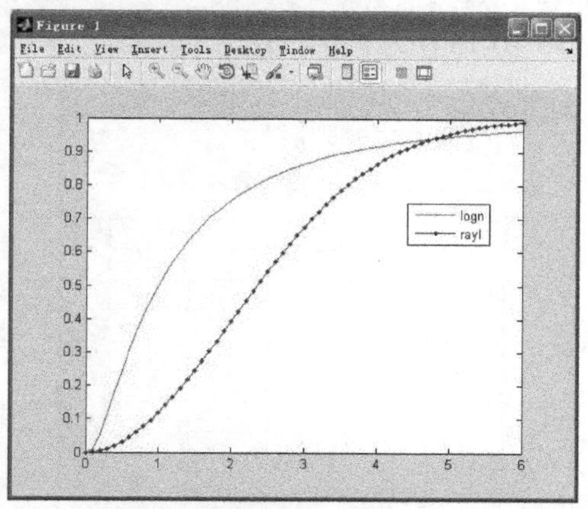

图 10-14 用 cdf 绘制不同概率分布的累积分布函数

【实例讲解】 累积分布函数是概率密度函数的积分，取值从 0

开始递增至 1。

10.3.4 norminv——计算正态分布的逆累积分布

【语法说明】

- X=norminv(P,mu,sigma)：计算 P 中各元素在均值 mu、标准差 sigma 确定的正态分布下的逆累积概率值。X 是与 P、mu、sigma 同型的数组，如果输入参数其中之一为标量，则该标量将被扩展为与其他参数同型的数组。P 表示概率，满足 0≤P≤1。

【功能介绍】计算正态分布的逆累积概率函数值。正态分布的随机变量取值为全体实数，因此 norminv 函数的值域为 $-\infty<x<+\infty$。

【实例 10.22】绘制参数为(3, 1)的正态分布的逆累积分布曲线。

```
>> p=0:.01:1;
>> x=norminv(p,3);
>> plot(p,x);
>> grid on
>> title('正态分布逆累积分布曲线');
```

执行结果如图 10-15 所示。

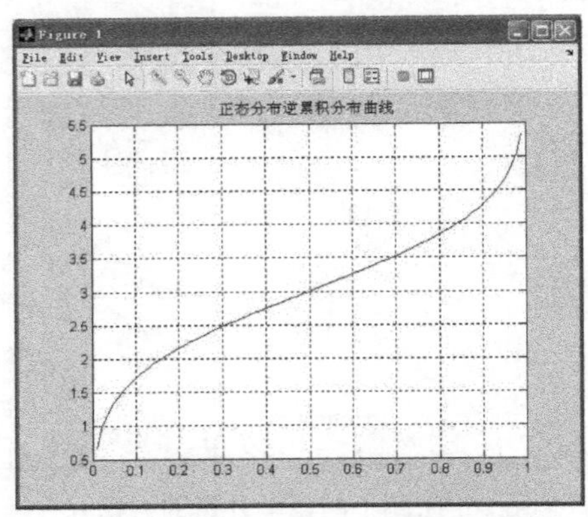

图 10-15 正态分布的逆累积分布函数

【实例讲解】由于该正态分布均值为 3，因此逆累积分布曲线在

p=0.5 处的值为 3。

10.3.5 icdf——计算指定分布的逆累积分布

【语法说明】

- Y=icdf('name',X,A)
- Y=icdf('name',X,A,B)
- Y=icdf('name',X,A,B,C)

字符串 name 为概率分布的名称。计算 X 中的元素在由参数 A、B、C 和分布 name 确定的概率分布下的逆累积分布函数值。Y 是与 X、A、B、C 同型的矩阵或数组。如果输入参数其中之一为标量，则将其扩展为与其他参数同型的数组。

【功能介绍】计算指定分布的逆累积分布函数值。icdf 函数在内部调用了 binoinv、chi2inv、gaminv 等函数，通过对输入参数 name 的判断决定具体调用哪一个函数。

【实例 10.23】绘制伽马分布和指数分布的逆累积分布函数图。

```
>> p=0:.05:1;
>> y1=icdf('gam',p,5,4);          % 伽马分布的逆累积函数
>> y2=icdf('exp',p,2);            % 指数分布的逆累积函数
>> plot(p,y1,'r-')
>> hold on;
>> plot(p,y2,'b-');
>> hold off
>> legend('gam', 'exp')
>> title('伽马分布和指数分布的逆累积分布');
```

执行结果如图 10-16 所示。

【实例讲解】icdf 函数相当于累积分布函数 cdf 的反函数，因此其定义域为 0～1。

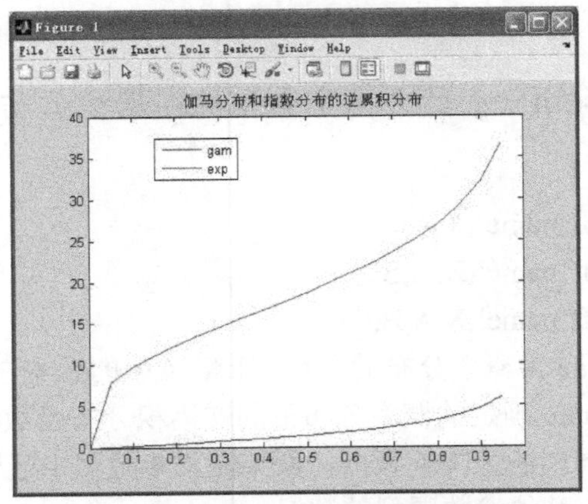

图 10-16　绘制伽马分布和指数分布的累积分布图

10.4　随机变量的数字特征

用来从某个方面刻画随机变量统计规律的量，叫做随机变量的数字特征。常用的数字特征包括期望、方差、标准差、协方差、矩、中位数、偏度等，下面具体介绍。

10.4.1　mean——求样本均值

【语法说明】

- M=mean(A)：如果 A 是向量，函数求向量的平均值；如果 A 是矩阵，函数对每一列求均值。

【功能介绍】计算样本均值。

【实例 10.24】对某工厂生产的钢管进行抽样，测量其直径，计算直径的平均值。

```
>> sample=[45,46,45,45,47,45,43,45,45]
sample =
    45    46    45    45    47    45    43    45    45
```

```
>> mean(sample)
ans =
   45.1111
```

【实例讲解】 mean 函数可以用来求样本均值。

10.4.2 geomean——求几何平均数

【语法说明】

- m=geomean(X)：如果 X 是向量，函数求向量的几何平均数；如果 X 是矩阵，则求每一列的几何平均数。如果 X 为多维矩阵，则沿着第一个维数不为 1 的维度进行计算。
- m=geomean(X,dim)：返回 X 沿着 dim 指定的维度上的元素的几何平均数。

【功能介绍】 计算样本的几何平均数。对于向量 $X=[x_1, x_2, \cdots, x_n]$，其几何平均数为

$$m=\left(\prod_{i}^{n} x_i\right)^{\frac{1}{n}}$$

向量元素 x_i 均大于零。mean 函数求得的平均值称算术平均值，当元素均大于零时，有

$$\text{mean}(X) \geqslant \text{geomean}(X)$$

当且仅当 $x_1=x_2=\cdots=x_n$ 时等号成立。

【实例 10.25】 比较算术平均数与几何平均数。

```
>> a=[1,2,3,4]
a =
     1     2     3     4
>> mean(a)
ans =
   2.5000
>> geomean(a)
ans =
```

```
    2.2134
>> mean(ones(1,20)*2)
ans =
     2
>> geomean(ones(1,20)*2)
ans =
     2
```

【实例讲解】算术平均数≥几何平均数，当向量只包含两个元素时，就是常见的不等式：

$$x_1 + x_2 \geqslant 2\sqrt{x_1 x_2}$$

10.4.3 nanmean——求忽略 NaN 的均值

【语法说明】

- M=nanmean(A)：如果 A 是向量，函数求向量的平均值；如果 A 是矩阵，函数对每一列求均值。计算之前忽略 A 中的 NaN（Not-a-Number）元素。

【功能介绍】计算忽略 NaN 的算术平均值。

【实例 10.26】求包含 NaN 元素的向量的均值。

```
>> a=magic(3);
>> a(2,3)=NaN;a(1,2)=NaN;
>> a
a =
     8   NaN     6
     3     5   NaN
     4     9     2
>> nanmean(a)                    %计算矩阵 a 每列忽略了 NaN 的均值
ans =
     5     7     4
>> mean(a)                                %直接计算每列均值
ans =
     5   NaN   NaN
```

【实例讲解】直接用 mean 函数计算时，在有 NaN 元素的列，函数将返回 NaN。

10.4.4 harmmean——求调和平均数

【语法说明】

- m=harmean(X)：如果 X 是向量，函数求向量的调和平均数；如果 X 为矩阵，则求每一列的调和平均数。如果 X 为多维矩阵，则沿着第一个维度不为 1 的维度进行计算。
- m=harmmean(X,dim)：沿着 dim 指定的维度计算调和平均数。

【功能介绍】计算样本的调和平均数。调和平均数又称倒数平均数，计算公式为

$$m=\frac{n}{\sum_{i=1}^{n}\frac{1}{x_i}}$$

当 x_i 均大于零时，有

$$\text{harmmean}(x)\leqslant\text{mean}(x)$$

mean(x)为算术平均数，当且仅当 $x_1=x_2=\cdots=x_n$ 时等号成立。

【实例 10.27】某商品价格用 100 元钱能买多少千克，9 个月内的价格波动如表 10-1 所示。

表 10-1　　价格波动表

时间	1月	2月	3月	4月	5月	6月	7月	8月	9月
价格	101	103	103	102	106	109	107	108	109

计算 9 个月该商品的平均价格，依然用 100 元能买多少千克表示。

```
>> a=[101,103,103,102,106,109,107,108,109]
a =
   101   103   103   102   106   109   107   108   109
>> harmmean(a)                   % 用调和平均数求平均价格
```

```
ans =
  105.2508
>> b=1./a                          % 单位换算。转换为"百元/千克"
b =
    0.0099    0.0097    0.0097    0.0098    0.0094
0.0092    0.0093    0.0093    0.0092
>> 1./mean(b)  % 在"百元/千克"单位下计算平均价格，再取倒数
ans =
  105.2508
```

【实例讲解】调和平均数最适宜用于计算某些经济指标的逆指标，这样计算得出的调和平均数和用正指标计算的算术平均数完全一致。计算商品的平均价格，必须先将价格表示为“百元/千克”的形式，求得平均值后，再取倒数。

10.4.5 var——求样本方差

【语法说明】

- V=var(X)：如果 X 是向量，函数求向量的方差；如果 X 是矩阵，函数求每一列的方差。
- V=var(X,1)：求方差时使用样本个数 N 进行标准化。

【功能介绍】求样本数据的方差。

【实例 10.28】求钢管直径样本的方差。

```
>> sample=[45,46,45,45,47,45,43,45,45]
sample =
    45    46    45    45    47    45    43    45    45
>> var(sample)
ans =
    1.1111
>> var(sample,1)
ans =
    0.9877
```

【实例讲解】求样本方差往往采用 var(sample)的调用格式，这种方法算得的方差是总体方差的无偏估计。

10.4.6 std——求样本标准差

【语法说明】

- V=std(X)：如果 X 是向量，函数求向量的标准差；如果 X 是矩阵，函数求每一列的标准差。
- V=std(X,1)：求标准差时使用样本个数 N 进行标准化。

【功能介绍】求样本标准差，标准差的平方等于方差。

【实例 10.29】求钢管直径样本的标准差。

```
>> sample=[45,46,45,45,47,45,43,45,45]
sample =
   45   46   45   45   47   45   43   45   45
>> std(sample)                    % 标准差
ans =
   1.0541
>> ans^2
ans =
   1.1111
```

【实例讲解】标准差的平方等于方差。

10.4.7 nanstd——求忽略 NaN 的标准差

【语法说明】

- V=nanstd(X)：如果 X 是向量，函数求向量的标准差，如果 X 是矩阵，函数求每一列的标准差。计算时忽略样本中的 NaN（Not-a-Number）元素。
- V=nanstd(X,1)：求标准差时使用样本个数 N 进行标准化。
- V=nanstd(X,flag,dim)：flag=1 表示使用样本个数 N 进行标准化，flag=0 表示用 N−1 进行标准化。dim 表示沿着 X 的第 dim 个维度计算标准差。默认 dim=1，表示对每一列求标准差。

【功能介绍】求样本标准差，计算时忽略其中的 NaN 元素。

【实例 10.30】求包含 NaN 元素的向量的标准差。

```
>> a=[50,65,47,Inf];
```

```
>> b=[100,200,400,-Inf];
>> c=a+b
c =
   150   265   447   NaN
>> mean(c)
ans =
   NaN
>> nanmean(c)
ans =
  287.3333
```

【实例讲解】 如果输入参数包含 NaN，mean 函数将返回 NaN，此时应使用 nanmean 函数。

10.4.8 median——计算中位数

【语法说明】

- M=median(A)：如果 A 是向量，函数求向量的中位数；如果 A 是矩阵，则求每一列的中位数；如果 A 为多维矩阵，则沿着第一个维数不等于 1 的维度计算中位数。
- M=median(A,dim)：沿着 dim 指定的维度计算中位数。

【功能介绍】 计算样本的中位数。将向量按大小顺序排列起来，位于中间位置的那个数据就是向量的中位数。在数列中出现了极端变量值的情况下，用中位数作为样本的代表值要比用算术平均数更好，因为中位数只考虑元素的大小关系，不受极端值的影响。

【实例 10.31】 对某工厂生产的钢管进行抽样，测量其直径，计算直径的中位数。

```
>> sample=[45,46,45,45,47,45,43,45,55]
sample =
    45    46    45    45    47    45    43    45    55
>> median(sample)
ans =
    45
>> mean(sample)
ans =
```

```
    46.2222
```

【实例讲解】钢管直径样本中出现了极端值 55，很可能是测量错误导致的。算术平均值 46.2222 不能去除极端值的影响，中位数则不受其影响。显然 45 比 46.2222 更能代表样本数据。

10.4.9 nanmedian——求忽略 NaN 的中位数

【语法说明】

- m=nanmedian(X)
- m=nanmedian(X,dim)

语法说明与 median 函数相同，但在计算前去除了 NaN 元素。

【功能介绍】计算忽略了 NaN 的中位数。

【实例 10.32】某 3×3 矩阵包含 NaN 元素，求其每列的中位数。

```
>> X = magic(3);
>> X([1 6:9]) = repmat(NaN,1,5)
X =
   NaN     1   NaN
     3     5   NaN
     4   NaN   NaN
>> median(X)                          % 直接求中位数
ans =
   NaN   NaN   NaN
>> nanmedian(X)                       % 用 nanmedian 求中位数
ans =
    3.5000    3.0000       NaN
```

【实例讲解】第三列所有元素均为 NaN，因此函数返回 NaN。

10.4.10 range——求最大值与最小值之差

【语法说明】

- Y=range(X)：如果 X 为向量，函数返回向量的最大最小值之差；如果 X 为矩阵，则求每一列的最大最小值之差；如果 X 为多维数组，则沿着第一个维数不为 1 的维度进行计算。
- Y=range(X,dim)：沿着 dim 指定的维度计算最大最小值之差。

【功能介绍】求样本的最大值与最小值之差。

【实例 10.33】生成服从标准正态分布的随机数组，求其最大最小值之差。

```
>> rng(0);
>> a=normrnd(0,1,1000,4);   % 生成正态分布随机矩阵
>> range(a)                 % 求每列随机数的最大最小值之差
ans =
    6.8104    6.6420    6.9578    6.0860
```

【实例讲解】对于正态分布，随机变量落在$-3\sigma \leqslant x \leqslant 3\sigma$之间的概率为99.73%，因此大部分情况下，几乎所有的数据都在这个区间内，求其最大最小值之差，在6σ左右。

10.4.11 skewness——求样本偏斜度

【语法说明】

- y=skewness(X)：如果X为向量，函数计算向量的偏斜度；如果X为矩阵，则计算每一列的偏斜度；如果X为多维数组，则沿着第一个维数不为1的维度进行计算。
- y=skewness(X,flag)：flag=1（默认）时采用如下公式计算偏斜度：

$$s_1 = \frac{1/n\sum_{i=1}^{n}\left(x_i - \overline{x}\right)^3}{\left(\sqrt{1/n\sum_{i=1}^{n}\left(x_i - \overline{x}\right)^2}\right)^3}$$

flag=0 时采用如下公式：

$$s_0 = \frac{\sqrt{n(n-1)}}{n-2}s_1$$

flag=0 算得的结果是总体偏斜度的无偏估计，flag=1 时为有偏估计。

- y=skewness(X,flag,dim)：函数沿着 dim 指定的维度计算偏斜度。

【功能介绍】求样本的偏斜度。偏斜度是数据的三阶统计特征（均值和方差分别为一阶和二阶统计特征），反映统计数据分布偏斜方向及程度，简称偏度。偏度小于零时称左偏态，此时数据位于均值左边的比位于右边的少，表现为左边的尾部比右边的长，反之则为右偏态。偏度定义为

$$s = \frac{E(x-\mu)^3}{\sigma^3}$$

【实例 10.34】计算正态分布、韦伯分布、beta 分布随机数样本的偏斜度。

```
>> rng(0);
>> na=normrnd(0,3,1,5000);        % 求正态分布随机数的偏度
>> skewness(na)
ans =
    0.0500

>> ng=gamrnd(3,1,1,5000);         % 求伽马分布随机数的偏度
>> skewness(ng)
ans =
    1.1134

>> nb=betarnd(20,3,1,5000);       % 求beta分布随机数的偏度
>> skewness(nb)
ans =
   -0.7716
>> x=-3:.1:3;              % 画出 3 个概率分布的概率密度函数曲线
>> y1=normpdf(x,0,3);
>> xx=0:.1:10;
>> y2=gampdf(xx,3,1);
>> x2=0:.01:1;
>> y3=betapdf(x2,20,3);
>> subplot(311);plot(x,y1);title('正态分布偏斜度=0');
```

```
>> subplot(312);plot(xx,y2);title('伽马分布偏斜度>0');
>> subplot(313);plot(x2,y3);title('beta 分布偏斜度<0');
```

执行结果如图 10-17 所示。

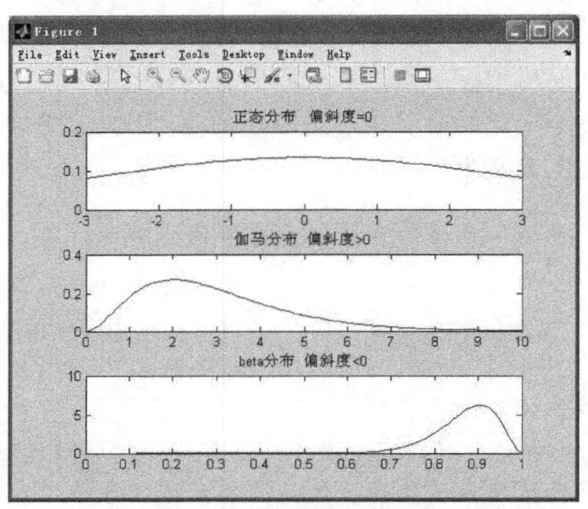

图 10-17 不同分布的概率密度曲线和偏斜度

【实例讲解】正态分布左右对称，偏度接近零；本例参数下的伽马分布偏斜度大于零，均值右边的尾部比左边的长；本例参数下的 beta 分布偏斜度小于零，均值左边的尾部更长。

10.4.12 unifstat——求均匀分布的期望和方差

【语法说明】

- [M,V]=unifstat(A,B)：给出均匀分布参数 A、B，计算期望 M 和方差 V。M、V 是与输入参数同型的矩阵，如果输入参数其中之一为标量，则该变量将被扩展为与另一参数同型的矩阵。

【功能介绍】给出参数，求均匀分布的期望和方差。若随机变量ξ服从参数为(a, b)的均匀分布，则表示ξ在 $a<\xi<b$ 内任意位置出现的概率相等，期望和方差为

$$E(x)=\frac{a+b}{2}$$

$$\sigma^2=\frac{(b-a)^2}{12}$$

【实例 10.35】计算均匀分布的期望与方差。

```
>> rng(0);
>> a=rand(1,5)*5                    % 区间下限
a =
    4.0736    4.5290    0.6349    4.5669    3.1618
>> b=a+4                            % 区间上限
b =
    8.0736    8.5290    4.6349    8.5669    7.1618
>> [m,v]=unifstat(a,b)              % 计算均匀分布的期望和方差
m =
6.0736    6.5290    2.6349    6.5669    5.1618
v =
    1.3333    1.3333    1.3333    1.3333    1.3333
```

【实例讲解】由于 b−a=4，因此方差均等于 $\frac{(b-a)^2}{12}=\frac{4}{3}$。

10.4.13 normstat——求正态分布的期望和方差

【语法说明】

- [M,V]=normstat(mu,sigma)：给出正态分布的参数 mu 与 sigma，求其期望与方差。M、V 是与 mu 和 sigma 同型的数组，如果输入参数其中之一为标量，则该参数将被扩展为与令一参数同型的数组。

【功能介绍】给出参数，求正态分布的期望和方差。在正态分布(μ, σ)中，μ为期望，σ为标准差，因此 M=μ，V=σ^2。

【实例 10.36】计算正态分布的期望与方差。

```
>> a=zeros(1,5)                    % 期望
a =
     0     0     0     0     0
>> rng(0);b=rand(1,5)*10    % 标准差
b =
    8.1472    9.0579    1.2699    9.1338    6.3236
>> [M,V]=normstat(a,b)
M =
0     0     0     0     0
V =
   66.3775   82.0459    1.6126   83.4255   39.9878
>> isequal(V,b.^2)
ans =
     1
```

【实例讲解】 isequal 函数返回 1，表示向量 V 的元素等于 b 中元素的平方。

10.4.14 binostat——求二项分布的期望和方差

【语法说明】

- [M,V]=binostat(N,P)：给出参数，求二项分布的期望与方差。M、V 是与 N、P 同型的数组，如果 N 与 P 其中之一为标量，则该标量将被扩展为与另一参数同型的矩阵。

【功能介绍】 求二项分布的期望和方差。n 表示独立重复试验的次数，p 表示一次试验中随机事件发生的概率。则期望和方差为

$$E(x)=np$$

$$\sigma^2=np(1-p)$$

【实例 10.37】 计算参数为 n=10，p=0.1, 0.15, 0.2, …, 0.9 的均匀分布的期望与方差。

```
>> n=10;                                % n 为 10
>> rng(0)
>> p=0.1:.05:0.9;                       % p 取不同的值
>> [M,V]=binostat(n,p)
```

```
M =                                                    % 均值
  Columns 1 through 12
    1.0000      1.5000      2.0000      2.5000      3.0000
3.5000    4.0000     4.5000     5.0000     5.5000     6.0000
6.5000
  Columns 13 through 17
  7.0000    7.5000    8.0000    8.5000    9.0000
  V =                                                  % 方差
  Columns 1 through 12
    0.9000      1.2750      1.6000      1.8750      2.1000
2.2750    2.4000     2.4750     2.5000     2.4750     2.4000
2.2750
  Columns 13 through 17
    2.1000    1.8750    1.6000    1.2750    0.9000

>> [~,ind]=max(V)                         % 求方差最大值的序号
ind =
     9
>> p(ind)                                 % 方差最大值对应的概率 p
ans =
    0.5000
```

【实例讲解】 方差为 $np(1-p)$，显然在 p=0.5 时方差取得最大值。

10.4.15 cov——求协方差

【语法说明】

- cov(X)：如果 X 为向量，函数返回向量的方差；如果 X 为 $m\times n$ 矩阵，则每行是一组观测值，每列是一个随机变量在各次观测时的值，共有 n 个随机变量，m 组观测值。函数返回这 n 个随机变量的协方差矩阵，其对角线元素为各随机变量的方差。
- cov(X,Y)：相当于 cov([X(:),Y(:)])。X 和 Y 被转换为向量，分别被当作一个随机变量的观测值，函数返回一个 2×2 矩阵。
- cov(X,1)或 cov(X,Y,1)：用 N 代替 N−1 来做标准化，这种算法所得结果是协方差的有偏估计。cov(X,0)相当于 cov(X)，

cov(X,Y,0)相当于 cov(X,Y)，采用 N−1 来规范化，是总体协方差的无偏估计。

【功能介绍】求样本数据的协方差。

【实例 10.38】同时存在 3 个随机变量，经过 10 次观测得到了一份数据，计算 3 个随机变量的协方差。

```
>> a=[8,9,1,9,6,1,3,5,10,10];
>> b=[2,10,10,5,8,1,4,9,8,10];
>> c=[11,4.5,8.5,13.5,10,8,8.5,6.5,12,7];
>> cov([a',b',c'])              % 计算协方差
ans =
   12.6222    3.5111    2.1778
    3.5111   11.7889   -3.7389
    2.1778   -3.7389    7.3583
```

【实例讲解】输入参数中，每列是一个随机变量，共有 3 个随机变量，因此协方差矩阵为 3×3 矩阵。

10.4.16 corrcoef——求相关系数

【语法说明】

- R=corrcoef(X)：如果 X 为向量，函数返回 1；如果 X 为 $m \times n$ 矩阵，则以每行为观测值，每列为一个随机变量计算相关系数，返回一个 $n \times n$ 对称矩阵。假设协方差矩阵为 C，相关系数矩阵为 R，则相关系数可由协方差算得：

$$R(i,j)=\frac{C(i,j)}{\sqrt{C(i,i)C(j,j)}}$$

- R=corrcoef(X,Y)：相当于 R=corrcoef([x(:) y(:)])。X 和 Y 分别作为一个随机变量，函数返回一个 2×2 对称矩阵。

【功能介绍】求样本数据的相关系数。

【实例 10.39】同时存在 3 个随机变量，经过 10 次观测得到了一份数据，计算 3 个随机变量的相关系数。

```
>> a=[8,9,1,9,6,1,3,5,10,10];
>> b=[2,10,10,5,8,1,4,9,8,10];
>> c=[11,4.5,8.5,13.5,10,8,8.5,6.5,12,7];
>> corrcoef([a',b',c'])          % 样本的相关系数矩阵
ans =
    1.0000    0.2878    0.2260
    0.2878    1.0000   -0.4014
    0.2260   -0.4014    1.0000
>> c=cov([a',b',c'])          % 利用协方差矩阵求相关系数
c =
   12.6222    3.5111    2.1778
    3.5111   11.7889   -3.7389
    2.1778   -3.7389    7.3583

>> d1=repmat(diag(c),1,3)
d1 =
   12.6222   12.6222   12.6222
   11.7889   11.7889   11.7889
    7.3583    7.3583    7.3583

>> d2=repmat(diag(c)',3,1)
d2 =
   12.6222   11.7889    7.3583
   12.6222   11.7889    7.3583
   12.6222   11.7889    7.3583

>> cr=c./sqrt(d1.*d2)
cr =
    1.0000    0.2878    0.2260
    0.2878    1.0000   -0.4014
    0.2260   -0.4014    1.0000
```

【实例讲解】相关系数的绝对值越大，表示随机变量之间的关联越强。

10.5 参数估计

参数估计是通过样本数据估量总体分布的研究方法，是统计推断的一种重要形式。经常涉及的概念包括置信区间、置信度、最大似然估计等，都可在 MATLAB 上实现。

10.5.1 unifit——均匀分布的参数估计

【语法说明】

- [ahat,bhat]=unifit(data)：data 中的数据被认为服从均匀分布，函数采用最大似然准则估计该随机数的均匀分布参数。ahat 和 bhat 分别是均匀分布区间下限和上限的最大似然估计。如果 data 为矩阵，则对每一列进行估计。
- [ahat,bhat,ACI,BCI]=unifit(data)：给出 ahat 与 bhat 置信度为 95%的置信区间。ACI 和 BCI 均为两行的矩阵，第一行为 data 中 ahat 置信区间的区间下限，第二行为相应的区间上限。如果 data 为向量，则 ACI 和 BCI 为包含两个元素的列向量。
- [ahat,bhat,ACI,BCI]=unifit(data,alpha)：计算置信区间时使用 1-alpha 的置信度。

【功能介绍】给出均匀分布的随机数，估计其参数。

【实例 10.40】计算 rand 函数产生的随机数的均匀分布参数。

```
>> data=rand(1,100);                 % 产生随机数向量
>> [a,b,l,u]=unifit(data)           % 估计参数
a =
    0.0046
b =
    0.9961
l =
  -18.8339
    0.0046
```

```
u =
    0.9961
   19.8346
```

【实例讲解】估计的均匀分布参数为(0.0046, 0.9961)，其中区间下限 0.0046 的置信区间为(−18.8339, 0.0046)，区间上限的置信区间为(0.9961, 19.8346)。事实上，rand 函数产生的就是参数为(0, 1)的均匀分布随机数。

10.5.2 normfit——正态分布的参数估计

【语法说明】

- [muhat,sigmahat]=normfit(data)：data 中的数据被认为服从正态分布，函数根据 data 中的数据，估计正态分布的均值和标准差。Data 如果为矩阵，则将每一列单独计算。
- [muhat,sigmahat,muci,sigmaci]=normfit(data)：除了给出均值和标准差的估计值外，还给出相应的置信区间。函数返回置信度为 95%的置信区间 muci 和 sigmaci，两者均为两行的矩阵，第一行是置信区间的区间下限，第二行为相应的区间上限。
- [muhat,sigmahat,muci,sigmaci]=normfit(data,alpha)：设置显著水平为 alpha，即计算置信区间时使用 1−alpha 的置信度。

【功能介绍】给出正态分布的随机数，估计正态分布的参数。

【实例 10.41】用 randn 函数产生随机数，估计其参数。

```
>> data=randn(1,100);                        % 产生正态分布随机数
>> [mu,sig,muf,sigf]=normfit(data)           % 估计参数
mu =
   -0.1187
sig =
    0.9129
muf =
   -0.2998
    0.0625
sigf =
    0.8015
```

```
    1.0605
```

【实例讲解】随机数的估计参数为(−0.1187, 0.9129)，均值的置信区间为(−0.2998, 0.0625)，标准差的置信区间为(0.8015, 1.0605)，表示标准差有 95%的概率落在这个区间内。

10.5.3 binofit——二项分布的参数估计

【语法说明】

- phat=binofit(x,n)：x 中的随机数被认为服从参数为(m, p)的二项分布，独立重复试验的次数 m 由输入参数 n 给出，函数通过 x 与 n 估计一次试验中随机事件发生的概率 p。phat 是与 x、n 同型的矩阵，如果输入参数其中之一为标量，则该标量将被扩展为与另一参数同型的数组。
- [phat,pci]=binofit(x,n)：计算 p 的估计值 phat，并返回置信度为 95%的置信区间 pci，矩阵 pci 的第一列为区间下限，第二列为相应的区间上限。
- [phat,pci]=binofit(x,n,alpha)：设置显著水平为 alpha，计算置信度为 1−alpha 的置信区间。

【功能介绍】二项分布的参数为独立重复试验次数 N 和概率参数 P。函数根据随机数和给定的试验次数 N，估计概率参数 P。binofit 函数的行为与其他参数估计函数不同，它对每个输入的元素分别进行估计，分别返回各自的参数，而不是将其视为同一分布的随机数返回一组参数。

【实例 10.42】给定随机数[4,5,6]，试验次数为 10 次，估计二项分布的参数。

```
>> x=[4,5,6]                                % 随机数
x =
     4     5     6
>> n=10;                                    % 试验次数为 10 次
>> [phat,pci]=binofit(x,n)
phat =
```

```
    0.4000    0.5000    0.6000
pci =
    0.1216    0.7376
    0.1871    0.8129
    0.2624    0.8784
```

【实例讲解】binofit 对 x 和 n 中每一个对应元素都分别进行独立的参数估计。

10.5.4 betafit——beta 分布的参数估计

【语法说明】

- phat=betafit(data)：输入参数 data 只能为向量，其元素被认为服从 beta 分布，函数根据 data 估计 beta 分布的参数 a 和 b，phat=[a,b]。data 中的值必须处于开区间(0,1)中。
- [phat,pci]=betafit(data)：除了估计参数外，还给出了 a 和 b 的置信度为 95%的置信区间 pci。pci 是 2×2 矩阵，第一列为参数 a 的置信区间，第二列为参数 b 的置信区间。
- [phat,pci]=betafit(data,alpha)：设置显著水平为 alpha，使用置信度为 1−alpha 的置信区间。

【功能介绍】根据给定的随机数估计 beta 分布的参数。

【实例 10.43】用 betarnd 和 rand 生成随机数，进行 beta 分布的参数估计。

```
>> a=betarnd(20,15,1,100);      % 生成 beta 随机数
>> [p,ph]=betafit(a)            % 参数估计
p =
   22.4290   17.1762
ph =
   16.4189   12.7080
   30.6389   23.2154
>> b=rand(1,100);               % 生成均匀分布随机数
>> [p,ph]=betafit(b)
p =
    1.0998    1.2857
```

```
ph =
   0.8243   0.9929
   1.4674   1.6649
```

【实例讲解】对第一组随机数的估计结果为：a=22.429，置信区间为(16.4189, 30.6389)，b=17.1762，置信区间为(12.708, 23.2154)。rand 函数产生的是均匀分布随机数，对其进行估计也能得出一组参数，但不表示数据一定符合 beta 分布。

10.5.5 expfit——指数分布的参数估计

【语法说明】

- muhat=expfit(data)：data 是被认为服从指数分布的随机数，其元素必须非负。函数根据其中的数据估计指数分布的参数μ。如果 data 为矩阵，则对每一列分别进行参数估计。
- [muhat,muci]=expfit(data)：muci 是置信度为 95%的置信区间，第一行为区间下限，第二行为区间上限。
- [muhat,muci]=expfit(data,alpha)：alpha 为显著水平，函数根据 alpha 的值确定置信度为 1−alpha，默认值为 0.05。

【功能介绍】根据随机数估计指数分布的参数。

【实例 10.44】估计用 exprnd 函数产生的随机数的参数。

```
>> rng(0);
>> data=exprnd(3,2,10)           % 产生随机数
data =
    0.6147     6.1910     1.3749     3.8350     0.1303
5.5428    0.1313    0.6684    2.5899    0.6988
    0.2968     0.2718     6.9825     1.8106     0.1072
0.0895    2.1685    5.8582    0.2641    0.1241

>> [mu,muci]=expfit(data')       % 参数估计
mu =
    2.1777    1.7973
muci =
    1.2747    1.0520
```

```
4.5413    3.7480
```

【实例讲解】样本个数为 10 个，估计得到的参数含有较大误差。

10.5.6 gamfit——伽马分布的参数估计

【语法说明】

- phat=gamfit(data)：data 必须为包含随机数的向量，且元素非负。函数根据 data 估计伽马分布的参数，phat 是包含两个元素的行向量。
- [phat,pci]=gamfit(data)：pci 为置信度为 95%的置信区间，是 2×2 矩阵，第一列为第一个参数的置信区间，第二列为第二个参数的置信区间。
- [phat,pci]=gamfit(data,alpha)：设置显著水平为 alpha。

【功能介绍】根据给定的随机数估计伽马分布的两个参数。

10.5.7 wblfit——韦伯分布的参数估计

【语法说明】

- parmhat=wblfit(data)：data 是元素大于零的随机向量，函数根据 data 估计韦伯分布的参数，返回值为包含两个元素的行向量：parmhat=[a,b]。
- [parmhat,parmci]=wblfit(data)：parmci 是参数(a, b)置信度为 95%的置信区间。parmci 为 2×2 矩阵，第一行为区间下限，第二行为区间上限。
- [parmhat,parmci]=wblfit(data,alpha)：alpha 设置显著水平，使置信度等于 1-alpha。

【功能介绍】根据给定随机数估计韦伯分布的参数。

【实例 10.45】对 wblrnd 函数产生的随机数进行估计。

```
>> rng(0)
>> data=wblrnd(4,2,10000,1);           % 生成 10000 个随机数
>> [parmhat,parmci]=wblfit(data)      % 估计参数
parmhat =
```

```
    4.0073    2.0088
parmci =
    3.9664    1.9785
    4.0487    2.0397

>> xx=linspace(0,14,10000);
>> y=wblpdf(xx,parmhat(1),parmhat(2)); % 用估计出的参数计算概率密度函数
>> [y2,x]=hist(data,100);       % 计算实际随机数的概率密度
>> plot(xx,y,'r','LineWidth',2);         % 绘图
>> hold on;
>> plot(x,y2/(10000*(x(2)-x(1))));
>> hold off
>> legend('按估计的参数画出的概率密度函数曲线','实际随机数的分布曲线');
>> title('韦伯分布参数估计实验');
```

参数估计的效果如图 10-18 所示。

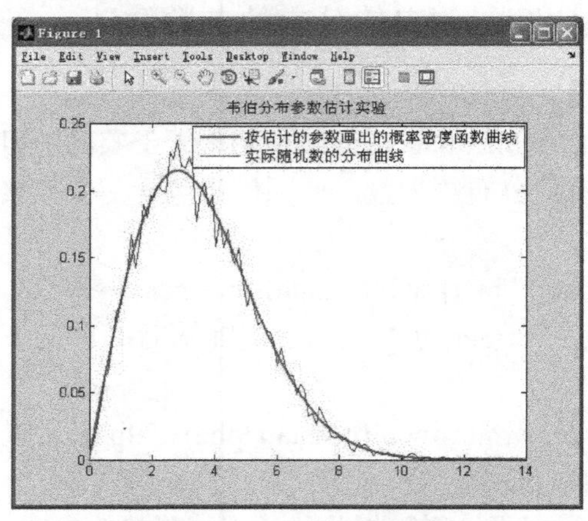

图 10-18　估计效果

【实例讲解】 由于给定的随机数样本较大（10000 个随机数），估计结果非常准确。根据估计结果描述出的概率密度函数曲线与随机数的分布曲线非常接近。

10.5.8 poissfit——泊松分布的参数估计

【语法说明】

- lambdahat=poissfit(data)：data 为被认为服从泊松分布的随机数，函数根据 data 估计泊松分布的参数 lambda。如果 data 为矩阵，则对每一列进行参数估计；如果 data 为多维数组，则对第一个维数不为零的维度进行计算。
- [lambdahat,lambdaci]=poissfit(data)：lambdaci 为参数λ置信度为 95%的置信区间。第一行为置信区间下限，第二行为置信区间上限。
- [lambdahat,lambdaci]=poissfit(data,alpha)：alpha 设置显著水平，使置信度等于 1-alpha。

【功能介绍】给定随机数，计算泊松分布参数的最大似然估计。

【实例 10.46】对 poissrnd 函数产生的随机数进行估计。

```
>> rng(0)
>> a=poissrnd(5,500,1);
>> [lambda,lci]=poissfit(a)
lambda =
    5.0600
lci =
    4.8628
    5.2572
```

【实例讲解】泊松分布只有一个参数 lambda。

10.5.9 mle——指定分布的参数估计

【语法说明】

- phat=mle(data)：data 为随机数向量，函数估计正态分布的参数，phat=[mu,sigma]。
- [phat,pci]=mle(data)：对 data 进行正态分布的参数估计，pci 返回参数 95%置信度的置信区间，pci 第一列是 mu 的置信区间，第二列为 sigma 的置信区间。

- […]=mle(data,’distribution’,dist)：字符串 dist 指定概率分布的类型，如 gam、exp 等，函数对所给数据做相应分布的参数估计。
- […]=mle(data,’distribution’,dist,’alpha’,alpha)：alpha 为显著水平，函数根据 alpha 的值计算 1-alpha 置信度的置信区间，默认为 0.05。

【功能介绍】给出随机数和概率分布的种类，估计该概率分布的参数。若未给出概率分布，默认为正态分布。

【实例 10.47】给出一组随机整数 [2, 3, 3, 4, 7, 8, 5, 7, 6, 5, 6, 4, 4]，进行离散分布的参数估计。

```
>> data=[2,3,3,4,7,8,5,7,6,5,6,4,4]          % 随机数
data =
     2     3     3     4     7     8     5     7     6     5
6     4     4
>> [p1,pci1]=mle(data,'dist','poiss')  % 估计其泊松分布参数
p1 =
    4.9231
pci1 =
    3.7914
    6.2867

>> [p2,pci2]=mle(data,'dist','geo')% 估计其几何分布参数
p2 =
    0.1688
pci2 =
    0.0852
    0.2525
>> u=unique(data);  % 计算原始数据的分布，u 为出现过的随机变量值
>> tu=hist(data,length(u));
>> ptu=tu./sum(tu)                  %ptu 为随机变量的出现概率
ptu =
    0.0769    0.1538    0.2308    0.1538    0.1538
0.1538    0.0769
>> subplot(311);stem(u,ptu);title('原始分布');axis([0,
10,0,0.5])
>> x=0:10;                                        % 绘图
```

```
>> y1=poisspdf(x,p1);
>> subplot(312);stem(y1);title('poiss');
>> axis([0,10,0,0.5])
>> y2=geopdf(x,p2);
>> subplot(313);stem(y2);title('geo');
>> axis([0,10,0,0.5])
```

执行结果如图 10-19 所示。

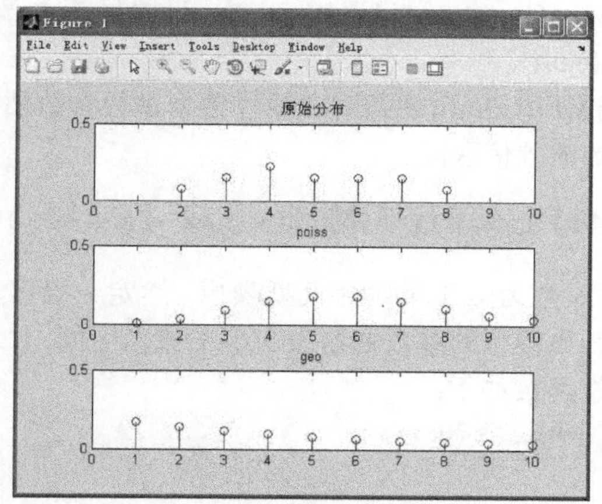

图 10-19 原始分布和估计的分布

【实例讲解】估计的结果为：如果所给数据服从泊松分布，则其参数为 4.9231；如果所给数据服从几何分布，则其参数为 0.1688。但从形态上看，原始分布与所估计的分布相差较大。mle 函数从所给分布中选择可能性最大的一组参数，但不负责挑选一种合适的分布。

10.5.10 nlparci——非线性模型参数估计的置信区间

【语法说明】

- ci=nlparci(beta,resid,'covar',sigma)：先用 nlinfit 函数对非线性模型进行参数估计，得到估计的系数 beta、残差 resid、估计的系

数协方差矩阵 sigma，再以 nlinfit 函数的输出作为 nlparci 的输入，计算参数置信度为 95%的置信区间。ci 为 $n\times2$ 矩阵，第一列为区间下限，第二列对区间上限，参数个数等于矩阵的行数 n。

- ci=nlparci(beta,resid, 'jacobian',J)：J 为 nlinfit 函数生成的 Jacobian 矩阵。如果 nlinfit 函数使用了 robust 选项，则 nlparci 函数应采用 nlparci(beta,resid, 'covar',sigma)的格式。
- ci=nlparci(…,'alpha',alpha)：alpha 设置显著水平，使置信度等于 100(1-alpha)%。

【功能介绍】使用 nlinfit 函数对非线性模型进行参数估计，nlparci 函数求出其参数的置信区间。

【实例 10.48】已知非线性模型为 $y=ax^2+x+\dfrac{b}{x}+\varepsilon$，$a$、$b$ 为模型参数，ε 是参数为(0, 1)的加性高斯噪声。给定一组包含 40 个样本的数据，估计该模型的参数并给出 90%的置信区间。

定义非线性函数如下：

```
function y=nlinf(par,x)
a=par(1);
b=par(2);
y=a*x.^2 + x + b./x;
```

新建 M 文件 nlpar_test.m 如下：

```
% nlpar_test.m
%%
clear,clc

%% 真实参数为(2,3),样本数据为 x0 与 y0
a0=2; b0=3;
rng(0);
x0 = linspace(.1,10,40);
N=length(x0);
y0 = a0*x0.^2 + x0 + b0 ./ x0 + randn(1,N)*1;

%% 参数估计
```

```
    [beta,r,J,cov]=nlinfit(x0,y0,@nlinf,rand(1,2));

    %% 计算置信区间
    ci=nlparci(beta,r,'covar',cov,'alpha',0.1);

    %% 显示
    fprintf('实际参数为:\n');
    fprintf('a = %f, b= %f\n', a0, b0);
    fprintf('估计的参数为: \n');
    fprintf('a = %f, 置信区间(%f, %f)\n', beta(1), ci(1,1),
ci(1,2));
    fprintf('b = %f, 置信区间(%f, %f)\n', beta(2), ci(2,1),
ci(2,2));
```

执行nlpar_test脚本，结果如下：

实际参数为：

```
a = 2.000000, b= 3.000000
估计的参数为:
a = 1.998857, 置信区间(1.990554, 2.007159)
b = 3.103725, 置信区间(2.880101, 3.327348)
```

【实例讲解】估计结果为(1.999, 3.104)。

10.5.11 nlpredci——非线性模型预测值的置信区间

【语法说明】

- [ypred,delta]=nlpredci(modelfun,x,beta,resid,'covar',sigma)：先用nlinfit函数对非线性模型进行参数估计，得到估计的系数beta、残差resid以及估计的系数协方差矩阵sigma。函数nlpredci以nlinfit函数的输出作为nlparci的输入，同时输入新的自变量x，应变量的预测值ypred及其置信度为95%的置信区间delta，dleta不是完整的区间，其元素值为区间长度，实际的区间为[ypre−delta/2, ypred+delta/2]。
- [ypred,delta]=nlpredci(modelfun,x,beta,resid,'jacobian',J)：J为nlinfit函数生成的Jacobian矩阵，这种格式与第一种是等效的。如果nlinfit函数使用了robust选项，则nlpredci函数应采用

nlpredci(modelfun,x,beta,resid,'covar',sigma)的格式。

- [ypred,delta]= nlpredci (…,'alpha',alpha)：alpha 设置显著水平，使置信度等于 100(1-alpha)%。

【功能介绍】使用nlinfit函数对非线性模型进行参数估计，nlparci函数求出其参数的置信区间。

【实例 10.49】已知非线性模型为 $y=ax^2+b+\varepsilon$，a、b 为模型参数，ε 是参数为(0,1)的加性高斯噪声。给定一组包含 40 个样本的数据，估计该模型的参数，并计算模型在新的输入值下的函数值。

```
    >> nlinf0=@(beta,x)beta(1)*x.^2+beta(2)
% 非线性模型的函数句柄
    nlinf0 =
       @(beta,x)beta(1)*x.^2+beta(2)
    >> a0=2;b0=3;                                % 参数为 2,3
    >> x=-2:.1:2;
    >> y=nlinf0([a0,b0],x);
    >> rng(0)
    >> y1=y+rand(1,length(y))*4-2;               % 加入均匀噪声
    >> [beta,r,J,cov]=nlinfit(x,y1,nlinf0,rand(1,2));
% 进行参数预测
    >> beta                                      % 预测得到的参数
    beta =
    1.8574    3.4562
    >> x0=2:.1:4;                                % 新的输入值
    >>  [ypred,delta]=nlpredci(nlinf0,x0,beta,r,'covar',
cov);                                   % 预测 x0 对应的函数值
    >> plot(x,nlinf0(beta,x));                   % 绘图
    >> hold on;
    >> plot(x0,ypred,'r.-','LineWidth',1.5)
    >> plot(x0,ypred-delta'/2,'b^-','LineWidth',1.5)
    >> plot(x0,ypred+delta'/2,'g^-','LineWidth',1.5)
    >> hold off
    >> legend('非线性模型','预测值','置信区间下限','置信区间上
限');
```

执行结果如图 10-20 所示。

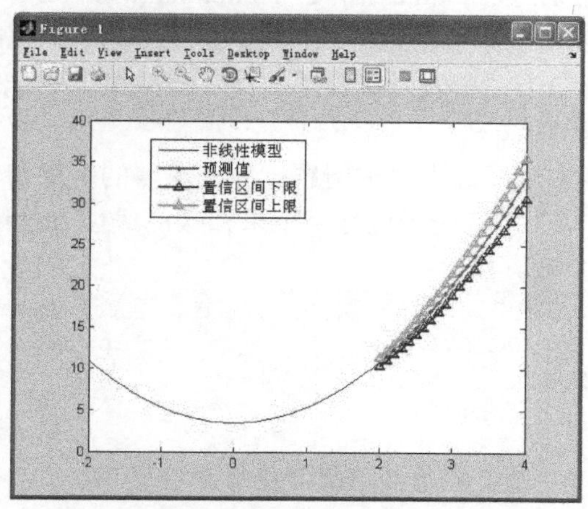

图 10-20 预测值与置信区间

【实例讲解】 建立非线性模型使用的样本数据来自区间(−2, 2)，实际参数为 *a*=2，*b*=3。叠加噪声后，估计的模型参数为 1.8574 和 3.4562，对应图中区间(−2, 2)的蓝色实线，新输入的自变量来自区间(2, 4)，图中红色点划线为预测值，蓝色三角块组成的线为置信区间下限，绿色三角块组成的线为置信区间上限。

10.5.12 lsqnonneg——非负约束的最小二乘

【语法说明】

- x=lsqnonneg(C,d)：C、d 必须为行数相等的实矩阵或实列向量，函数求解方程 Cx=d，并返回使‖Cx−d‖最小的向量 x。
- x=lsqnonneg(C,d,option)：option 为结构体，包含如下两个字段。

Display：控制函数的输出信息，可取值为 off（无输出）、final（显示最终结果）或 notify（不收敛时才显示）。

TolX：收敛的容限。

[x,resnorm,residual,exitflag]=lsqnonneg(...)：resnorm 为残差的范数，residual 为残差 d−Cx，exitflag 为退出标志，exitflag>0 表示算法收敛，exitflag=0 表示算法不收敛，此时可以尝试增大 TolX 的值重新进行计算。

【功能介绍】求解最小二乘问题，并使求得的解保持非负。

【实例 10.50】求解一个包含两个未知数的线性方程组，方程组的解不能出现负数。

```
>> C=[0.0372,0.2869          % 方程组定义为 Cx=d
     0.6861,0.7071
     0.6233,0.6245
     0.6344,0.6170]
C =
   0.0372    0.2869
   0.6861    0.7071
   0.6233    0.6245
   0.6344    0.6170
>> d=[0.8587,0.1781,0.0747,0.8405]
d =
   0.8587
   0.1781
   0.0747
   0.8405
>> [C\d lsqnonneg(C,d)]      % C\d 为左除法求解线性方程组
ans =
  -2.5627         0
   3.1108    0.6929
>> [norm(C*(C\d)-d) norm(C*lsqnonneg(C,d)-d)]
% 比较两种方法残差的范数
ans =
   0.6674    0.9118
```

【实例讲解】左除法求得的解为$[-2.5627, 3.1108]^T$，残差的范数为 0.6674，lsqnonneg 函数求得的解为$[0, 0.6929]^T$，残差的范数为 0.9118，在 $x \geqslant 0$ 的约束条件下，求得的解可能不是最小二乘意义下

的最优解。

10.5.13 nlinfit——非线性回归

【语法说明】

- beta=nlinfit(X,Y,fun,beta0)：非线性模型以函数句柄 fun 的形式给出，X 与 Y 为同型数组，是用于估计参数的样本数据，X 为自变量，Y 为相应的应变量。函数根据 X、Y 中的数据估计 fun 函数的参数 beta，beta0 是 beta0 的初值。函数句柄 fun 的示例如下：

```
function y=mfun(beta,x)
a=beta(1);
b=beta(2);
y=a*x.^2 + b*x;
```

上述函数表示非线性函数 $y=ax^2+b$，包含两个参数 a、b。句柄 fun 可以包含 1 个或多个参数。

- [beta,r,J,COV,mse]=nlinfit(X,Y,fun,beta0)：beta 为估计的系数；r 为残差，将 X 代入估计的模型中得到输出值 Y0，r =Y−Y0；J 为 Jacobian 矩阵；COV 为系数的协方差矩阵；mse 为平方误差，mse=morm(Y−Y0)/(n−p)。

【功能介绍】样本数据服从某非线性模型，该模型结构已知，参数未知，nlinfit 函数根据数据作非线性模型的参数估计，即非线性回归。

【实例 10.51】用 nlinfit 函数和一组数据估计非线性模型 $y=a+be^{-cx^2}+\varepsilon$，$a$、$b$、$c$ 为模型参数，ε 为高斯噪声。

定义函数 nlinf2.m：

```
function y=nlinf2(par,x)
a=par(1);
b=par(2);
c=par(3);
y=a + b*exp(-c*x);
```

在命令行中输入的命令及结果：

```
>> x=-5:.1:5;                                            % 自变量
>> beta=[2,3,4];                                         % 原始值
>> y=nlinf2(beta,x);
>> rng(0);
>> y=y+normrnd(0,1,1,length(y));                         % 应变量
>> [beta,r,J,cov,mse]=nlinfit(x,y,@nlinf2,rand(1,3));
                                                         % 参数估计
>> beta                                                  % 估计值
beta =
   2.1573    2.9534    4.1880
>> mse
mse =
   1.3667
>> figure;                                               % 绘图
>> plot(x,y,'-');
>> hold on;
>> yy=nlinf2(beta,x);
>> plot(x,yy,'r.-');
>> legend('样本数据','拟合结果');
```

执行结果如图 10-21 所示。

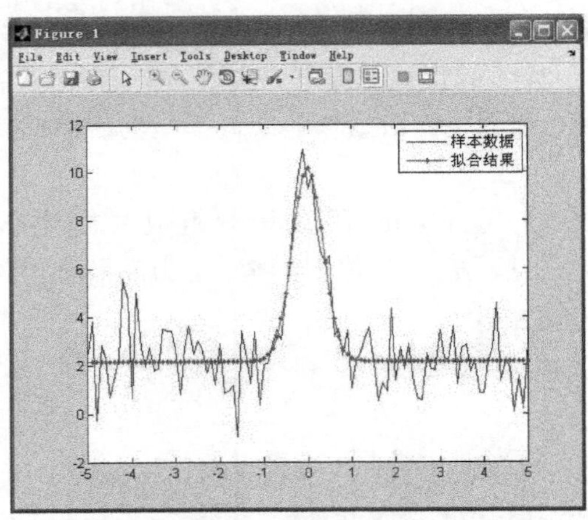

图 10-21　原始数据和拟合后的数据曲线

【实例讲解】原始参数为(2,3,4)，估计的参数为(2.1573,2.9534,4.1880)。

10.5.14 nlintools——交互式非线性回归

【语法说明】

- nlintool(X,Y,fun,beta0)：输入参数格式与 nlinfit 函数相同，nlintool 是 nlinfit 函数的图形界面形式。
- nlintool(X,Y,fun,beta0,alpha)：设置显著水平为 alpha，对话框中显示 100(1-alpha)%的置信带，默认 alpha=0.05。
- nlintool(X,Y,fun,beta0,alpha,xname,yname)：设置字符串 xname 为坐标轴中自变量的名称，字符串 yname 为函数值的名称。

【功能介绍】nlintools 根据样本数据对非线性模型做参数估计（回归），并打开一个对话框，显示样本数据、回归后的函数模型和置信区间。

【实例 10.52】用 nlinfit 函数和一组数据估计非线性模型 $y=a+be^{-cx^2}+\varepsilon$，$a$、$b$、$c$ 为模型参数，ε为高斯噪声。

定义函数 nlinf2.m：

```
function y=nlinf2(par,x)
a=par(1);
b=par(2);
c=par(3);
y=a + b*exp(-c*x);
```

新建脚本文件 nlint_test.m 如下：

```
% nlint_test.m
x=-5:.1:5;
beta=[2,3,4];
y=nlinf2(beta,x);
rng(0);
y=y+normrnd(0,1,1,length(y));
nlintool(x,y,@nlinf2,rand(1,3),[],'自变量','函数值')
```

执行结果如图 10-22 所示。

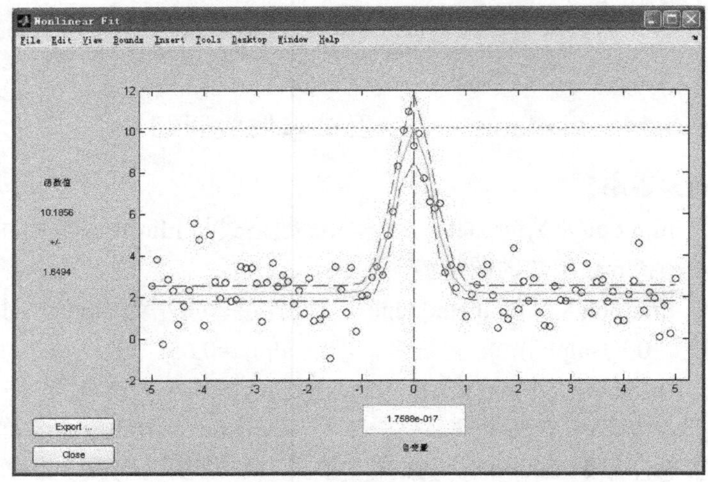

图 10-22　nlintool 界面

单击“Export...”按钮，弹出“Export to Workspace”对话框，单击“OK”按钮，可以将回归结果导出到工作空间，如图 10-23 所示。

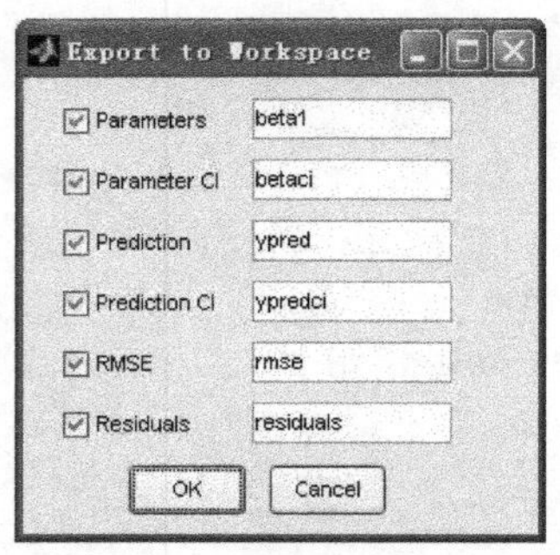

图 10-23　导出结果

在命令窗口中查看回归参数：

```
>> beta1                          % 估计的参数
beta1 =
    2.1573    2.9534    4.1880
```

```
>> betaci                              % 置信区间
betaci =
    1.9021    2.4125
    2.5259    3.3810
    2.7545    5.6215
```

【实例讲解】在图 10-22 中，绿色曲线为采用当前估计参数时画出的曲线，两条红线分别是当参数采用置信区间上下限时对应的曲线，红色曲线之间为置信带，表示真实的曲线以 95%的可能性落在置信带中。坐标轴中有横纵两条虚线，其交点落在估计得到的曲线（绿色曲线）上。用户可以拖动竖直虚线，从而改变横坐标的取值，坐标轴的横坐标和纵坐标会显示该点的位置。也可以在横坐标的编辑框内输入自变量的取值，虚线、纵坐标的值会随之变化。

10.5.15 betalike——beta 分布的负对数似然函数

【语法说明】

- nlogL=betalike(params,data)：beta 分布的参数为[params(1), params(2)]，data 为区间(0,1)内的样本数据，函数计算样本 data 在参数 params 下的对数似然函数，并将其相反数返回给 nlogL。data 必须是向量。
- [nlogL,avar]=betalike(params,data)：当所给参数 params 是样本的最大似然参数时，avar 为参数的渐近协方差矩阵，两个对角线元素分别为两个参数的渐近方差。

【功能介绍】计算样本数据在某参数下的 beta 分布负对数似然函数。对数似然函数是参数和样本的函数，根据最大似然原理，对数似然函数越大，表示该样本服从该参数的 beta 分布的可能性越大。在函数 betalike 中，返回值为负对数似然函数值，因此 nlogL 越小表明所给参数越接近真实参数。

【实例 10.53】用 betarnd 函数产生服从参数为(2,3)的 beta 分布随机样本，用 betalike 计算样本在不同参数下的似然函数值。

```
    >> rng(0)
    >> data=betarnd(2,3,1,100);      % data 为包含 100 个随机数的样本
    >> x=.1:.1:10;
    >> [a,b]=meshgrid(x,x);          % a、b 为 beta 分布的参数，从 0.1～10 中找出最优的参数
    >> n=length(x);
    >> for i=1:n
           for j=1:n
                nlog(i,j)=betalike(a(i,j),b(i,j),data);
           end
       end
    >> [minlog,index]=min(nlog(:))       % 负对数似然函数的最小值及序号
    minlog =
      -13.6588
    index =
          1622
    >> [i,j]=ind2sub([n,n],index)   % 将序号转化为矩阵索引
    i =
       22
    j =
       17
    >> a0=a(i,j)                     % 最优参数为（1.7,2.2）
    a0 =
       1.7000
    >> b0=b(i,j)
    b0 =
       2.2000
    >> betalike([2,3],data)          % -13.6588<-10.3379，因此初始参数（2,3）不是这里的最优参数
    ans =
      -10.3379
```

【实例讲解】由于存在随机性，且样本容量不够大，求得的最优参数(1.7,2.2)与初始给定的参数(2,3)不同。

10.5.16 gamlike——伽马分布的负对数似然函数

【语法说明】

- nlogL=gamlike(params,data)：伽马分布的参数为[params(1), params(2)]，函数计算样本 data 在参数 params 下的对数似然函数，并将其相反数返回给 nlogL。data 必须是向量。
- [nlogL,avar]=gamlike(params,data)：当所给参数 params 是样本的最大似然参数时，avar 为参数的渐近协方差矩阵，两个对角线元素分别为两个参数的渐近方差。

【功能介绍】计算样本数据在某参数下的伽马分布负对数似然函数。根据最大似然原理，对数似然函数越大，表示该样本服从该参数的伽马分布的可能性越大。函数 gamlike 返回的是负对数似然函数值，因此 nlogL 越小表明所给参数越接近真实参数。

【实例 10.54】用 gamrnd 函数产生服从参数为(2,3)的伽马分布随机样本，用 gamlike 计算样本在不同参数下的似然函数值。

```
>> rng(0);
>> data=gamrnd(2,3,1,100);          % 样本
>> a0=2;
>> b0=1:10;
>> for i=b0
     logl(i)=gamlike([a0,i],data);  % 计算样本在不同参数下的负对数似然函数值
end
>> logl
logl =
  495.4466   306.1568   277.9433   280.8265   292.6633
307.2663  322.4813  337.4761  351.9239  365.7089
>> [minl,index]=min(logl)           % 取最小值
minl =
  277.9433
index =
    3
>> [a0,b0(index)]                   % 最小值对应的参数
```

```
ans =
     2     3
```

【实例讲解】所得结果与初始参数相同，均为(2,3)。

10.5.17 normlike——正态分布的负对数似然函数

【语法说明】

- nlogL=normlike(params,data)：正态分布的参数为 params，params(1)为均值，params(2)为标准差。函数计算样本 data 在参数 params 下的对数似然函数，并将其相反数返回给 nlogL。data 必须是向量。
- [nlogL,avar]=normlike(params,data)：当所给参数 params 是样本的最大似然参数时，avar 为参数的渐近协方差矩阵，两个对角线元素分别为两个参数的渐近方差。

【功能介绍】计算样本数据在某参数下的正态分布负对数似然函数。根据最大似然原理，对数似然函数越大，表示该样本服从该参数的正态分布的可能性越大。函数 normlike 返回的是负对数似然函数值，因此 nlogL 越小表明所给参数越接近真实参数。

10.5.18 wbllike——正态分布的负对数似然函数

【语法说明】

- nlogL=wbllike(params,data)：韦伯分布的尺度参数为 params(1)，形状参数为 params(2)，函数计算样本 data 在参数 params 下的对数似然函数，并将其相反数返回给 nlogL。data 必须是向量。
- [nlogL,avar]=normlike(params,data)：当所给参数 params 是样本的最大似然参数时，avar 为参数的渐近协方差矩阵，两个对角线元素分别为两个参数的渐近方差。

【功能介绍】计算样本数据在某参数下的韦伯分布负对数似然函数。根据最大似然原理，对数似然函数越大，表示该样本服从该参数的韦伯分布的可能性越大。函数 wbllike 返回的是负对数似然函数值，因此 nlogL 越小表明所给参数越接近真实参数。

【实例 10.55】用 wblrnd 函数产生服从参数为(3,6)的韦伯分布随机样本，用 wbllike 计算样本在不同参数下的似然函数值。

```
>> rng(0);
>> data=wblrnd(3,6,1,100);        % 样本数据，服从参数为
(3,6)的韦伯分布
>> x=1:.2:10;
>> [b,a]=meshgrid(x,x');
>> nlog=zeros(length(x));
>> for i=1:length(x)
     for j=1:length(x)
         nlog(i,j)=wbllike([a(i,j),b(i,j)],data);
    end
end
>> [ml,ind]=min(nlog(:))
ml =
  78.9175
ind =
      1161
>> [i,j]=ind2sub([length(x),length(x)],ind)
i =
   11
j =
   26
>> [a(i,j),b(i,j)]           % 使负对数似然函数取最小值的参数
ans =
    3     6
```

【实例讲解】初始参数(3,6)使负对数似然函数取最小值，是该样本在最大似然准则下最有可能的参数。

10.6 假设检验

假设检验有两方面应用，一是在总体分布已知的情况下，对总

体的参数及性质进行判断（参数检验）；二是在不知总体分布类型的时候判断分布类型（非参数检验）。

10.6.1 ttest——T 检验

【语法说明】

- h=ttest(x)：x 为样本数据，函数对 x 的均值是否为零做出检验。h=1 表示均值不为零，h=0 表示均值为零。
- h=ttest(x,m)：检验样本 x 均值是否为 m。
- h=ttest(x,y)：相当于 ttest(x-y)，检验 x 与 y 均值是否相同。
- h=ttest(…,alpha)：alpha 为显著水平，默认为 0.05。
- h=ttest(…,alpha,tail)：字符串 tail 为可选参数，取值及含义如下：

  both：检验均值是否等于零或 m，为默认选项。

  right：检验均值是否大于零或 m。

  left：检验均值是否小于零或 m。
- [h,p]=ttest(…)：p 为原假设下出现该样本的概率。检验时先建立原假设与备择假设，原假设为：x 的均值等于 0。备择假设为：x 的均值不等于零。若 $p<0.05$，则表示在一次试验中，小概率事件居然发生了，这被认为是不可能的，因此拒绝原假设，接受备择假设。
- [h,p,ci]=ttest(…)：ci 为均值的置信区间，表示均值以 95% 的可能性落在 ci 表示的区间内。

【功能介绍】T 检验又称学生 T 检验（student's t test），对样本容量较小、总体方差未知正态总体做均值显著性的检验。

【实例 10.56】用两种方法生成乳酸饮料，得到的乳酸含量如表 10-2 所示。

表 10-2 乳酸含量

第一种方法	0.840	0.591	0.674	0.632	0.687	0.978	0.75	0.73	1.2	0.87
第二种方法	0.58	0.509	0.5	0.316	0.337	0.517	0.454	0.512	0.997	0.506

从数据上看，第一种方法比第二种方法产量高，用 T 检验处理数据，检验第一种方法是否在统计上优于第二种方法。

第一步，建立假设。两种方法产量的差值为向量 $x=[x_1,x_2,\cdots,x_n]$，均值为 $\overline{x}$。原假设 H0：$\overline{x}\leqslant 0$，备择假设 H1：$\overline{x}>0$，显著水平为 0.05。

第二步，用 ttest 函数进行计算。

```
>> x1=[0.840,0.591,0.674,0.632,0.687,0.978,0.75,0.73,
1.2,0.87];
>> x2=[0.58,0.509,0.5,0.316,0.337,0.517,0.454,0.512,
0.997,0.506];
>> [h,p,ci]=ttest(x1,x2,0.05,'right')
h =
    1
p =
  1.1920e-005
ci =
   0.2094      Inf
```

第三步，判断。h=1，p 远小于 0.05，因此拒绝原假设，接受备择假设 H1，即认为第一种方法比第二种方法产量高。

【实例讲解】 p=1.1920e−005 远小于 0.05，属于小概率事件。在一次试验中小概率事件居然发生了，因此有理由拒绝原假设，接受备择假设。

10.6.2 ztest——Z 检验

【语法说明】

- h=ztest(x,m,sigma)：x 为样本数据，服从标准差为 sigma 的

正态分布，均值未知。函数检验 x 中数据的均值是否为 m。h=1 表示均值不为 m，h=0 表示均值等于 m。

- h=ztest(…,alpha)：alpha 为显著水平，默认为 0.05。
- h=ttest(…,alpha,tail)：字符串 tail 为可选参数，取值及含义如下：

both：检验均值是否等于零或 m，为默认选项。

right：检验均值是否大于零或 m。

left：检验均值是否小于零或 m。

- [h,p,ci]=utest(…)：p 为原假设下出现所给样本的概率。如果 p<alpha，则表示在一次试验中，小概率事件居然发生了，这被认为是不可能的，因此拒绝原假设，认为样本均值不等于零或 m。
- [h,p,ci]=utest(…)：ci 为均值置信度为 100(1−alpha)%的置信区间。

【功能介绍】 Z 检验在国内往往被称为 U 检验，用于在已知样本服从正态分布，且方差已知时，对样本均值作检验。

【实例 10.57】 通过长期的数据跟踪调查发现，某地健康成年男子的脉搏平均为 72 次/分钟，标准差为 6.5 次/分钟。2012 年在该地随机抽取 15 名健康成年男子进行调查，其脉搏分别为 69、73、70、85、66、71、72、72、70、67、76、78、67、68、70 次/分钟。用 Z 检验确定该地成年男子的脉搏次数是否发生变化。

第一步，建立假设。原假设 H0：μ=72，备择假设 H1：$\mu \neq 72$，总体标准差为 6.5，显著水平为 0.05。

第二步，用 ztest 函数进行检验。

```
>> x=[69,73,70,85,66,71,72,72,70,67,76,78,67,68,70]
x =
    69    73    70    85    66    71    72    72    70
67    76    78    67    68    70
>> [h,p,ci]=ztest(x,72,6.5)     % Z 检验
h =
    0
```

```
p =
   0.8116
ci =
  68.3106   74.8894
>> mean(x)                                    % 样本均值
ans =
  71.6000
```

第三步，判断。h=0，且 p=0.8116 远大于 0.05，因此不拒绝原假设，即该地成年男子的脉搏均值为 72 次/分钟，未发生变化。

【实例讲解】脉搏均值以 95%的概率落在区间(68.3106, 74.8894)，样本脉搏均值为 71.6 次/分钟。

10.6.3 signtest——符号检验

【语法说明】

- p=signtest(x)：x 为样本数据，服从某未知连续分布，函数返回概率 p。如果 p<alpha，则认为样本 x 的中位数不等于零，否则认为 x 的中位数等于零。alpha 为显著水平，默认值为 0.05。
- p=signtest(x,m)：检验样本均值是否等于 m。
- p=signtest(x,y)：相当于 p=signtest(x-y)。
- [p,h]=signtest(…)：原假设为样本中位数为零（或 m），备择假设为样本中位数不等于零（或 m）。h=1 表示拒绝原假设，接收备择假设，h=0 则表示接受原假设。
- [p,h]=signtest(…,'alpha',alpha)：指定显著水平为 alpha。

【功能介绍】对一份服从未知分布的样本数据，检验其中位数是否等于零或指定的值，属于非参检验方法。

【实例 10.58】用 lognrnd 函数产生两组随机数，检验其差别是否显著。

```
>> rng(0)
>> before = lognrnd(2,.25,10,1);          % 第一组随机数
>>b=1;
>> after = before + (lognrnd(0,.5,10,1) - b);  % 第二
组随机数
```

```
>> [p,h] = signtest(before,after)                  % 符号检验
p =
   0.7539
h =
    0
>> median(before)
ans =
8.2510

>> median(after)
ans =
   8.7835
```

【实例讲解】p=0.7539 远大于显著水平 0.05，因此接受原假设，认为 before 和 after 两组数据中位数相等。两者实际均值分别为 8.2510 和 8.7835，系统认为样本中位数的差别是偶然因素造成的，没有统计学上的意义，因此两组数据差别不显著。

【实例 10.59】类似上例，改变参数，用 lognrnd 函数产生两组新的随机数，检验其差别是否显著。

```
>> rng(0)
>> before = lognrnd(2,.25,10,1);          % 第一组数据
>>b=2.5;
>> after = before + (lognrnd(0,.5,10,1) - b);  % 第二
组数据
>> [p,h] = signtest(before,after)           % 符号检验
p =
   0.0215
h =
    1
>> median(before)
ans =
    8.2510

>> median(after)
ans =
   7.2835
```

【实例讲解】概率小于 0.05 的事件称为小概率事件，一般认为

在一次试验中小概率事件不会发生。P=0.0215 表示在原假设的前提下出现该样本的概率，因此该样本的出现属于小概率事件。在一次试验中小概率事件居然发生了，因此只能拒绝原假设，接受备择假设，即认为两组数据差别显著。

10.6.4 ranksum——秩和检验

【语法说明】

- p=ranksum(x,y)：向量 x、y 为样本数据，可以不等长。p 返回 x 与 y 来自同一总体、且具有相同中位数的概率。
- [p,h]=ranksum(x,y)：h=1 表示拒绝原假设，接收备择假设，h=0 则表示接受原假设。
- [p,h]=ranksum(…,'alpha',alpha)：指定显著水平为 alpha。

【功能介绍】对样本作秩和检验，秩和检验属于非参检验方法。

【实例 10.60】给定样本 x、y，检验其差别是否显著。

```
>> rng(0)
>> x=unifrnd(0,1,10,1);                    % 第一组数据
>> y=unifrnd(0.25,1.25,10,1);              % 第二组数据
>> [p,h]=ranksum(x,y)
p =
   0.0539
h =
    0
```

【实例讲解】x、y 是偏移为 0.25 的两组均匀分布随机数，计算结果 h=0，因此接受原假设，即两个样本总体差别不显著。但 p=0.0539，非常接近 0.05，很有可能随机取另一组样本时，检验结果会出现 h=1。

10.6.5 signrank——符号秩检验

【语法说明】

- p=signrank(x)：向量 x 为样本数据，原假设是数据 x 的中位数为零，p 返回原假设发生的概率。

- p=signrank(x,m)：p 为数据 x 的中位数为 m 的概率。
- p=signrank(x,y)：等价于 p=signrank(x-y)。
- [p,h]=signrank(…)：h=1 表示拒绝原假设，接收备择假设；h=0 则表示接受原假设，即数据中位数为零（或 m）。
- [p,h]=signrank(…,‘alpha’,alpha)：指定显著水平为 alpha。

【功能介绍】对样本做符号秩检验。假设样本来自某未知连续、对称分布，检验其中位数是否为零，是符号检验的改进。可用于检验成对观测数据之差是否来自均值为 0 的总体。

【实例 10.61】用 signrank 函数检验两组数据 x 与 y 之差的均值是否为零。

```
>> rng(0);
>> before = lognrnd(2,.25,10,1);          % 第一组数据
>> after = before+trnd(2,10,1);           % 第二组数据
>> [p,h] = signrank(before,after)
p =
   0.3223
h =
    0
```

【实例讲解】h=0，因此接受原假设，即两组数据之差的均值为零。

10.6.6 ttest2——两个样本的 t 检验

【语法说明】

- h=ttest2(x,y)：向量 x、y 为样本数据，来自方差相同的正态分布总体，向量可以不等长。原假设为 x、y 均值相等，备择假设为两者均值不相等。h=0 表示接受原假设，h=1 拒绝原假设，接受备择假设。
- h=ttest2(x,y,alpha)：指定显著水平为 alpha。
- h=ttest2(x,y,alpha,tail)：字符串 tail 为可选参数，取值及含义如下：

both：检验 x 的均值是否等于 y 的均值，为默认选项。

right：检验 x 的均值是否大于 y 的均值。

left：检验 x 的均值是否小于 y 的均值。

- [h,p]=ttest(…)：p 为原假设发生的概率。
- [h,p,ci]=ttest(…)：ci 为 x、y 的均值之差的置信区间。

【功能介绍】已知两个样本来自方差未知但相等的正态总体，检验其均值是否相等。

【实例 10.62】用 normrnd 函数产生两个方差相同的随机样本，检验其均值是否相同。

```
>> rng(0)
>> da=normrnd(0,2,1,15);   % 第一组数据服从(0, 2)正态分布
>> b=randn
b =
  -0.2050
>> db=normrnd(b,2,1,15);    % 第二组数据服从(-0.205, 2)
正态分布
>> [h,p,ci]=ttest2(da,db)
h =
     0
p =
    0.7316
ci =
   -1.6356    2.3014
```

【实例讲解】h=0，p 远小大 alpha，因此接受原假设，认为两组数据均值相同。

10.6.7 jbtest——总体分布的正态性检验

【语法说明】

- h=jbtest(x)：向量 x 为样本数据，检验的原假设为：x 来自一个均值与方差均未知的正态总体。备择假设为 x 不服从正态分布。返回值 h=0 表示接受原假设，h=1 表示拒绝原假设，接受备择假设。
- h=jbtest(x,alpha)：指定显著水平为 alpha。
- [h,p,jbstat,critval]=jbtest(…)：输出参数的含义如下。

p：原假设发生的概率，p<alpha 时拒绝原假设，接受备择假设。

jbstat：Jarque-Bera 检验所用的统计量的值。

critval：临界值，jbstat > critval 时拒绝原假设。

【功能介绍】Jarque-Bera 检验，用于检验样本是否服从正态分布。正态分布的偏度（三阶矩）S=0，峰度（四阶矩）K=3，若样本来自正态总体，则这两个值分别在 0 和 3 附近。用于测试的统计量为

$$JB = \frac{n}{6}\left(s^2 + \frac{(k-3)^2}{4}\right)$$

【实例 10.63】产生 10000 个服从指数分布的随机数，以其均值作为随机变量。重复以上过程，得到一系列随机变量，形成容量为 200 的样本。检验该样本是否服从正态分布。

```
>> rng(0);
>> x=exprnd(2,200,10000);                % 20*10000 矩阵
>> xx=mean(x,2);                         % 计算均值
>> [h,p,jbstat,critval]=jbtest(xx)% 检验是否服从正态分布
h =
    0
p =
   0.3593
jbstat =
   1.7665
critval =
   5.6783
```

【实例讲解】h=0，p>alpha，j<c，因此接受原假设，即样本服从正态分布。事实上，这个例子验证了中心极限定理：设从均值为μ、方差为σ^2的任意总体中抽取样本容量为 n 的样本，当 n 充分大时，样本均值的抽样分布近似服从均值为μ、方差为σ^2/n 的正态分布。

比较指数分布随机数 x 与其均值 xx 的方差：

```
>> var(x(:))/var(xx(:))
ans =
  9.6326e+003
```

相差大约 n=10000 倍。jbstat 是用于测试的统计量，按公式计算可得：

```
>> a=skewness(xx)
a =
   -0.2235
>> b=kurtosis(xx)
b =
    3.1105
>> j=200/6*(a^2+(b-3)^2/4)
j =
    1.7665
```

skewness 用于求样本偏度，kurtosis 用于求样本峰度（峭度）。

10.6.8 kstest——单样本的 Kolmogorov-Smirnov 检验

【语法说明】

- h=kstest(x)：向量 x 为样本数据，返回值 h=0 表示接受原假设，即 x 服从标准正态分布，h=1 表示拒绝原假设。
- h=kstest(x,CDF)：检验 x 是否服从累积概率密度函数为 CDF 的分布。CDF 为两列的矩阵，第一列为随机变量的值，第二列为相应的累积概率密度函数值。
- h=kstest(x,CDF,alpha)：指定显著水平为 alpha，默认值为 0.05。
- [h,p,ksstat,cv]=kstest (…)：输出参数的含义如下。

p：原零假设发生的概率，p<0.05 时拒绝原假设。

ksstat：检验所用的统计量的值。

cv：临界值，ksstat>cv 时拒绝原假设。

【功能介绍】对单个样本做 Kolmogorov-Smirnov 检验，检验其是否服从标准正态分布或其他指定的分布。

【实例 10.64】 用 exprnd 函数产生服从指数分布的随机数，添加一定幅值的均匀噪声。用 kstest 检验随机数是否服从指数分布。

```
>> rng(0);
>> da=exprnd(2,1,1000);
>> da=da+rand(1,1000)*0.5-0.25;     % 含噪声的随机样本
>> x=0:.1:10;
>> x=[x,da];
>> x=sort(x);
>> y=expcdf(x,2);                   % 构造 CDF
>> [h,p,ks,ci]=kstest(da,[x',y'])   % 检验
h =
     0
p =
    0.1523
ks =
    0.0357
ci =
    0.0428
```

【实例讲解】 h=0 表明该样本服从指数分布。在 kstest 函数中，CDF 参数是特定分布的累积概率函数，其第一列和第二列均为非减的序列。

10.6.9 kstest2——两个样本的 Kolmogorov-Smirnov 检验

【语法说明】

- h=kstest2(x1,x2)：向量 x1、x2 为样本数据，h=0 表示接受原假设，即 x1 与 x2 服从同一连续分布，h=1 表示拒绝原假设，接受备择假设，即两者不服从相同连续分布。
- h=jbtest(x1,x2,alpha)：指定显著水平为 alpha。
- [h,p,ks2stat]=kstest2(…)：p 为原假设发生的概率，ks2stat 为用于检验的统计量的值。

【功能介绍】 检验两份数据是否服从相同连续分布。

【实例 10.65】产生服从 T 分布和伽马分布的随机数，用 kstest2 进行检验。

```
>> rng(0)
>> da=trnd(3,1,100);                          % T 分布随机数
>> db=gamrnd(2,3,1,100);                      % 伽马分布随机数
>> [h,p,stat]=kstest2(da,db)                  % 检验
h =
     1
p =
  7.1742e-028
stat =
    0.7800
>> h1=cdfplot(da);                            % 绘图
>> set(h1,'color','r','LineWidth',2);
>> hold on
>> h2=cdfplot(db);
>> set(h2,'color','b','LineWidth',2);
>> legend('T 分布','伽马分布');
```

执行结果如图 10-24 所示。

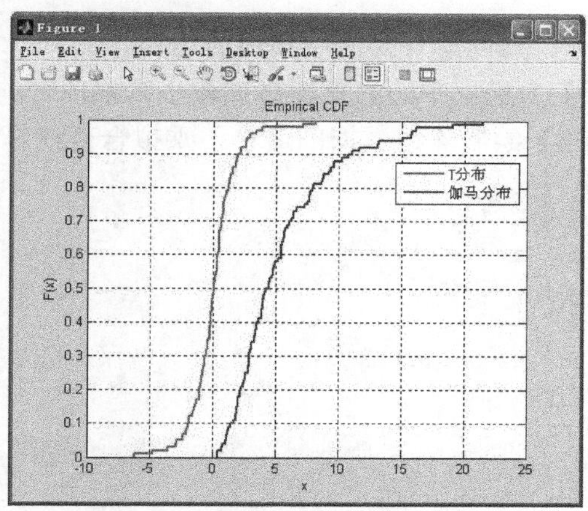

图 10-24　样本的累积分布

【实例讲解】h=1，p≈0 远小于 alpha，因此拒绝原假设，即 da

与 db 不服从相同连续分布。

10.7 概率统计的图像表示

MATLAB 为概率统计提供了若干专门的绘图函数，以便于进行概率分析时能方便地显示结果。例如盒须图能显示数据的分布范围、聚集程度等信息，lsline 能为散点添加最小二乘拟合直线。这些函数使用户可以只用几行代码就能完成数据的处理和显示工作。

10.7.1 lsline——为散点图添加最小二乘拟合直线

【语法说明】

- lsline：为坐标轴中的散点图添加最小二乘拟合直线。这里的散点图是由 MATLAB 中的 scatter 或 plot 函数绘制的。用实线（'-'）、虚线（'--'）、点划线（'.-'）绘制的图形不属于散点图，将被忽略。
- h=lsline：列向量 h 为所绘曲线的句柄。

【功能介绍】为坐标中的散点图添加最小二乘拟合的直线。

【实例 10.66】绘制 4 组数据的最小二乘拟合直线。

```
>> rng(0)
>> x = 1:10;
>> y1 = x + randn(1,10);
>> scatter(x,y1,25,'b','*')
>> hold on
>> y2 = 2*x + randn(1,10);
>> plot(x,y2,'mo')
>> y3 = 3*x + randn(1,10);
>> plot(x,y3,'rx:')
>> y4 = 4*x + randn(1,10);
>> plot(x,y4,'g+--')
>> lsline
```

执行结果如图 10-25 所示。

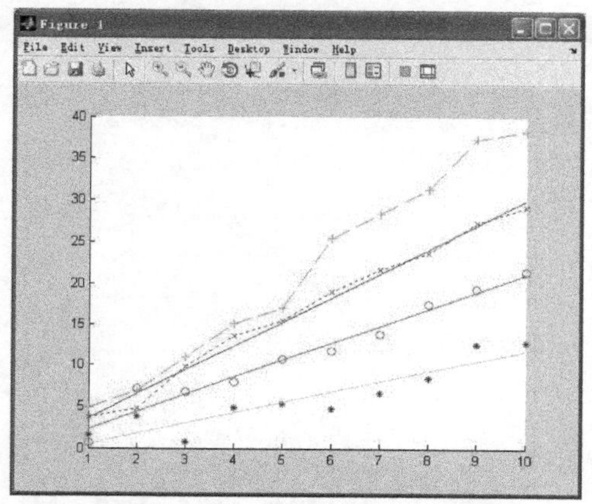

图 10-25 用 lsline 绘制的最小二乘拟合直线

【实例讲解】 plot(x,y4,'g+--')中使用了虚线（'--'），因此被认为不属于散点，lsline 没有画出其最小二乘拟合直线。

10.7.2 normplot——绘制正态分布概率图形

【语法说明】

- h=normplot(X)：X 为样本数据。函数用“+”画出数据的散点图，并用另一条线来拟合，若数据来自服从正态分布的总体，则该线为直线。如果 X 为矩阵，则为每一列分别进行绘制。

【功能介绍】 绘制数据的正态分布图，如果数据服从正态分布，则图中的线条应为直线，可用于判断数据是否服从正态分布。

【实例 10.67】 产生正态分布和随机数，绘制其正态分布图。

```
>> rng(0)
>> da=normrnd(0,2,1,100);
>> normplot(da)
```

执行结果如图 10-26 所示。

【实例讲解】 坐标轴纵坐标的刻度是不均匀的，图中绘制的散点是随机变量对应的正态分布累积分布函数值。由于数据符合正态分布，故系统绘制的是直线。

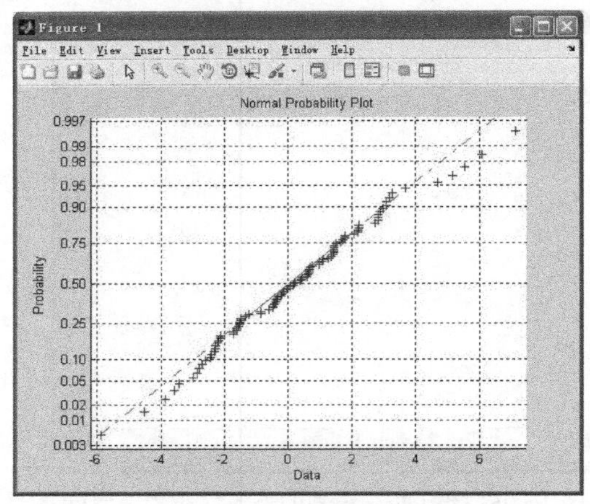

图 10-26　正态分布概率图

10.7.3　tabulate——数据的频率表显示

【语法说明】

- tabulate(x)：x 为数据向量，函数在命令行窗口中显示一个频率表，包含 3 列。

第一列为 x 中数据的取值，相等的数据只列出一次。

第二列为数据出现的次数 t。

第三列为数字出现的频率，即 t/length(x)。

如果 x 的元素为非负整数，则频率表中将包含 1～max(x)的全部整数，包括没有在 x 中出现过的元素。

- TABLE=tabulate(x)：将频率表返回给参数 TABLE。如果 x 的元素为数字，则 TABLE 是一个包含 3 列的矩阵。如果 x 为字符串或字符串构成的细胞数组，则 TABLE 也为细胞数组。

【功能介绍】将数据以频率表的形式显示。

【实例 10.68】某次射击训练，成绩为[9,8,8,9,6,8,8,7,8,6,7]，计算各个环数出现的频率。

```
>> da=[9,8,8,9,6,8,8,7,8,6,7]
```

```
da =
   9    8    8    9    6    8    8    7    8    6    7
>> tabulate(da)                    % 显示频率表
  Value    Count   Percent
      1        0     0.00%
      2        0     0.00%
      3        0     0.00%
      4        0     0.00%
      5        0     0.00%
      6        2    18.18%
      7        2    18.18%
      8        5    45.45%
      9        2    18.18%
```

【实例讲解】由于 da 中的元素值均为非负整数，因此函数显示了 1～9 所有整数出现的次数。

10.7.4 capaplot——绘制概率图形

【语法说明】

- p=capaplot(data,specs)：向量 data 为样本数据，函数假定 data 服从正态分布，估计其均值与方差，然后绘制概率密度函数曲线。specs=[a,b]为给出的区间，图中该区间的部分用阴影表示，并在标题和输出参数 p 中给出随机变量落在该区间的概率。
- [p,h]=capaplot(data,soecs)：h 返回所绘图形的对象句柄。

【功能介绍】绘制正态样本的概率密度函数图，并计算落在指定区间的概率。

【实例 10.69】计算标准正态分布下，随机变量落在(−∞, −1)范围的概率。

```
>> rng(0);
>> x=normrnd(0,1,1,1000);
>> p=capaplot(x, [-Inf,-1])
p =
   0.1664
```

执行结果如图 10-27 所示。

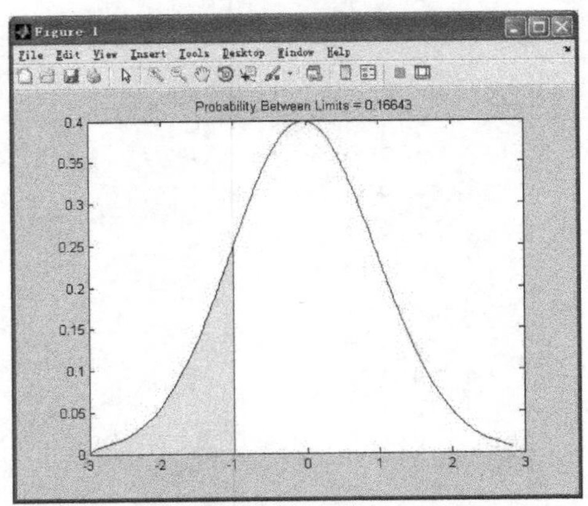

图 10-27　计算样本在(−∞, −1)区间的概率

【实例讲解】图中黄色阴影的区域为区间(−∞, −1)，标题显示随机变量落在此区间的概率为 0.16643。

10.7.5　cdfplot——绘制经验累积分布函数图

【语法说明】

- cdfplot(X)：向量 X 为样本数据，函数绘制 X 的经验累积分布（Empirical Cumulative Distribution）图。经验累积分布是由实际样本获得的，可视为累积分布函数的一种近似。经验累积分布函数 $F(x_0)$定义为

$$F\left(x_0\right)=p\left(x<x_0\right)$$

- h=cdfplot(X)：h 为曲线句柄。
- [h,stats]=cdfplot(X)：结构体 stats 包含样本的统计信息，有 min、max、mean、median 和 std 共 5 个字段。

【功能介绍】绘制样本的经验累积分布函数图。

【实例 10.70】对于一个服从伽马分布的样本，绘制其经验累积分布函数和理论上的累积分布函数。

```
>> rng(0)
```

```
>> x=gamrnd(3,4,1,300);              % 随机样本
>> cdfplot(x);                       % 绘制经验累积分布函数
>> xx=0:.1:45;
>> hold on;
>> yy=gamcdf(xx,3,4);
>> plot(xx,yy,'r');                  % 绘制累积分布函数
>> hold off
>> legend('Empirical cdf','cdf');
```

执行结果如图 10-28 所示。

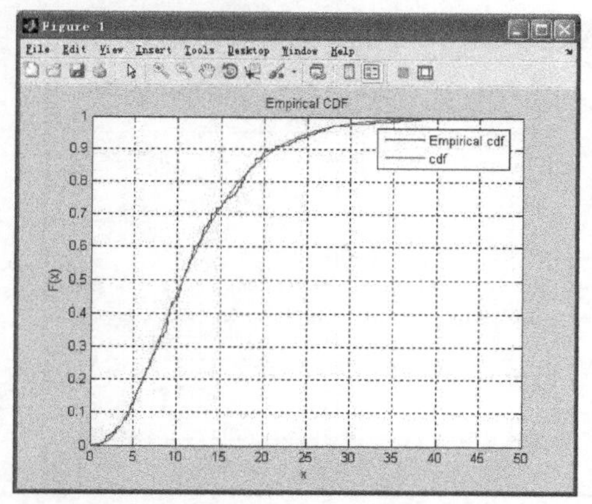

图 10-28　经验累积分布函数与累积分布函数

【实例讲解】如图 10-29 所示，红色线条为累积分布函数曲线。样本容量为 300 时，经验累积分布函数与累积分布函数基本一致。

10.7.6　wblplot——韦伯分布概率图形

【语法说明】

- wblplot(X)：X 为样本数据，函数用“+”绘制出样本数据及其累积概率值，并绘制一条红色线条。如果 X 服从韦伯分布，该线条应为直线。如果 X 为矩阵，则对每一列分布进行绘制。

【功能介绍】绘制数据的韦伯分布概率图形，可用于判断数据是否服从韦伯分布。

【实例 10.71】用 wblplot 检验指数分布的随机数是否服从韦伯分布。

```
>> rng(0)
>> data=exprnd(3,1,100);
>> wblplot(data)
```

执行结果如图 10-29 所示。

【实例讲解】图中显示为直线，表示数据服从韦伯分布。指数分布是韦伯分布取特定参数时的特殊情况。

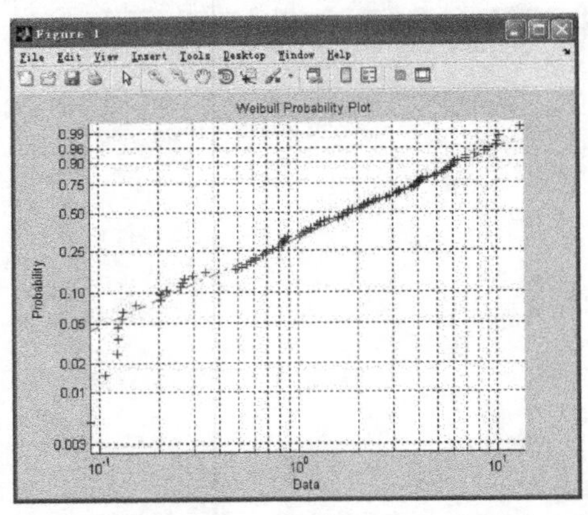

图 10-29 wblplot 检验数据是否服从韦伯分布

10.7.7 histfit——带概率分布拟合的直方图

【语法说明】

- histfit(data)：绘制向量 data 的直方图和拟合的正态分布曲线，直方图中矩形的个数为数据个数的平方根。
- histfit(data,nbins)：nbins 指定直方图中矩形的个数。
- histfit(data,nbins,dist)：字符串 dist 指定拟合的概率分布类型，如'beta'、'gamma'等值。
- h=histfit(data,nbins,dist)：h 为图形句柄，h(1)为直方图句柄，h(2)为拟合的曲线句柄。

【功能介绍】绘制样本数据直方图的同时，画出拟合的概率密度曲线，默认分布为正态分布。

【实例 10.72】生成正态分布随机数，绘制直方图和拟合的 T 分布概率密度曲线。

```
>> rng(0)
>> r = normrnd(10,1,100,1);      % 样本数据
>> h=histfit(r,[],'tlocationscale')          % 绘图
>> set(h(1),'FaceColor',[.8 .8 1])
>> legend('正态分布样本直方图','拟合的 T 分布曲线');
```

执行结果如图 10-30 所示。

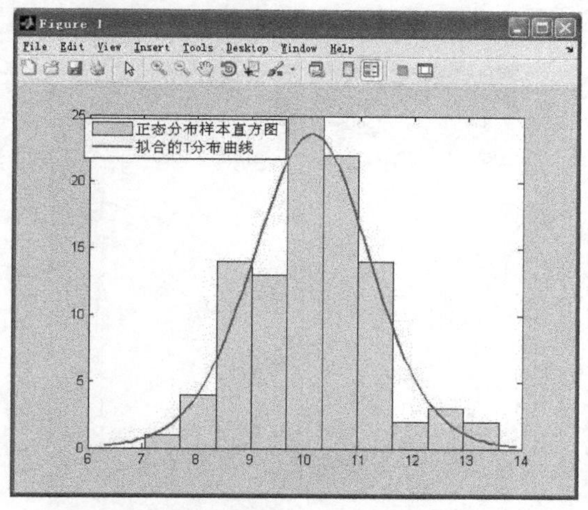

图 10-30 绘制直方图与拟合的概率密度曲线

【实例讲解】T 分布的概率密度函数曲线形状类似正态分布，均呈对称的钟状。

10.7.8 boxplot——盒须图

【语法说明】

- boxplot(X)：绘制数据 X 的盒须图。如果 X 为矩阵，则对每一列分别进行绘制。盒须图用于表现数据统计信息，由“盒”与

“须”组成，“盒”中有一条横线，对应样本中位数位置，其边界分别对应25%和75%处的值。两条“须”为数据的最大值和最小值，离群的点单独绘制。

【功能介绍】绘制样本数据的盒须图。

【实例 10.73】绘制均匀分布随机样本与指数分布随机样本的盒须图。

```
>> rng(0)
>> da=unifrnd(0,8,1,100);
>> db=exprnd(1,1,100);
>> boxplot([da',db'])
```

执行结果如图10-31所示。

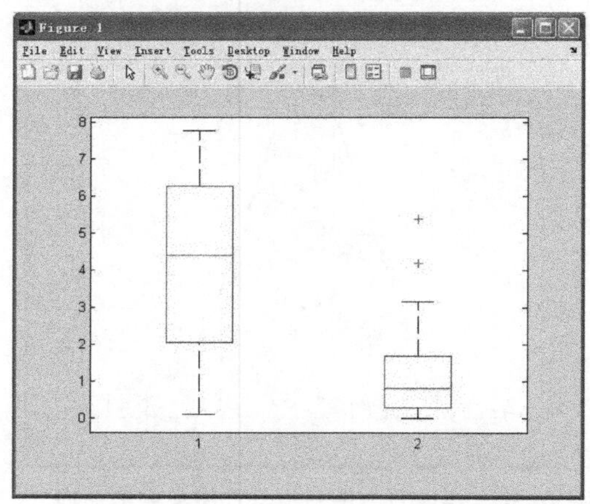

图 10-31　均匀分布与指数分布样本的盒须图

【实例讲解】左边的盒须图对应的样本服从参数为(0, 8)的均匀分布，最大值与最小值分别接近0与8，中位数的位置在4附近，符合均匀分布的规律。右边的盒须图对应的样本服从指数分布，指数分布是偏度大于零的分布，即大部分随机变量集中在较小的值上。从图10-31可以看出，指数分布中随机变量取值越大，出现的概率就越小，数据也就越零散，图中甚至出现了两个离群点。

10.7.9 refline——为图形添加参考直线

【语法说明】

- refline(m,b)：在当前坐标轴绘制一条斜率为 m，截距为 b 的直线。
- refline(coeffs)：相当于 refline(coeffs(1),coeffs(2))。
- refline：等价于 lsline。
- h=refline：h 为参考直线的句柄。

【功能介绍】在当前坐标轴中添加一条参考直线。

【实例 10.74】绘制以点(1, 2)为中心的双曲线，并画出渐近线。

```
>> syms x y
>> ezplot((x-1)^2-(y-2)^2-1)                % 绘制双曲线
>> h=get(gca,'Children');
>> set(h(1),'Color','r')                    % 设为红色
>> grid on
>> refline(1,1)                             % 绘制两条渐近线
>> refline(-1,3)
```

执行结果如图 10-32 所示。

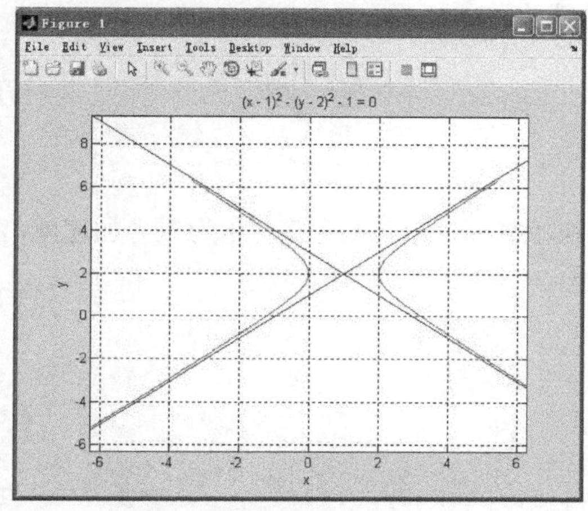

图 10-32 为双曲线添加参考线

【实例讲解】给出直线的斜率与截距，refline 就能将直线绘制出来，但 refline 无法绘制斜率为无穷的直线，即坐标轴中的竖线。

10.7.10 refcurve——为图形添加多项式参考曲线

【语法说明】

- refcurve(p)：在当前坐标轴中添加一条参考曲线。曲线形状由多项式确定，p 为多项式系数，多项式表达式为：

$$y = \mathrm{p}(1)x^n + \mathrm{p}(2)x^{n-1} + \cdots + \mathrm{p}(n)x + \mathrm{p}(n+1)$$

n 次多项式由长为 n+1 的向量 p 表示。

- refcurve：画出 x 轴所在的直线，即斜率为 0 的直线 y=0。
- h=refcurve：h 为参考曲线的句柄。

【功能介绍】在当前坐标轴添加一条用多项式表示的曲线。

【实例 10.75】平抛运动的轨迹为抛物线。已知物体初始高度为 40m，重力加速度为 10m/s^2，分别绘制初速度为 1m/s、2m/s 和 4m/s 时物体的运动轨迹。

根据平抛运动中物体的运动规律，物体高度 h 和水平位移 x 随时间 t 变化的公式为：

$$h = h_0 - \frac{1}{2}gt^2$$

$$x = v_0 t$$

其中 h_0 为初始高度，v_0 为初速度，g 为重力加速度，由以上两式可得轨迹方程：

$$h = h_0 - \frac{g}{2v_0^2}x^2$$

```
>> h0=40;
>> g=10;
>> coef1=[-10/(2*1^2),0,40]      % 初速度为 1 对应的抛物线方程系数
```

```
coef1 =
   -5     0    40
>> coef2=[-10/(2*2^2),0,40]  % 初速度为 2 对应的抛物线方程系数
coef2 =
   -1.2500         0   40.0000
>> coef4=[-10/(2*4^2),0,40]  % 初速度为 4 对应的抛物线方程系数
coef4 =
   -0.3125         0   40.0000

>> figure;xlim([0,15])
>> ylim([-1,40])
>> h1=refcurve(coef1);              % 初速度为 1
>> set(h1,'color','r','LineWidth',1.5)
>> h2=refcurve(coef2);              % 初速度为 2
>> set(h2,'color','b','LineWidth',1.5)
>> h4=refcurve(coef4);              % 初速度为 4
>> set(h4,'color','m','LineWidth',1.5)
>> refcurve                         % 水平线，表示地面
>> legend('v0=1','v0=2','v0=4','水平线');
>> title('平抛运动轨迹');
```

执行结果如图 10-33 所示。

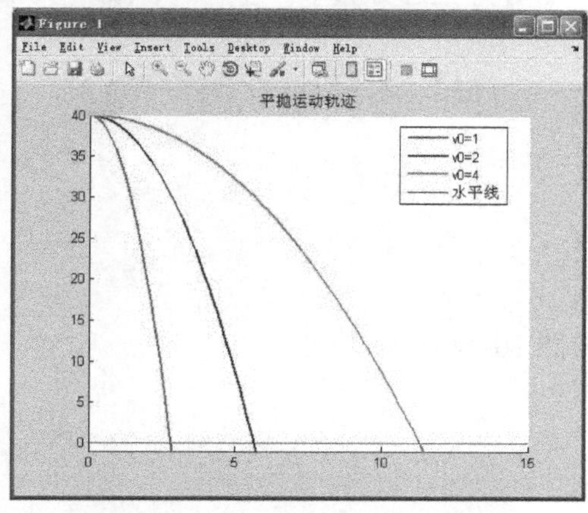

图 10-33 用 refcurve 绘制抛物线

【实例讲解】对 refcurve 绘制的曲线进行属性设置，可以用输出参数 h 取得其句柄，再用 set 函数设置其属性值。

10.7.11 normspec——在指定区间绘制正态分布曲线

【语法说明】

- normspec(specs)：绘制标准正态分布曲线，其中区间[specs(1), specs(2)]用阴影部分表示，在标题中显示阴影部分所占的概率。
- normspec(specs,mu,sigma)：绘制均值为 mu，标准差为 sigma 的正态分布曲线。
- normspec(specs,mu,sigma,region)：字符串 region 可以取 inside 或 outside 两个值，outside 表示除区间[specs(1),specs(2)]外的部分用阴影部分表示，默认值为 inside。
- [p,h]=normspec(…)：p 为阴影部分对应的概率，h 为曲线句柄。

【功能介绍】绘制正态分布曲线，将指定区间用阴影部分表示，并计算阴影部分概率。

【实例 10.76】计算正态分布中$(-\infty, -\sigma)$、$(2\sigma, +\infty)$区间所占概率之和。

```
>> [p,h]=normspec([-1,2],0,1,'outside')
p =
    0.1814
h =
  176.0220
  177.0122
  178.0117
```

执行结果如图 10-34 所示。

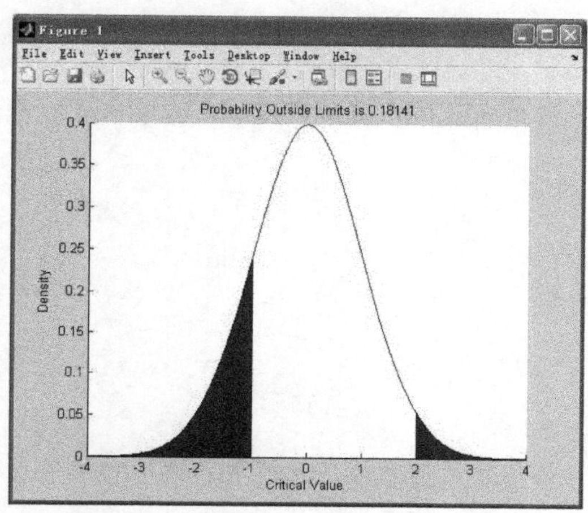

图 10-34 绘制正态分布曲线并计算概率

【实例讲解】两个区间所占概率之和为 0.1814。